Limper

Verfahrenstechnik der Thermoplastextrusion

Andreas Limper

Verfahrenstechnik der Thermoplastextrusion

HANSER

Der Herausgeber:
Prof. Dr.-Ing. Andreas Limper
Harburg-Freudenberger Maschinenbau GmbH, Asdorfer Strasse 60, 57258 Freudenberg

Bibliografische Information Der Deutschen Bibliothek:
Die Deutsche Bibliothek verzeichnet diese Publikation in der Deutschen Nationalbibliografie; detaillierte bibliografische Daten sind im Internet über <http://dnb.d-nb.de> abrufbar.

ISBN: 978-3-446-41744-1
E-Book-ISBN: 978-3-446-42866-9

Vilshofener Straße 10 | 81679 München | info@hanser.de
www.hanser-fachbuch.de
Herstellung: Steffen Jörg
Bildquelle Autorenfoto: Strauch/IKV
Coverconcept: Marc Müller-Bremer, www.rebranding.de, München
Coverrealisierung: Stephan Rönigk
Satz: Kösel, Krugzell
Druck: CPI Books GmbH, Leck

Vorwort

Die Idee zum vorliegenden Buch datiert zurück auf die K 2007. In einem Anfall von Übermut erklärte sich der Herausgeber bereit, die Zusammenstellung eines Fachbuches zum Thema „Extrusionstechnik“ zu koordinieren. Da das Themengebiet außerordentlich umfangreich ist, bedurfte es vieler kompetenter Fachautoren, um dem Anspruch des Buches gerecht zu werden.

Ziel aller Autoren war es, ihre jeweiligen Themengebiete fachlich anschaulich und umfassend zu beschreiben. Gleichzeitig sollten aber auch die theoretischen Aspekte der unterschiedlichen Herstellverfahren nicht zu kurz kommen.

Wegen des starken Praxisanteils des Buches haben sich zu den Fachkapiteln, welche sich mit der Diskussion spezifischer Anlagen befassen, dankenswerterweise Praktiker bereit erklärt, Ihr Fachwissen darzulegen. Unterschätzt haben alle den Zeitbedarf einer solchen Aufgabe. Außerdem konnte niemand wissen, dass der Maschinenbau in den Jahren 2008 - 2012 erst eine tiefe Absatzkrise erfährt und unmittelbar danach einen nie dagewesenen Boom durchleben sollte. Es ist nachvollziehbar, dass in diesen hektischen Zeiten das Abfassen eines umfassenden Fachkapitels nur noch geringe Priorität besaß. Es ist aber allen Autoren hoch anzurechnen, dass sie trotz dieser widrigen Umstände das Ziel der Buchveröffentlichung nie aufgegeben haben.

Auch der Carl Hanser Verlag hat viel Geduld mit Herausgeber und Autoren bewiesen. Trotz des wiederholten Verschiebens von „endgültigen“ Deadlines hatte der Verlag ein Einsehen und viel Geduld und hat uns alle stets mit Rat und Tat betreut.

Jedes Buch ist nur so gut wie seine Autoren - der Herausgeber hat nur eine koordinierende Funktion. In diesem Sinne möchte ich mich bei den Mitwirkenden dieses Buches ausdrücklich bedanken. Herr Prof. V. Schöppner hat in seiner Funktion als Hochschullehrer, aber auch mit seiner Erfahrung aus einigen Jahren Industrie, gemeinsam mit Frau Henke die theoretischen Aspekte der thermischen und rheologischen Auslegung beleuchtet sowie die grundsätzlichen Gesichtspunkte der Einschneckenextruder dargestellt. Die Herren Dr. Fattmann und Dr. Heidemeyer haben alle wesentlichen Aspekte der Doppelschneckenextruder umfassend erörtert. Herr Dr. Wefelmeier hat sich sehr engagiert zu den Themen Tafelextrusion und Werkzeugauslegung geäußert und Herr Dr. Seibel hat sich den Themen Profilextrusion und -werkzeugen profund gewidmet. Herr Dr. Schmitz hat die wesentlichen Aspekte der Flachfolienextrusion beleuchtet und Herr Dr. Rübbelke hat in einem sehr ausführlichen Beitrag das umfangreiche Thema der Blasfolienextrusion dargelegt. Das wichtige Thema der Rohrextrusion wurde von Herrn Dr. Stieglitz intensiv behandelt. Herr Kaupel hat sich - last but not least - dem Querschnittsthema der Materialbeschickungsanlagen gewidmet. Da alle Beiträge nicht im normalen Dienstalltag, sondern in der Freizeit, an Wochenenden und in den Abendstunden erledigt wurden, möchte ich noch einmal allen Autoren meinen Dank aussprechen.

Ganz besonders möchte ich auch meiner Familie danken, welche an einigen freien Tagen sicher lieber etwas gemeinsames mit Ehemann und Vater unternommen hätten, als einen genervten „Herausgeber" zu ertragen. Trotz letztgenannter Widrigkeit bin ich von ihr stets unterstützt worden.

Freudenberg, August 2012

A. Limper

Inhalt

1 Einschnecken-extruder

Prof. Dr.-Ing. Volker Schöppner

Aufgabe des Extruders ist es, aus der üblicherweise granulatförmigen Rohstoffmischung einen zeitlich gleichmäßigen und stofflich homogenen Schmelzestrom herzustellen. Dieser Schmelzestrom muss unter einem so hohen Druck stehen, dass er den Strömungswiderstand des Extrusionswerkzeuges überwindet. Je nach Viskosität der Schmelze und Werkzeugbauart sind hierfür zwischen 50 und 500 bar notwendig.

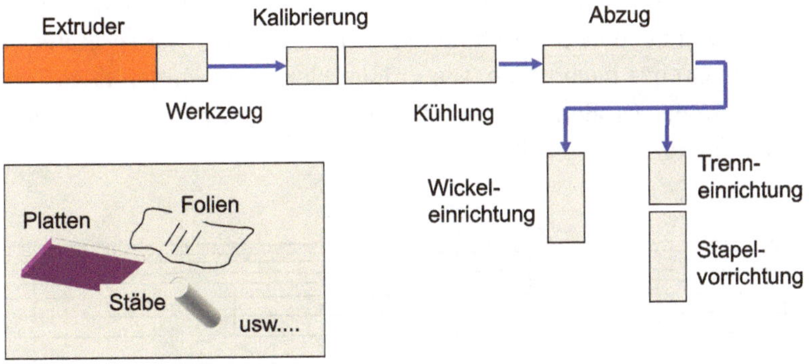

Bild 1.1 Extruder in der Extrusionslinie

Für diese Aufgabe werden Schneckenmaschinen eingesetzt. Diese Schneckenmaschinen gibt es in den verschiedensten Ausführungen (siehe Bild 1.2).

In den Extrusionsanlagen arbeiten die Schneckenmaschinen kontinuierlich, d.h. mit konstanter Drehzahl in einem stationären Arbeitspunkt. Dies unterscheidet sie von den zyklisch arbeitenden Schnecken in Spritzgießmaschinen. Die einfachste und auch verbreitetste Bauart sind Einschneckenextruder. Werden sie mit Granulat oder Pulver gefüttert, spricht man von Plastifizierextrudern oder Aufschmelzextrudern. In einigen Anlagen werden die Maschinen mit Schmelze gefüttert (Schmelzeextruder). Für die Verarbeitung von Polyolefingranulat oder -pulver wird die Sonderbauform Nutbuchsenextruder eingesetzt, bei dem die Feststoffförderung dominiert. Die Standardtechnik ist der Glattrohrextruder, bei dem die Förder-

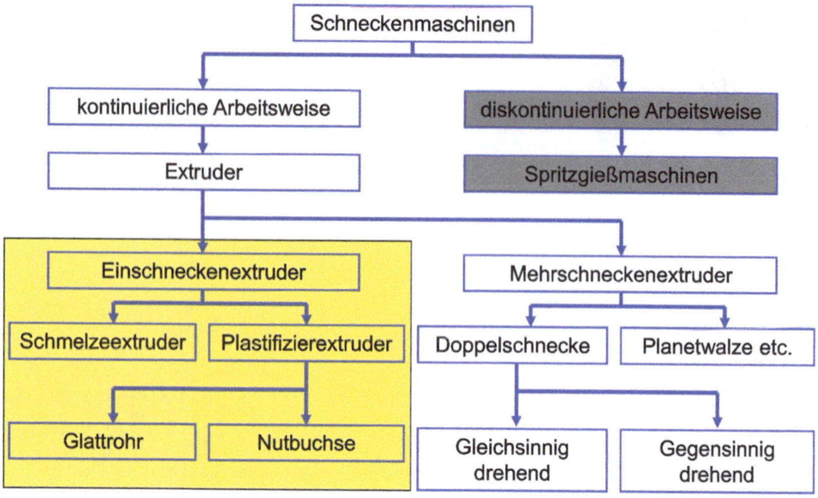

Bild 1.2 Bauarten der Schneckenmaschinen

wirkung vorwiegend durch die Schmelzeförderung erzielt wird. Einschneckenextruder sind grundsätzlich für nahezu alle Kunststoffe geeignet. Die kleinsten Maschinen liegen bei einem Durchmesser von ca. 20 mm. Hier sorgt die Granulatgröße für eine Grenze nach unten. Die größten Serienmaschinen liegen bei einem Durchmesser in der Größenordnung 400 mm und erreichen Durchsatzleistungen von bis zu 5000 kg/h.

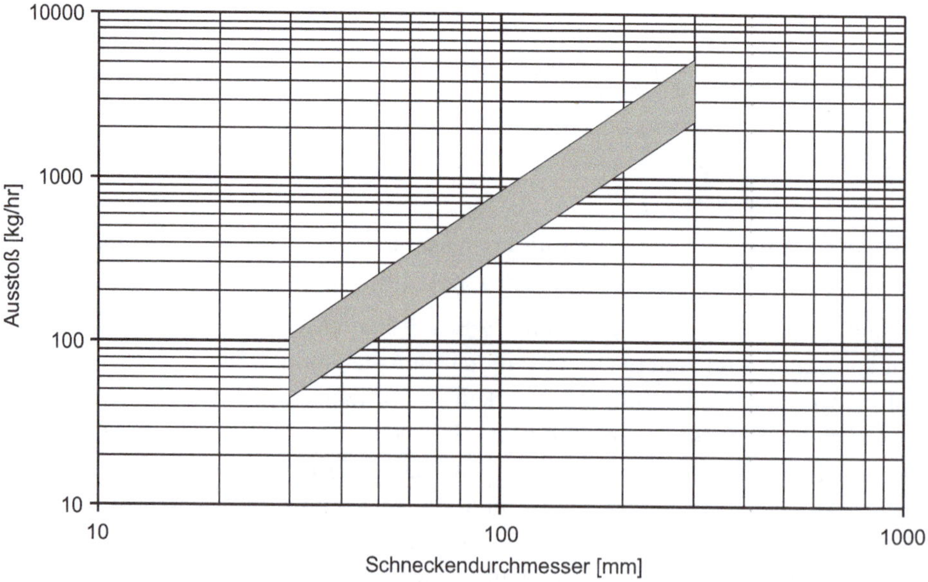

Bild 1.3 Durchsatz von Einschneckenextrudern

■ 1.1 Allgemeines

Den grundsätzlichen Aufbau eines Einschneckenextruders zeigt das folgende Bild 1.4.

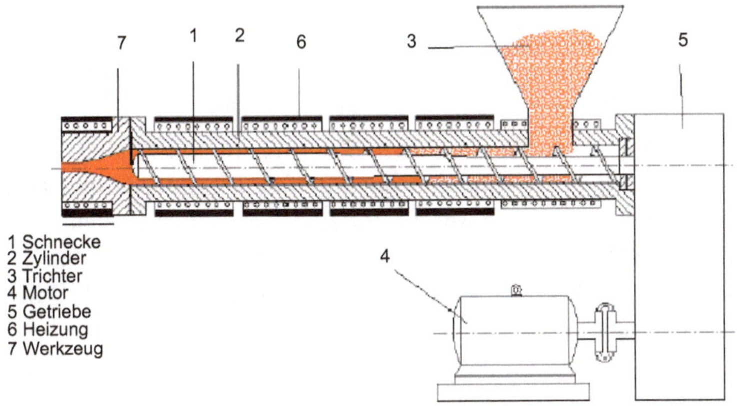

Bild 1.4 Einschneckenextruder

Die Eingangsschnittstelle zur Materialversorgung ist der Maschinentrichter. Der Kunststoff wird hier in der Regel als rieselfähiges Granulat bereitgestellt. Der Maschinentrichter wird durch entsprechende stromaufwärts liegende Anlagenkomponenten mit dem Granulat und rezykliertem Mahlgut gefüttert, wobei zumeist auch produktspezifische Rezepturbestandteile (z.B. Farbmasterbatch) zugemischt werden. Die Schwerkraft im vertikal zur Einfüllöffnung angeordneten Trichter ist aufgrund der Rieselfähigkeit aller Rezepturbestandteile ausreichend zur Förderung.

Die Ausgangsschnittstelle ist ein kreisförmiger Austrittsquerschnitt, in dem der Kunststoff in aufgeschmolzenem und homogenem Zustand zu den stromabwärts liegenden Anlagenkomponenten strömt und zum Extrusionsprodukt ausgeformt werden kann. Aufgrund der hohen Viskosität von Kunststoffschmelzen und dem daraus resultierenden Fließwiderstand in diesen Anlagenkomponenten steht das Material hier unter hohem Druck (ca. 50 bis 500 bar).

Die Maschinen werden mit Elektromotoren angetrieben, die aufgrund der recht niedrigen Drehzahlen (ca. 50 U/min - 500 U/min) mit einem meist mehrstufigen Untersetzungsgetriebe kombiniert werden. Die Axialkraft, die aus dem hohen Druck vor der Schneckenspitze resultiert, wird durch ein Rückdrucklager vom Getriebe ferngehalten. Da die Getriebestufen bei dem hohen Drehmoment recht hohe Investitionskosten beinhalten und auch dann fest sind, ermöglicht ein Riementrieb nicht nur den Entfall einer Getriebestufe, sondern auch eine Flexibilisierung des

Übersetzungsverhältnisses beim Wechsel der Riemenscheiben. Aufgrund der in den letzten Jahren gesteigerten Drehzahlen der Maschine und der Weiterentwicklungen bei den Elektromotoren kommen sich die Drehzahlen so weit entgegen, dass zum Teil bereits getriebefreie Direktantriebe benutzt werden.

Der Extruderzylinder ist mit elektrischen Heizbändern ausgestattet, die in mehreren Segmenten eine unterschiedliche Temperaturführung des Zylinders ermöglichen. In Richtung der Schneckenspitze erweitern Heiz-/Kühlkombinationen die Einstellmöglichkeiten im Betrieb. Kühlung wird hier durch Kühlgebläse realisiert, die Energie aus dem Zylinderbereich abführen können.

Der Extruder wird durch die Maschinensteuerung vervollständigt, die die Regelkreise zur Zylindertemperierung und zur Regelung der Extruderdrehzahl beinhaltet. Die Maschinenbestandteile werden auf einem Maschinengestell zusammengefasst. Hier muss eine Möglichkeit zum Ausgleich der Wärmedehnung konstruktiv vorgesehen werden: Der Zylinder wird im Betrieb auf bis zu 280 °C hochgeheizt und dehnt sich gegenüber dem kalten Gestell um ca. 3 mm/m.

Aufgabe des Extruders ist es, das Material gegen den Widerstand des Werkzeuges zu fördern und dabei aufzuschmelzen. Dazu benutzt der Einschneckenextruder die für diese Maschinen typische und daher namengebende Förder- und Plastifizierschnecke.

Die Funktionszonen der Schnecke zeigt das folgende Bild 1.5.

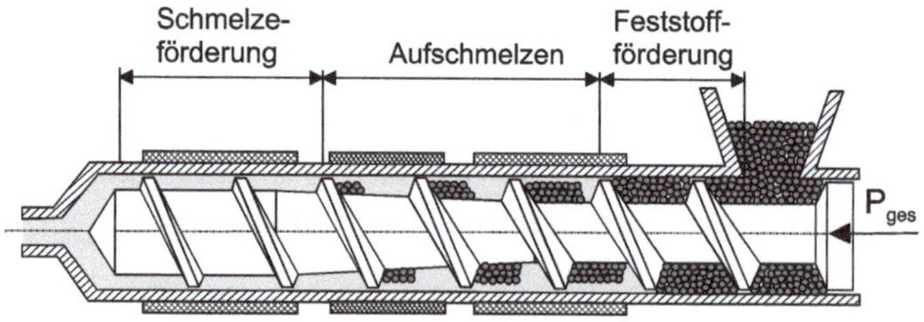

Bild 1.5 Funktionszonen und Schneckenaufbau

Im einfachsten Fall geschieht die Feststoffförderung in einer Zone konstanter Gangtiefe, der Einzugszone. Das Aufschmelzen führt zu einer Volumenreduzierung, da die Schmelzedichte erheblich größer ist als die Schüttdichte des Granulates. Daher wird hierfür eine Kompressionszone gewählt. Der Druckaufbau und die Homogenisierung geschehen in einer weiteren Zone konstanter Gangtiefe, der Meteringzone.

Die Geometriegrößen eines Schneckenganges zeigt das folgende Bild 1.6.

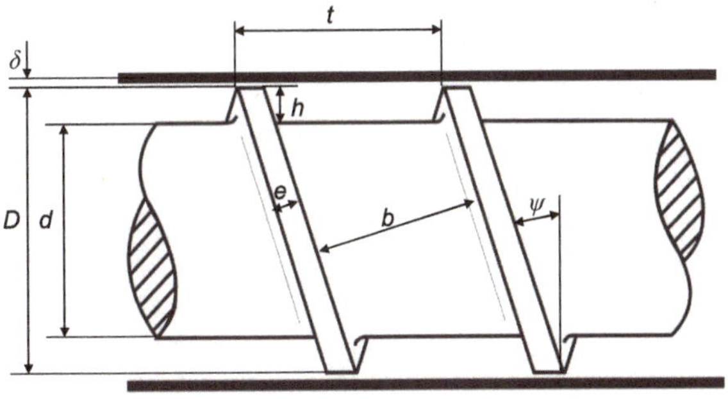

Bild 1.6 Schneckenkanal

Die Daten sind untereinander wie folgt verknüpft:

$$\tan\phi = \frac{t}{\pi D} \qquad d = D - 2h \tag{1.1, 1.2}$$

$$b = \frac{t\cos\phi}{i} - e \qquad Z = \frac{L}{\sin\phi} \tag{1.3, 1.4}$$

mit:

Z = abgewickelte Schneckenkanallänge
t = Gangsteigung
D = Schneckendurchmesser
d = Kerndurchmesser
ϕ = Gangsteigungswinkel
e = Stegbreite
b = Gangbreite
h = Steghöhe (Gangtiefe)
L = Schneckenkanallänge

Für die mathematische Behandlung denkt man sich die Schnecke feststehend und den Zylinder um die Schnecke drehend. Dabei wird die Betrachtung vereinfacht, indem das System in der Ebene abgewickelt wird. Dies ist akzeptabel, da die Schneckengangtiefe gegenüber dem Schneckendurchmesser klein ist. Dieses Modell wird Rinnenmodell genannt. Für die Komponenten in z- und x-Koordinatenrichtung gilt dann:

$$v_0 = \pi N D \qquad v_{0z} = v_0 \cos \phi \qquad v_{0x} = v_0 \sin \phi \qquad (1.5, 1.6, 1.7)$$

mit:

v_0 = Umfangsgeschwindigkeit

N = Drehzahl

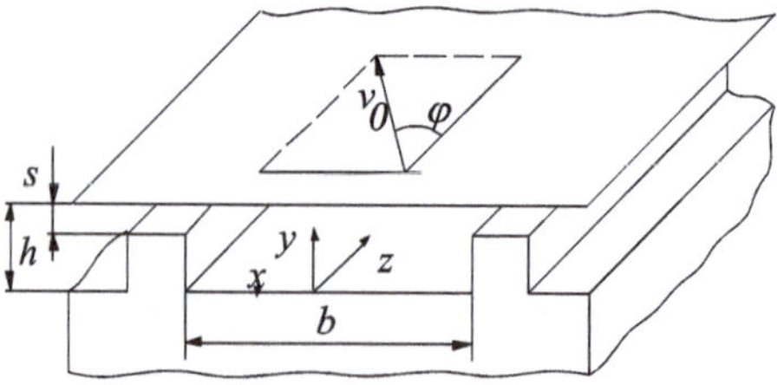

Bild 1.7 Abgewickelter Schneckenkanal mit kinematischer Umkehr

Die Schnecke dreht sich mit konstanter Drehzahl. Diese Drehbewegung hat durch den Gangsteigungswinkel eine Komponente quer zum Schneckensteg und eine Komponente längs zum Schneckensteg, so dass der granulatförmige Kunststoff eingezogen und in Richtung der Schneckenspitze geschoben wird. Diese Feststoffförderung setzt voraus, dass der Reibwiderstand am Zylinder größer ist als an der Schnecke, um eine Relativbewegung zwischen Granulat und Schnecke zu erzeugen.

Der Fördermechanismus ist auch beim und nach dem Aufschmelzen wirksam. Die entstehende Schmelze haftet bei den meisten Werkstoffen an den Wänden von Schnecke und Zylinder und ermöglicht so die Übertragung von Schubspannungen in der hochviskosen Schmelze. Die Drehbewegungskomponente in Kanalrichtung erzeugt die Förderung in Richtung der Schneckenspitze und ermöglicht den Aufbau des notwendigen Drucks, um die stromabwärts liegenden Anlagenkomponenten durchströmen zu können.

Das Aufschmelzen des Kunststoffes erfordert Energie, die vorwiegend durch die innere Reibung zwischen den Granulatkörnern und durch die Energiedissipation in der hochviskosen Schmelzeströmung entsteht. Diese Energie wird vom Antrieb der Maschine aufgebracht. Als Unterstützung dafür ist der Extruderzylinder beheizt; wobei die Heizleistung deutlich kleiner als die Antriebsleistung ist.

Die Summe aus Antriebsleistung und Heizleistung führt zur Erhöhung der Enthalpie des geförderten Massestroms, die sich in einer Erhöhung des Druckes und der Temperatur ausdrückt (siehe Bild 1.8).

$$P + \left(\dot{Q}_{\mathrm{Zu}} - \dot{Q}_{\mathrm{Ab}}\right) = \dot{m}\,\Delta h = \dot{m}\left(c\left(T_2 - T_1\right) + \frac{p_2 - p_1}{\rho}\right) \qquad (1.8)$$

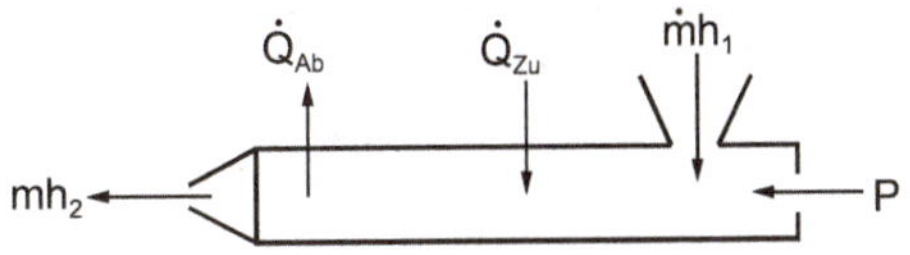

Bild 1.8 Energiebilanz

mit:

P = Antriebsleistung

Q_{Zu} = Heizleistung

T_2 = Temperatur am Austritt

p_2 = Druck am Austritt

c = spez. Wärmekapazität

$\dot{m}$ = Durchsatz

Δh = Enthalpiedifferenz

Q_{Ab} = Wärmeverluste

T_1 = Temperatur am Eintritt

p_1 = Druck am Eintritt

P = Dichte

Bei wachsenden Drehzahlen ändert sich das Betriebsverhalten der Maschine. Während der Masseausstoß näherungsweise linear mit der Drehzahl ansteigt, steigt der Energieeintrag durch den Schneckenantrieb aufgrund der Energieumsetzung in der Schmelze überproportional an. Der Wärmestrom vom Zylinder kann dies nicht ausgleichen, da die Wärmeaustauschfläche konstant bleibt. So kommt es zu einem typischen Verlauf der Energiekurven über der Drehzahl. Dabei steigt die Temperatur der Schmelze am Extruderaustritt bei hohen Drehzahlen mit zunehmender Drehzahl weiter an. Die Heizleistung wird bei einer bestimmten Drehzahl (dem scheinbar adiabaten Betriebspunkt) gleich Null, d. h. der Energieaufnahme im Aufschmelzbereich des Extruders steht eine gleichgroße Kühlleistung im Bereich der Schmelzeförderung gegenüber. Die Energiebilanz charakterisiert auch hier das Betriebsverhalten: Bezieht man die Energieströme auf die Enthalpieerhöhung, so wandert der Betriebspunkt mit der Drehzahl auf der Kennlinie nach links oben mit Durchtritt durch die Hochachse. Die Beeinflussbarkeit der Massetemperatur durch die einstellbare Zylinderwandtemperatur sinkt (siehe Bild 1.9).

$$\frac{P}{\dot{m}\Delta h} = 1 - \frac{\Delta\dot{Q}}{\dot{m}\Delta h} \tag{1.9}$$

Hohe Schmelzetemperaturen sind in der Extrusionstechnik aus den folgenden Gründen unerwünscht:

- Die Viskosität sinkt und beeinträchtigt die Formstabilität der Schmelze beim Werkzeugaustritt.
- Die Abkühlung des schlecht wärmeleitenden Kunststoffes in der Kühlstrecke wird erschwert.
- Die mechanischen Eigenschaften des Produktes können sich durch eine mögliche thermische Schädigung des Materials verschlechtern.

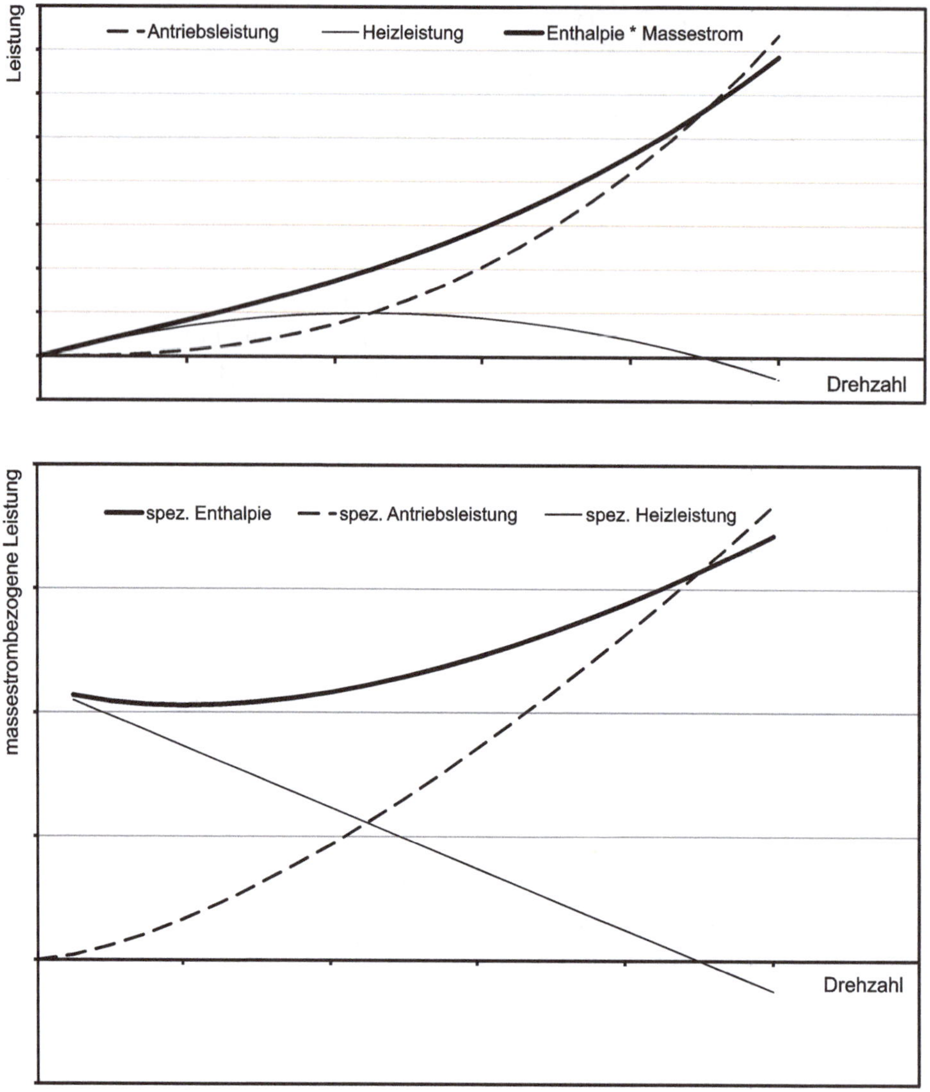

Bild 1.9 Energetisches Verhalten von Einschneckenextrudern bei verschiedenen Drehzahlen

Qualitätskriterien der Ausgangsgrößen

Die Schmelze kann am Ende der Schnecke durch die folgenden Größen hinsichtlich ihrer Qualität beurteilt werden:

- Der Massedurchsatz soll möglichst hoch sein.
- Die Massetemperaturverteilung über dem Querschnitt soll möglichst gleichmäßig sein (Temperaturhomogenität). Zur Messung sind spezielle Messkämme erforderlich, die an mehreren Stellen gleichzeitig mit Thermoelementen ausge-

rüstet sind. Alternativ dazu gibt es in der Messtiefe verstellbare Thermoelemente.

- Additive und Farbmittel sollen möglichst gleichmäßig und fein verteilt sein (mechanische Homogenität).
- Der Druck am Ende der Schnecke soll möglichst wenig pulsieren. Dies ist einerseits ein Maß für die Durchsatzkonstanz, andererseits jedoch auch ein Maß für die Homogenität der Schmelze. Falls es zu unaufgeschmolzenen Partikeln in der Schmelze, zu stark schwankenden Füllstoffverteilungen oder zu stark schwankender Massetemperatur kommt, ist dies im Druckverlauf messbar.
- Der Durchsatz soll möglichst unabhängig vom Gegendruck sein, damit die Extruderdrehzahl bzw. der Ausstoß bei Veränderungen im Druck an der Schneckenspitze (Filterverschmutzung) nicht stark variiert.
- Die Massetemperatur der Schmelze soll sich zeitlich möglichst wenig verändern.

Während einige der genannten Größen genau spezifiziert werden können, ist insbesondere die mechanische Homogenität nur schwer durch Messwerte zu charakterisieren. Die Hersteller von Extrudern sind daher meist Anlagenhersteller mit speziellem produktspezifischem Wissen.

1.2 Feststoffförderung

Die Situation in der Einzugszone zeigt das folgende Bild 1.10.

In diesem Fall rieselt das Granulat aus dem Zylinder unter Schwerkrafteinfluss auf die Schnecke und wird durch die Drehbewegung der Schnecke erfasst und nach vorne gefördert. Die nachfolgenden Schneckenzonen eines Extruders können nicht

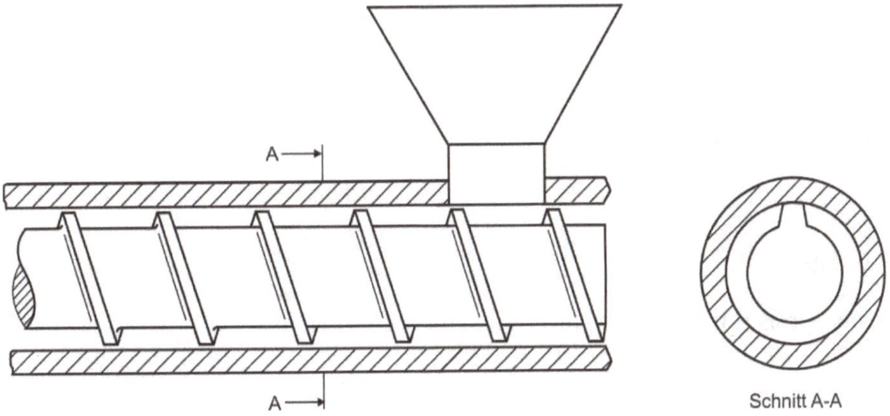

Bild 1.10 Einzugszone mit glattem Zylinder

mehr fördern als die Einzugszone zu liefern imstande ist. Es existieren jedoch Rückwirkungen von diesen Zonen auf den am Ende der Einzugszone herrschenden Druck und damit auf das Förderverhalten dieser Zone. Die wesentlichen Arbeiten zur Modellierung des Strömungsverhaltens wurden bereits vor längerer Zeit durchgeführt.

Für den Massestrom gilt:

$$\dot{m} = \rho_B A v_a f \tag{1.10}$$

ρ_B = Schüttdichte bei inkompressiblen Schüttgütern unter Berücksichtigung der Schneckenkanalrandeinflüsse.

A = Querschnittsfläche des Feststoffes

v_a = Axialgeschwindigkeit des Feststoffelementes

f = Füllgrad

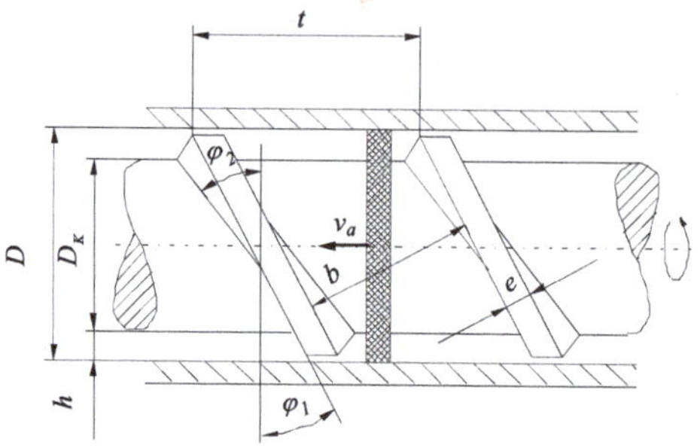

D: Zylinderdurchmesser | D_K: Kerndurchmesser der Schnecke
e: Stegbreite | *b*: Kanalbreite
h: Kanaltiefe | φ_1: Steigungswinkel am Zylinder
t: Gangsteigung | φ_2: Steigungswinkel am Schneckengrund
v_a: Axialgeschwindigkeit des Feststoffbettes

Bild 1.11 Feststoffförderung

Für A gilt:

$$A = \left[\frac{\pi}{4}\left(D^2 - D_K{}^2\right) - \frac{i e h}{\sin \bar{\phi}}\right] \tag{1.11}$$

mit:

i = Gangzahl

Bei den Größen v_a und f sind drei Fälle zu unterscheiden:

Fall a: Zwangsförderung (Mutter/Schraube, dieser Fall tritt bei Glattrohrextrudern nicht auf, ist aber beim Nutbuchsenextruder üblich.)

$$f = 1, \quad v_a = t_n = v_0 \tan\phi \tag{1.12}$$

mit:

t = Steigung
n = Drehzahl
ϕ = Gangsteigungswinkel

Fall b: Archimedes-Förderung

$$f < 1, \quad v_a = t_n = v_0 \tan\phi \tag{1.13}$$

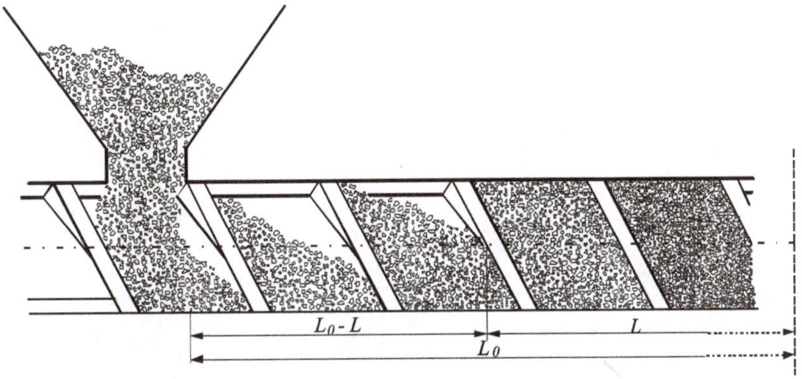

Bild 1.12 Archimedes-Förderung

Fall c: Reibschlüssige Förderung

Wie sich zeigt, staut sich das Material in der Einzugszone zurück. In den vollgefüllten Bereichen stellt sich der Durchsatz entsprechend der Reibverhältnisse und des Druckverlaufes ein. Hier gilt:

$$f = 1, \quad v_a = t_n f^* = v_0 \tan\phi\, f^* \tag{1.14}$$

mit:

f^* = Förderwirkungsgrad

Der Förderwirkungsgrad hängt von den Reib- und den Druckverhältnissen ab. Die Reibung am Zylinder sorgt für die treibende Kraft, die Reibung an der Schnecke hemmt die Förderung. In üblichen Einzugszonen erreicht der Förderwirkungsgrad Werte um 0,5.

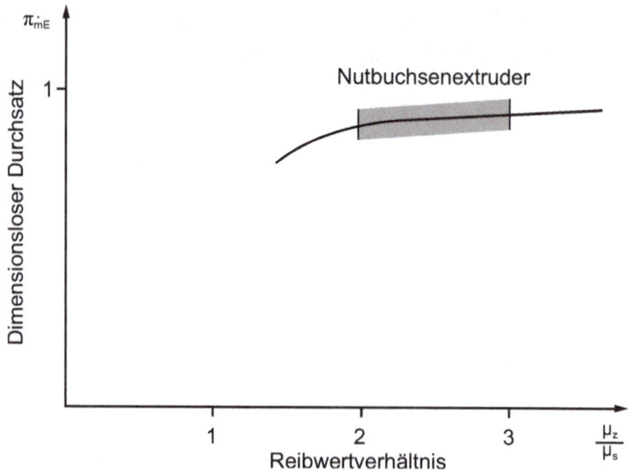

Bild 1.13 Dimensionsloser Durchsatz (Förderwirkungsgrad) in der Einzugszone

$$v_a = v_0 \frac{\sin\phi_1 \sin\alpha}{\sin(\alpha+\phi_1)} = v_0 \frac{\tan\alpha \tan\phi_1}{\tan\alpha + \tan\phi_1} \tag{1.15}$$

mit:

α = Förderwinkel

In dieser Gleichung ist der Förderwinkel α eine unbekannte Größe. Er resultiert aus der Ermittlung des Kräfte- und Momentengleichgewichtes (siehe Bild 1.14).

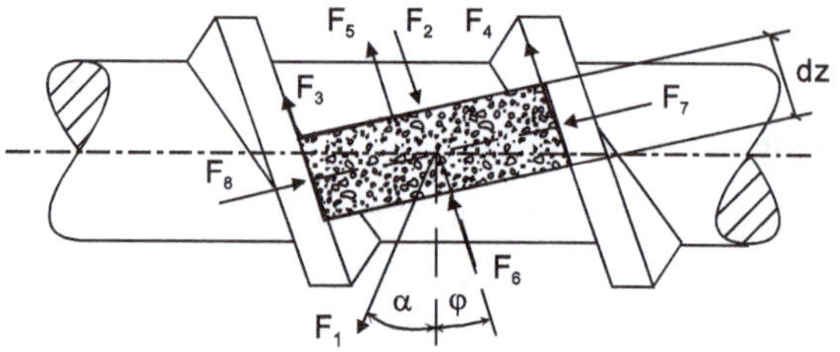

Bild 1.14 Kräfte am Feststoffbett

Es ergeben sich folgende Zusammenhänge:

$$p = p_0 \exp\left(\left[\frac{1-K\tan\alpha}{M_2\sqrt{1+\tan^2\alpha}} - \frac{M_1}{M_2}\right]\frac{z}{D}\right) \tag{1.16}$$

mit:

p = Druck
p_0 = Startdruck
K = siehe Tabelle 1.1
M_1 = siehe Tabelle 1.1
M_2 = siehe Tabelle 1.1
M_3 = siehe Tabelle 1.1
z = Ortskoordinate in Kanalrichtung

Tabelle 1.1 Dimensionslose Geometrieparameter der Feststoffördergleichung

$C = 1 - 2 \cdot \frac{h}{D}$	$E = 1 - \frac{h}{D}$	$K = E \cdot \tan\bar{\phi}$	$\tan\phi = \frac{t}{\pi \cdot D}$	$\tan\bar{\phi} = \frac{t}{\pi \cdot (D-h)}$	$\tan\phi_2 = \frac{t}{\pi \cdot (D-2h)}$

$$M_1 = 2 \cdot \frac{\mu_S}{\mu_Z} \cdot \frac{k_2}{k_1} \cdot \frac{h \cdot i \cdot E}{t - \frac{e}{\cos\bar{\phi}} \cdot i} \cdot (K \cdot \tan\bar{\phi} + E) + \frac{\mu_S}{\mu_Z} \cdot \frac{k_3}{k_1} \cdot C \cdot \cos\phi_2 \cdot (K \cdot \tan\phi_2 + C)$$

$$M_2 = \frac{1}{\mu_Z} \cdot \frac{E}{k_1} \cdot \frac{h}{D} \cdot (K \cdot \sin\bar{\phi} + E \cdot \cos\bar{\phi}) \qquad M = M_1 + M_2 \ln\frac{p_1}{p_0}$$

mit:

k_1, k_2, k_3 = Druckanisotropiekoeffizienten
μ_S = Reibkoeffizient Schnecke
μ_Z = Reibkoeffizienz Zylinder

Man erhält für den Förderwinkel und damit für den Durchsatz:

$$\tan\alpha = \frac{K - M\sqrt{1 + K^2 - M^2}}{K^2 - M^2} \qquad \pi_{\dot{m}} = \left[\frac{1}{\tan\phi} + \frac{(K^2 - M^2)}{K - M\sqrt{1 + K^2 - M^2}}\right]^{-1}$$

$$\text{mit} \quad \pi_{\dot{m}} = \frac{\dot{m}}{\rho_B A v_0} \qquad (1.17, 1.18)$$

mit:

$\pi_{\dot{m}}$ = Durchsatz

Im Ergebnis zeigt sich in erster Linie die Abhängigkeit der Fördergeschwindigkeit von den Reibverhältnissen. Die Strömung wird durch die Reibung am Zylinder angetrieben und durch die Reibung an der Schnecke gehemmt. In beiden Fällen liegt die Werkstoffpaarung Stahl-Kunststoffgranulat vor. Die Förderung findet statt, weil die Reibfläche am Zylinder aufgrund des höheren Durchmessers wesentlich größer ist als die Reibfläche an der Schnecke, selbst wenn die Flanken dazu gezählt werden. Aus diesem Grund sind zweigängige Schnecken bei Glattrohrextrudern riskant (siehe Bild 1.15).

Aktuelle Arbeiten beschäftigen sich mit der Frage, ob der beschriebene Mechanismus des kompaktierten Feststoffbettes auch bei hohen Drehzahlen erhalten bleibt. Weiterhin ist offen, wie lange sich dieser Mechanismus in der Schnecke halten kann, bis er durch die Bildung eines Schmelzefilmes an der Zylinderwand aufgehoben wird. Maschinentechnisch versucht man, die Feststoffreibung durch eine Wasserkühlung des Zylinders im Einzugsbereich aufrecht zu erhalten.

Im Nutbuchsenextruder wird in den Zylinder eine Buchse eingebaut, die in Axialrichtung mehrere Nuten aufweist (siehe Bild 1.16).

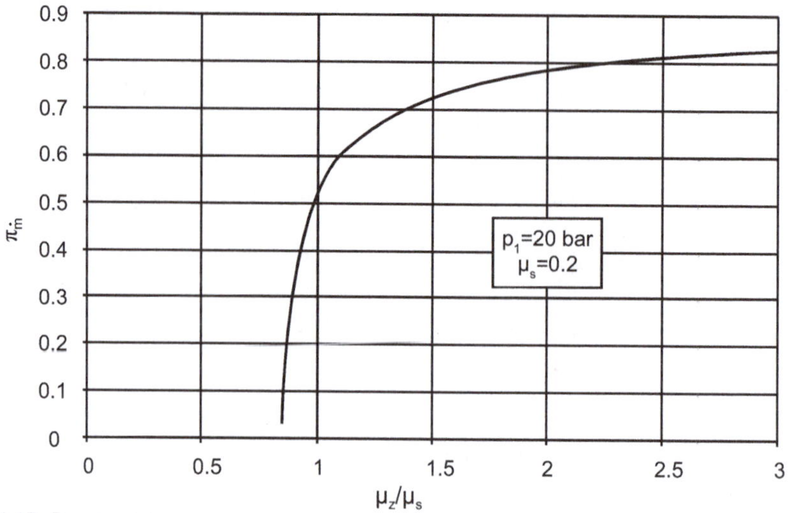

Bild 1.15 Durchsatzkurve

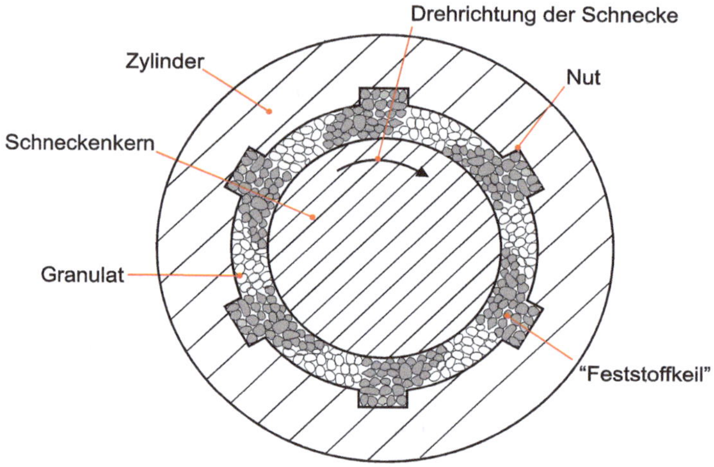

Bild 1.16 Nutbuchsenextruder

Hierdurch kommt es zu einer Verkeilung zwischen den Granulatkörnern, dem Schneckensteg und der Nut. Die Maschine arbeitet dadurch sehr effektiv als Feststoffpumpe. Um diesen Effekt aufrechtzuerhalten, sind die Einzugszonen gekühlt.

Das Betriebsverhalten des Nutbuchsenextruders ist dadurch gekennzeichnet, dass die gezeigte Verkeilung unabhängig vom Gegendruck auftritt. Das Verhalten des Extruders gleicht dadurch einer „Kolbenpumpe“, d. h. der Durchsatz der Maschine hängt nur von der Drehzahl ab. Dieser Durchsatz reagiert empfindlich auf Schwankungen in der Schüttdichte des Granulates. Daher wird diese Bauart nur bei reiner Granulatförderung eingesetzt. In vielen Extrusionsanlagen ist dies nicht möglich, da die Maschinen auch mit Produktionsabfällen (z. B. Randbeschnitt bei Flach-

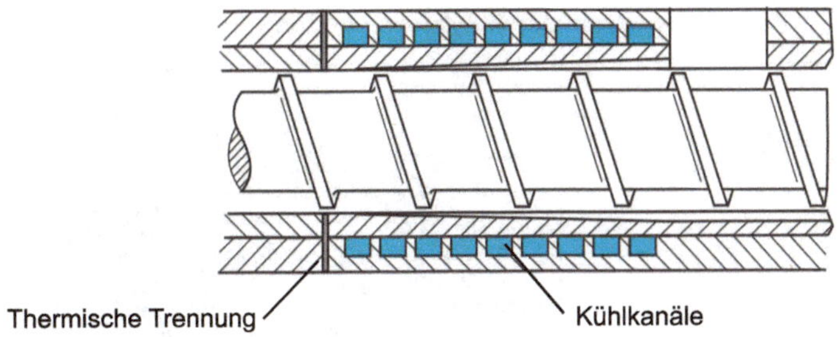

Bild 1.17 Gekühlte Einzugszone

folien oder Mahlgut) gefüttert werden. Der Nutbuchsenextruder benötigt aufgrund des hohen Druckaufbauvermögens keine zusätzliche Schmelzepumpe. Er ist Standard in Blasfolienanlagen und als Coextruder in Flachfolienanlagen. Die Verkeilung arbeitet bei kleinen und mittleren Maschinen am besten. Ab ca. 150 mm Durchmesser sind die Granulatkörner relativ zum Schneckenkanal zu klein.

1.3 Aufschmelzen

Das Aufschmelzen des Granulates beginnt, wenn die hohe Temperatur an der Zylinderwand einen ersten Schmelzefilm erzeugt. Ist dieses „Anschmelzen" weit genug fortgeschritten, lagert sich die Schmelze an der aktiven Flanke an. Die im weiteren Verlauf der Schnecke aufgeschmolzene Menge verbreitert diesen Schmelzewirbel, bis am Ende vollständig aufgeschmolzenes Material vorliegt.

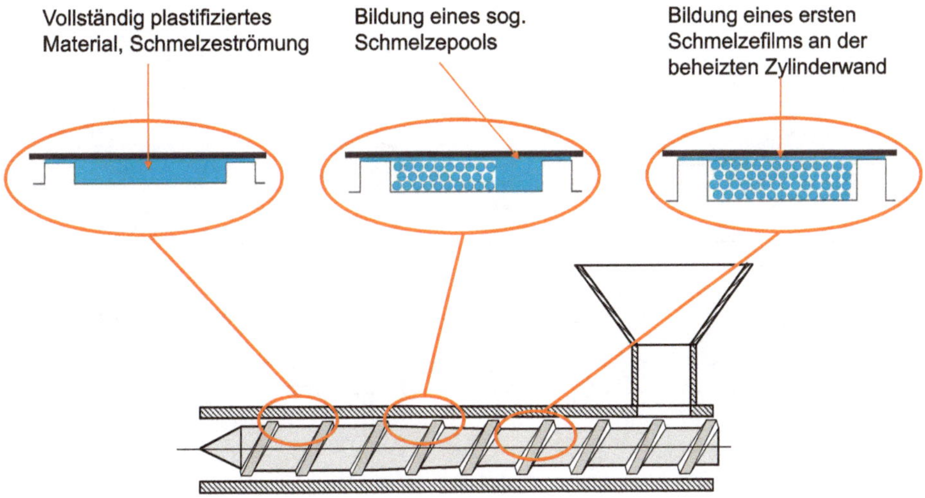

Bild 1.18 Unterschiedliche Aufschmelzphasen

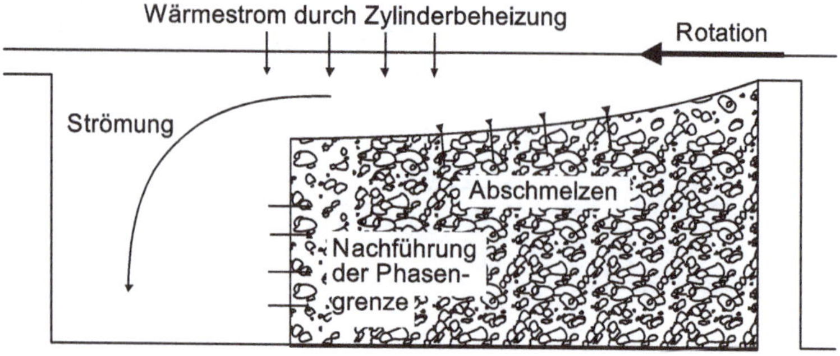

Bild 1.19 Tadmor-Modell

Im Tadmor-Modell vergrößert sich der Schmelzewirbel, da das an der Grenzfläche aufschmelzende Material durch die Querströmung in diesen Wirbel transportiert wird. Mit zunehmender Schneckenlänge (die Schnecke wird hier als Kompressionszone ausgeführt, d.h. die Kanaltiefe nimmt kontinuierlich ab) wird der Schmelzewirbel breiter, und der Anteil an aufgeschmolzener Masse nimmt zu. Gegen Ende des Aufschmelzens brechen die Reste des Feststoffbettes auf und schwimmen inselartig in der umgebenden Schmelze. Dieses Verhalten kann auch bereits früher auftreten, falls die Schnecke im Aufschmelzbereich strömungsteilende Elemente hat (z.B. Mischteile). Bei Materialien mit hoher Aufschmelzenthalpie kann das Aufschmelzen den größten Teil der Schnecke beanspruchen. Im Folgenden wird ein Simulationsergebnis gezeigt, in dem der zunehmende Schmelzeanteil und die abnehmende Feststoffbreite aufgetragen sind (siehe Bild 1.20).

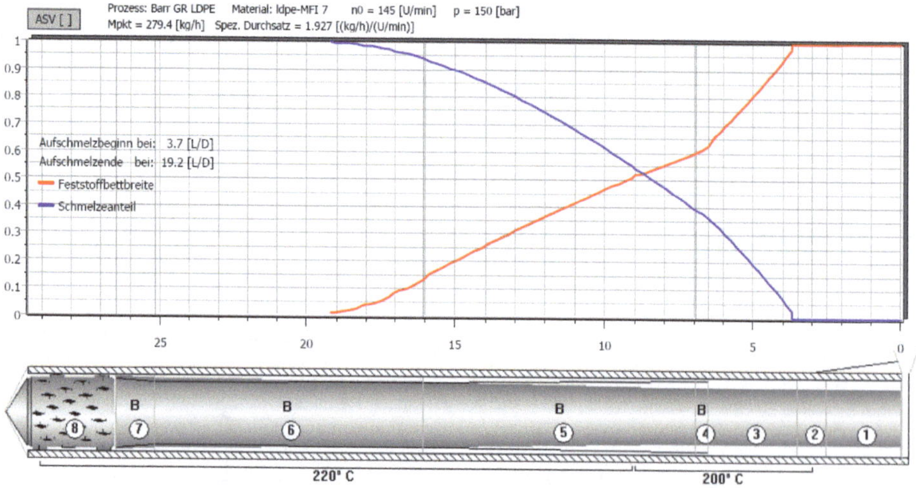

Bild 1.20 Aufschmelzverlauf

1.4 Schmelzeförderung

Die Förderung der Schmelze im Schneckenkanal wird von der Schneckendrehung hervorgerufen: Die Drehbewegung hat durch den Gangsteigungswinkel der Schnecke eine Geschwindigkeitskomponente in Kanalrichtung und erzeugt die Strömung relativ zur Schnecke in die gewünschte Richtung. Diese Schleppströmung wird überlagert durch die sich in der Schnecke ausbildende Druckströmung, die aufgrund des Druckgradienten in Kanalrichtung entsteht (siehe Bild 1.21).

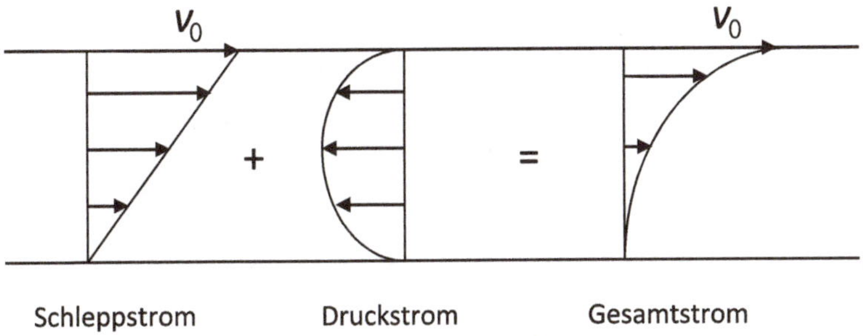

Bild 1.21 Schlepp- und Druckströmung

Zusätzlich erzeugt die Schneckendrehung eine Querströmung im Schneckenkanal, die einen Beitrag zur Homogenisierung des Schmelzestromes leistet. Bei strukturviskosen Kunststoffschmelzen erzeugt diese Querströmung eine Viskositätserniedrigung durch die Steigerung der Schergeschwindigkeit.

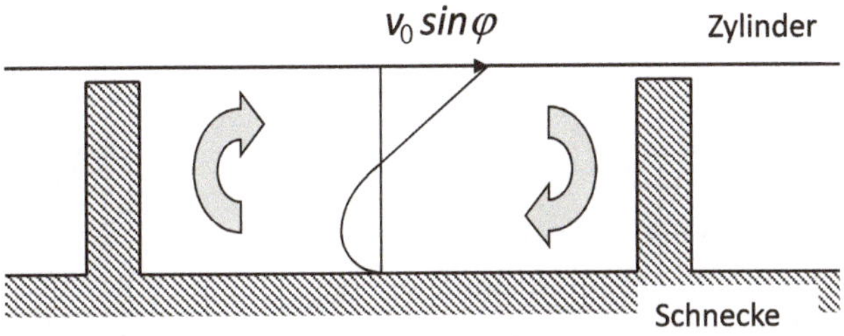

Bild 1.22 Querströmung

Eine genaue Berechnung der Strömungsverhältnisse mit dem nichtlinearen Stoffverhalten der Kunststoffe ist mit den numerischen Verfahren der CFD (Computational Fluid Dynamics) möglich. Mit den vereinfachenden Annahmen der eindimensionalen Strömung ergibt sich näherungsweise:

$$\pi_{\dot{m}} = 1 - \frac{1}{n}\pi_p \qquad (1.19)$$

$$\pi_{\dot{m}} = \frac{2\dot{m}}{i\rho b h\, v_{0z}} \qquad \pi_p = \frac{h^2}{6\eta v_{0z}}\frac{\partial p}{\partial z} \qquad (1.20, 1.21)$$

mit:

$\dot{m}$ = Durchsatz in einem Bereich von 0,55 > $\pi_{\dot{m}}$ > 1,45.
b = Kanalbreite quer zum Steg
i = Gangzahl der Schnecke
h = Kanaltiefe
v_{0z} = Umfangsgeschwindigkeitskomponente in Kanalrichtung
p = Druck
ρ = Dichte
z = Koordinate in Kanalrichtung

Die Viskosität η ist bei der Schergeschwindigkeit $\dot{\gamma}$ von:

$$\dot{\gamma} = \frac{v_{0z}}{h}$$

einzusetzen;

der Einflussparameter n ergibt sich aus der Strukturviskosität:

$$n = 1 + \frac{\partial\left(\log\frac{\eta}{\eta_0}\right)}{\partial\left(\log\frac{\dot{\gamma}}{\dot{\gamma}_0}\right)} \qquad (1.22)$$

mit:

n = Fließexponent
η = Viskosität bei der Schergeschwindigkeit $\dot{\gamma}$
η_0 = Viskosität bei der Schergeschwindigkeit $\dot{\gamma}_0$
$\dot{\gamma}$ = „erste“ gewählte Schergeschwindigkeit in der Fließkurve
$\dot{\gamma}_0$ = „zweite“ gewählte Schergeschwindigkeit in der Fließkurve

Für reale Gangsteigungen ergeben sich leicht verschobene Kurven aufgrund der Querströmung (siehe Bild 1.23).

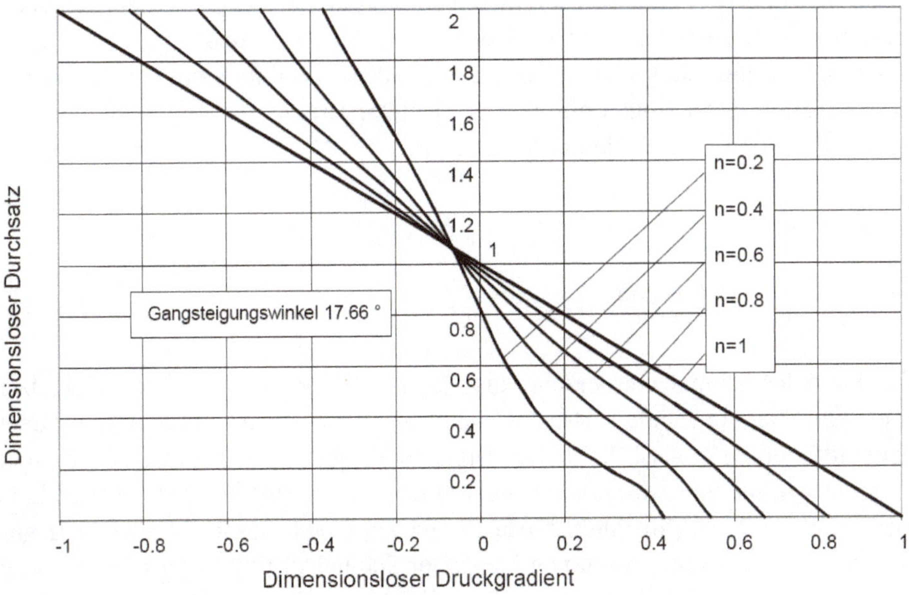

Bild 1.23 Dimensionsloses Druck-Durchsatzdiagramm für Schnecken mit Gangsteigung 1D

Der Unterschied zwischen dem örtlich unterschiedlichen Schleppvermögen der Schnecke und dem für die ganze Schnecke konstanten Massestrom erzeugt spezifische Druckgradienten und Strömungsformen (siehe Bild 1.24).

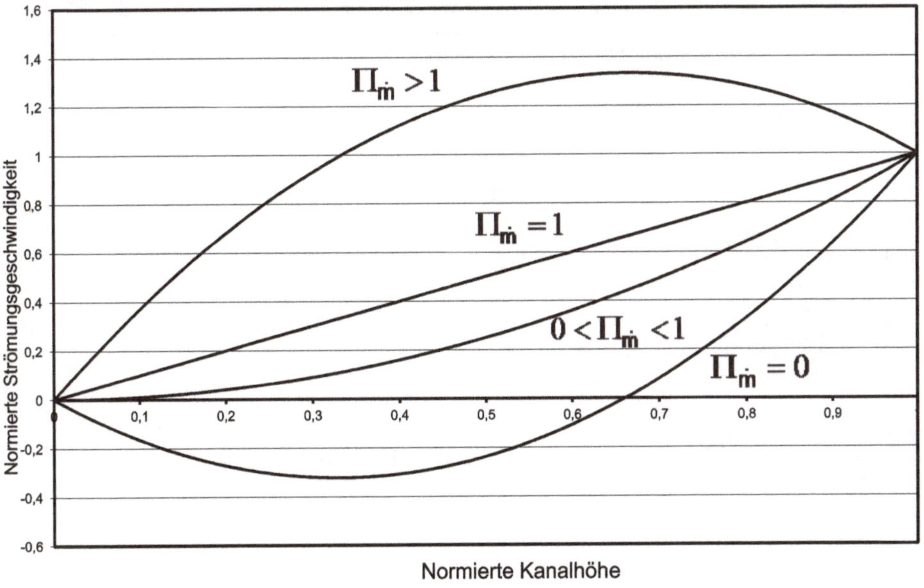

Bild 1.24 Strömungsformen

Insgesamt überwiegt der Druckaufbau, da am Ende der Schnecke der Werkzeuggegendruck überwunden werden muss. Starke Rückströmungen erzeugen eine für das Molekulargewicht schädliche breite Verweilzeitverteilung und eine hohe Energiedissipation. Strömungen mit gleichgerichteter Druckströmung weisen eine zu kleine Mischung der Schichtenströmung auf.

1.5 Mischen

Am Ende der Schmelzeförderzone liegt das Material vollständig aufgeschmolzen und unter dem notwendigen Druck stehend vor. Zur Erzielung einer guten Schmelzequalität fehlt es jedoch bei hohen Drehzahlen noch an der notwendigen guten Durchmischung, und zwar sowohl zur stofflichen Mischung als auch zur Verhinderung großer Temperaturunterschiede. Zu diesem Zweck werden Mischteile (mehrmaliges Zerteilen und Zusammenführen der Schmelze) und Scherteile (Ausstreichen in engen Spalten) eingesetzt. Das folgende Bild 1.25 zeigt einige gängige Ausführungsbeispiele.

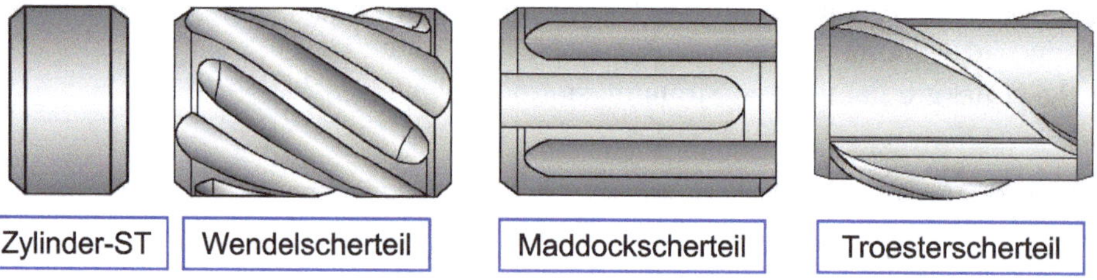

Bild 1.25 Scherteile

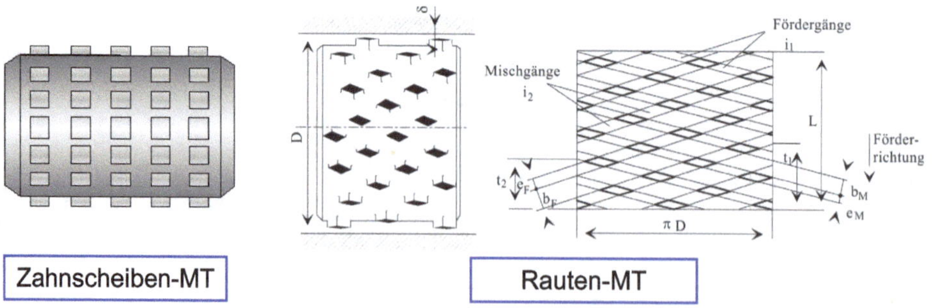

Bild 1.26 Mischteile

1.6 Entgasungsextruder

Für spezielle Anwendungsfälle sind Entgasungsextruder notwendig. Hiermit sind Extruder gemeint, bei denen nach dem Aufschmelzen durch eine Bohrung im Zylinder flüchtige Bestandteile austreten können. Dies sind z.B. Feuchtigkeit (PS, PET) oder Restmonomere (PMMA). Damit diese Entgasung gut arbeitet, muss der betroffene Bereich teilgefüllt und drucklos sein. Dies wird durch eine Dekompression, d.h. eine stark zunehmende Gangtiefe erreicht.

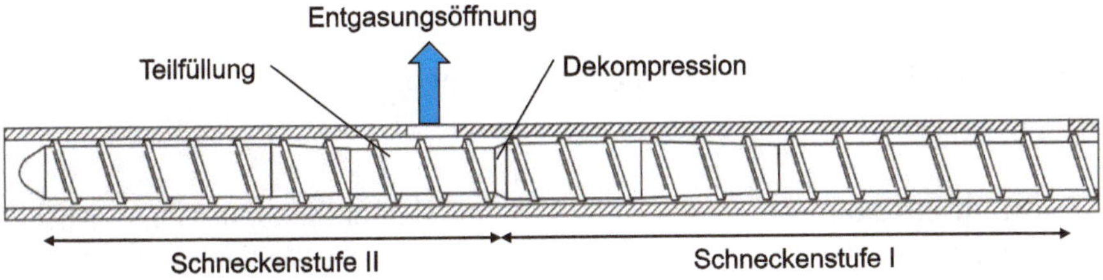

Bild 1.27 Entgasungsschnecke

Der dazugehörige Druckverlauf ist im Folgenden dargestellt (siehe Bild 1.28).

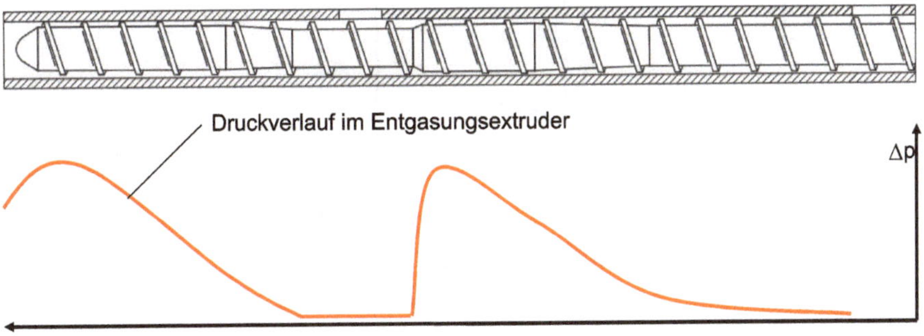

Bild 1.28 Druckverlauf in Entgasungsextrudern

Er stellt sich jedoch nur ein, wenn die zweite Schneckenstufe eine entsprechend höhere Förderleistung hat als die erste. Anderenfalls „flutet“ das Entgasungsloch, d.h. die Schmelze tritt unerwünscht an dieser Stelle aus.

1.7 Betriebsverhalten

Die Fördermenge eines Einschneckenextruders hängt von seiner Drehzahl und dem Gegendruck an der Schneckenspitze ab. Aufgrund der starken Abhängigkeit von der Drehzahl ist die Angabe der spezifischen (d. h. drehzahlbezogenen) Fördermenge üblich, da diese Zahl konstanter ist.

$$\dot{m}_{\text{spez}} = \frac{\dot{m}}{N}\left[\frac{\text{kg/hr}}{\text{U/min}}\right] \tag{1.23}$$

mit:

$\dot{m}_{\text{spez}}$ = spezifische/drehzahlbezogene Fördermenge

N = Drehzahl

Bei Glattrohrextrudern sinkt der Durchsatz mit zunehmendem Gegendruck, sie arbeiten nach dem Prinzip der „Verdrängerpumpe“. Die Förderung des Nutbuchsenextruders bleibt bis zu einer begrenzenden Drehzahl bzw. einem Gegendruck konstant.

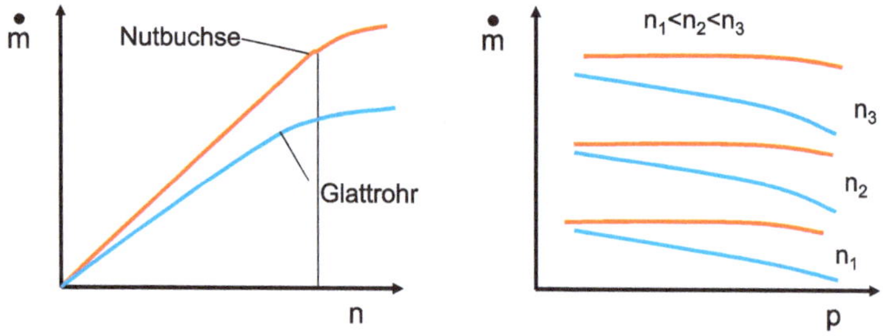

Bild 1.29 Förderverhalten von Einschneckenextrudern

1.8 Bauarten von Extrudern und ihre Betriebskennlinien

Die Standardausführung des Einschneckenextruders ist der im nächsten Abschnitt (1.8.1) beschriebene Glattrohrextruder, dessen Name auf die konstruktive Gestaltung des Zylinders in der Einzugszone zurückzuführen ist. Im Gegensatz dazu gibt es den Nutbuchsenextruder, der zur Verarbeitung von hochmolekularem Polyethylen-Grieß entwickelt wurde und heute vorwiegend zur Verarbeitung von Polyethylen und Polypropylen bis zu mittleren Maschinengrößen eingesetzt wird.

Unabhängig von dieser Unterscheidung können Extruder mit Entgasungszonen ausgestattet werden, d.h. der Zylinder hat eine Öffnung zum Austrieb von flüchtigen Bestandteilen (z.B. Wasser).

Eine Sonderanwendung sind Schmelzeextruder, bei denen das Material bereits heiß als Schmelze zugeführt wird. Der Extruder dient hier dann nicht mehr zum Aufschmelzen, sondern nur zur Füllstoffeinarbeitung, zur Druckerhöhung oder zur Entgasung.

Ein besonderer Abschnitt wird den in den letzten Jahren entwickelten Schnellläufern gewidmet.

1.8.1 Glattrohrextruder

In Glattrohrextrudern laufen die im vorangegangenen Kapitel beschriebenen Prozesse in der Einzugszone ohne besondere förderwirksame Maßnahmen ab. Die Maschinen werden so ausgelegt, dass die Einzugszone mit ihrer hohen Gangtiefe bei üblichen Schneckendrehzahlen immer genug Material einzieht. Der Ausstoß wird durch die Schmelzeförderkapazität bestimmt, da die reibschlüssige Granulatförderung nicht genügend Druck aufbauen kann, um die Menge wesentlich zu steigern. Aufgrund der großen Gangtiefe ist die Einzugszone gut geeignet, Materialien mit einem hohen Anteil an Mahlgut oder Folienschnitzeln zu verarbeiten.

Die Fördermenge ist abhängig von der Drehzahl und vom Werkzeuggegendruck (siehe Bild 1.30).

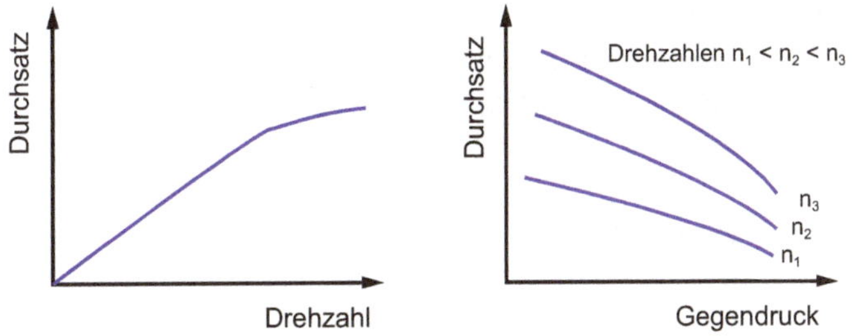

Bild 1.30 Betriebskennlinien des Glattrohrextruders

Eine einfache dazugehörige Schnecke zeigt die tiefe Einzugszone mit der als Kompressionszone ausgeführten Schnecke und einem abschließendem Mischteil (siehe Bild 1.31).

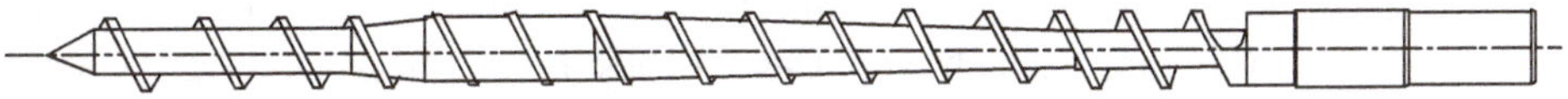

Bild 1.31 Schnecke eines Glattrohrextruders

1.8.2 Nutbuchsenextruder

Der Glattrohrextruder arbeitet als Schmelzefördermaschine, d. h. der Druckaufbau geschieht durch die Übertragung von Schubspannungen an den Wänden. Bei der Verarbeitung besonders hochmolekularer Polyethylen-Materialien zeigte sich jedoch, dass dieses Förderprinzip aufgrund des wandgleitenden Fließverhaltens des Materials nicht zufriedenstellend arbeitet. Hierzu wurde der Nutbuchsenextruder entwickelt (siehe Bild 1.32), bei dem über den ersten Schneckengängen der Einzugszone Nuten in den Zylinder eingearbeitet werden.

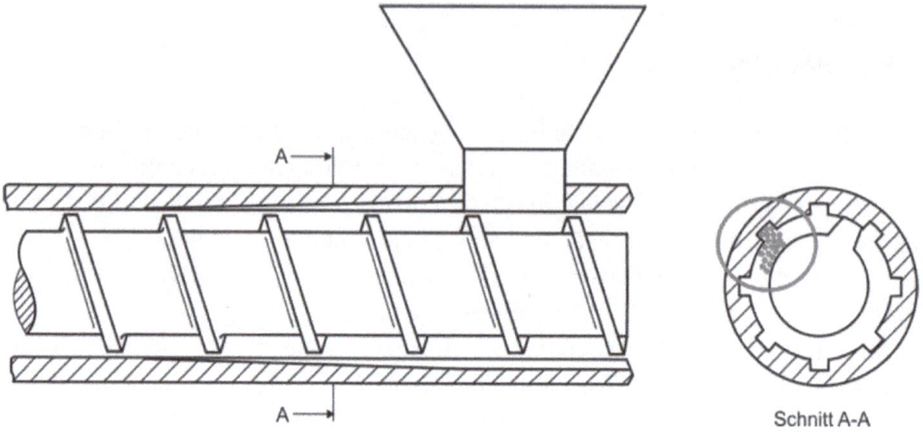

Bild 1.32 Genutete Einzugszone mit Verkeilung

Dadurch wird die Zylinderreibung stark erhöht, so dass die Förderleistung steigt. Im Falle von Granulat entsteht bei flachen Kanälen eine Verkeilung, so dass eine formschlüssige Kraftübertragung stattfindet. Der Durchsatz der Maschine ergibt sich zu

$$\dot{m} = \rho_{Sch}\, v_0 \tan\phi \left(A_K + A_N\right) \tag{1.24}$$

mit:

A_K = Querschnittsfläche des Schneckenkanals quer zur Schneckenachse
A_N = Querschnittsfläche der Nuten quer zur Schneckenachse
v_0 = Umfangsgeschwindigkeit
ρ_{Sch} = Schüttdichte
ϕ = Gangsteigungswinkel
$\dot{m}$ = Fördermenge/Durchsatz

Dieser Fördermechanismus ist unabhängig vom Fließwiderstand im Werkzeug und erzeugt Kennlinien, die nicht vom Gegendruck anhängen (siehe Bild 1.33).

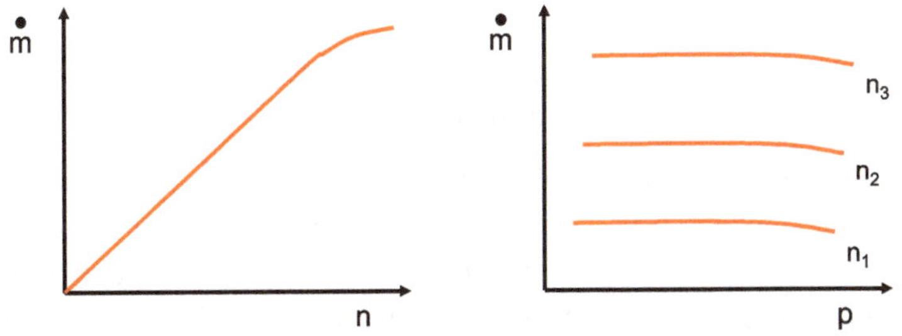

Bild 1.33 Betriebskennlinien des Nutbuchsenextruders

Die Schnecke ist im Einzug flachgeschnitten, um den Fördermechanismus sicherzustellen (siehe Bild 1.34) und die Schnecke nicht zu überfüttern. Dies wurde zunächst nicht erkannt, und die Nutbuchsenextruder arbeiteten jahrzehntelang mit tiefgeschnittenen Einzugszonen und enggeschnittenen, druckverbrauchenden Schnecken. Dadurch kam es zu sehr hohem Druck am Ende der Nutbuchse von bis zu 1000 bar und entsprechend hohem Verschleiß. Erst nach einiger Zeit erkannte Potente (siehe Literaturverzeichnis), dass dieser Druck nur eine unnötige Folge der engen Schnecken und nicht eine wichtige Funktionseigenschaft der genuteten Einzugszone ist. Seitdem werden die Einzugszonengangtiefe und die Gangtiefen der stromabwärts liegenden Schneckenelemente so abgestimmt, dass der Druck am Ende der Nuten deutlich geringer ausfällt und die Standzeiten der Systeme ansteigen.

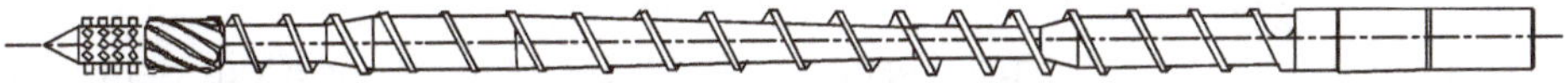

Bild 1.34 Nutbuchsenextruderschnecke

Im Gegensatz zum schmelzefördernden Glattrohrextruder ist der Nutbuchsenextruder eine Feststoffférdermaschine. Dieses Betriebsverhalten ist vorteilhaft durch den höheren Ausstoß und durch die gezeigte Stabilität. Mehrere Voraussetzungen schränken allerdings den Einsatz ein:

- Der gezeigte Verkeilungseffekt wird schwächer, wenn die Kanaltiefe im Vergleich zur Granulatkorngröße steigt. Ab einem Durchmesser von ca. 150 mm ist der Einsatz von Nutbuchsenextrudern selten.
- Die Verkeilung kann bei sehr hartem Granulat zu Drehmomentspitzen führen. Falls das Material zwischen Zylindernuten und Schneckenstegen klemmt, ist die geringe Festigkeit und Härte von Polyethylen und Polypropylen vorteilhaft. Die Verarbeitung amorpher und damit sehr harter Kunststoffgranulate mit Nutbuchsenextrudern setzt spezielle Erfahrung voraus.
- Die Förderung bei Mischungen aus Mahlgut und Granulat, insbesondere bei Folienrandstreifen, kann sehr stark schwankend ausfallen.

- Die Nutbuchsen neigen zum Verschleiß.
- Die Nutbuchse wird mit einem Kühlgerät wassergekühlt, so dass der energetische Wirkungsgrad beeinträchtigt wird.

Aus den genannten Gründen werden Nutbuchsenextruder in der Blasfolienextrusion und in Coextrudern für Polyethylen und Polypropylen eingesetzt. Für andere Einsatzgebiete gibt es viele Sonderbauformen mit abgeschwächten Nuten, um die hervorragenden Vorteile dieses Maschinentyps nutzen zu können.

1.8.2.1 Entgasungsextruder

Kunststoffgranulate können niedermolekulare Bestandteile haben, die die Qualität extrudierter Produkte beeinträchtigen:

- Hygroskopische Kunststoffe (insbesondere PA, PET, aber auch PC, PS, PMMA) nehmen Wasser aus der Umgebung auf, das bei den hohen Verarbeitungstemperaturen das Molekulargewicht herabsetzt oder andere Qualitätsmängel hervorruft. Dieses Wasser wird entweder durch eine Vortrocknung entfernt, oder es werden Entgasungszonen eingesetzt.
- Aus der Polymerisation können niedermolekulare Restmonomere vorhanden sein, die bei hohen Temperaturen ausgasen (z.B. PMMA).
- Das Rezyklat kann aus der vorherigen Gebrauchsphase Reststoffe enthalten.

Aus den genannten Gründen werden Entgasungsextruder eingesetzt, bei denen die Schnecke zweistufig aufgebaut ist. Zwischen diesen Stufen wird durch eine Öffnung im Zylinder entgast (siehe Bild 1.27, Seite 21).

In der tiefgeschnittenen Entgasungszone muss das Material drucklos sein, um nicht durch die Öffnung zu fließen. Der Aufschmelzverlauf muss weit fortgeschritten sein, um diesen Bereich gasdicht gegen den Trichter abzudichten. Andererseits sollte das Aufschmelzen nicht vollständig abgeschlossen sein, damit die flüchtigen Bestandteile nicht durch die Schmelze diffundieren müssen. Die Entgasung kann durch das Anlegen von Unterdruck unterstützt werden.

Eine dafür übliche Schneckengeometrie hat einen zweistufigen Aufbau (siehe Bild 1.35).

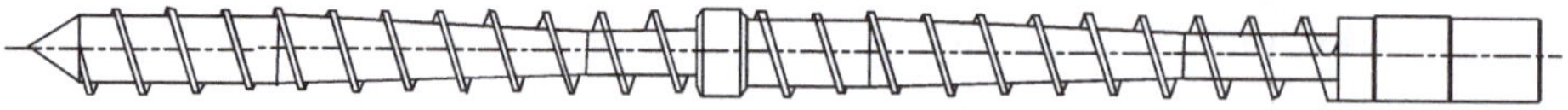

Bild 1.35 Schnecke für Entgasungsextruder

Die teilgefüllte Entgasungszone entkoppelt die beiden Schneckenstufen und erzeugt daher eine Betriebskennlinie, in der der Durchsatz unabhängig vom Gegendruck an der Schneckenspitze ist (siehe Bild 1.36). Allerdings tritt bei hohem Druck ein Fluten der Entgasungsöffnung auf. Da die Schnecke in der zweiten Stufe

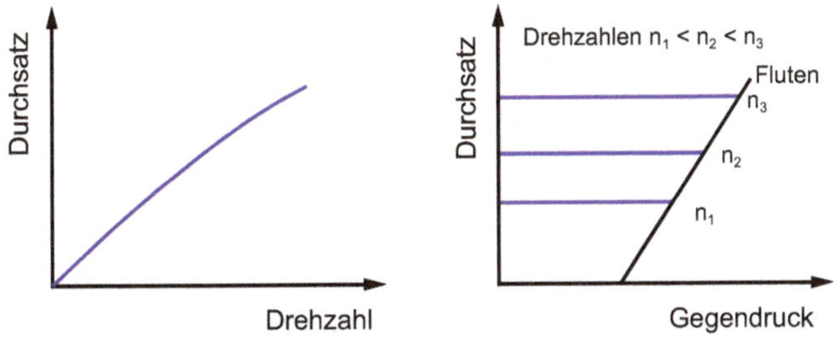

Bild 1.36 Betriebskennlinien des Entgasungsextruders

wie ein schmelzefördernder Glattrohrextruder arbeitet, sinkt die Förderkapazität, was sich in einer veränderlichen Rückstaulänge zeigt (siehe Bild 1.37). Erreicht die Rückstaulänge aufgrund des hohen Drucks einen kritischen Wert, tritt Material an der Entgsaungsöffnung aus.

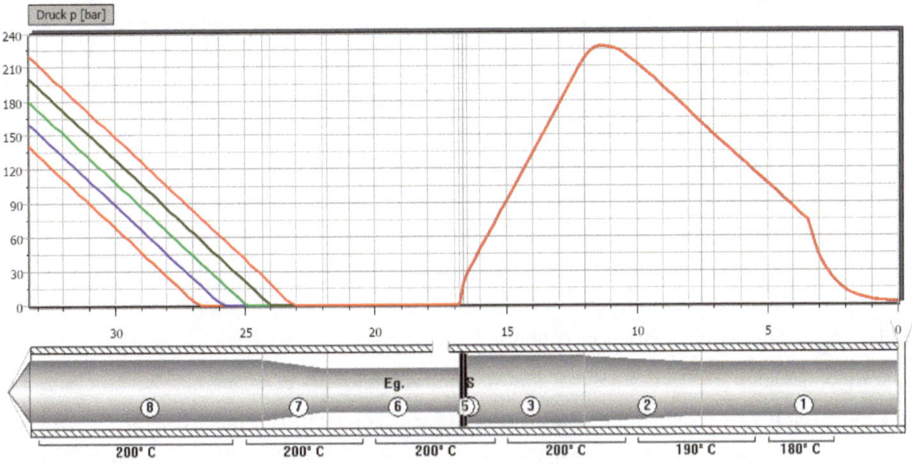

Bild 1.37 Druckprofil im Entgasungsextruder

Diese betriebspunktabhängige Rückstaulänge ist negativ für die Förderstabilität und das Entgasungsergebnis. In der Praxis versucht man, durch eine Drossel zwischen Werkzeug und Extruder den Druck einstellen zu können, um so die Rückstaulänge zu einem einstellbaren Parameter zu machen.

1.8.3 Schmelzeextruder

Eine Sonderbauform des Extruders ist der Schmelzeextruder im Gegensatz zu den bisher beschriebenen Maschinen, die als Plastifizierextruder zusammengefasst werden können. Schmelzeextruder werden mit bereits aufgeschmolzenen Materialien beschickt. Ihre Aufgaben bestehen dann nicht mehr im Aufschmelzen, sondern

- als Austragsextruder hinter Aufschmelzmaschinen, die den notwendigen Druck zur Überwindung des Fließwiderstandes im Werkzeug nicht aufbringen können,
- als Maschine zur Qualitätsverbesserung der Schmelze (Entgasung, Mischen),
- als Austragsextruder mit extrem gleichmäßiger Förderleistung hinter Extrudern, die aufgrund des Aufschmelzvorganges leichte Schwankungen aufweisen (Kaskade),
- oder als Kühlextruder (physikalisches Schäumen) mit dem Ziel, die Massetemperatur abzusenken.

Die Schnecke weist nur eine geringe Kompression auf und ist mit Mischteilen bestückt (siehe Bild 1.38).

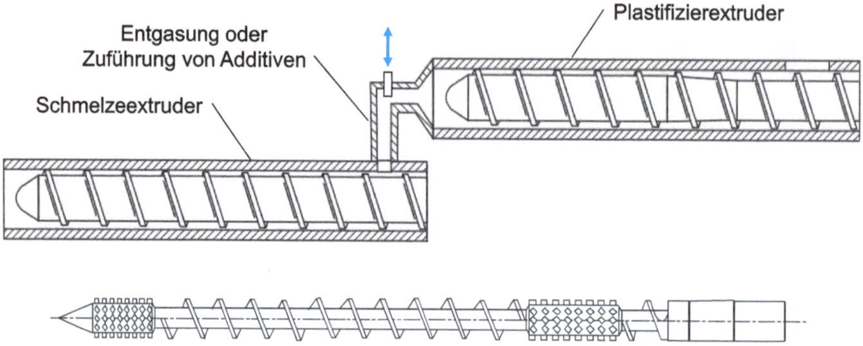

Bild 1.38 Schnecke für Schmelzeextruder

Die technisch interessanteste Stelle des Schmelzeextruders ist die Abdichtung am Schneckenschaft gegen die unter Druck stehende Schmelze. Bei normalen Plastifizierschnecken muss beim Eintritt der Schnecke in den Zylinder nur gegen druckloses Granulat abgedichtet werden. Die Lösungen sind herstellerspezifisch.

1.8.3.1 Schnelllaufende Schmelzeextruder

Schnelllaufende Extruder sind in den letzten Jahren entwickelt worden und unterscheiden sich von den herkömmlichen Maschinen durch ihre hohe Drehzahl. Während man jahrzehntelang an Umfangsgeschwindigkeiten von < 1 m/min festhielt aus Sorge um das Molekulargewicht der Kunststoffe, werden heute von einigen Maschinenherstellern mit entsprechend optimierten Maschinen wesentlich höhere Umfangsgeschwindigkeiten im Betrieb eingesetzt. Eine hohe Drehzahl führt zu den folgenden Vorteilen:

- Die Antriebsenergie wird bei höheren Drehzahlen mit kleineren Drehmomenten übertragen. Vergleicht man Maschinen gleicher Fördermenge, so führt dieses Absinken des Drehmomentes zu kostengünstigeren Getrieben.
- Die Extruder werden mit Elektromotoren angetrieben, deren Drehzahl weit über der Schneckendrehzahl liegt. Die Anhebung der Schneckendrehzahl kann daher Getriebestufen einsparen, was wieder zu kostengünstigeren Getrieben führt. Denkt man diese Entwicklung zu Ende, so werden die Extrusionsschnecken mit sogenannten Direktantrieben gefahren, d.h. ohne Untersetzungsgetriebe. Hier wird dann nur noch mit einem Rückdrucklager die Axiallast vor dem Motor abgeleitet.
- Vergleicht man Maschinen gleicher Fördermenge, so sind die Extruder wesentlich kleiner und damit kostengünstiger.
- Der Kunststoff wird mit geringen Verweilzeiten verarbeitet. Entgegen der ursprünglichen Sorge um das Molekulargewicht zeigen neuere Untersuchungen an Polyolefinen, dass diese kurze Verweilzeit trotz höherer Scherung schonender sein kann. Die mechanischen Kennwerte des Produktes verbessern sich zum Teil.

Neben vielen konstruktiven Verbesserungen als Voraussetzung für die Beherrschung hoher Drehzahlen sind Schnecken für Schnellläufer durchweg länger als vorher. Es werden Schneckenlängen von 33 – 40 D eingesetzt, um die hohen Durchflussmengen aufschmelzen zu können.

1.9 Baureihen

Bei fast allen Extrusionsprodukten werden Anlagen unterschiedlicher Größe bzw. unterschiedlicher Durchsatzleistung am Markt verlangt, deren Schnecken unter gleichen Randbedingungen identische Qualitätsanforderungen für ähnliche Produkte bedienen müssen.

Mit Hilfe der Modelltheorie können Schneckengeometrien im Durchmesser und damit im Durchsatz variiert werden. Dabei wird davon ausgegangen, dass eine modelltheoretisch korrekt hochgerechnete Schnecke die gleiche Schmelzequalität erzeugt wie die zugrundegelegte Basisgeometrie. Diese Vorgehensweise ermöglicht dann die Festlegung ähnlicher Schnecken und Betriebspunkte über den am Markt geforderten Maschinendurchmesserbereich. Die Modelltheorie ist für eine Vielzahl von Randbedingungen entwickelt worden, von denen hier nur eine stark vereinfachte Variante vorgestellt werden soll. Die folgenden Einschränkungen sind bei der Baureihenauslegung sinnvoll:

- Die Massetemperatur am Schneckenende soll invariant sein.
- Der Druck an der Schneckenspitze soll invariant sein.
- Die Gangsteigung soll invariant sein.
- Der Anteil der spez. Antriebsleistung bzw. der spez. Temperierleistung an der gesamten Enthalpieerhöhung im Material bleibt konstant.
- Das Verhältnis zwischen Schleppströmung und Druckströmung im Schneckenkanal bleibt konstant.
- Die Aufteilung der Schnecke in die einzelnen Funktionszonen bleibt erhalten.
- Die Zylinderwandtemperatureinstellung bleibt erhalten.

Unter diesen Randbedingungen bleiben drei Freiheitsgrade für die Schneckendrehzahl, die Schneckenlänge und die Kanaltiefe übrig, die entsprechend der oben genannten Annahmen und der Materialdaten in Beziehung stehen.

$$\frac{h}{h_0} = \left(\frac{D}{D_0}\right)^{\psi} \quad \frac{n}{n_0} = \left(\frac{D}{D_0}\right)^{-x} \quad \frac{L/D}{(L/D)_0} = \left(\frac{D}{D_0}\right)^{\omega} \tag{1.25}$$

Die Beziehungen zwischen diesen Kennzahlen können dem folgenden Diagramm entnommen werden, wobei die konkrete Lage der Funktionen entsprechend der folgenden Tabelle abhängig von der Fließkurve des Materials und der Wahl des Längenexponenten ω ist. Die wesentlichen Gleichungen sind in Tabelle 1.2 zusammengefasst.

Tabelle 1.2 Modellgesetzgleichungen

1: Konstante Wärmestromdichte an der Zylinderwand		$\psi = x + \omega$
2: Konstante Temperaturdifferenz zwischen Kunststoff und Zylinderwand		$\psi = (x + \omega)/2$
3: Konstante massestrombezogene Scherenergieeinleitung		$\psi = 1 - \frac{n}{n+1}x + \frac{\omega}{n+1}$
Schnittpunkt bei konstanter Temperatur	$\psi = \frac{1+n+\omega+n\omega}{2n+1}$	$x = \frac{1+n-\omega n}{2n+1}$
Schnittpunkt bei konstantem Wärmestrom	$\psi = \frac{1+n+\omega+n\omega}{3n+1}$	$x = \frac{2n+2+\omega-\omega n}{3n+1}$

Für die Wirtschaftlichkeit der Anlage ist der erreichbare Massedurchsatz von entscheidender Bedeutung. Er gehorcht dem Modellgesetz:

$$\frac{\dot{m}}{\dot{m}_0} = \left(\frac{D}{D_0}\right)^{2+\psi-x} \tag{1.26}$$

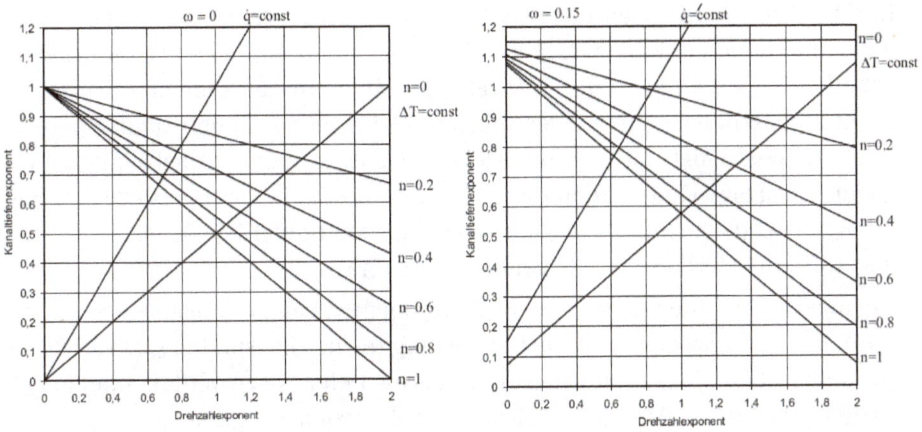

Bild 1.39 Modellgesetzexponenten

und soll nach Möglichkeit quadratisch mit dem Durchmesser steigen. Die folgenden Strategien sind zur endgültigen Festlegung des Modellübertragungspunktes üblich:

- Unter der Randbedingung eines konstanten *L*/*D*-Verhältnisses wird akzeptiert, dass der Durchsatzexponent erheblich kleiner als 2 ist. Die Modellübertragung erfolgt trotzdem auf dem gezeigten Schnittpunkt zwischen den Linien gleicher Temperaturdifferenz und gleicher massestrombezogener Scherenergie. Den Zusammenhang zwischen dem Durchsatzexponenten und dem Potenzgesetzfaktor der Fließkurve zeigt das nächste Bild (siehe Bild 1.40).

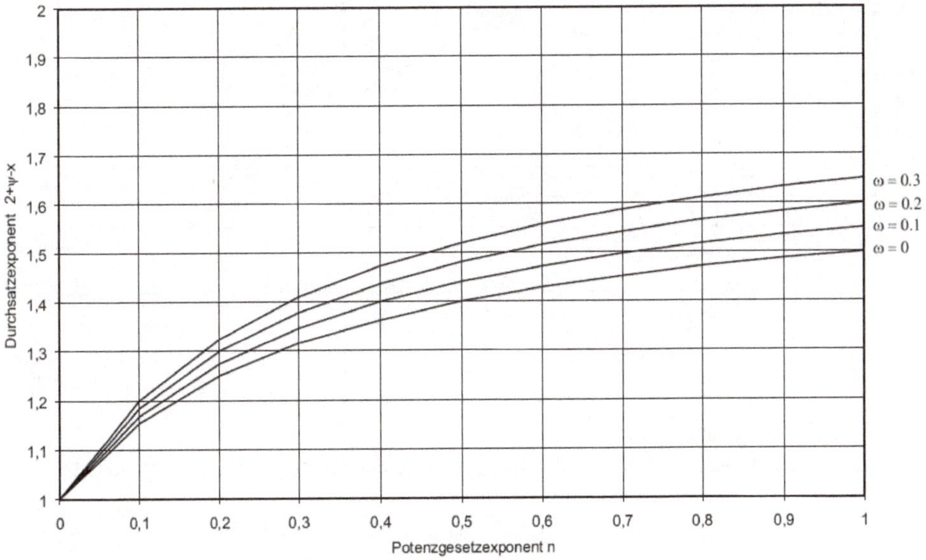

Bild 1.40 Durchsatzexponent als Funktion des Potenzgesetzfaktors

- Um die Wirtschaftlichkeit der Maschine zu steigern, erfolgt die Modellübertragung auf einem Punkt der Linie gleicher Dissipation mit höherem Durchsatzergebnis. Dies kann bis zu der angegebenen Linie mit konstantem Wärmestrom gehen. Die Randbedingung einer konstant bleibenden Zylinderwandtemperatureinstellung wird dabei jedoch aufgegeben, so dass sich die Schmelzequalität verändert. Im Folgenden werden die Aufschmelzprofile einer so ausgelegten Baureihe gezeigt (siehe Bild 1.41). Man erkennt die kontinuierliche Verschlechterung des Aufschmelzprofiles bei steigendem Durchmesser.
- Um den gewünschten hohen Durchsatzexponenten bei gleichbleibender Schmelzequalität zu erreichen, wird die Randbedingung des konstanten *L/D*-Verhältnisses aufgegeben. Dies kann jedoch nur begrenzt eingesetzt werden, um die *L/D*-Verhältnisse großer Maschinen nicht zu groß werden zu lassen.

In der Praxis wird man eine Kombination der vorgestellten Ideen verwirklichen, d.h. die Modellübertragung auf einem Punkt gleicher Dissipation in der Mitte zwischen den Punkten gleicher Temperaturdifferenz bzw. gleicher Wärmestromdichte und eine Verlängerung des *L/D*-Verhältnisses bei großen Durchmessern, um den Durchsatzexponenten in eine wirtschaftliche Größenordnung zu treiben. So erhält man beispielsweise die Übertragung von 300 kg/h Polypropylen (n = 0,4) auf einer 90 mm-27 D-Maschine auf 1060 kg/h bei einer 180 mm-30 D-Maschine.

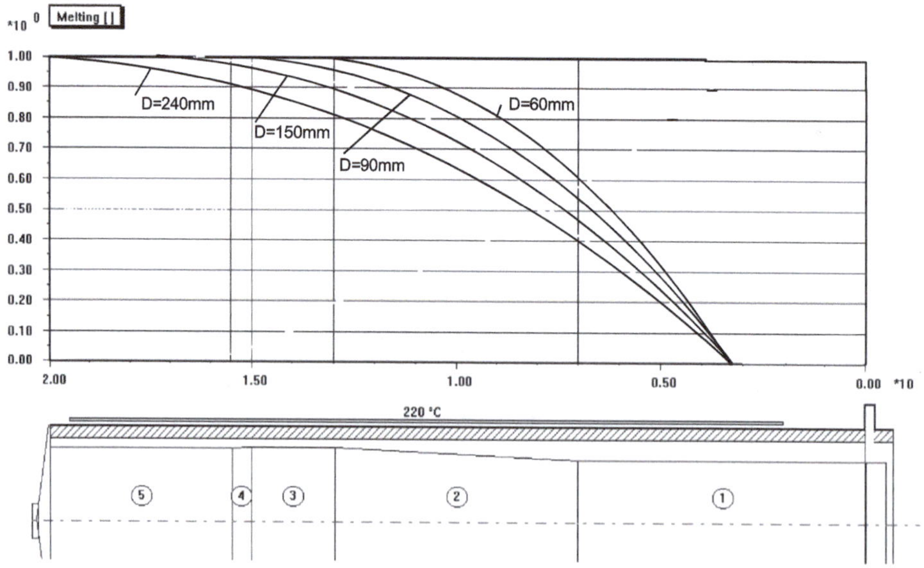

Bild 1.41 Aufschmelzprofile einer Schneckenbaureihe bei konstanter Wärmestromdichte

1.10 Extrusionsmaschinenbau

1.10.1 Zylinderbaugruppe

Die Zylinderbaugruppe (siehe Bild 1.42) beginnt mit dem Einfüllgehäuse, welches die Schnittstelle zwischen Trichter, Getriebe und Zylinder bildet. Es wird aufgrund der aufwändigen Geometrie meist als Gussteil ausgeführt. Getriebe und Zylinder werden angeflanscht, der Trichter steht auf einer Anschraubfläche.

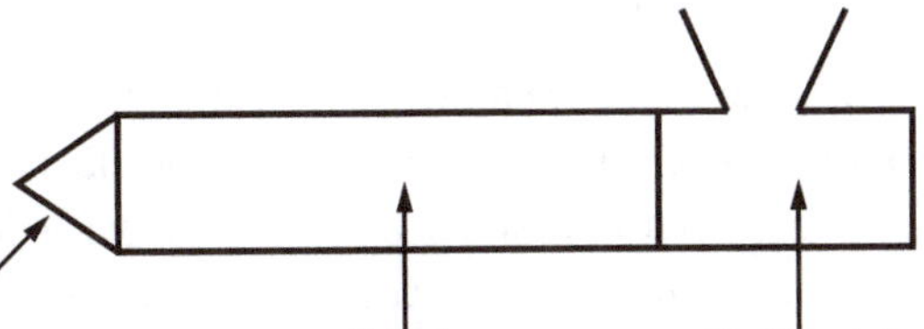

Bild 1.42 Zylinderbaugruppe

Bei Nutbuchsenextrudern ist der Übergangsbereich zwischen Einfüllgehäuse und dem eigentlichen Zylinder durch die genutete Buchse und die dazugehörige Wasserkühlung gekennzeichnet. Die Nutbuchse wird aufgrund der begrenzten Lebensdauer häufig als wechselbarer Einsatz in eines der beiden Teile integriert.

Der Zylinder des Einschneckenextruders wird einteilig mit hoher Wandstärke gefertigt. Die Kernbohrung wird als Bimetallzylinder mit einer verschleißfesten Schicht ausgeschleudert, um die im Sondermaschinenbau übliche lange Lebensdauer zu erreichen. Ein übliches Toleranzmaß für die Zylinderbohrung ist h 7.

Die Zylinderbaugruppe endet mit dem Extrusionskopf, der die Schnittstelle zu einer Schmelzeleitung, zu einem Schmelzefilter oder auch direkt zum Extrusionswerkzeug bildet. Je nach den Anforderungen aus der Gesamtanlage kann der Kopf eine 90°-Umlenkung der Schmelze nach unten oder zur Seite beinhalten. Steht der Extruder mit den Folgeaggregaten in einer Linie (häufig bei kleinen Extrudern), so endet die Baugruppe in einem Flansch. Der Extrusionskopf wird mit einer Druckmessstelle und einer Schmelzetemperaturmessstelle ausgestattet. Es handelt sich hier um genormte Bohrungen, so dass die standardisierten Messfühler die Schmelze erreichen können.

Die Temperierung des Zylinders wird im Regelfall während der ersten Zylinderhälfte mit elektrischen Heizbändern und während der zweiten Hälfte mit elektrisch beheizten und gebläsegekühlten Heiz-/Kühlkombinationen ausgeführt. Die Heizzonen werden jeweils über ein in den Zylinder gebohrte Temperaturmessstelle geregelt, wobei Zwei-Punkt- bzw. Drei-Punkt-Regler eingesetzt werden. Für einige

Anwendungen sind die Schaltvorgänge dieser Technik störend, so dass es Sonderbauformen mit Öl oder Öldampf-Temperierungen gibt.

1.10.2 Schnecke

Die Schnecke besteht aus dem eigentlichen verfahrenstechnischen Teil zum Fördern und Aufschmelzen des Kunststoffes und aus dem Schneckenschaft, der die Drehmomentübertragung zum Getriebe sicherstellt. Am Schneckenschaft sind formschlüssige Kraftübertragungselemente wir z.B. Vielkeilwellen gut geeignet. Die Lösungen sind von Hersteller zu Hersteller unterschiedlich.

Im Vergleich zum Zylinder ist die Schnecke das Verschleißteil, da sie einfacher gewechselt werden kann. Durch die Gestaltung der Oberfläche versucht man, hohe Standzeiten zu erreichen. Bei abrasiven Kunststoffen ist jedoch eine hohe Härte der Schnecke erforderlich. Für normale Anwendungen wird die Schnecke nitriert. Bei Kunststoffen, die zu Anhaftungen neigen, setzen viele Hersteller auf verchromte Schnecken. Die Anforderungen an den Verschleißschutz sind bei mineralisch gefüllten Schmelzen am größten. Hier ist es üblich, die Schneckenstege zu panzern (z.B. Stellite). Die Aufarbeitung gebrauchter Schnecken ist gängig und wird von spezialisierten Betrieben durchgeführt.

Die Schnecken für Einschneckenextruder werden einteilig hergestellt. Bei einigen Herstellern werden schraubbare Mischteile oder schraubbare Schneckenspitzen verwendet. Der Außendurchmesser ist ca. 0.2 mm kleiner als der Nenndurchmesser, so dass die Schnecke im Zylinder zwar frei dreht, aber doch eng geführt ist. Die Schmelze schmiert an den Kontaktstellen, so dass es nicht zu nennenswertem Verschleiß kommt. Diese enge Führung kompensiert die fehlende zweite Lagerung gegenüber der getriebeseitigen Einspannung.

Die aufwändige geometrische Gestalt des Schneckenkanales wird auf rechnergesteuerten Wirbelmaschinen hergestellt. Aufgrund der aufwändigen Programmierung der Maschinensteuerung für die verfahrenstechnisch motivierte Gestaltung streben die Hersteller nach Mehrfachverwendungen für die Geometrie.

1.10.3 Antriebsstrang

Die Antriebsbaugruppe kann aus den Elementen Motor, Riementrieb, Getriebe und Rückdrucklager bestehen (siehe Bild 1.43).

Den Antrieb des Extruders bilden Elektromotore, deren Bauart je nach Entwicklung der Motorenhersteller wechselt. Die Motoren sind drehzahlgeregelt und haben hohe Gleichlaufanforderungen auch bei Lastpulsationen, da sich Drehzahl-

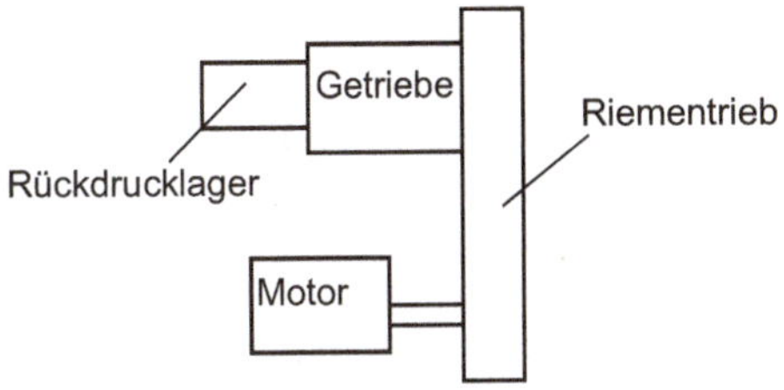

Bild 1.43 Antriebsstrang

schwankungen direkt in der Produktgeometrie abbilden. Je nach Kunststoffart werden Antriebsleistungen von bis zu 0,3 kWh/kg installiert.

Der Riementrieb ist nicht bei allen Extrudern vorhanden. Er ist eine gute Lösung, wenn der Extruder aus Gewichtsgründen unten angeordnet ist und der Extruder eine deutlich darüberliegende Schneckenachse („Spritzhöhe") hat. Verfahrenstechnisch ermöglicht der Riementrieb eine einfache Änderung der Übersetzung, wenn der Extruder für unterschiedliche Kunststoffe mit unterschiedlichem Drehmomentbedarf ausgelegt werden muss (z. B. Polypropylen/Polystyrol oder Polypropylen/HD-Polyethylen). Diese Möglichkeit verhindert dann eine deutliche Überdimensionierung der Motorleistung.

Das Getriebe ist eine wichtige und kostenintensive Baugruppe, da das Übersetzungsverhältnis meist deutlich größer als 1 : 10 ist und die Abtriebswelle große Drehmomente überträgt. Aufgrund des hohen Übersetzungsverhältnisses sind mehrstufige Getriebe erforderlich, die mit Schrägverzahnungen ausgeführt sind.

Vor dem Getriebe liegt das Rückdrucklager. Hiermit soll das Getriebe von der Axiallast befreit werden, die sich aufgrund des Innendrucks von bis zu 500 bar im Extruderzylinder entsprechend seiner Querschnittsfläche ergibt. Bei einigen Herstellern ist das Rückdrucklager in das Getriebe integriert.

1.10.4 Gestell

Die vorgenannten Baugruppen werden auf dem Maschinenrahmen oder Gestell zusammengeführt. Der Rahmen wird als Schweißkonstruktion ausgeführt und muss schwingungsdämpfende Eigenschaften haben. Interessant ist der Ausgleich der Wärmedehnung. Der Extruderzylinder dehnt sich unter der Nenntemperatur um ca. 3 mm/m gegenüber dem unter Raumtemperatur stehenden Rahmen. Diese Wärmedehnung muss als Relativbewegung möglich sein. Falls als Fixpunkt der Anlage das Extrusionswerkzeug gewählt wird, steht der Extruder auf Walzen (eindimensionale Wärmedehnung) oder auf Kugeln (beim Auftreten von Wärmedehnungen senkrecht zur Extruderachse).

1.10.5 Sensorik, Steuerung und Regelung

Zum Extruder gehört die Extrudersteuerung, die die folgenden Funktionen beherbergt:

- Die Drehzahlregelung des Motors und der Motorkühlung.
- Die Regelung der Heizzonentemperaturen und Anzeige von Soll- und Istwert.
- Die Regelung der wassergekühlten Zonen (Einzugszone).
- Gegebenenfalls Sonderfunktionen wie eine Druckregelung

Die Bedienung der gesamten Extrusionsanlage wird zentral vorgenommen, so dass die Bedienerschnittstelle der Extrudersteuerung in diese zentrale Anlagensteuerung integriert ist. In dieser Bedienerschnittstelle sind die folgenden Funktionen verfügbar:

- Einstellen des Extruders, d.h. Einstellung der Drehzahl und der Temperaturführung.
- Anzeigen der Messwerte, d.h. Anzeige von Kopfdruck, Massetemperatur, Drehzahl und Drehmoment.
- Einstellen der Peripherie (Dosierungen, Nachfolgeeinrichtungen etc.).
- Verwaltung von Produkten und dazugehörigen Rezepturen und Maschineneinstellungen.

Die gesamten Soll- und Istwerte der Maschine werden aufgezeichnet.

Verfahrenstechnisch relevant ist die Messung von Druck und Temperatur der austretenden Schmelze, da diese Verläufe dieser beiden Größen Qualitätsindikatoren für das Produkt sind.

Bei der Temperaturmessung sind Thermoelemente üblich, die einige mm in die Schmelze hineinragen. Eine zuverlässige Messung der mittleren Massetemperatur ist damit nicht möglich, da sich aufgrund der laminaren Schichtenströmung des hochviskosen Materials ausgeprägte Temperaturunterschiede bilden können. Allerdings wird der zeitliche Verlauf recht zuverlässig ermittelt. Da die Extrusion ein stationärer Prozess ist, zeigen sich Schwankungen sofort im Produkt. Die Temperaturstabilität sollte daher bei mindestens ± 1 °C liegen; bei dünnen Produkten bestehen höhere Anforderungen.

Zur Druckmessung werden Membrandruckfühler eingesetzt, die den Druck über eine innenliegende Flüssigkeit an eine DMS-Brücke übertragen. Auch hier ist die zeitliche Stabilität wichtiger als die absolute Höhe des Drucks.

1.11 Extrusionssysteme

1.11.1 Zusammenschaltung mit Filtern und Pumpen

Zwischen Extruder und Werkzeug können weitere schmelzeführende Komponenten angeordnet sein, z. B. Schmelzefilter und Schmelzepumpen (siehe Bild 1.44). Beide Anlagenkomponenten werden hier nur aufgrund ihrer Rückwirkung auf den Extruder angesprochen.

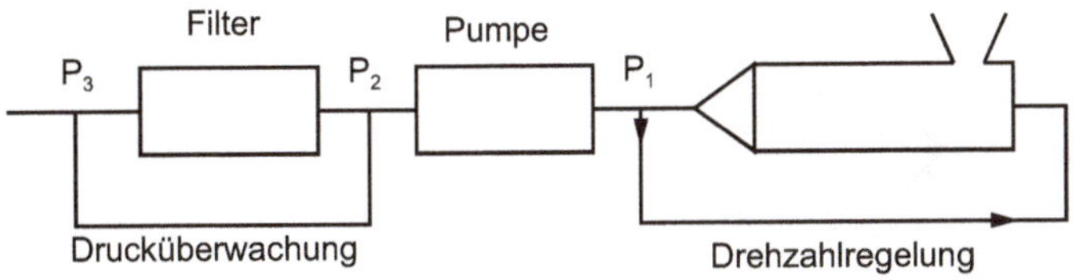

Bild 1.44 Anordnung und Regelung

Schmelzefilter verbrauchen bei der Durchströmung durch das Filtermedium Druck. Aus Sicht des Extruders ist dies eine Erhöhung des Werkzeuggegendruckes. Da aber bei fast allen Filterbauarten der Druckverbrauch mit zunehmender Filterverschmutzung zunimmt, bedeutet dies einen langsamen Anstieg des Gegendrucks. Je nach Kennlinie des Extruders sinkt dadurch der Durchsatz der Extrusionslinie, wenn der Extruder mit konstanter Drehzahl arbeitet.

Schmelzepumpen sind Pumpen mit - im Vergleich zum Extruder - sehr steifer Kennlinie, deren Durchsatz mit dem Durchsatz des Extruders im stationären Betriebspunkt übereinstimmen muss. Ein gleichberechtigter Betrieb beider Maschinen mit konstanter Drehzahl muss sehr genau abgestimmt werden und führt zu einem schlecht kontrollierbaren Druck an der Kopplungsstelle.

Abhilfe für die beiden gezeigten Schwierigkeiten schafft eine Druck-Drehzahlregelung des Extruders. Die Maschine dreht nicht mit konstanter Drehzahl, sondern sie passt ihre Drehzahl so an, dass der Druck hinter dem Filter bzw. vor der Pumpe einen in der Maschinensteuerung wählbaren Wert erreicht. Fortschreitende Filterverschmutzung erzeugt so eine kontinuierlich ansteigende Drehzahl. Wird die Anlagengeschwindigkeit geändert, so wird nur die Schmelzepumpe schneller gestellt. Der Extruder passt sich durch die Regelung ohne Eingriff des Bedieners an.

1.11.2 Coextruder in Mehrkomponentenanlagen

Die Produktion von einschichtigen Extrudaten ist bei den heutigen Anforderungen an wettbewerbsfähige Produkte eher die Ausnahme als die Regel. Mehrschichtige Produkte erfordern hohes Wissen im Werkzeugbau, sie erfordern jedoch in jedem Fall auch jeweils einen Extruder pro verarbeitetem Material oder pro Schicht. In den meisten Anlagen dominiert eine Schicht mengenmäßig, die vom größeren

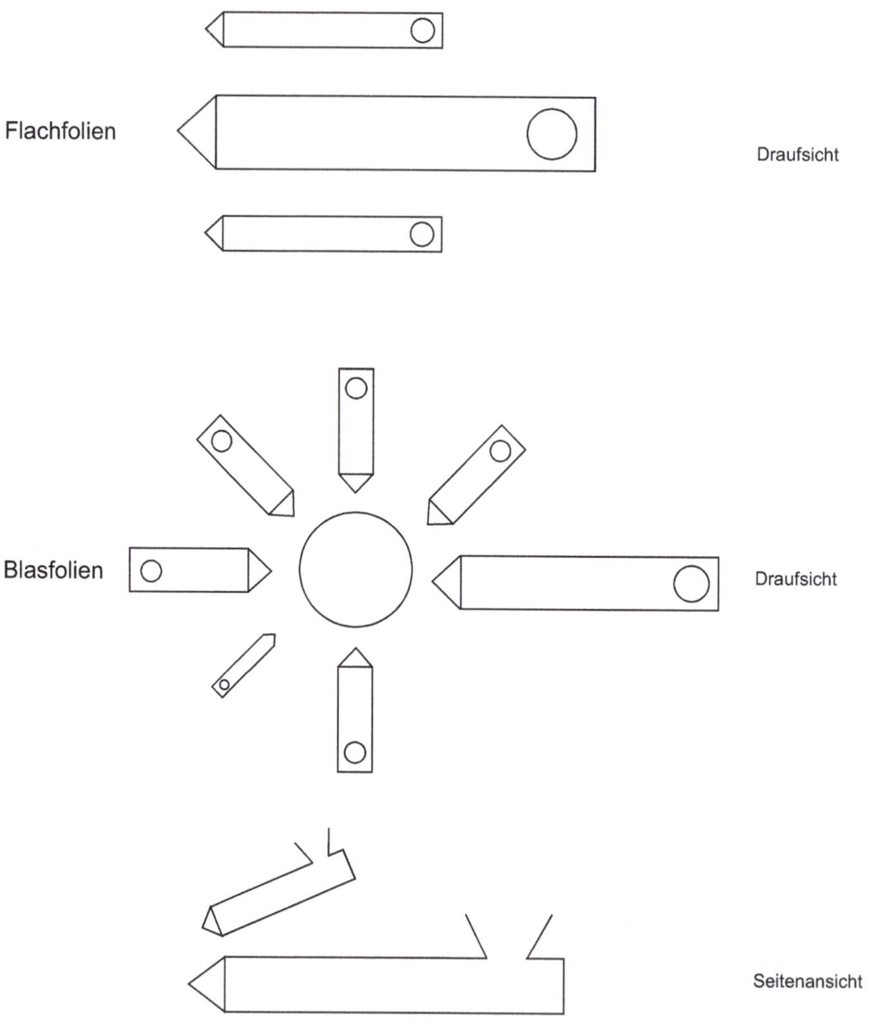

Bild 1.45 Mögliche Anordnung von Coextrudern

Hauptextruder bereitgestellt wird. Dieser Extruder wird von den Coextrudern begleitet, die meist kleiner sind und die dünneren Produktschichten extrudieren.

Die Anordnung richtet sich nach den Platzverhältnissen der Gesamtanlage (siehe Bild 1.45).

Bei Blasfolienanlagen ist die kreisförmige Anordnung um den Blaskopf üblich. In Flachfolienanlagen stehen die Coextruder achsparallel neben dem Hauptextruder. Besonders platzsparend ist die Anordnung des Coextruders schräg über dem Hauptextruder, falls es nur einen Coextruder gibt.

Der Schichtaufbau des Produktes muss unabhängig vom Betriebspunkt eingehalten werden; er ist aber nur schwierig messbar. Die Steuerung der Anlage nimmt bei Drehzahländerungen am Hauptextruder die Coextruder proportional mit, um die Bedienung zu vereinfachen.

Literatur zu Kapitel 1

[DAR56] Darnell, W. H.; Mol, E. A. J.: Solids Conveying in Extruders, SPE-Journal 12 (1956) 4, S. 20 - 29

[HEN86] Hensen, F.; Knappe, W.; Potente, H.: Handbuch der Kunststoff-Extrusionstechnik - Band 2 - Carl Hanser Verlag, München/Wien, 1986

[HEN89] Hensen, F.; Knappe, W.; Potente, H.: Handbuch der Kunststoff-Extrusionstechnik - Band 1 - Carl Hanser Verlag, München/Wien, 1989

[POT81] Potente, H.: Auslegen von Schneckenmaschinen-Baureihen, Kunststoff-Fortschrittsberichte - Band 6 - Carl Hanser Verlag, München/Wien, 1981

[POT88] Potente, H.: Der Nutbuchsenextruder muß umgedacht werden, Kunststoffe 78 (1988) 4, S. 355 - 363

[SCH95] Schöppner, V.: Simulation der Plastifiziereinheit von Einschneckenextrudern, Dissertation, Universität-GH Paderborn, 1995

[SCH01] Schöppner, V.; Verfahrenstechnische Auslegung von Extrusionsanlagen, Fortschritt-Berichte VDI Reihe 3: Verfahrenstechnik Band 715,VDI-Verlag Düsseldorf, 2001

[TAD78] Tadmor, Z.; Klein, I.: Engineering Principles of Plasticating Extrusion, Robert F. Krieger Publishing Company, Huntington 1978

[TAD79] Tadmor, Z.; Gogos, C. G.: Principles of Polymer Processing, John Wiley & Sons, New York, 1979

[WHI03] White, J. L.; Potente, H.: Screw Extrusion, Carl Hanser Verlag, München, 2003

[WOR08] Wortberg, J.; Rahal, H.; Michels, R.: Neue Freiheitsgrade, Kunststoffe 98 (2008) 5, S. 70 - 75

2 Mehrschnecken-extruder

2.1 Der gegenläufige Doppelschnecken-extruder

Dr.-Ing. Gordon Fattmann

2.1.1 Einleitung

Die Entwicklung von gegenläufigen Doppelschneckenextrudern ging einher mit der industriellen Produktion von Rohren aus Hart-PVC. Die ersten PVC Rohre wurden bereits in den 1930er Jahren in der öffentlichen Wasserversorgung verlegt. Von da an wurde das Konzept der kämmenden gegenläufigen Zweischneckenmaschine stetig weiterentwickelt, welches bei der Verarbeitung von pulverförmigem, thermisch empfindlichem Polyvinylchlorid anderen Systemen überlegen ist. In den 1960er Jahren begann der Einsatz dieser Maschinen auch im Bereich Profile, die vorher hauptsächlich mit Granulat auf Einschneckenmaschinen hergestellt wurden.

Die Hauptmerkmale eines Gegenläufers sind:

- gegendruckunabhängiges Förderverhalten/gutes Druckaufbauvermögen
- reibungsunabhängiges Förderverhalten
- gutes Einzugsverhalten von Pulver/Granulat
- gute thermische und stoffliche Homogenisierung
- schonende Plastifizierung/geringe Temperaturerhöhung
- selbstreinigende Schnecken/enge Verweilzeitverteilung
- einfache Entgasung

In den folgenden Jahren führten Entwicklungen in verschiedenen Bereichen zu immer zuverlässigeren und leistungsfähigeren Maschinen, die heutzutage aus der PVC-Verarbeitung nicht mehr wegzudenken sind. Die Einsatzgebiete sind dementsprechend vielfältig und reichen von Produkten wie Profilen, Rohren, Platten und

Folien zur Compoundierung von Pellets für z.B. Spritzguss- oder andere Anwendungen [BER98], [SCH98].

2.1.2 Bauformen

Bei den gegenläufigen Doppelschneckenextrudern unterscheidet man zwischen der Bauart „parallel“ und „konisch“. Die parallele Bauart zeichnet sich durch einen konstanten Achsabstand, einer konstanten Gangtiefe und einem konstanten Schneckeninnen- und -außendurchmesser über der gesamten Länge der Verfahrenseinheit aus. Parallele Doppelschneckenextruder werden heutzutage hauptsächlich im mittleren bis hohen Leistungsbereich und als Granulieraggregate verwendet. Bei konischen Maschinen verringern sich der Schneckenaußendurchmesser und der Achsabstand der Schnecken von der Einzugszone zur Austragszone stetig, so dass die Gangtiefe konstant bleibt.

Neben dieser sogenannten „einfach konischen“ Bauform gibt es noch abgewandelte Varianten. Das „doppel-konische“ oder „super-konische“ Prinzip besitzt eine kontinuierlich abnehmende Gangtiefe vom Trichter zur Spitze, d.h. das Maß des Schneckenaußendurchmessers wird stärker reduziert als das des Schneckeninnendurchmessers. Dadurch erfährt das Material eine intensivere Verdichtung. Durch die geringe Gangtiefe in der Austragszone ist der Druckaufbau oft nicht ausreichend, so dass bei der PVC Extrusion meist einfach konische Systeme eingesetzt werden.

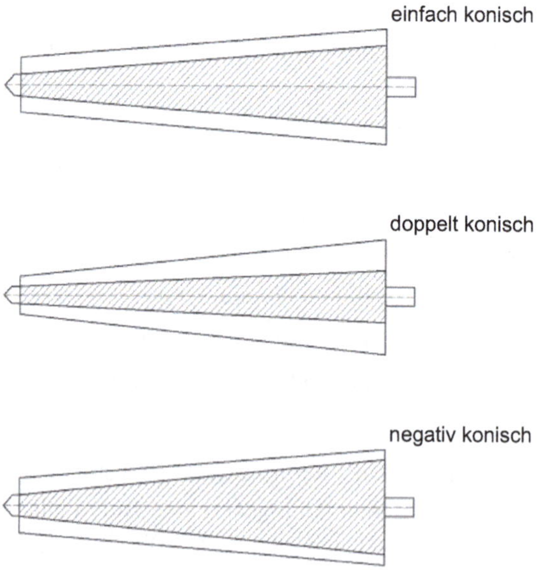

Bild 2.1 Bauformen der konischen Doppelschneckenextruder [STÜ04]

Das „aktiv-konische" Konzept, das auch „negativ-konisch" genannt wird, erhöht die Gangtiefe von der Einzugszone zur Schneckenspitze. In der Regel wird bei diesen Bauarten der Schneckenaußendurchmesser an der Schneckenspitze als Baugrößenkennzeichnung herangezogen. Man spricht hier vom „Nenndurchmesser".

Die konischen Maschinen setzt man oft als Coextruder oder bei Anwendungen mit kleiner bis mittlerer Ausstoßleistung ein [SCH02], [SCH05].

Tabelle 2.1 Merkmale der Maschinenkonzepte

parallele Bauart	konische Bauart
▪ breiteres Angebot von Schneckendurchmessern ▪ flexiblere Gestaltung von Maschinenlängen ▪ geringerer Herstellungsaufwand/geringere Kosten ▪ hoher Ausstoß realisierbar ▪ Ersatzschnecken-/zylinder sind im Vergleich günstiger ▪ gleichmäßige Scherung über der gesamten Verfahrenslänge/schonende Plastifizerung ▪ flexibel in Bezug auf die Verarbeitung unterschiedlicher Materialformen (Granulat, Pulver, Mahlgut)	▪ kompakte Bauart ist möglich ▪ großes Einzugsvolumen ▪ hohe Energieeinleitung im Einzug ▪ Demontage der Schnecken nach hinten ohne Verschieben der Nachfolgen ▪ geringere Scherbelastung ▪ großer Achsabstand im Getriebe/höhere Drehmomente möglich

2.1.3 Aufbau

Der Aufbau der gegenläufigen Doppelschneckenextruder ist unabhängig von der Bauform in der Regel modular konzipiert und besteht aus (siehe Bild 2.2):

- Grundrahmen
- Antrieb mit Getriebe/Lagerung
- Materialzuführung
- Schneckenzylinder mit Heizung und Kühlung
- Schneckenpaar mit interner oder externer Temperierung
- Bedieneinheit

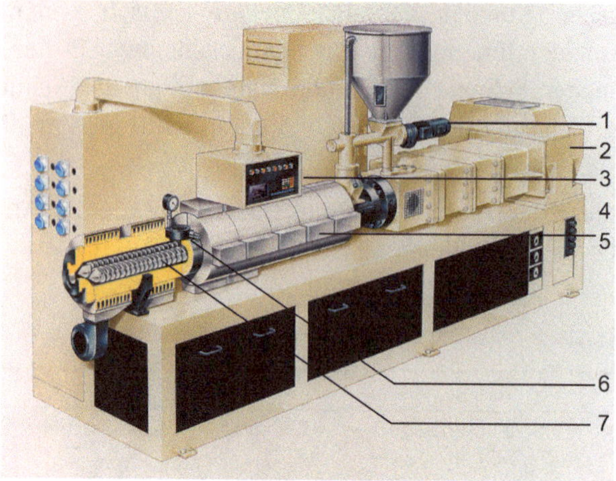

Legende:
1: Materialzuführung, Trichter mit Materialförderschnecke
2: Getriebeeinheit
3: Bedieneinheit
4: Einzugsbereich
5: Zylinder mit aufgesetztem Heiz-/Kühlsystem
6: Entgasungszone
7: Schnitt des Zylinders im Bereich der Austragszone mit sichtbarem Schneckenpaar

Bild 2.2 Darstellung eines parallelen Doppelschneckenextruders [Quelle: Reifenhäuser, Troisdorf]

2.1.3.1 Grundrahmen

Während früher Gussgestelle eingesetzt wurden, findet man heute in der Regel Schweißkonstruktionen. Auf dem Rahmen befindet sich die Verfahrenseinheit und das Getriebe. Versetzt dazu oder im Rahmenunterteil sitzt der Antrieb. Im Rahmenunterteil befinden sich weitere Aggregate, wie z. B. das Entgasungssystem mit Vakuumpumpe und Materialabscheider oder bei kleineren Baugrößen der Schaltschrank. Der Rahmen ist im unteren Bereich aus Sicherheitsgründen verkleidet.

2.1.3.2 Antrieb/Getriebe

Antrieb

Als Antrieb für Gegenläufer findet man fremderregte Gleichstrommotore und frequenzgeregelte Drehstrommotore. Der Drehstromantrieb bietet ähnliche Leistungseigenschaften wie ein konventioneller Gleichstrommotor, ist jedoch der robustere Antrieb. Ein Drehstrommotor ist mehr oder weniger wartungsfrei, während bei Gleichstromantrieben die Bürsten und Kollektoren regelmäßig überprüft werden müssen [BER98].

Getriebe

Das Getriebe besteht aus dem Untersetzungsgetriebe, dem Rückdrucklager, dem Verteilgetriebe und dem Adaptergehäuse. Das Untersetzungsgetriebe reduziert die Motordrehzahl von etwa 2000 - 3000 min^{-1} auf die Schneckendrehzahl, die je nach Maschinengröße bis ca. 50 min^{-1} betragen kann. Die Kräfte, die durch den Werkzeugdruck entlang der Schnecken erzeugt werden, fängt das Rückdrucklager auf. Das Verteilgetriebe separiert das Antriebsmoment auf die beiden Schneckenwellen. Der Antrieb der Schnecken erfolgt über starre Zahnkupplungen. Bei der parallelen Bauart ergibt sich das Problem, dass ein möglichst hohes Drehmoment auf zwei Schnecken bei begrenztem Raum verteilt werden muss. Im Gegensatz dazu bietet das konische System wesentlich mehr Platz. Aus diesem Grund waren in den Anfängen keine hohen Drehmomente bei parallelen Maschinen erzielbar [LUB03]. Eine Beurteilung des Drehmoments erfolgt über den Drehmomentfaktor f_{Md}. Er ist definiert als:

Für parallele Schnecken: $$f_{M_d} = \frac{M_d}{A_w^3} \tag{2.1}$$

Für konische Schnecken: $$f_{M_d} = \frac{M_d}{D_N^3} \tag{2.2}$$

mit:

f_{Md} = Drehmomentfaktor
M_d = Drehmoment
A_W = wirklicher Achsabstand
D_N = Nenndurchmesser konischer Schnecken (Durchmesser an der Schneckenspitze)

2.1.3.3 Materialzuführung

Der Einfüllbereich des Zylinders muss eine ausreichende Beschickung mit Material gewährleisten. Eine Länge von bis zu zwei Gangsteigungen ist nicht unüblich.

Je nach Materialart und -form finden unterschiedliche Formen der Materialzuführung Verwendung. Ein Trichter, der auf der Öffnung des Einfüllbereichs sitzt, ermöglicht lediglich eine Fahrweise aus vollem Trichter. Ein Trichter, der weiter hinten auf dem Maschinengestell angebracht ist, bietet den Betrieb in Kombination mit einer Dosiereinrichtung und somit einer flexibleren Prozessgestaltung. Eine weitere Möglichkeit ist die Zwangsbeschickung über einen Stopftrichter.

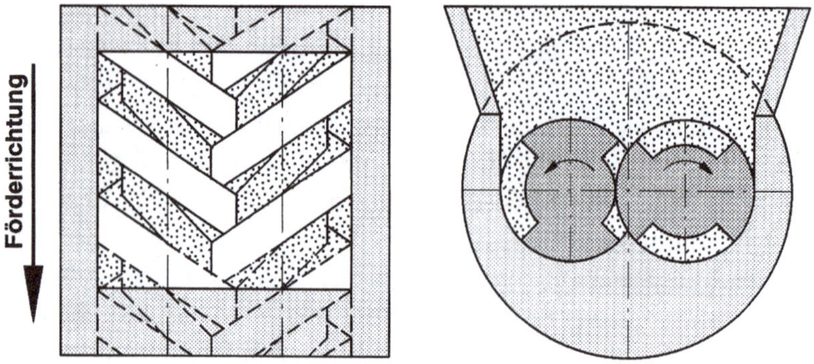

Bild 2.3 Draufsicht und Schnittzeichnung des Einfüllbereichs eines kämmenden Gegenläufers

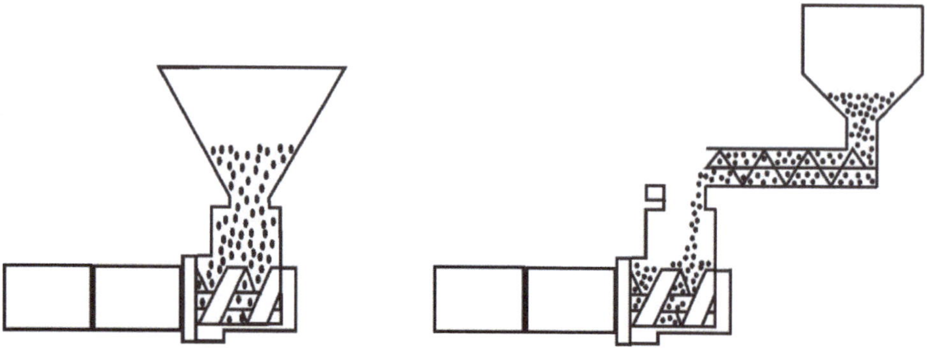

Bild 2.4 Möglichkeiten der Beschickung: aus vollem Trichter (links) oder dosiert (rechts)

2.1.3.4 Zylinder und Schneckenpaar

Der Zylinder wird in der Regel aus einem Stück gefertigt und nicht wie z. B. gleichläufige Doppelschnecken modular zusammengesetzt. Da die Schnecken ineinander greifen, hat der Zylinder die typische Form einer 8-er Bohrung (vgl. auch Bild 2.6). Die Angabe der Maschinenlänge bezieht sich nur auf den Bereich, der mit dem auslaufenden Steg der Schnecke an der Schneckenspitze endet. Man findet heutzutage parallele Maschinen im Bereich von 22 bis 27 D, vereinzelt sogar Ausführungen bis zu 36 D Länge.

Der Zylinder ist außen mit Heiz- und Kühlelementen bestückt. Die Heiz-/Kühlzonen des Zylinders entsprechen oft den unterschiedlichen Verfahrenszonen der Schnecke. In der Einzugszone wird Energie in das Material eingebracht, so dass in der Regel nur Heizungen installiert sind. Im weiteren Verlauf erfolgt die Plastifizierung des Polymers durch eine gleichmäßige Temperatur der Verfahrenseinheit, die über eine Kombination von Heiz- und Kühlsystemen erreicht wird. In der Austragszone wird überwiegend gekühlt, so dass hier eine hohe Kühlleistung erforderlich ist. Die Bauarten der Heiz- und Kühlsysteme sind vielfältig und werden je nach

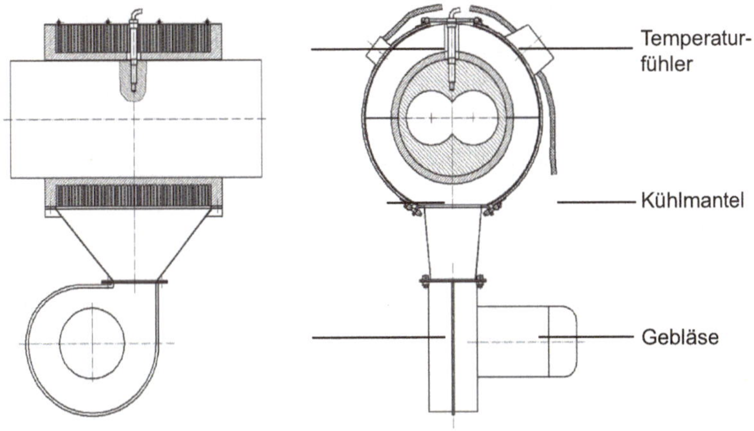

Bild 2.5 Heizzone mit Kühlgebläse eines Doppelschneckenextruders [STÜ04]

Material und Ausstoßleistung auf die jeweiligen Erfordernisse angepasst. Eine einfache und weit verbreitete Art ist die Luftkühlung. Auf dem Zylinder sitzt ein Metallkörper mit Kühlrippen. Auf dem Metallkörper befindet sich ein Heizband, das die thermische Energie über den Körper auf den Zylinder überträgt. Über ein Gebläse, welches an der Zylinderunterseite angebracht ist, erfolgt die Kühlung (siehe Bild 2.5). Jede Zone erfasst über einen Temperaturfühler die Ist-Temperatur zur Steuerung des Sollwerts.

Parallele Maschinen haben in der Regel fünf bis sieben Temperaturzonen. Untersuchungen haben gezeigt, dass mehr Zonen keine verfahrenstechnischen Vorteile mit sich bringen. Konische Maschinen findet man mit drei bis fünf unabhängig regelbaren Temperaturzonen.

Die Schnecken der Gegenläufer sind, genau wie die Zylinder, aus einem Stück gefertigt. Es ist daher nicht möglich, eine Schneckengeometrie durch Wechsel von

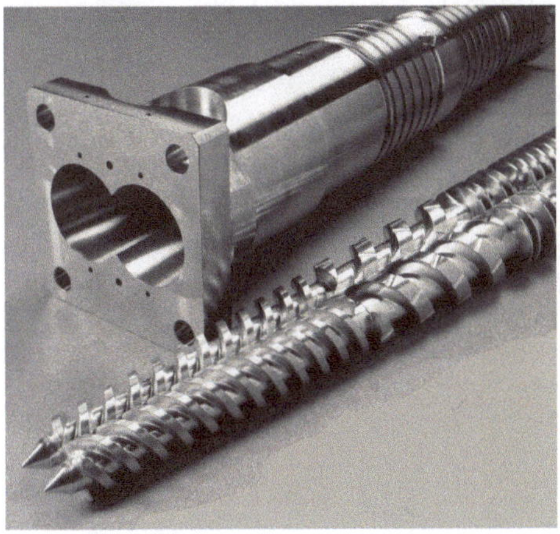

Bild 2.6 Zylinder und Schneckenpaar eines gegenläufigen Doppelschneckenextruders [Quelle: Krauss Maffei, München]

einzelnen Elementen anzupassen, wie dies bei gleichläufigen Maschinen üblich ist. Ein Grund hierfür ist ein Mindestmaß an Torsionssteifigkeit, das bei den gegebenen hohen Drehmomenten mit einer Modulbauweise nicht erreicht wird. Um eine optimale Temperierung zu erreichen, werden die Schnecken von innen temperiert (vgl. „Interne Schneckentemperierung", Seite 57) [BER98], [SCH05], [STÜ04].

Entgasungszone

Der Zylinder besitzt in der Entgasungszone eine Öffnung nach oben, die so genannten Entgasungsbohrungen. Die Zylinderöffnung zum Entgasen der flüchtigen Bestandteile muss ein problemloses Vorbeigleiten des anplastifizierten Materials ermöglichen, ohne zu verstopfen. Die Öffnung ist verbunden mit einem Vakuumsystem, das im Bereich dieser Zone einen Unterdruck erzeugt (siehe Bild 2.7). Die Kompressionszone dichtet das System in Richtung Entgasung ab, so dass die Entgasungszone drucklos ist und somit das Material nicht die Entgasungsöffnungen gelangt. In der Regel sind die Entgasungsbohrungen nach oben über eine Glasscheibe einsehbar, so dass der Zustand der Schmelze beobachtet werden kann (vgl. auch Bild 2.17).

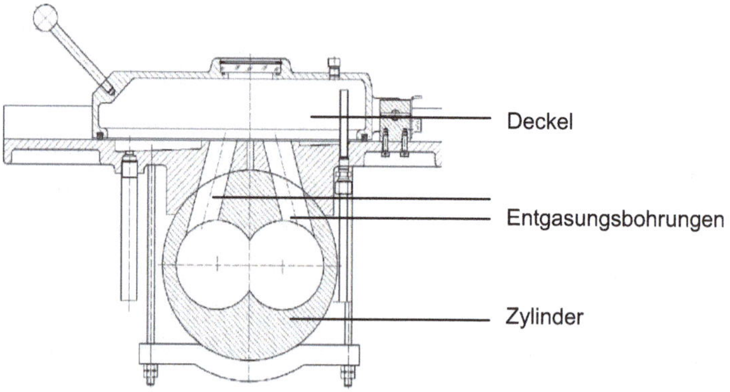

Bild 2.7 Schnittzeichnung einer Entgasungszone [STÜ04]

2.1.4 Verfahrenstechnik

2.1.4.1 Grundlagen der Schneckengestaltung

Die Schnecken- und Zylindergeometrie eines parallelen Doppelschneckenextruders lässt sich durch die folgenden geometrischen Daten beschreiben (siehe Bild 2.8):

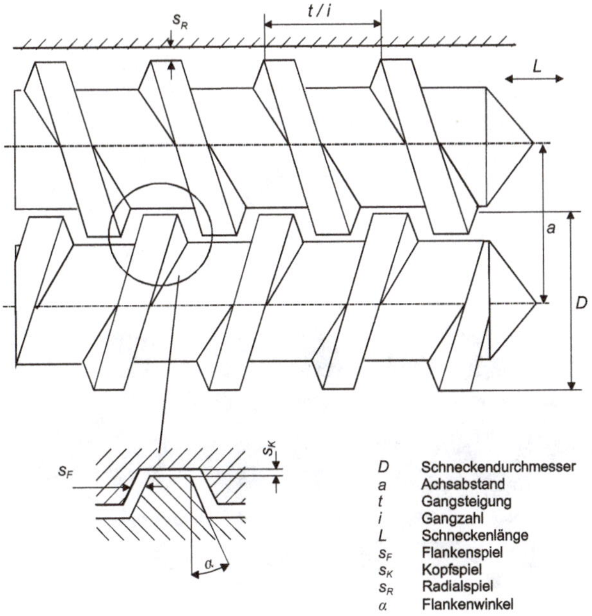

Bild 2.8 Geometrische Daten eines gegensinnig drehenden, parallelen Doppelschneckenextruders

2.1.4.2 Funktionsweise von gegenläufigen Doppelschnecken

Einschnecken und Gleichläufer fördern aufgrund von Schleppkräften. Sie stellen in axialer Richtung ein offenes System dar. Ein kämmendes, gegenläufiges System ist abgesehen von den Spalten sowohl längs als auch quer geschlossen. Das Kammervolumen, in dem sich das Material befindet, stellt sich dar wie ein Kanal in Form eines Buchstaben „C". In der Literatur findet man häufig den Begriff „C-förmige" Kammer.

Die räumlichen Grenzen dieser Kammer bildet der Schneckengrund, die Zylinderwand, die vordere und hintere Schneckenflanke und die Stegfläche der zweiten Schnecke. Durch die Rotation der Schnecken wird das Material innerhalb dieser Kammer zur Schneckenspitze transportiert, ohne dass ein intensiver Materialaustausch, wie z.B. beim Gleichläufer, stattfindet. Es ergibt sich eine Zwangsförderung, die mit einer Zahnradpumpe vergleichbar ist. Dieses Prinzip ermöglicht eine Verarbeitung mit engem Verweilzeitspektrum. Daher ist der gegenläufige Doppelschneckenextruder ideal für die Verarbeitung vom thermisch empfindlichen PVC geeignet. Die Praxis zeigt aber, dass gerade bei PVC eine bestimmte Schneckenumfangsgeschwindigkeit nicht überschritten werden darf, da es sonst zu einer teilweisen Überscherung des Materials und somit zu Temperaturspitzen kommt. Diese Maximalwerte sind für diverse Halbzeuge bzw. Rezepturen unterschiedlich und liegen im Bereich zwischen 6 und 11,5 m/min [SCH00], [SCH98], [PAR77], [NEU91].

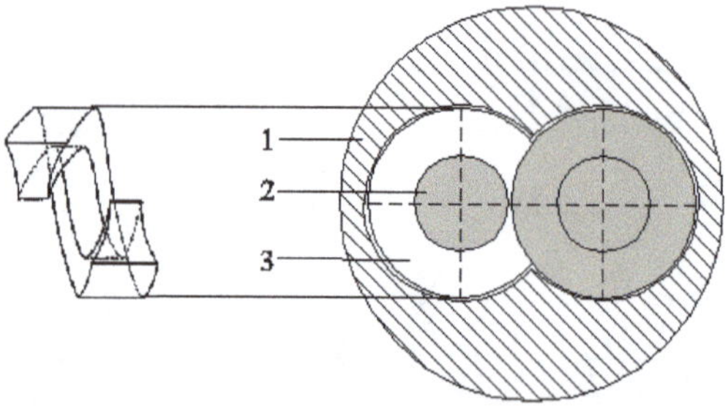

Bild 2.9 Dreidimensionale Darstellung der c-förmigen Kammer (oben) und Abschnitt eines Doppelschneckenpaars [STÜ04]

Kammerfördermodell

Die Zwangsförderung ermöglicht die Bestimmung des Durchsatzes über das Kammerfördermodell. Material, das unterhalb der Einzugsöffnung in die „C-Kammern" gelangt, wird pro Umdrehung um die Schneckensteigung in die stromabwärtige Richtung gefördert. So berechnet sich der Durchsatz aus dem Kammervolumen im Einzugbereich, der Steigung, der Drehzahl, der Schüttdichte und dem Förderwirkungsgrad zu [NEU91]:

$$\dot{m} = A_{\text{frei}} \cdot t_{\text{E}} \cdot n \cdot \rho_{\text{S}} \cdot \phi \qquad (2.3)$$

mit:

$\dot{m}$ = Durchsatz
A_{frei} = Kammervolumen
t_{E} = Gangsteigung
n = Drehzahl
ρ_{S} = Schüttdichte
ϕ = Förderwirkungsgrad

Die Schmelzeförderung im gegenläufigen Doppelschneckenextruder erfolgt in weiten Bereichen gegendruckunabhängig. Änderungen der Schneckendrehzahl, des Werkzeugwiderstandes oder des Materialverhaltens wirken sich jedoch intern auf die Strömungsverhältnisse, den Druckaufbau in der Austragzone des Extruders und die Mischwirkung aus. Der Massedruck vor dem Werkzeug ergibt sich als Summe der Teildruckerhöhungen in den einzelnen c-förmigen Schneckenabschnitten, die durch den Eingriff der Schneckenstege einer Schnecke entstehen und für die Zwangsförderung der Maschine verantwortlich sind. Untersuchungen haben gezeigt, dass für die Druckzunahme die dem Walzprozess ähnliche Strömung im Kopfspalt verantwortlich ist, während die Schneckenkanalabschnitte außerhalb des Eingriffsbereichs als Druckverbraucher wirken. Der resultierende Druckaufbau Δp pro Gangsteigung ist eine Funktion der Schneckendrehzahl, nicht aber des Werkzeugwiderstandes. Veränderungen in der Viskosität des Polymers oder der Durchlässigkeit des Werkzeugs führen zur Variation der Staulänge, d. h. des Schneckenbereichs, der voll mit Schmelze gefüllt ist und in dem der erforderliche Extrusionsdruck aufgebaut wird (siehe auch „Austragszone“, Seite 56).

Für die Beschreibung des Druckaufbaus eines gegenläufigen Doppelschneckenextruders ist die Kenntnis der Strömungsverhältnisse im Schmelzebereich und der Wechselwirkungen zwischen der Kanalströmung und den einzelnen Spaltströmungen von besonderer Bedeutung. In Bild 2.10 sind die im Gegenlaufextruder vorkommenden Spaltströmungen schematisch dargestellt.

Die **Kopfspaltströmung** (V_K) ergibt sich durch die Wirkung des in einen Schneckenkanal eingreifenden Stegs der gegenüberliegenden Schnecke. Das Material haftet am Kanalgrund und am Schneckensteg und wird durch die gleichgerichtete Bewegung beider Begrenzungsflächen in den Spalt eingezogen. Die sich ausbildende Schmelzeströmung ähnelt einer Walzenströmung, unterscheidet sich von dieser jedoch durch die ungleichen Eintritts- und Austrittsdrücke.

Die **Flankenströmung** (V_F) entsteht im Eingriffsbereich der Schnecken durch den Schmelzedurchtritt zwischen zwei benachbarten Schneckenflanken. Sie hat ihre Ursache einerseits in der Schleppwirkung der rotierenden Teile und wird andererseits durch eine Druckströmung überlagert, ohne selbst am Druckaufbau beteiligt zu sein.

Die **Radialspalt- bzw. Leckströmung** (V_L) entsteht in den Spalten, die sich zwischen den Extruderschnecken und dem Zylinder der Maschine befinden. Die rotierenden Schnecken streifen mit ihren Flanken das Material vom Zylinder ab, wobei ein Teil der Schmelze in den Spalt eingezogen wird. Gleichzeitig bildet sich über

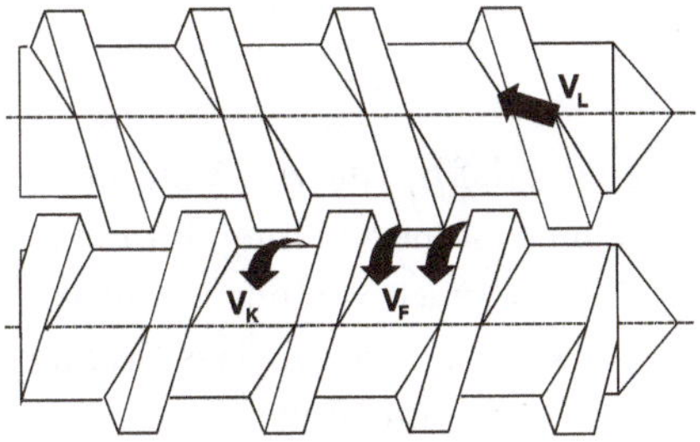

Bild 2.10 Schematische Darstellung der Strömungen im gegenläufigen Doppelschneckenextruder

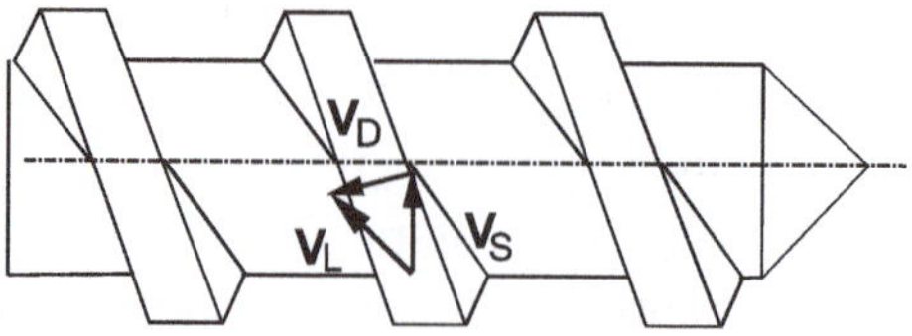

Bild 2.11 Komponenten der Leckströmung

dem Schneckensteg eine Druckströmung heraus, die ihre Ursache in den unterschiedlichen Absolutdrücken der aufeinanderfolgenden Schneckenkanalabschnitte hat. Die Besonderheit der Leckströmung liegt darin, dass die Schleppströmungs- und Druckströmungskomponenten unterschiedlich gerichtet sind. Das Bild 2.11 zeigt die Überlagerung dieser Komponenten zu der resultierenden Schmelzeströmung V_S über die Schneckenstege [FIE94].

2.1.5 Die Verfahrenseinheit

2.1.5.1 Aufbau der Verfahrenseinheit

Das Design der Schnecken fällt je nach Anwendung unterschiedlich aus und wird materialspezifisch angepasst. Dennoch ist bei einer Schnecke zur Verarbeitung von PVC Dryblend der Aufbau in der Regel sehr ähnlich. Die unterschiedlichen Zonen werden unterteilt in:

- Einzugzone
- Vorwärmzone
- Kompressionszone
- Entgasungszone
- Austragszone

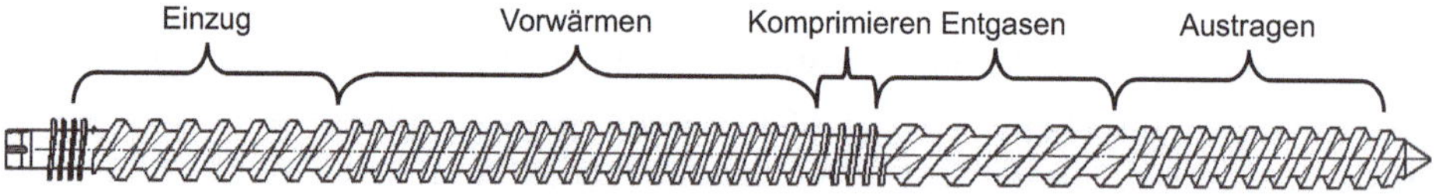

Bild 2.12 Einteilung der Verfahrenszonen von gegenläufigen Doppelschneckenextrudern

2.1.5.2 Aufgaben der Verfahrenszonen

Einzugzone

Die Gangsteigung in dieser Zone ist ausschlaggebend dafür, wie viel Material für den Prozess zur Verfügung gestellt wird. Neben dem Kammervolumen im Einzug hängt der Durchsatz, bei Fahrweise aus vollem Trichter, auch von der Schneckendrehzahl und von der Schüttdichte ab. Es ist daher darauf zu achten, dass Drehmoment und Schneckensteigung optimal aufeinander abgestimmt sind.

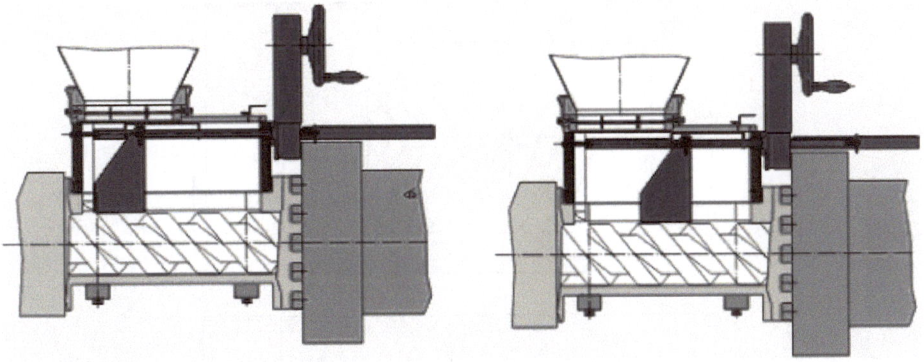

Bild 2.13 Verstellbare Einfüllöffnung eines gegenläufigen Doppelschneckenextruders [STÜ04]

Beim Einziehen des Materials sollten die Schnecken möglichst vollständig gefüllt werden, so dass wenig Luft in den Prozess gelangt. Ein Rückströmen von eingezogener Luft sollte jedoch auch verhindert werden, da das zu einer Störung des stationären Betriebs führt.

Ein optimales Einrieseln des Materials aus dem Trichter in die Zylinderöffnung zur Füllung der Schneckengänge erzielt man, wenn mindestens eine Gangsteigung freiliegt. In der Regel haben die Aussparungen im Einfüllbereich des Zylinders eine Länge von einer bis zu zwei Gangsteigungen.

Es muss gewährleistet sein, dass auch bei Materialwechsel auftretendem Unterschied im Rieselverhalten eine optimale Füllung erzielt wird. Eine Möglichkeit ist eine variable Einfüllöffnung, bei der die Größe der Öffnung dem Materialverhalten angepasst werden kann (siehe Bild 2.13) [WEB98], [STÜ04].

Die Form der Öffnung ist rechteckig, um einen optimalen Einrieselvorgang zu erzielen. Bei älteren Maschinen mit geringen Ausstoßleistungen oder bei konischen Systemen findet man oft noch kreisrunde Öffnungen (siehe Bild 2.14).

Bei der Beschickung dieser Zone unterscheidet man zwischen zwei grundsätzlichen Methoden. Gegenläufer werden entweder aus vollem Trichter oder dosiert gefahren. Als Dosierung finden Bandfördergeräte oder Einschneckendosierer Verwendung. Die dosierte Fahrweise bringt die höhere Flexibilität und dadurch auch eine einfachere Schneckenauslegung. Hierbei ist es möglich, drehmomentschwache Extruder zu „unterfüttern“, was aber zu einer geringen Förderkonstanz führt.

Bei Fahren aus vollem Trichter steht das Material über der Einzugszone und bewirkt eine hohe Förderkonstanz. Es ist die einfachere und kostengünstigere Variante.

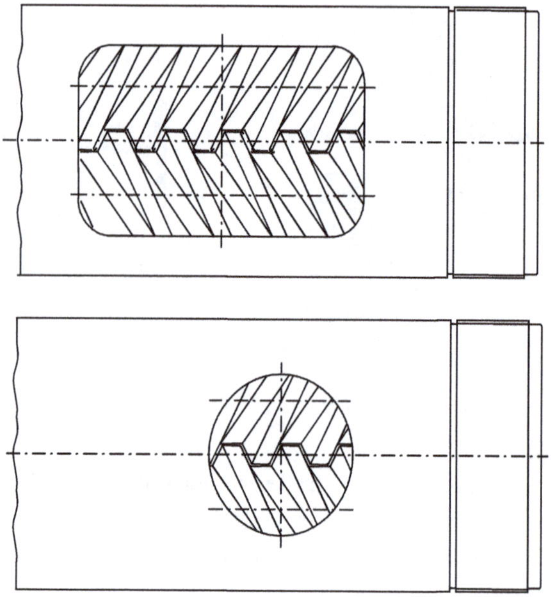

Bild 2.14 Varianten von Einzugsöffnungen [Quelle: Weber, Kronach]

Vorwärmzone

Die Vorwärmzone liegt zwischen Einzug- und Kompressionszone und hat die Aufgabe, möglichst viel Energie in das Polymer einzubringen. Das erfolgt zum Einen von außen über die Heizkörper, die sich am Zylinder befinden und über die Schneckentemperierung (siehe Temperierung der Schnecken), die Wärme über die Schneckenoberfläche an das Polymer überträgt. Das heißt, dass zur Plastifizierung

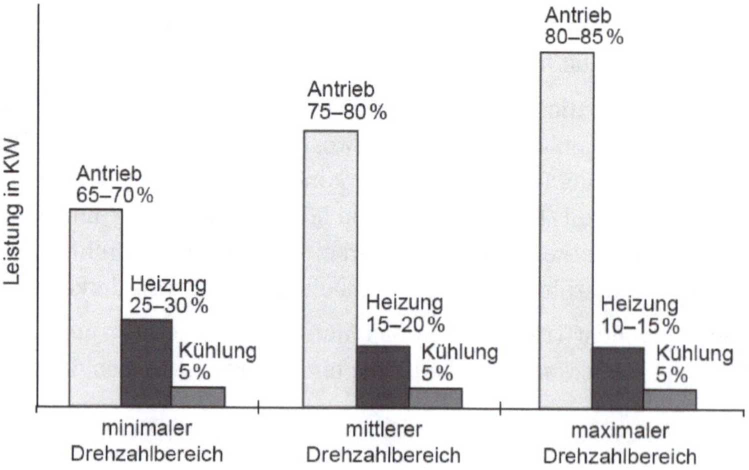

Bild 2.15 Leistungsbilanz eines parallelen Doppelschneckenextruders mit 26D Länge [aus: SCH01]

Heiz- und Scherenergie in das Material eingebracht wird. Jedes Material hat einen spezifischen Energiebedarf, der annähernd betriebspunktunabhängig ist. Das Verhältnis aus Heiz- und Scherenergie ist jedoch drehzahlabhängig. Die Praxis zeigt, dass mit steigender Drehzahl der Anteil der Scherenergie zunimmt (vgl. Bild 2.15). Bei PVC zum Beispiel, was das wichtigste Material für diesen Extrudertyp darstellt, darf eine bestimmte Scherbelastung nicht überschritten werden. Dadurch gewinnt die konstruktive Gestaltung der Vorwärmzone an Bedeutung. Eine lange Vorwärmzone bewirkt eine schonende Plastifizierung und hat somit auch Einfluss auf die Energieeffizienz der Maschine.

Kompressionszone

In der Kompressionszone wird das vorgewärmte Material anplastifiziert und das System in Richtung Entgasungszone abgedichtet. Der Anplastifizierprozess beginnt bereits am Ende der Vorwärmzone durch stärkere Reduktion des Kammervolumens, d.h. durch erhöhte Scherung des Materials. Dieser Bereich wird auch als Vorkompression bezeichnet. Die Kompressionszone hat die geringste Steigung und komprimiert das Material bis auf die Rohdichte. Die Förderleistung ist geringer als der Schmelzevolumenstrom, so dass eine Druckströmung ausgebildet wird. Diese Strömung bewirkt ein intensives Scheren des Polymers in den Schneckenspalten und bewirkt eine Abdichtung zur Entgasungszone. Der notwendige Druckaufbau, der zum Überfahren dieser Zone notwendig ist, erfolgt im Bereich Vorkompression (siehe Bild 2.16).

Das Kammervolumen der Kompressionszone kann über das Gleichgewicht des Materialschüttgewichts in der vollgefüllten Einzugszone und der Materialdichte bei der vorherrschenden Verarbeitungstemperatur abgeschätzt werden [SCH98]. Die Kompressionszone wird auch als Drossel-, Abstau- oder Hochkompressionszone bezeichnet.

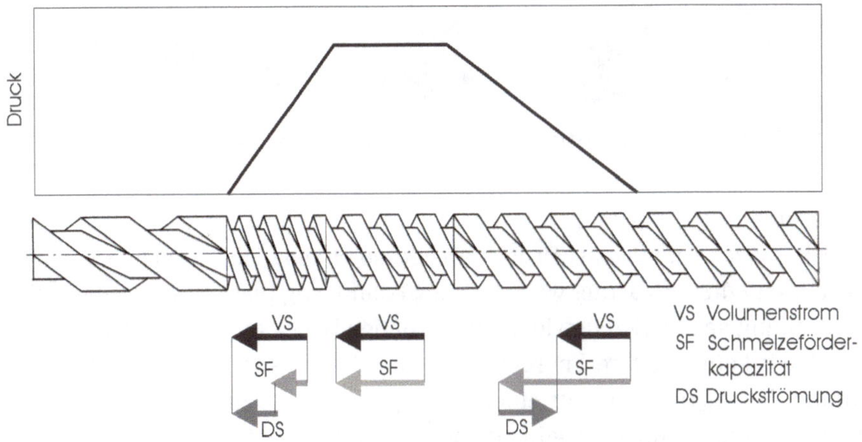

Bild 2.16 Strömungsverhältnisse in vollgefüllten Schneckenabschnitten [SCH98]

Das Verhältnis der Gangsteigungen zwischen Einzug und Kompression heißt Kompressionsverhältnis (siehe 2.1.5.3, Gleichung 2.4). Ist dieses Verhältnis zu hoch, wird das Material durch die Kompressionszone „gepresst", was zu hohen Drücken und einer Belastungsspitze des Materials sowie erhöhtem Verschleiß führt.

Entgasungszone

Die Aufgabe der Entgasungszone beschränkt sich darauf, dem anplastifizierten Kunststoff die flüchtigen Bestandteile, evtl. Wasserdampf, sowie mitgeschleppte Luft zu entziehen. Die Geometrie dieser Zone zeichnet sich durch eine große Steigung aus, um durch eine Teilfüllung der Schneckengänge eine optimale Entgasung zu ermöglichen. Das Verfahrensziel ist eine von Gaseinschlüssen befreite Schmelze.

In der Entgasungszone muss der Transport des Polymers drucklos erfolgen, da das Material andernfalls aus den Entgasungsöffnungen austreten würde. Die große Gangsteigung verhindert auch diesen Effekt.

Eine gute Entgasung erreicht man, wenn das Material als Agglomerat vorliegt und eine große Entgasungsoberfläche bietet. Man spricht dann auch von einem „offenen Schmelzeband". Eine intensive Energiezufuhr in der Vorwärm- und Kompressionszone bewirkt einen hohen Plastifiziergrad in der Entgasungszone und man erhält ein „geschlossenes Schmelzeband". In einem solchen Fall kann oftmals nicht ausreichend entgast werden, was sich auf die späteren Produkteigenschaften auswirken kann (z.B. Blasenbildung). Ein „offenes Schmelzeband", das heißt ein niedriger Plastifiziergrad, kann allerdings die Qualität des Halbzeugs ebenfalls negativ beeinflussen, so dass hier oftmals ein Kompromiss gefunden werden muss [SCH98].

Bild 2.17 Optimal geschertes Hart-PVC in der Entgasungszone [MAR01]

Austragzone

Dieser Bereich wird auch als Druckaufbau- und Homogenisierzone bezeichnet. Im Anschluss an die Entgasung wird der Kunststoff fertig plastifiziert und der für die Überwindung des Werkzeugwiderstandes nötige Druck aufgebaut. Dabei soll nach Möglichkeit keine weitere Energiezufuhr stattfinden, sondern lediglich eine Verdichtung des Agglomerats zu einer homogenen Masse erfolgen. Dieser Bereich kann mehrgängig aufgebaut sein, um dem für Gegenläufer typischen periodischen Ausstoß entgegenzuwirken.

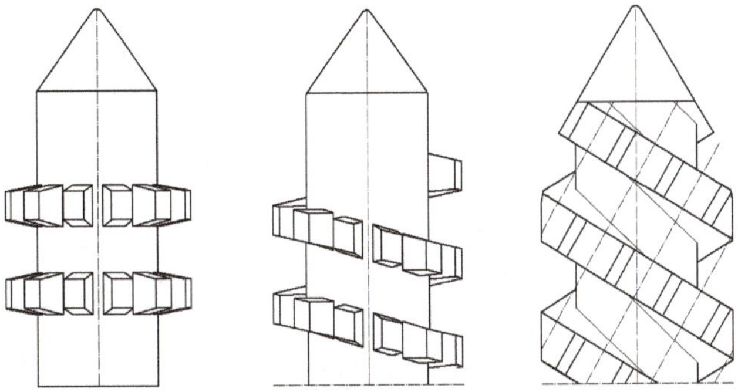

Bild 2.18 Beispiele für Modifikationen an der Schneckenspitze (Mischspitzen) [STÜ04]

Der Druckverlauf in der Austragszone ist abhängig von der Schneckendrehzahl, dem Werkzeugwiderstand und der Schneckengeometrie, insbesondere dem Flanken- und Radialspalt.

Am Ende der Austragszone können Mischspitzen (siehe Bild 2.18) eingesetzt werden, um eine gute Zerteilung der einzelnen Kammerinhalte zu erreichen. Diese Maßnahme erhöht die optische Qualität des Extrudats [STÜ04].

Temperierung der Schnecken

Die Schneckentemperierung hilft, einen Wärmeüberschuss oder ein Wärmedefizit in den Verfahrenszonen zu regulieren. Bei der Verarbeitung von pulverförmigem PVC Dryblend muss in der Regel in der Einzugzone Energie in das Material eingebracht und in der Austragzone herausgeholt werden. Daher werden die Extruderschnecken temperiert. Es wird hierbei zwischen dem „internen" und dem „externen" System unterschieden.

Interne Schneckentemperierung

Die interne Temperierung ist ein geschlossenes System, das auf dem Prinzip des Wärmerohrs basiert. Ein optimaler Wärmeaustausch wird mit einem evakuierten Wärmerohr erreicht, das mit einer bestimmten Menge destillierten Wassers gefüllt ist. Das Wasser geht im Bereich der Schneckenspitze von der dort herrschenden Temperatur in die Dampfphase über und strömt in Richtung Einzugzone. Dort gibt der Dampf die aufgenommene Energie wieder ab und trägt zur Erwärmung des einrieselnden Pulvers bei. Es findet ein Temperaturausgleich von ≤ 2 °C zwischen Austrags- und Einzugzone statt. Der Vorteil dieses Systems ist, dass theoretisch keine Wartung und für den Betrieb keine zusätzliche Energie erforderlich ist. Der Nachteil dieses Systems ist, dass durch die relativ kleine Menge Wasser in der Schnecke nur ein begrenzter Wärmetransport möglich ist. Des Weiteren kann das System von außen nicht beeinflusst werden und findet erst einen stationären Zustand, wenn auch die restliche Anlage unter konstanten Bedingungen läuft.

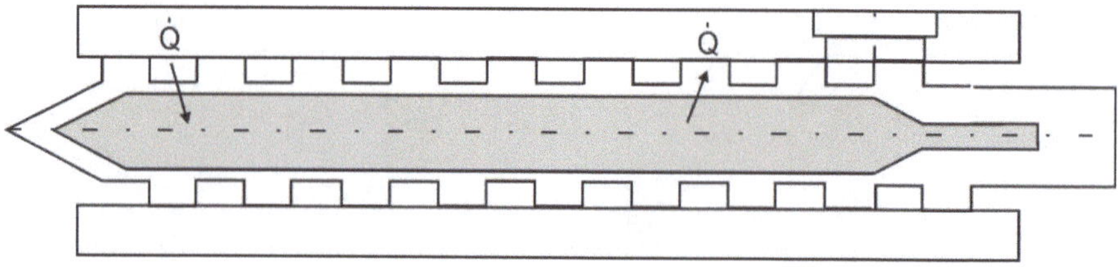

Bild 2.19 Prinzipskizze des internen Schneckentemperiersystems

Das Prinzip funktioniert außerdem nur bei ausreichend langen Vorwärmzonen [BER98].

Externe Schneckentemperierung

Die externe Temperierung ist ein offenes System, bei dem ein Medium, z. B. Wärmeträgeröl, über ein externes Heiz-Kühlaggregat durch die Schnecken gepumpt wird. An den Schneckenschäften sitzen daher Rotationsdichtungen, die regelmäßig Wartung und Austausch erfordern. Dieses System arbeitet unabhängig von der Länge der Verfahrenseinheit und kann daher auch bei kurzen Schnecken mit gutem Wirkungsgrad verwendet werden. Der Nachteil dieses Systems ist der Wartungsaufwand, die Störanfälligkeit, sowie Mehrkosten durch Anschaffung und zusätzlich eingebrachter Energie.

Da moderne Maschinen in der Regel über sehr lange Vorwärmzonen verfügen, finden die externen Systeme keine Verwendung mehr.

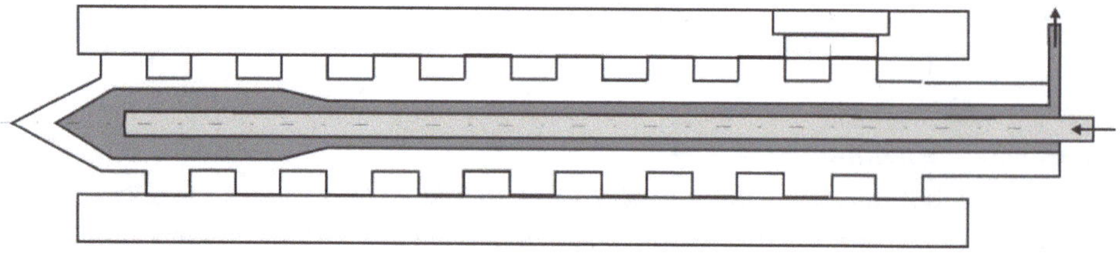

Bild 2.20 Prinzipskizze des externen Schneckentemperiersystems

Schuler [SCH98], [SCH02] hat mit einem speziell entwickelten Temperaturmesskreuz die Temperaturverteilung im Schmelzefluss hinter der Schneckenspitze an beiden Systemen untersucht. Es wurde das Temperaturprofil in vertikaler und horizontaler Richtung aufgenommen. Die interne Temperierung zeigt hierbei eine deutlich homogenere Temperaturverteilung im Vergleich zum externen System. Des Weiteren konnte bei hohen Durchsätzen eine Beeinflussung der Schmelzetemperatur durch das externe Temperiermedium nicht mehr festgestellt werden.

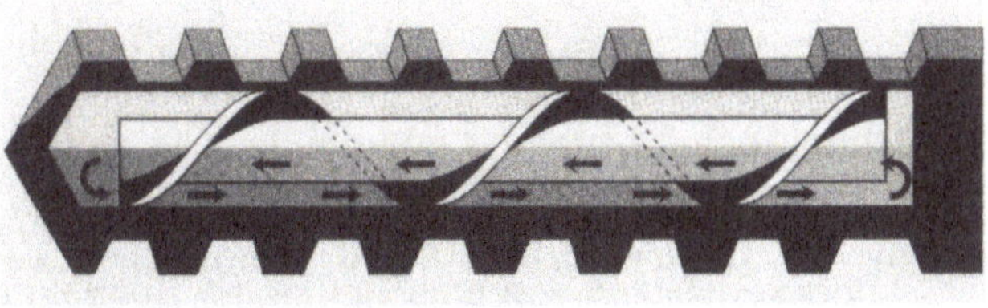

Bild 2.21 Funktionsprinzip einer Kühlwendel [Quelle: Weber, Kronach]

Die Verwendung einer Kühlwendel (siehe Bild 2.21) zeigt ebenfalls eine gute Kühlleistung an der Schneckenspitze, vor allem bei hohen Schneckendrehzahlen.

2.1.5.3 Auslegung der Schnecken

Bei der Gestaltung der Schneckengeometrie gibt es einige Möglichkeiten zur Anpassung an die Verfahrensaufgabe. Um die Geometrie anzupassen, können die Steigung, die Gangzahl, die Länge der Verfahrenszonen oder die Walzen- und Flankenspiele verändert werden.

Ein wichtiger Punkt bei der Festlegung der Schneckengeometrie für eine bestimmte Verfahrensaufgabe stellt die Bestimmung des Kompressionsverhältnisses k dar. Dies wird beschrieben durch den Quotienten aus der Steigung der Einzugszone t_E (maximal möglicher Ausstoß) und der Steigung der Kompressionszone t_K.

$$k = \frac{t_E}{t_K} \tag{2.4}$$

mit:

k = Kompressionsverhältnis
t_E = Steigung der Einzugszone
t_K = Steigung der Kompressionszone

Die Definition dieser Kennzahl hängt von der Rezeptur und der Länge der Verfahrenseinheit ab. Für die PVC Fensterprofilextrusion findet man Kompressionsverhältnisse zwischen 2,5 und 4, bei der PVC Rohrextrusion höhere Werte von 5 oder 6 [STÜ04].

Einzugszone

Die Gestaltung der Einzugsgeometrie sollte im hohen Drehzahlbereich das maximale Drehmoment ausnutzen. Mit dem Kammerfördermodell (vgl. Gleichung 1.3) wird der spezifische Ausstoß (entspricht Durchsatz $\dot{m}$ pro Schneckenumdrehung n) als Produkt aus Gangzahl i, Kammervolumen V_{Kammer}, Schüttdichte ρ_S und Förderwirkungsgrad ϕ definiert:

$$\frac{\dot{m}}{n} = 2 \cdot i \cdot V_{Kammer} \cdot \rho_S \cdot \phi \tag{2.5}$$

mit:

$\frac{\dot{m}}{n}$ = spezifischer Ausstoß (entspricht Durchsatz $\dot{m}$ pro Schneckenumdrehung n)

i = Gangzahl

V_{Kammer} = Kammervolumen

ρ_S = Schüttdichte

ϕ = Förderwirkungsgrad

Das Gesamtkammervolumen $i \cdot V_{Kammer}$ im Einzugsbereich entspricht dem Produkt aus freier Querschnittsfläche und der Gangsteigung.

$$i \cdot V_{Kammer} = A_{frei} \cdot t_E \tag{2.6}$$

mit:

A_{frei} = Freie Querschnittsfläche einer Schneckenpaarung im Stirnschnitt

t_E = Schneckensteigung in der Einzugszone

Daraus folgt der spezifische Durchsatz zu:

$$\frac{\dot{m}}{n} = A_{frei} \cdot t_E \cdot \rho_S \cdot \phi \tag{2.7}$$

Bei der Berechnung der freien Querschnittsfläche müsste das Walzen- und Flankenspiel ebenfalls berücksichtigt werden. Nach *Schuler* [SCH98] führt die Vergrößerung dieser Spalte zu einer Vergrößerung der freien Querschnittsfläche, aber gleichsam auch zu einer Verringerung des Förderwirkungsgrades. Daher ist der spezifische Ausstoß oftmals unabhängig von den Walzen- und Flankenspielen, so dass das Produkt aus freier Querschnittsfläche und Förderwirkungsgrad als konstant angenommen werden kann. Wie schon in Abschnitt 2.1.5.2 beschrieben, muss die Länge der Einfüllöffnung ausreichend dimensioniert sein, um bei hohen Drehzahlen keine signifikante Veränderung des spezifischen Durchsatzes zu erhalten [SCH98].

Vorwärmzone

Eine Verlängerung der Vorwärmzone erhöht die durch Heizkörper von außen in das Material eingebrachte Energieleistung. Eine zu kurze Vorwärmzone kann im ungünstigen Fall den Ausstoß der Maschine begrenzen (siehe auch „Vorwärmzone“, Seite 54), falls zu wenig Heizenergie eingebracht werden kann und das Material zu stark geschert wird. Bei einer längeren Vorwärmzone kann bei ansonsten gleich bleibenden Randbedingungen die Kompressionszone „schwächer“

gestaltet werden, was die spezifische Antriebsenergie und den Verschleiß reduziert.

Beurteilung der Schneckengeometrie nach Schuler:

Um Maschinen-/Schneckenkonzepte von parallelen Systemen beurteilen zu können, schlägt *Schuler* die Auftragung der spezifischen Energie und der Vorwärmflächenbelastung π_V vor [SCH98], [SCH02].

Die Leistungsbilanz einer Verfahrenseinheit definiert sich aus:

$$P + \dot{Q} = \dot{H} \tag{2.8}$$

$$\dot{m} \cdot e + U \cdot A_V \cdot \Delta T_{\text{Zyl...Polymer}} = \dot{m} \cdot c_V \cdot \Delta T_{\text{Polymer}} + \dot{V} \cdot \Delta p \tag{2.9}$$

mit:

$\dot{H}$ = Enthalpieerhöhung
P = dissipierte Antriebsleistung
$\dot{Q}$ = Heizleistung, Kühlleistung

daraus folgt:

$$e + U \cdot \frac{A_V}{\dot{m}} \Delta T_{\text{Zyl....Polymer}} = c_V \cdot \Delta T_{\text{Polymer}} + \frac{\Delta p}{\rho} \tag{2.10}$$

mit:

$\Delta T_{\text{Zyl...Polymer}}$ = Temperaturdifferenz
U = Wärmedurchgangskoeffizient
A_V = Zylinderoberfläche der Vorwärmzone

Die Gleichung der spezifischen Energie besagt, dass bei gleichem Werkzeugdruck der Temperaturbereich konstant ist, wenn die Summe aus spezifischer Antriebsenergie und spezifischer Heizenergie konstant ist. Unter der Voraussetzung, dass die für den Vergleich verwendeten Messpunkte mit konstanter Zylinder- und Massetemperatur ermittelt wurden, ergibt sich eine konstante mittlere Temperaturdifferenz $\Delta T_{\text{Zyl...Polymer}}$ (Gl. 2.10). Geht man davon aus, dass auch die verwendeten Geometrien ähnlich sind, kann der Wärmedurchgangskoeffizient U als konstant angenommen werden. Als variable Größe bleibt dann die spezifische Antriebsenergie und das Verhältnis aus Vorwärmfläche und Durchsatz. Da die Summe aus spezifischer Antriebsenergie (Gl. 2.10) und spezifischer Wärmeenergie konstant sein muss, folgt die Annahme, dass zu jedem Verhältnis von Vorwärmfläche und Ausstoß eine bestimmte spezifische Antriebsenergie gehört. Die Kennzahl π_V beschreibt das Verhältnis aus Massedurchsatz und der inneren Zylinderoberfläche der Vorwärmzone A_V.

$$\pi_V = \frac{\dot{m}}{A_V} \tag{2.11}$$

mit:

π_V = spezifische Vorwärmflächenbelastung

Die Auftragung der spezifischen Antriebsenergie (siehe Bild 2.22) über der spezifischen Vorwärmflächenbelastung π_V ergibt eine materialspezifische, maschinenunabhängige Masterkurve. Wie bereits oben erwähnt, ist die Voraussetzung eine konstante Zylindertemperatur und Schneckengeometrien, die eine einwandfreie Produktqualität liefern.

Das Bild 2.22 zeigt beispielhaft die Messpunkte verschiedener Maschinen mit unterschiedlichen Längen und Schneckendurchmessern. Die Betriebspunkte sind auf 300 bar normiert. Mit Hilfe einer solchen Masterkurve kann für jede Rezeptur eine Beurteilung der Schneckengeometrie erfolgen. Liegen die Werte der spezifischen Antriebsenergie stark unterhalb der ermittelten Masterkurve, muss die Geometrie im Bereich vor der Kompressionszone eine höhere Plastifizierleistung erzielt werden. Sind die Werte oberhalb der Masterkurve angesiedelt, muss die Schnecke „entschärft" werden [SCH98], [SCH02].

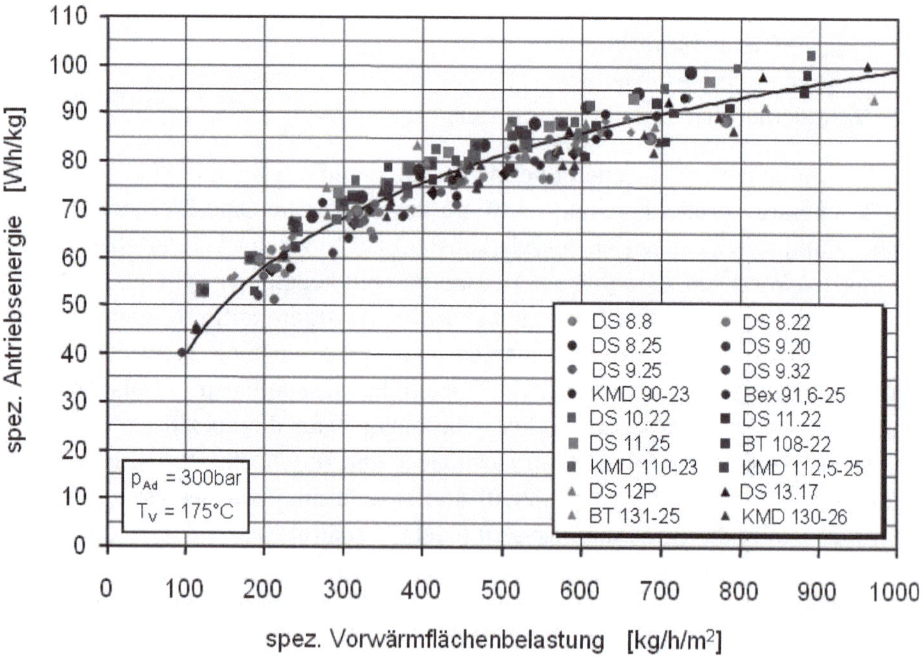

Bild 2.22 Einfluss der Vorwärmflächenbelastung auf die spezifische Antriebsenergie mit Masterkurve [MAR01]

Bei der Berechnung der spezifischen Antriebsenergie wird lediglich die innere Zylinderoberfläche der 8er-Bohrung herangezogen, da die Schneckenoberfläche von intern temperierten Systemen im Einzugsbereich die Energie in das Dryblend einleiten, die sie dem Material im Austragsbereich entzogen haben. Die Schneckenoberflächen arbeiten somit adiabat und leisten keinen Beitrag zur Energiebilanz. Extern temperierte Schnecken leisten keinen effizienten Beitrag zur Erwärmung des Dryblends im Einzugsbereich. Extern temperierte Schnecken entziehen der heißen Schmelze im Austragsbereich Energie und nutzen diese nicht, um das kalte Dryblend im Bereich zwischen Einzug und Drossel zu erwärmen. Daher liegt die spezifische Antriebsenergie bei diesen Konzepten ca. 10 - 15 % höher [SCH02].

Kompressionszone

Für Schnecken, auf denen unterschiedliche Rezepturen verarbeitet werden sollen, gibt es die Möglichkeit eines motorisch verstellbaren Drosselspalts in der Kompressionszone. Dieses System wird elektromotorische Stauspaltverstellung (EMS) genannt. Hierbei ist es möglich, den Zylinder gegenüber den Schnecken um einige Millimeter zu verfahren und so die Energieeinbringung anzupassen. Die Anpassung beeinflusst den Massedruck, den Plastifiziergrad, die Entgasungsleistung und die Schmelzetemperatur und kann bei laufender Maschine erfolgen.

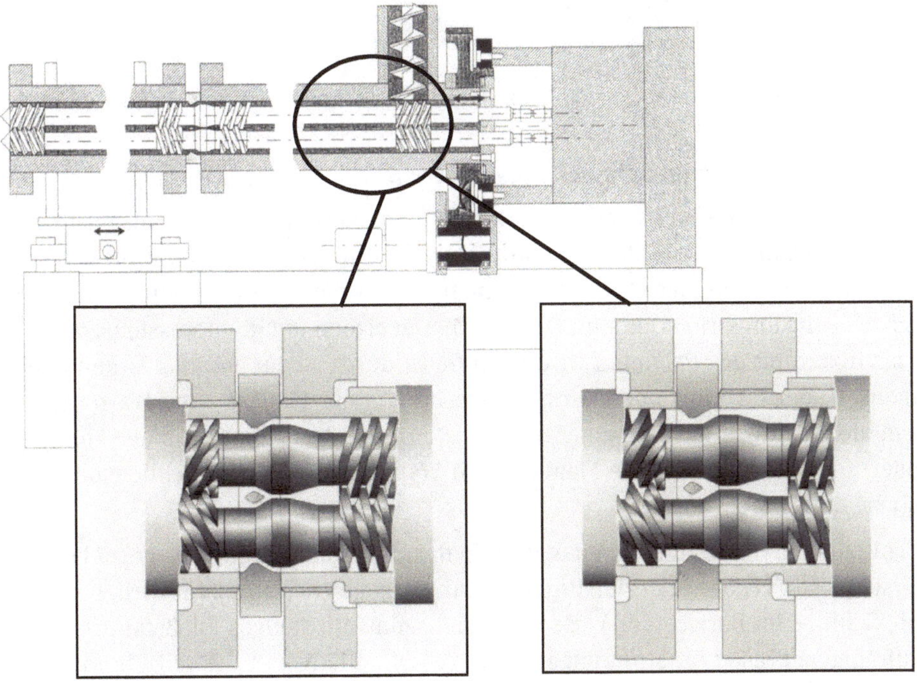

Bild 2.23 Prinzipskizze der elektromotorischen Stauspaltverstellung [Quelle: battenfeld - cincinnati]

Austragszone

Das Druckprofil in diesem Schneckenabschnitt hängt von den Betriebsparametern und der Geometrie ab. In Bild 2.24 sind beispielhaft Druckprofile für unterschiedliche Betriebzustände, die durch Variation von Drehzahl, Ausstoß, Werkzeugwiderstand und Schneckenspiel hervorgerufen wurden, dargestellt. Ein höherer Werkzeugwiderstand bewirkt ein Anwachsen der Rückstaulänge und das erforderliche Drehmoment (siehe Bild 2.24, links). Eine Erhöhung der Schneckendrehzahl steigert den Durchsatz linear beim Fahren aus vollem Trichter. Hierbei bleibt die Rückstaulänge konstant, während der Druck im Bereich der Schneckenspitze größer wird (siehe Bild 2.24, Mitte). Eine Anhebung der Flanken- und Walzenspiele reduziert das Druckaufbauvermögen der Zone. Das bedeutet, dass die Länge dieser Zone vom benötigten Druckaufbau und von den Spaltmaßen abhängt (siehe Bild 2.24, rechts). Kann die Schneckengeometrie nicht genug Druck aufbauen, bzw. ist der Widerstand des Werkzeugs zu hoch, staut sich die Schmelze bis zur Entgasung zurück und tritt aus der Entgasungsöffnung aus.

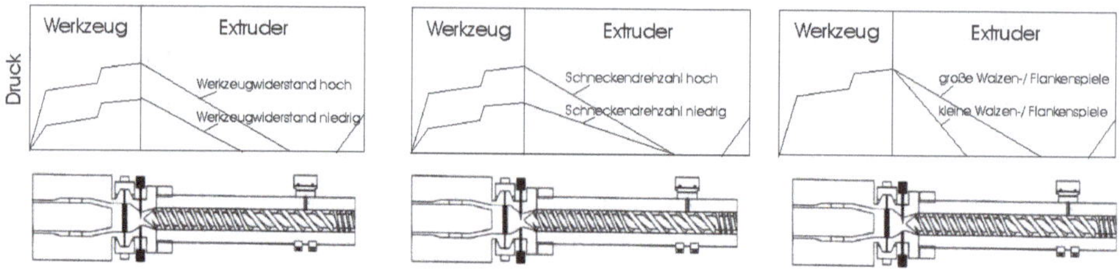

Bild 2.24 Beispiele des Druckprofils in der Austragszone [SCH98]

2.1.5.4 Anpassen von Schneckengeometrien

Oft werden Schnecken nach dem Halbzeugtyp klassifiziert und ausgelegt. Ein nachträglicher Wechsel der Rezeptur, des Verfahrens oder des Produktes kann eine Veränderung der Ausgangsgeometrie erfordern. Eine Modifizierung der Schneckengeometrie erfolgt im Bereich Vorwärmzone und Kompressionszone. Die Plastifizierung des Polymers wird beeinflusst durch Reduktion des Kammervolumens, Gangzahl, Länge der Vorwärmstrecke und der Flanken- und Walzenspalte. Um die Plastifizierleistung einer Schnecke zu verändern, können in der Vorwärm- oder Kompressionszone die Flanken- und Walzenspalte erhöht, Schlitze oder Einstiche eingebracht werden.

Schlitze in den Stegen heben das Prinzip der Zwangsförderung des gegenläufigen Systems auf. Da das Material durch die Drosselzone zurückgestaut wird, bewirken die Schlitze im Bereich der Vorkompressionszone ein stetiges Fließen durch diese Öffnungen. Diese Rückströmungen führen zu einer längeren Verweilzeit und somit zu einer besseren Mischwirkung. Das Material erfährt eine höhere Homogenisierung und Plastifizierung. Die Schlitze werden auch Knetnuten oder Knetausnehmungen genannt [SCH00].

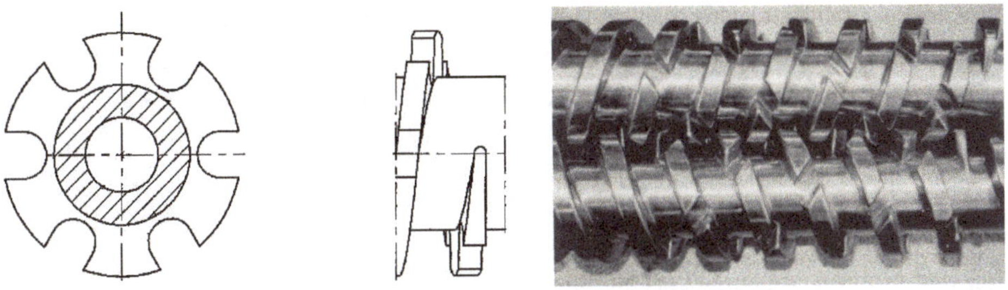

Bild 2.25 Beispiel einer geschlitzten Schnecke [Quelle: Krauss Maffei, München]

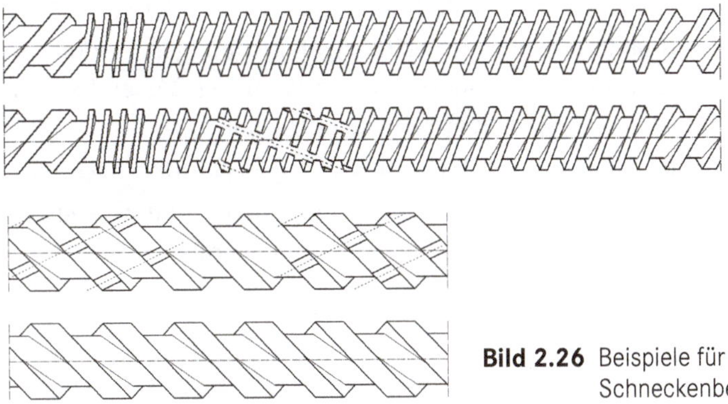

Bild 2.26 Beispiele für normale und geschlitzte Schneckenbereiche [STÜ04]

Bild 2.27 Schneckenabschnitt mit Einstich [SCH98]

Modifikationen wie Schlitze oder Einstiche bergen bei hochbelasteten Schnecken die Gefahr des Bruchs. Besonders bei tiefgeschnittenen Schnecken und bei Schnecken mit bereits fortgeschrittenem Verschleiß folgt durch die höhere Biegewechselbeanspruchung eine erhöhte Gefahr des Schneckenbruchs. Daher sollte eine solche Maßnahme nur in Ausnahmen erfolgen.

Zur Beurteilung der Plastifizierleistung von Schneckengeometrien für bestimmte Rezepturen kann die Methode von *Schuler* herangezogen werden (siehe auch Abschnitt 2.1.5.3). Befindet sich die ermittelte spezifische Antriebsenergie deutlich unter der Masterkurve, so spricht man von einer zu „schwachen“ Schnecke. Der

Plastifiziergrad in der Entgasungszone wird nicht ausreichend sein. Werte oberhalb der Masterkurve verweisen auf eine zu „scharfe“ Geometrie. Es kann zu Problemen bei der Entgasung und zu hohen Schmelzetemperaturen kommen.

2.1.6 Verschleiß

Bei der Gegendrallschnecke wird das Produkt vorwiegend axial transportiert. Im Auskämmbereich der Schnecken entstehen Geschwindigkeits- und Druckverhältnisse wie bei einem Walzenpaar (Kalandereffekt). Dadurch werden die Schneckenwellen auseinandergedrückt, was zu Verschleiß an Schnecke und Zylinder führt. Die Schnecken stehen dadurch in einem sehr geringen, aber ständigen Festkörperkontakt mit der Zylinderinnenwand. Besonders kritisch ist dieser Zustand stromabwärts der Drossel, da dort örtlich sehr hohe Drücke herrschen.

Die gleiche Wirkung ergibt sich in der Feststoff-Förderzone dadurch, dass Feststoffpartikel im unteren Zwickel in den Walzenspalt eingezogen und gequetscht werden können. Infolgedessen werden die Schneckenwellen ebenfalls schräg nach oben auseinandergedrückt, wobei sie sich nur am Gehäuse abstützen können (sog. „10“ und „2“ Uhr-Stellung, vgl. Bild 2.28).

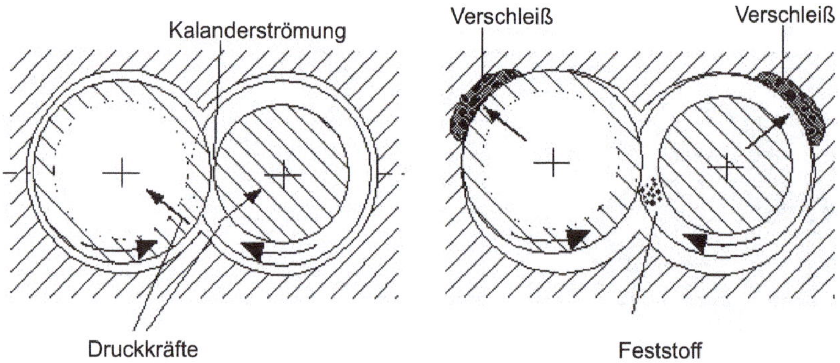

Bild 2.28 Stofftransport in Gegendrallschnecken. Typische Aufbiegung der Gegendrallschnecken mit Zylinderverschleiß in „10“ und „2 Uhr“-Stellung

Schnecken

Der Werkstoff für gegensinnig drehende Doppelschnecken ist normalerweise ein Nitrierstahl. Es gibt die Möglichkeit, die Schnecken mit einem Verschleißschutz zu versehen. Dieser Schutz wird durch gepanzerte Stege erreicht (siehe Bild 2.29). Mit Hilfe eines speziellen Schweißverfahrens wird eine 1 - 2 mm dicke Speziallegierung auf den Schneckensteg aufgebracht. Eine teurere Methode ist die Herstellung der Schnecken aus HIP Werkstoffen.

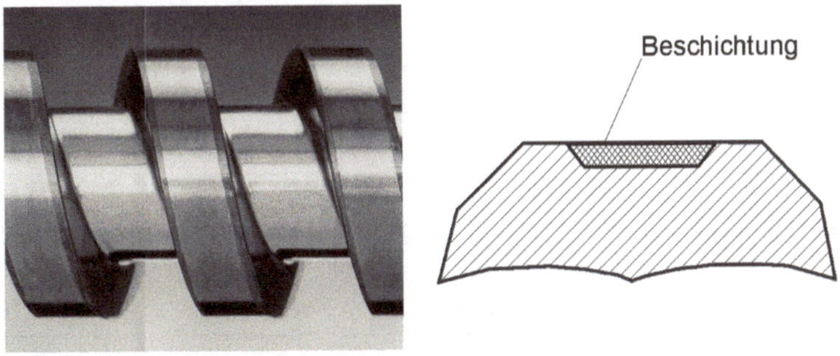

Bild 2.29 Stegpanzerung einer parallelen gegenläufigen Schnecke [Quelle: Krauss Maffei, München]

Zylinder

Zylinder sind in der Regel nitriert und auf den Schneckenwerkstoff abgestimmt, um optimale Verschleißwerte zu erhalten. Bei Verwendung von hochgefüllten Polymeren werden jedoch verschleißresistentere Systeme eingesetzt. Hohen Widerstand gegen Verschleiß bieten Bimetallzylinder mit einer Schutzschicht z. B. aus Wolfram-Karbid. Hierbei wird die Panzerschicht mit einem Schleuderverfahren eingebracht.

2.1.7 Entwicklungsgeschichte

Wie bereits zu Anfang erwähnt, wurde in den 50er Jahren vereinzelt an gegenläufigen Doppelschneckenextrudern gearbeitet und erste Konzepte wurden entwickelt. Später kamen mehr Unternehmen hinzu und das System wurde im Markt etabliert. Zu Beginn waren die parallelen Extruder eher unzuverlässig. Durch den geringen Achsabstand hatte man mit den damals zur Verfügung stehenden Lagern Probleme, die Radial- und Axialkräfte aufzunehmen. Mit den konischen Systemen war es möglich, höhere Kräfte aufzunehmen, da aufgrund des höheren Achsabstands die konstruktive Lösung dieses Problems viel einfacher war. In den 60er und 70er Jahren wurde es möglich, durch Weiterentwicklungen der Wälzlager, höhere Drehmomente auch bei parallelen Maschinen zu übertragen. Im Zeitraum von 1960 bis 1990 war ein linearer Anstieg des maximal möglichen Drehmoments zu beobachten. In der Mitte der 90er Jahre wurde durch eine erhöhte Nachfrage bei Hochleistungsextrudern das Entwicklungspotenzial auf die Ausstoßmaximierung fokussiert, was zu einem wesentlich stärkeren Anstieg des Drehmoments innerhalb kürzester Zeit führte (siehe Bild 2.30).

Wie bereits oben erläutert, sollte das ideale Verhältnis aus Heiz- und Scherenergie in der Vorwärmzone möglichst konstant bleiben. Bei einer Drehmomenterhöhung, die Voraussetzung für die gewünschte Durchsatzsteigerung ist, würde dieses Ver-

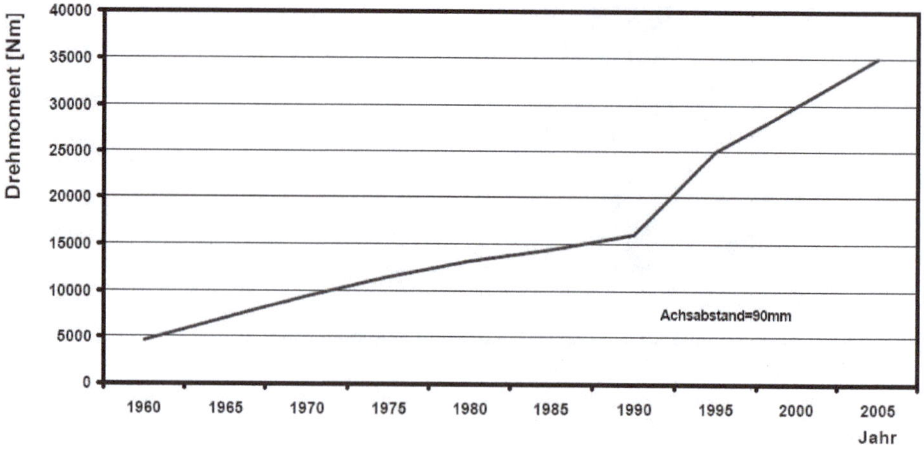

Bild 2.30 Entwicklung der Schneckendrehmomente bei parallelen Maschinen [GRA04]

hältnis durch eine kürzere Verweilzeit des Materials theoretisch verändert. Um das Energieverhältnis konstant zu halten, musste daher die Verweilzeit in der Vorwärmzone angepasst werden. Daher stiegen mit der Erhöhung der Drehmomente Mitte der 90er Jahre auch die *L/D* Verhältnisse der Maschinen, was hauptsächlich aus der Verlängerung der Vorwärmzone von bis zu 45 % herrührte (siehe Bild 2.31 und Bild 2.32). Ein entsprechender Trend zur Ausstoßerhöhung oder Verlängerung der Verfahrenseinheiten bei konischen Extrudern hat in dieser Zeit nicht stattgefunden [SCH05].

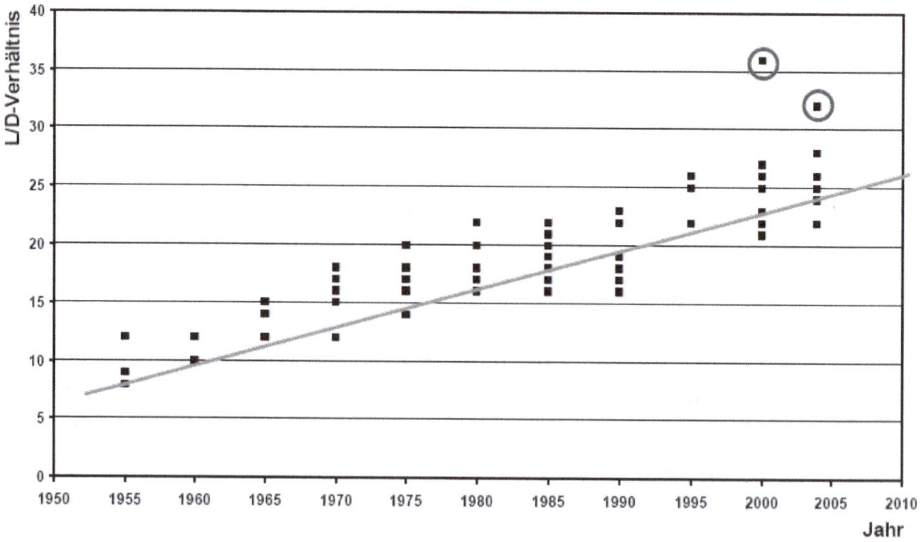

Bild 2.31 Entwicklung der *L/D* Verhältnisse bei parallelen Maschinen verschiedener Hersteller [GRA04]

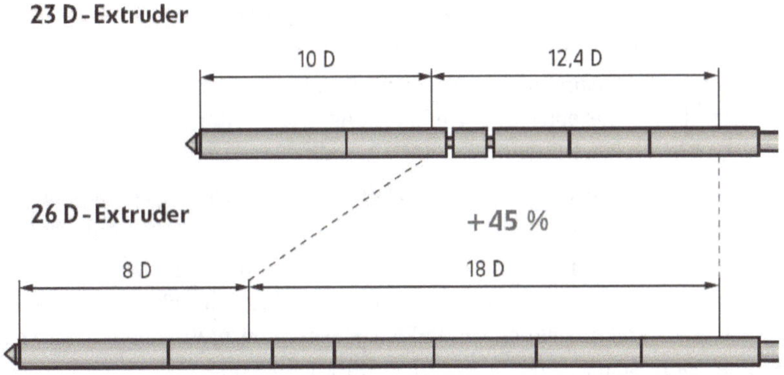

Bild 2.32 Verlängerung der Vorwärmzone bei Maschinen mit höherem Drehmoment [Quelle: Krauss Maffei, München]

Literatur zu Abschnitt 2.1

[BER98] Berghaus, Ulrich; Lorenz, Peter: Gegenläufige Doppelschneckenextruder - Konstruktiver Aufbau. Der Doppelschneckenextruder - Grundlagen und Anwendungsgebiete, S. 257 - 291. VDI Verlag Düsseldorf, 1998

[FIE94] Fiedler, L.; Pipiale, A.; Marinow, S.: Leckströmungen und Druckaufbau im gegenläufigen Doppelschneckenextruder. Plaste und Kautschuk, Heft 4, S. 191 - 194. Deutscher Verlag für Grundstoffindustrie, Leipzig - Stuttgart, 1994

[GRA04] Grajewski, F.: Entwicklungstrends aus der Sicht eines Maschinenbauers. Tagung Süddeutsches Kunststoffzentrum, Würzburg, 2004

[LUB03] Lubenow, K.: Leistungsstarke Getriebe für die Kunststoffextrusion. Neuigkeiten in der Extrusion, Süddeutsches Kunststoffzentrum, Würzburg, 2003

[MAR01] Martin, G.: Extruder für die Rohrextrusion. Erfolgreiche Strategien in der Rohrextrusion, S. 221 - 241. VDI Verlag Düsseldorf, 2001

[NEU91] Neubauer, A.: Gegenläufig drehende, parallele Doppelschneckenextruder. Der Doppelschneckenextruder im Extrusionsprozess, S. 73 - 96. VDI Verlag Düsseldorf, 1991

[PAR77] Parisi, G.: Verfahrenstechnische Auslegung von Doppelschneckenextrudern. Der Extruder als Plastifiziereinheit, S. 95 - 125. VDI Verlag Düsseldorf, 1977

[SCH98] Schuler, W.: Gegenläufige Doppelschneckenextruder - Auslegung von gegenläufigen Doppelschneckenextrudern. Der Doppelschneckenextruder - Grundlagen und Anwendungsgebiete, S. 291 - 338. VDI Verlag Düsseldorf, 1998

[SCH00] Schneider, H.-P.: Wirtschaftlichkeit und Qualität gesteigert, Trends in der PVC-Profil- und -Rohrextrusion. Kunststoffe 10/2000, S. 129 - 137. Carl Hanser Verlag, München, 2000

[SCH01] Schneider, Hans-Peter: Mehr Durchsatz, weniger Verschleiß. Kunststoffe 10/2001, S. 150 - 154. Carl Hanser Verlag, München, 2001

[SCH02] Schuler, W.: Abstimmung von Rezeptur und Schnecke bei Doppelschnecknextrudern. PVC - Rezeptierung, Aufbereitung, Verarbeitung und Recycling, S. 261 - 295. VDI Verlag, Düsseldorf, 2002

[SCH05] Schneider, Hans-Peter: Die Entwicklung des gegenläufigen Doppelschneckenextruders. Kunststoffe 5/2005, S. 44 - 50. Carl Hanser Verlag, München, 2005

[STÜ04] Stützinger, C.: Konstruktiver Aufbau konischer und paralleler Doppelschneckenextruder; Verfahrenstechnische Beurteilungskriterien eines Doppelschneckenextruders und Auslegung von Produktionsextrudern; VDI Tagung „Der gegenläufige Doppelschneckenextruder", Bad Dürkheim, 2004

[WEB98] Weber, Johannes: Gegenläufige Doppelschneckenextruder - Einsatzgebiete von Gegenläufern. Erhöhung von Qualität und Ausstoß bei der Profilextrusion durch höhere Drehmomente und längere Verfahrenseinheiten. Der Doppelschneckenextruder - Grundlagen und Anwendungsgebiete, S. 523 - 531. VDI Verlag, Düsseldorf, 1998

2.2 Der gleichläufige Doppelschneckenextruder

Dr.-Ing. Peter Heidemeyer

2.2.1 Einleitung

Die gleichläufigen Doppelschneckenextruder finden heute in vielen Industriezweigen ihre Anwendungen. Das Hauptanwendungsgebiet heute (Basis der installierten Maschinen) ist mit großem Abstand die Kunststoffindustrie. Hier kommen gleichläufige Doppelschnecken vorwiegend in der Kunststoffaufbereitung, aber auch zunehmend in der Direktverarbeitung bei der Extrusion und beim Spritzguss zum Einsatz. Hier zieht man insbesondere Vorteile aus der Einsparung einer weiteren Aufschmelzung (Energieeinsparung, Vermeidung von zusätzlicher Schädigung von z. B. eingearbeiteten Glasfasern) und der durch die Rezepturfreiheit sich ergebenden Flexibilität bei der Einstellung der Materialeigenschaften. Weitere bedeutende Anwendungsfelder für diese Maschinen sind die Kautschuk- und die Lebensmittelindustrie.

2.2.2 Historische Entwicklung der Gleichdrall-Doppelschnecken

Die gleichläufigen Doppelschneckenextruder basieren in ihrer Geometrie auf den Patenten von Erdmenger und Meskat (Firma Bayer) aus den 40er Jahren des letzten Jahrhunderts [ERD44, ERD49]. Im Jahr 1953 erhielt die Firma Werner & Pfleiderer von der Firma Bayer weltweite Exklusivlizenzen für diese und weitere Basispatente.

Im Jahr 1956 erschien der erste zweiwellige Schneckenkneter ZSK 83/500 auf dem Markt. Er wies übereinanderliegende Schneckenwellen und eine feste Länge von 500 mm auf. Die maximale Drehzahl betrug 150 1/min. In der Folgezeit bis heute stiegen die Baugrößen und die spezifischen Antriebsleistungen (und damit die möglichen Durchsätze) kontinuierlich an.

Möglich wurde dies u.a. durch technische Verbesserungen, die höhere Drehmomente, freie Volumina und Drehzahlen ermöglichten [LEC10].

Nach Ablauf der Grundpatente kamen seit den 1970 er Jahren verstärkt auch von anderen Anbietern gleichläufige Doppelschnecken auf den Markt; heute sind weltweit ca. 50 Hersteller dieser Maschinen auf dem Markt vertreten [KOH07].

Das Bild 2.33 zeigt die wesentlichen Entwicklungsstufen am Beispiel der Baureihen der Fa. Coperion (früher Werner & Pfleiderer) auf.

Die Entwicklung ging von zunächst dreigängigen Maschinen mit relativ kleinen Drehmomentdichten und Durchmesserverhältnissen (siehe auch Abschnitt 2.2.3) auf zweigängige Maschinen über, die durch Vergrößerung der Durchmesserverhältnisse (über 1,44 zu heute 1,55), der Drehmomentdichte und der Drehzahlen

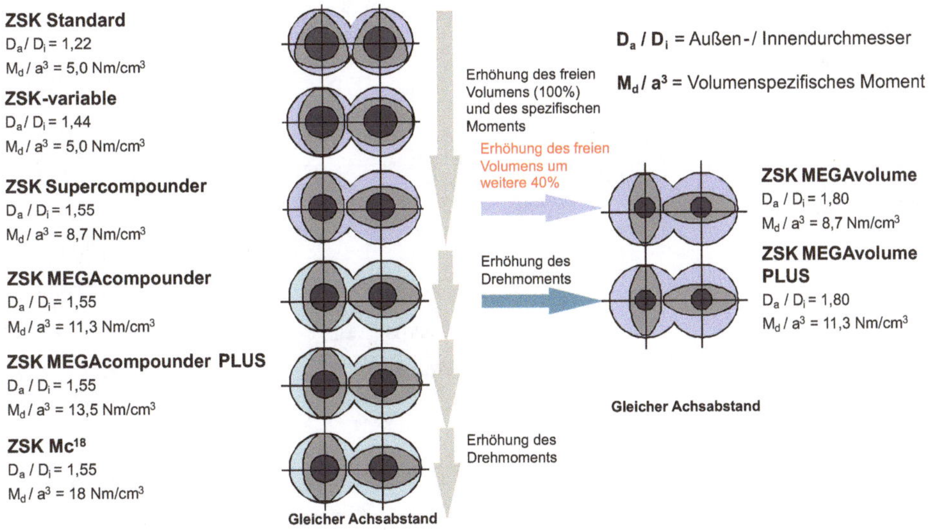

Bild 2.33 Zeitliche Baureihenentwicklung Gleichläufiger Doppelschnecken [LEC10]

bis hin zu den heutigen Hochleistungscompoundern der aktuellen Baureihe Mc[18] dieses Anbieters.

Das Angebotsspektrum reicht hier heute vom ZSK 18 Laborextruder mit 10 KW Antriebsleistung bis zum ZSK 420 und dem ZSK NT für die Polyolefinindustrie mit einer Antriebsleistung von über 26,4 MW, die für Durchsätze von über 100 t/h ausreichend ist [COP11].

Parallel zu den Hochleistungscompoundern wurden für Prozesse mit geringerem Drehmomentbedarf, die häufig einzugsbegrenzt sind, Maschinen mit einem noch größeren Durchmesserverhältnis 1,8 (bei Coperion GmbH) entwickelt.

Die Entwicklung der Antriebsleistung, von der der mögliche Durchsatz direkt abhängt, ist im Bild 2.34 für zwei Baugrößen (Achsabstände) der Firma Coperion dargestellt.

Einen großen Sprung in den Leistungswerten ergab 1995 die Erhöhung der Drehmomentdichte auf 11,3 Nm/cm³ bei gleichzeitiger Verdoppelung der Schneckendrehzahl auf bis zu 1200 1/min. Seit dem haben inzwischen alle großen Hersteller von Gleichläufern auch Maschinen mit Drehzahlen über 1000 1/min im Programm.

Eine weitere interessante Maschine brachte Leistritz unter Umgehung des Verfahrenspatentes der Firma Coperion [EP 1] mit der Maxx-Baureihe im Jahr 2004 zur K Messe auf den Markt. Bei einem Durchmesserverhältnis von 1,66 verfügte die Maschine über eine Drehmomentdichte von 10,5 Nm/cm³ und eine Maximaldrehzahl von 1200 1/min. Eine weitere Besonderheit ist die Möglichkeit, einen schnellen Wechsel der kompletten Verfahrenseinheit teilautomatisiert durchzuführen.

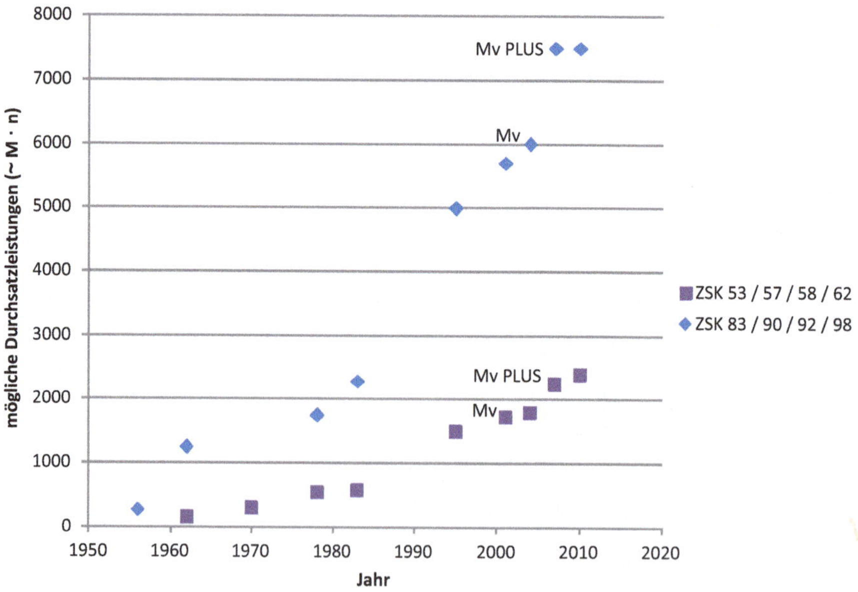

Bild 2.34 Entwicklung der möglichen Durchsatzleistungen über der Zeit [Quelle: Coperion GmbH]

Zur K Messe 2007 schließlich wurde die Drehmomentdichte der Maxx-Baureihe auf bis zu 15 Nm/cm^3 (baugrößenabhängig) angehoben. Dies bedingte eine Reihe von konstruktiven Optimierungen, u. a. bei Getriebe, Wellenwerkstoff und Verzahnungsgeometrie (Sägezahngeometrie zur Vermeidung von Spreizkräften bei der Drehmomentübertragung) [Lei 07].

Die neue Zahngeometrie ist im Bild 2.35 im Vergleich zu einer DIN-Verzahnung dargestellt.

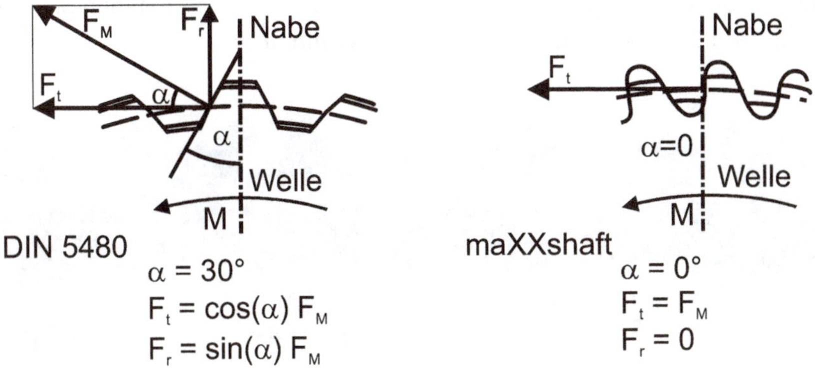

Bild 2.35 Verzahnung der Maxx-Baureihe [Quelle: Leistritz GmbH]

Andere Hersteller, wie die Firma Krauss Maffei-Berstorff, gehen den Weg, für eine gegebene Durchsatzanforderung eher eine größere Maschine zu einem attraktiven Preis anzubieten.

2.2.3 Funktionsprinzip und beschreibende Kenngrößen

Bei kleinen bis mittelgroßen Maschinen werden heute die Hauptbaugruppen der Compounder auf einem Untergestell montiert ausgeliefert. Diese sind im Bild 2.36 dargestellt und benannt.

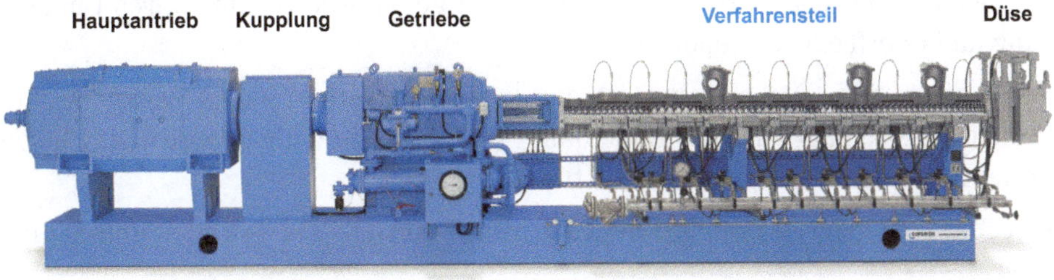

Bild 2.36 Baugruppen eines gleichläufigen Doppelschneckenextruders [Quelle: Coperion GmbH]

Die Kernbaugruppe ist das Verfahrensteil, in dem alle verfahrenstechnischen Prozesse ablaufen. Das Verfahrensteil ist in der Regel elektrisch oder auch mit Sattdampf (bei sehr großen Einheiten) beheizt und kann mit Wasser (-verdampfung) oder Luft gekühlt werden.

Die gleichläufigen Doppelschnecken weisen zwei achsparallele Schnecken in einem Zylinder mit einer acht-förmigen Bohrung auf. Die Schnecken rotieren mit gleicher Winkelgeschwindigkeit und gleicher Drehrichtung. Durch die auf Erdmenger [ERD49] basierende Geometrie der Elemente ergibt sich ein gegenseitiges „Abstreifen" der Schnecken bei einem genügend engen Spiel zwischen den Schnecken. Das sogenannte Dichtprofil ist im Bild 2.37 erkennen.

Bild 2.37 Dichtprofil einer gleichläufigen Doppelschnecke [Quelle: Coperion GmbH]

Dargestellt sind die mehrgängig ausgeführten Förderelemente in Kombination mit den sogenannten Knetblöcken, die im Stirnschnitt das gleiche Profil aufweisen wie die Förderelemente.

Förderelemente und Knetblöcke sind standardmäßig mit verschiedenen Steigungen und Knetblockbreiten als fördernde oder abstauende Elemente im Einsatz.

Die Transportvorgänge in den Schneckenelementen beruhen wie bei der Einschnecke auf dem Schleppförderungsprinzip, werden aber ergänzt durch die im Eingriffsbereich der Schnecken erfolgende Übergabe des Fördergutes von einer Schnecke auf die andere (siehe Bild 2.38).

Dadurch ergibt sich zum Einen ein gewisser Anteil an Zwangsförderung (jeweils um eine Kammbreite), zum Anderen eine sehr gute Mischwirkung durch Umlagerung und Oberflächenerneuerung.

Seit Anfang der 1960-er Jahre ist das komplette Verfahrensteil (Zylinder und Schnecken) modular aufgebaut und damit sehr flexibel an die unterschiedlichsten Verfahrensaufgaben anpassbar [LEC10].

Das Bild 2.39 zeigt die Modularität des Verfahrensteils bei Zylinder und Schnecken.

Die Schnecken weisen zur Drehmomentübertragung häufig eine modifizierte Verzahnung, Vielkeil- oder Polygongeometrien auf. Wegen der notwendigen Sicherhei-

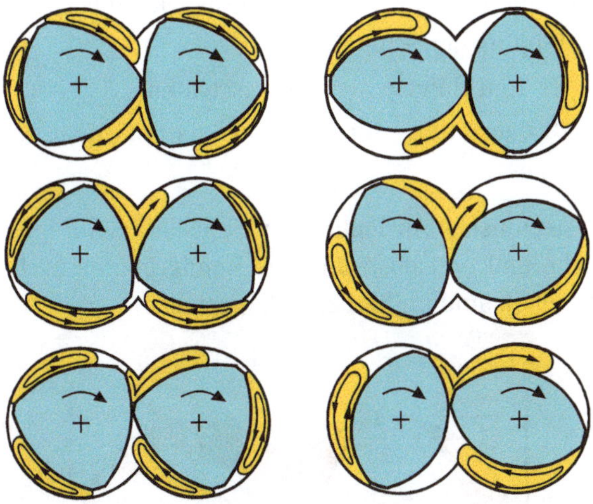

Bild 2.38 Wirkungsweise der Schneckenelemente mit Dichtprofil [WP 96]

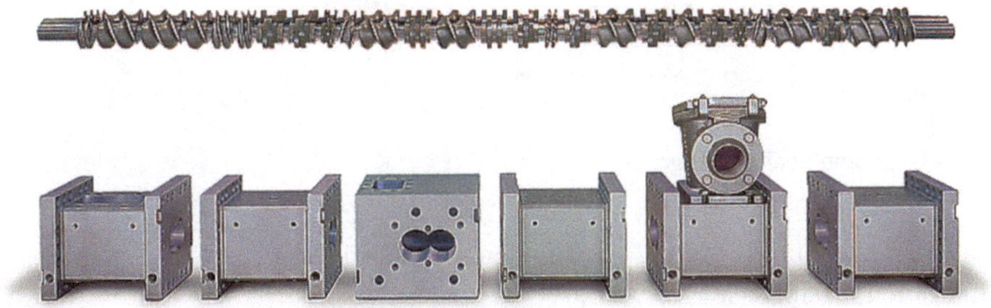

Bild 2.39 Schnecken und Zylinder in Modulbauweise [Quelle: Coperion GmbH]

ten bei der Übertragung der sehr hohen Drehmomente kommen Passfederverbindungen praktisch nicht mehr zur Anwendung. Aus gleichem Grund werden heute für die Schneckenwellen teilweise Luftfahrtwerkstoffe eingesetzt, die sehr hohe Festigkeiten aufweisen.

Die Längen von Schnecken und Zylindern werden bezogen auf den Schneckenaußendurchmesser (*L*/*D*) angegeben.

Übliche Gehäuse sind 3 oder 4 D lang, in einigen Fällen werden aus wirtschaftlichen Gründen auch bis zu 8 D ausgeführt. Wie in dem Bild 2.39 ebenfalls zu erkennen ist, sind Gehäuse für die unterschiedlichsten Verfahrensaufgaben ausgelegt.

Dargestellt sind (von links nach rechts) Gehäuse zum Einzug, Aufschmelzen, Zuführung mit Rückwärtsentlüftung, Einmischen, Entgasen und Austragen/Druckaufbau.

Im Vergleich zum Einschneckenextruder weisen die Gleichläufer wesentliche Vorteile auf [BAS10]:

- besseres Einzugsverhalten und bessere Förderung
- kürzere Verweilzeiten und engeres Verweilzeitspektrum
- bessere Selbstreinigung der Schnecken
- bessere Dispergier- und Homogenisiereigenschaften
- flexiblere Geometriegestaltung durch den modularen Aufbau sowie
- gute Prozesskontrolle

Für die verfahrenstechnische Auslegung der gleichläufigen Doppelschnecken sind einige geometrische und antriebstechnische Kenngrößen entscheidend. Die geometrischen Kenngrößen sind im Bild 2.40 dargestellt.

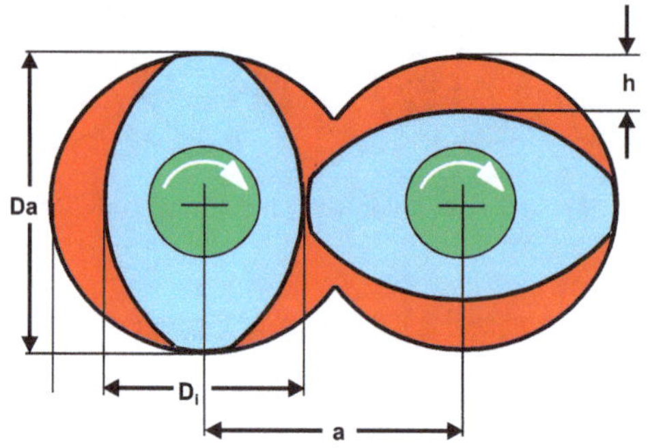

Bild 2.40 Geometrische Kenngrößen

- Das Schneckenprofil ergibt sich aus dem Verhältnis von Außendurchmesser D_a und Innendurchmesser D_i: D_a/D_i
- Der Achsabstand a ergibt sich dann zu: $(D_a + D_i)/2$

In der Praxis wird wegen der notwendigen Spiele ein etwas vergrößerter Achsabstand ausgeführt.

Die freie Querschnittsfläche A_{frei}, im gezeigten Stirnschnitt rot dargestellt, vergrößert sich mit zunehmendem Durchmesserverhältnis D_a/D_i. Dadurch steht mehr freies Volumen im Verfahrensteil für Einzug, Förderung und Entgasung zur Verfügung.

- Die Gangtiefe h errechnet sich zu $(D_a - D_i)/2$

Für die möglichen Durchsätze sind außerdem wichtig:

- Das spezifische Drehmoment, der Quotient aus dem installierten Drehmoment pro Schneckenwelle M_d und dem Achsabstand a in der dritten Potenz: M_d/a^3
- Die Schneckendrehzahl n

Im Bild 2.41 sind die geometrisch wichtigen Größen für die derzeit erhältlichen Maschinen einiger deutscher Hersteller beispielhaft dargestellt [BAS10].

Typ D_a/D_i	coperion	KraussMaffei Berstorff	Leistritz
Standard-maschine	ZSK 1,44	ZE 1,24	ZSE 1,41
Schnell-läufer	ZSK-MC 1,55	ZE-A UTX 1,42	ZSE Maxx 1,66
Volumen-maschine	ZSK-MV 1,8	ZE-R UTX 1,74	

Bild 2.41 Geometrieparameter verschiedener Gleichdrall-Doppelschnecken [BAS10]

2.2.4 Auslegungsgrundlagen

2.2.4.1 Schneckenelemente

Wie schon oben erwähnt, werden standardmäßig vorwiegend Förder- und Rückfördergewinde und entsprechende Knetblöcke (oder Einzelknetscheiben) eingesetzt. Im Bild 2.42 sind beispielhaft ein Gewindeelement und ein Knetblock dargestellt.

Die Förder- und Rückförderelemente können mit unterschiedlichen Gangzahlen und -Steigungen ausgeführt sein, die Knetblöcke mit unterschiedlichen Versatzwinkeln und Knetscheibenbreiten [BAS10].

Das theoretische Profil der Schnecken kann nach Booy [BOO78] durch die Festlegung weniger Parameter vollständig beschrieben werden:

- Schneckenaußendurchmesser D_a
- Theoretischer Achsabstand a_{th}
- Gangsteigungswinkel ϕ_S
- Anzahl der Schneckengänge i_s

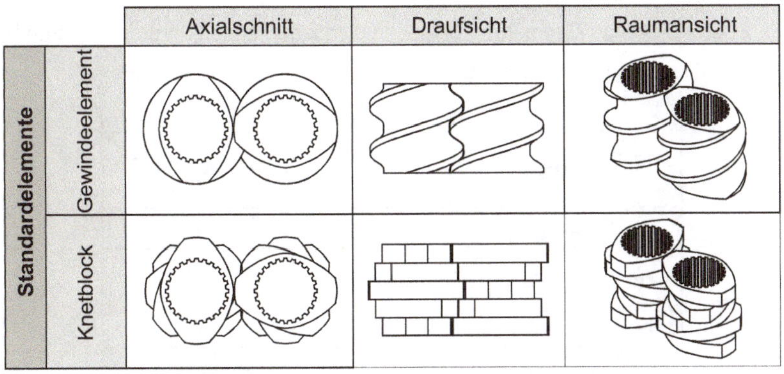

Bild 2.42 Standardschneckenelemente für Gleichdrall-Doppelschneckenextruder [KRE04]

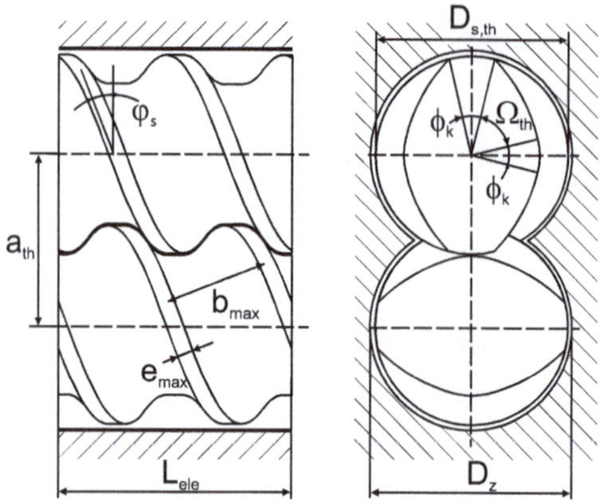

Bild 2.43 Dichtkämmende Geometrie von zweigängigen Förderelementen [BAS10]

Das Bild 2.43 zeigt die sich ergebende Geometrie für zweigängige Schneckenelemente.

Der Achsabstand a_{th} ist der oben erwähnte ohne ausgeführte Spiele zwischen den Schnecken.

Die beschreibenden Gleichungen sind in Tabelle 2.2 dargestellt.

Die Förderelemente bewirken hauptsächlich eine Förderung des Materials in Achsrichtung und einen Druckaufbau, wenn die Elemente vollständig gefüllt sind. Dann ist der Schleppströmung eine gegengerichtete Druckströmung überlagert, die den Druckaufbau bewirkt. Je nach der Geometrie der Elemente und den Betriebsbedingungen kann daher ein druckloses Fördern bei hohem Volumenstrom oder ein Druckaufbau bei kleinerem Durchsatz vorliegen.

Ein Druckaufbau ist in Schneckenelementen nur dann möglich, wenn die Förderkapazität (Schleppvolumenstrom $\dot{V}_s$) größer ist, als der aktuelle Volumenstrom $\dot{V}$ [BAS10]. Wird der Volumenstrom größer als die Eigenförderkapazität des Elemen-

Tabelle 2.2 Grundlegende Geometriegrößen von dichtkämmenden Förderelementen [KRE04]

Kammwinkel	ϕ_k	$\phi_k = \frac{\pi}{i} - \Omega_{th}$
Eingriffswinkel	Ω_{th}	$\Omega_{th} = 2\arccos\left(\frac{a_{th}}{D_{s,th}}\right)$
Gangsteigung	t	$t = \pi D_{s,th} \tan(\varphi_s)$
Maximale Stegbreite	e_{max}	$e_{max} = \frac{t\phi_k \cos(\varphi_s)}{2\pi}$
Maximale Kanaltiefe	h_{max}	$h_{max} = D_{s,th} - a_{th}$
Maximale Kanalbreite	b_{max}	$b_{max} = \frac{t\cos(\varphi_s)}{i} - e_{max}$

tes, so wird dieses überfahren und damit zum Druckverbraucher. Wenn stromabwärts eines Förderelementes ein Widerstand auftritt, wie ein Rückförderelement oder ein abstauender Knetblock, so kommt es zum Druckaufbau in den stromaufliegenden Förderelementen. Die Länge des vollgefüllten Bereiches stromauf eines Druckverbrauchers variiert mit dem aufzubauenden Druck und wird Rückstaulänge genannt.

Bei konstantem Durchmesserverhältnis und identischer Gangsteigung nimmt das freie Volumen mit zunehmender Ganganzahl zu, damit auch das Fördervermögen des Elementes, bei konstantem Durchsatz nimmt dabei der Füllgrad der Elemente ab.

Elemente mit weniger Gängen besitzen demgegenüber tendenziell ein besseres Druckaufbauvermögen (siehe Bild 2.44) [BAS10].

Bei konstanter Gangzahl führt eine große Steigung zu einer großen Förderwirkung (Schleppströmung), einem kleinen Füllgrad und damit zu einer niedrigen Verweilzeit und einer engeren Verweilzeitverteilung. Ein guter Druckaufbau auf kurzer Länge wird dagegen tendenziell eher mit einer kleineren Gangsteigung erzielt (Bild 2.45), wenn das Verhältnis zwischen Volumenstrom und Schleppvolumenstrom nicht zu klein oder zu groß wird. Das Optimum liegt in der Regel zwischen $\dot{V}/\dot{V}_s = 0{,}45 - 0{,}55$.

Bei Prozessen, die einen kleinen Füllgrad, bzw. eine große freie Oberfläche der Schmelze erfordern (z. B. Entgasungsprozesse), werden daher Elemente mit großer Gangsteigung eingesetzt.

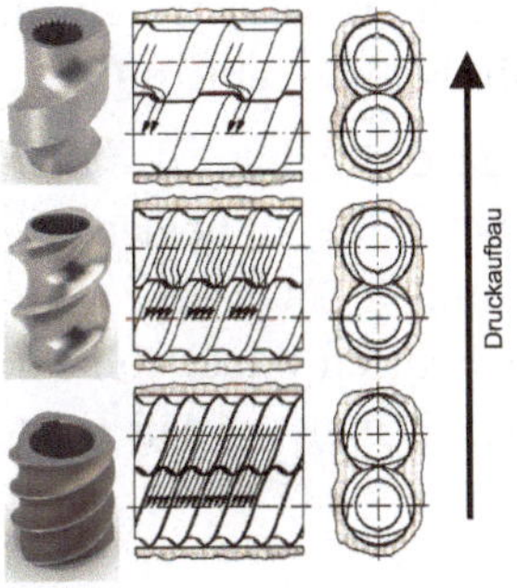

Bild 2.44 Druckaufbau für ein-, zwei- und dreigängige Förderelemente [ERD05]

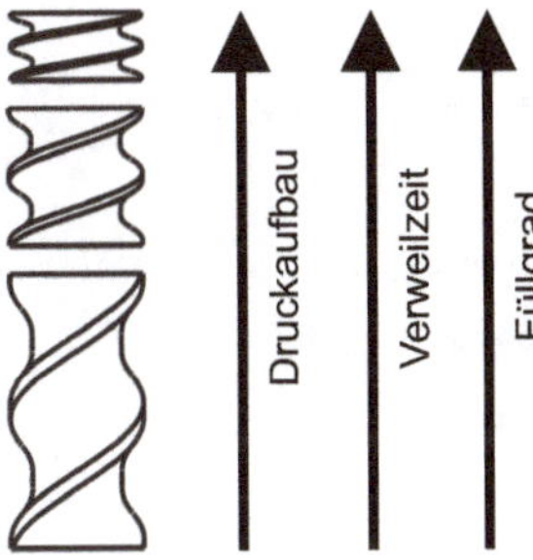

Bild 2.45 Einfluss der Gangsteigung auf Druckaufbau, Verweilzeit und Füllgrad [ERD05]

Zur Verdichtung von Pulverschüttungen nach dem Einziehen in die generell unterfütterte und normalerweise gravimetrisch beschickte Maschine werden Förderelemente mit abnehmender Steigung in Strömungsrichtung eingebaut. Dadurch verringert sich die Förderwirkung und das Material wird verdichtet. Im Gegensatz zur Einschnecke wird also hier zum Verdichten mit Gangsteigungsdegression und nicht mit Kernprogression gearbeitet.

Problematisch wird diese Vorgehensweise bei zu starker Kompression einer Pulverschüttung vor der Aufschmelzung. Tritt eine Kompaktierung auf, sind immer sehr große Spreizkräfte und daraus resultierend Schneckenauslenkung und starker Verschleiß an Schnecken und Zylinder die Folge. Daher sollte keinesfalls generell vor der Aufschmelzzone die kleinste verfügbare Steigung eingebaut werden.

Wenn ein sehr großer Fördervolumenstrom benötigt wird (z.B. bei der Zugabe von Edukten mit kleiner Schüttdichte ρ_S und/oder einem hohen Anteil an eingeschlepptem Gas, das aus dem Verfahrensteil entfernt werden muss), werden teilweise tiefgeschnittene Maschinen (Volumenbaureihen) mit eingeschränktem Drehmoment eingesetzt. Eine andere Möglichkeit besteht in der Entfernung eines Steges und/oder der Modifizierung der Flankengeometrie des Erdmengerprofils unter Inkaufnahme der teilweisen Aufgabe der Selbstreinigung, was aber im Feststoffbereich i.d.R. nicht überkritisch ist.

Dann ergeben sich im Stirnschnitt Profile wie die im Bild 2.46 dargestellten.

Gegenüber dem 2-gängigen Standardprofil lässt sich so die freie Querschnittsfläche und damit das freie Volumen um bis zu 45% erhöhen!

Zum Aufschmelzen und zur Optimierung der dispersiven oder distributiven Mischwirkung werden bevorzugt Knetblöcke (zwei- oder dreigängig) eingesetzt.

Bei den Knetblöcken bildet sich zwischen Flanke und Gehäuse eine intensive Keilströmung mit hohen Dehnströmungsanteilen aus, wobei Schmelze zu beiden Seiten der Scheibe abfließen kann. Ein Teil fließt in Axialrichtung der Maschine, während ein anderer Teil durch die Versatzlücke in den benachbarten Kanal abfließt. Dies bewirkt eine erhöhte Quermischung in der Schmelze. Daher werden Knetblöcke als längs und quer offen bezeichnet.

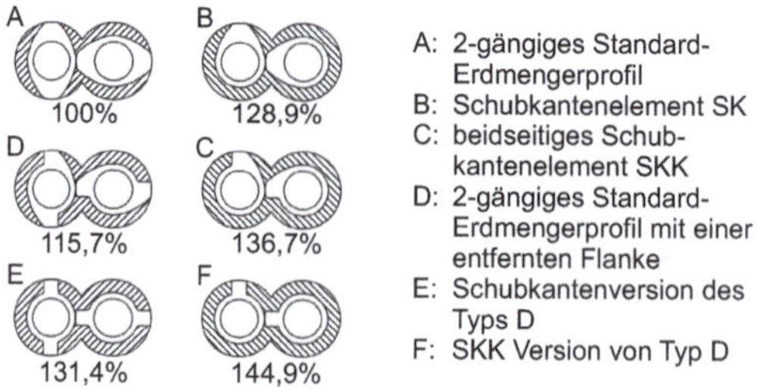

Bild 2.46 Freie Querschnittsflächen bei modifizierten Förderelementen [ERD05]

Mit in Förderrichtung versetzten Knetscheiben kann man auch bei Teilfüllung fördern, während in Gegenrichtung oder um 90 ° (bei zweigängigen Systemen) versetzte Scheiben eine größere oder kleinere (90 ° = neutral) Stauwirkung erzielen [BUR89].

Zur vollständigen Beschreibung der Geometrie wird hier noch die Breite *S* und Anzahl der Scheiben, sowie der Versatzwinkel *W* benötigt.

Die sich aus der Ausführung ergebenden Zusammenhänge für die Wirkung der Knetblöcke sind im Bild 2.47 zusammengefasst dargestellt.

Mit steigendem Versatzwinkel erhöht sich die Mischwirkung und das Transportvermögen nimmt ab. Winkel > 90 ° entsprechen einem Linksversatz und führen zu abstauender Wirkung des Elements. Mit steigender Scheibenbreite sinken die (distributive) Mischwirkung durch die verringerte Anzahl von Stromteilungen bei gegebener Elementlänge und das Transportvermögen, während die Knetwirkung und damit das dispersive Mischvermögen ansteigt.

Breite Knetscheiben bringen erheblich mehr Energie ein und bewirken deutlich höhere Zwickeldrücke als schmale Knetscheiben.

Für zahlreiche Anwendungen werden abstauende Elemente benötigt, die (s. o.) lokal eine vollständige Füllung und einen stromaufwärtigen Druckaufbau erzwingen. Dadurch kann z. B. die Energieeinleitung über die Schneckenelemente gezielt erhöht werden, um eine vollständige Aufschmelzung zu erreichen. Eine andere, häufige Anwendung ist die Trennung unterschiedlicher Druckzonen voneinander, typisch für Entgasungsvorgänge, bei denen stromauf und stromab abgestaut werden kann. Durch den Druckabfall beim Überfahren des Stauelementes kommt es vorteilhaft bei hohem Anteil an Flüchtigen zu einem spontanen Aufschäumen und Blasenzerfall. Hierbei ist jedoch darauf zu achten, dass eine ausreichend lange „Beruhigungszone“ eingebaut ist, bevor die Entgasungsöffnung erreicht wird

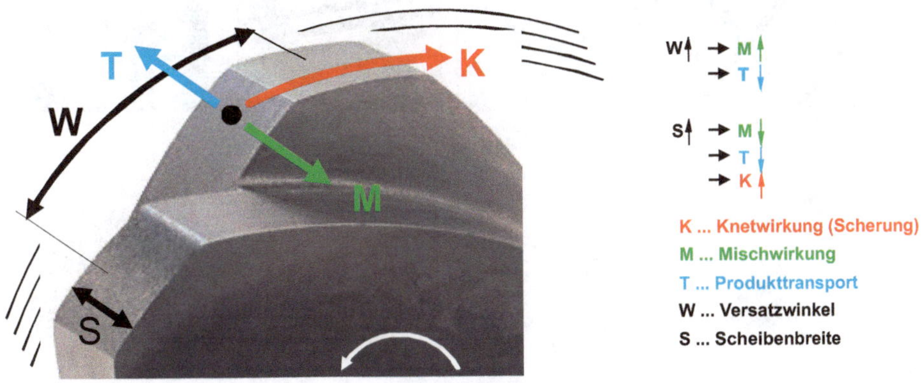

Bild 2.47 Wirkungsweise von Knetelementen [Quelle: Coperion GmbH]

(1,5 - 3D). Eine detaillierte Beschreibung der verschiedensten verwendeten Stauelemente findet sich z. B. in [ERD05, SAE07, BAS10].

Wenn eine verbesserte, distributive Mischwirkung gefordert ist, werden spezielle Elemente verwendet, die eine hohe Anzahl von Stromteilungen und Rekombinationen bewirken. Im Vergleich zu normalen Knetblöcken weisen diese eine geringere Energieeinleitung und damit kleinere Temperaturerhöhungen auf.

Im Bild 2.48 sind schematisch einige der häufig verwendeten Mischelemente gezeigt.

Das Igelelement entsteht durch das Überschneiden einer rechten mit einer gleichartigen linken Steigung. Es wirkt förderneutral und wird in unterschiedlichen Steigungen und Längen produziert. Wenn die mechanische Festigkeit es zulässt, kann es auch zum Anplastifizieren vor der Aufschmelzzone eingesetzt werden. Die Selbstreinigung ist stark eingeschränkt!

Das SME (Schnecken-Mischelement) bewirkt durch das achtgängige Überschneiden mit einem Linksgewinde bei dem zweigängig rechten Profil eine sehr gute distributive Mischwirkung bei moderater Energieeinleitung. Es baut keinen nennenswerten Druck auf und wird häufig am Ende der Schnecken zur Temperaturvergleichmäßigung verwendet. Abreinigung des Gehäuses ist gegeben, die Elemente sind nur teilweise selbstreinigend.

Die ZME (Zahn-Mischelemente) weisen mit ihrer linken Grundsteigung trotz der hohen Gängigkeit der Lücken (fördernde Steigung) immer einen signifikanten Druckverbrauch auf. Sie werden häufig zum Einmischen von z. B. mineralischen

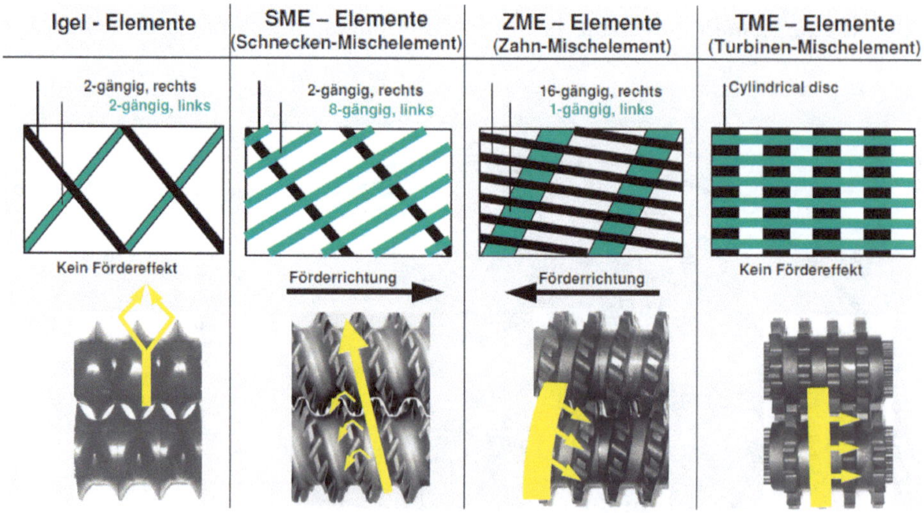

Bild 2.48 Mischelemente zum distributiven Mischen [WIE07]

Füllstoffen verwendet. Im Feststoffbereich potenziell bruchgefährdet. Das Selbstreinigungsverhalten ist ähnlich wie bei den SME.

Die TME (Turbinen-Mischelemente) haben keinen Fördereffekt in der hier gezeigten Ausführung. Prinzipiell können sie durch Schrägstellung der „Zähne" aber auch fördernd und rückfördernd ausgeführt werden. Durch die intensive Interaktion im Eingriffsbereich der Schnecken weisen sie gute Eigenschaften z. B. bei der Einmischung von niederviskosen Zuschlagstoffen auf. Die Gehäuse werden nur teilweise abgereinigt, ebenso die Elemente.

Eine Vielzahl weiterer Sonderelemente für die unterschiedlichsten verfahrenstechnischen Aufgaben werden in [KOH07] gezeigt und in ihrer Funktion beschrieben [SAE07, BIE07].

2.2.4.2 Verfahrenstechnische Auslegung

Die unterschiedlichen Verfahrenszonen eines gleichläufigen Doppelschneckenextruders sind im Bild 2.49 dargestellt.

Die Einzugszone nimmt das von der Beschickung dosierte Material auf und führt es der Plastifizierzone zu. Gleichzeitig muss genügend Raum zur Verfügung stehen, dass eingeschlepptes Gas über den Zuführtrichter wieder entweichen kann, wenn die Plastifizierzone abgestaut ist. Der mögliche Durchsatz wird dabei gemäß Bild 2.50 von verschiedenen Faktoren beeinflusst.

Neben Drehzahl, Gangsteigung und freier Querschnittsfläche beeinflussen auch der Füllgrad, die Schüttdichte und der Förderwirkungsgrad die Materialförderung. Der Förderwirkungsgrad lässt sich i. d. R. nicht aus Schüttguteigenschaften bestimmen und muss daher experimentell bestimmt werden. Für die Gestaltung der Einzugszone gilt es einige Grundregeln zu beachten [SAE05]:

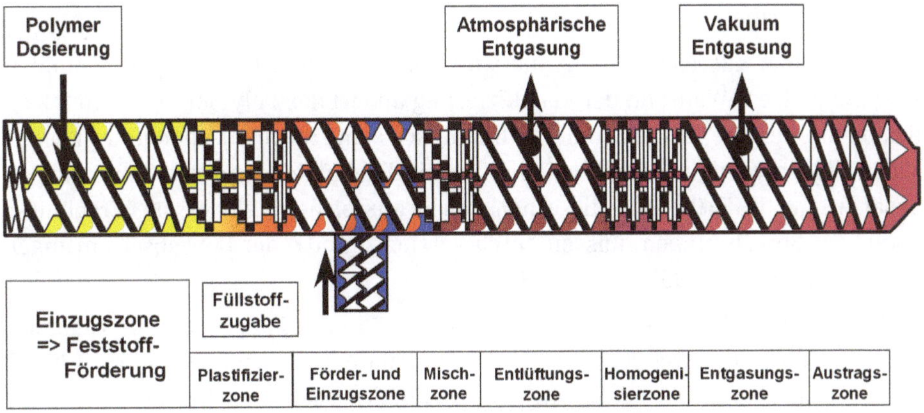

Bild 2.49 Funktionszonen in einem Aufbereitungsprozess [SAE05]

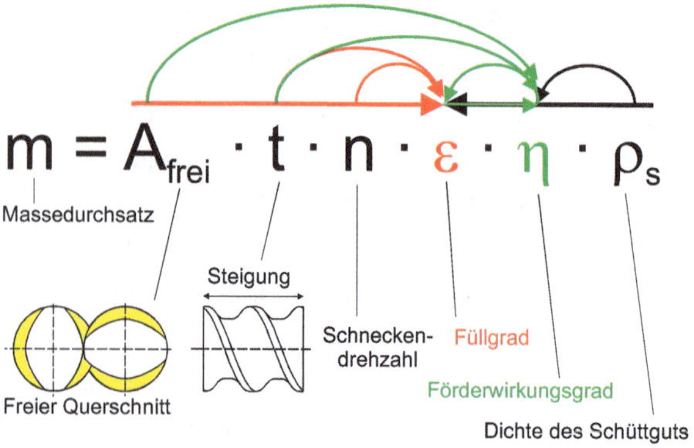

Bild 2.50 Feststoffförderung im Extruder [SAE05]

- Die Einzugszone sollte nicht zu kurz sein (mindestens 2 D stromab der Trichterkante).
- Die Steigung sollte nicht größer als ca. 2 D sein (Förderwirkungsgrad bricht ein).
- Zu große Kompression behindert den Einzug.
- Ein Dichtprofil ist vorteilhaft.
- Überwiegend linearer Drehzahleinfluss (Vorsicht bei fluidisierenden Schüttgütern!).
- Zugabeöffnung sollte eher rechteckig als rund sein.

Bei nicht zu kritischen Pulvern ist der Prozess in der Regel eher drehmomentbegrenzt und die Einhaltung dieser Regeln führt zu einem sicheren Einzug. Bei auftretenden Problemen sind Optimierungsversuche nötig.

Die Plastifizierung erfolgt überwiegend durch die Einleitung von Energie über die Schnecken. Dennoch ist eine intensive Beheizung dieser Zone anzuraten, um die Hafttemperatur des Polymeren an der Wand sicherzustellen und übermäßigen Verschleiß zu vermeiden.

Am Ende einer ausreichend abgestauten Plastifizierzone ist das Polymer komplett aufgeschmolzen. Während der Plastifizierung ändert das Polymer örtlich und zeitlich beim Übergang in die Schmelze dramatisch seine mechanischen und rheologischen Eigenschaften. Obwohl es auch für die Plastifizierung erste Berechnungsansätze gibt [BAS10], sind diese noch nicht ausreichend sicher; die Ergebnisse derartiger Berechnungen müssen durch Versuchs- und/oder Betriebserfahrungen ergänzt werden [SAE05].

In der Misch- und Homogenisierzone werden die in der Füllstoffzugabe zugeführten Zuschlagstoffe durch Knetblöcke oder distributive Mischelemente (s. o.) in die Polymermatrix eingearbeitet. Auch hier ändern sich die Eigenschaften der Schmelze sehr komplex.

In der Entgasungs- und Austragszone sind - meist stromauf abgestaut - vorwiegend Förderelmente eingebaut, bei großen Maschinen oft ergänzt um Homogenisierelemente. Sind die Stoffdaten des Polymeren bekannt, lassen sich Druckaufbau und Temperaturentwicklung bzw. Energieeinleitung abschätzen oder die Steigung bezüglich des Druckaufbaus und der Rückstaulänge optimieren.

Die Basis für eine Gesamtbetrachtung des Aufbereitungsprozesses ist immer eine Energiebilanz der Anlage. Ein Beispiel mit den beschreibenden Zusammenhängen ist im Bild 2.51 dargestellt [LIE05].

Die mechanisch eingebrachte (dissipierte) Leistung ist dabei die um die Wirkungsgrade von Motor und Getriebe korrigierte Antriebsleistung.

Heiz- und Kühlleistungen werden über austauschende Flächen, Temperaturdifferenzen und Wärmeübergangskoeffizienten abgeschätzt. Die zum Druckaufbau notwendige Energie ($\Delta p \mid \dot{V}_s$) wird dabei vernachlässigt.

Die Gesamtleistung entspricht dem Produkt aus Massedurchsatz und Enthalpieerhöhung des verarbeiteten Materials. Da die ausgetauschten Wärmeströme bei großen Maschinen wegen der ungünstigen Oberflächen/Volumenverhältnisse in der Bilanz häufig eine untergeordnete Rolle spielen, kommt als wichtigste energetische Kenngröße eines Aufbereitungsprozesses die spezifische Antriebsenergie in den Fokus:

$$e = P_\mathrm{D}/\dot{m} \; [\mathrm{kwh/kg}]$$

mit:

e = Enthalpieerhöhung

P_D = Gesamtleistung

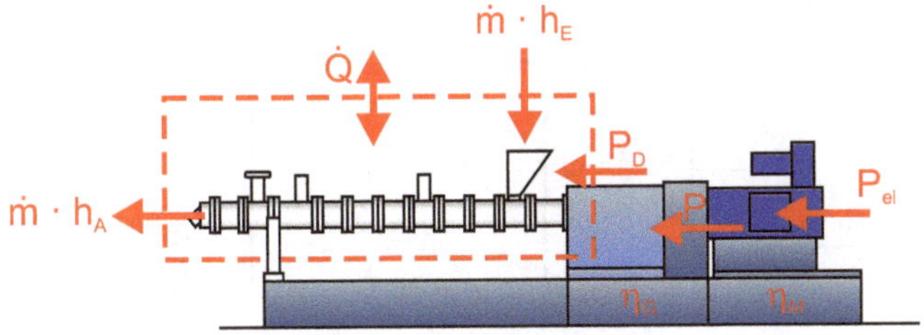

Energiebilanz: $P_D + \dot{Q} = \dot{m} \cdot \Delta h$

Dissipierte Antriebsleistung: $P_D = \eta_M + \eta_G + P_{el}.$ $\eta_G = 0{,}9 \ldots 0{,}95.$ $\eta_G = 0{,}94 \ldots.$

Kühl- bzw. Heizleistung: $\dot{Q} = \dot{Q}_K + \dot{Q}_H,$ $\dot{Q}_K = k \cdot A \cdot (T_{TM} - T_M),$ $\dot{Q}_H = \dot{Q}_{el}$

Antriebsleistung: $P = \eta_{el} \cdot P_{el} = P_D / \eta_G$

Bild 2.51 Energiebilanz am Zweischneckenextruder [LIE05]

Für einen gegebenen Prozess mit bekannter spez. Antriebsenergie lässt sich daher die benötigte Antriebsleistung und damit die Maschinengröße leicht bestimmen. Die benötigte spez. Antriebsenergie wird durch viele Prozessparameter signifikant beeinflusst. Einige der Zusammenhänge sind in Bild 2.52 dargestellt [LIE05]. Ziel einer jeden Verfahrensentwicklung ist es immer, eine gegebene Aufgabenstellung bei optimaler Qualität mit geringstmöglicher Energieeinleitung und damit Materialbelastung zu erfüllen.

Daraus kann man folgern, dass eine Maschine immer mit möglichst hoher Drehmomentauslastung gefahren werden sollte, wenn die Produktqualität dem nicht entgegensteht.

Eine erste Abschätzung der nötigen Antriebsleistung einer Maschine kann auch auf Basis der zum Erreichen einer bestimmten Temperatur notwendigen Enthalpieerhöhung durchgeführt werden. Im Bild 2.53 sind die minimal notwendigen Energieeinleitungen über der Temperatur für verschiedene Polymere aufgetragen.

Eine Auslegung nur über diesen Kennwert (Leistung = Enthalpieerhöhung · Massedurchsatz) führt jedoch mit Sicherheit zu einer zu schwach ausgelegten Maschine, da Druckaufbau, Mischen, Entgasen etc. hierbei nicht berücksichtigt sind. In der Praxis sind z.B. für HDPE spezifische Energieeinleitungen bis über 0,3 kWh/kg nicht unüblich. Die typisch notwendigen Energieeinleitungen für die unterschiedlichsten Prozesse liegen heute bei den Maschinenherstellern als Erfahrungswerte vor oder werden im Rahmen von Versuchen im kleinen Maßstab ermittelt und optimiert.

Zur Berechnung der im gleichlaufenden Doppelschneckenextruder ablaufenden Prozesse wurden in den vergangenen Jahrzehnten eine Vielzahl von Ansätzen, meist bezogen auf bestimmte Funktionszonen publiziert [BAS10]. Eine durchgängige analytische Berechnung scheint allerdings wegen der extrem komplizierten

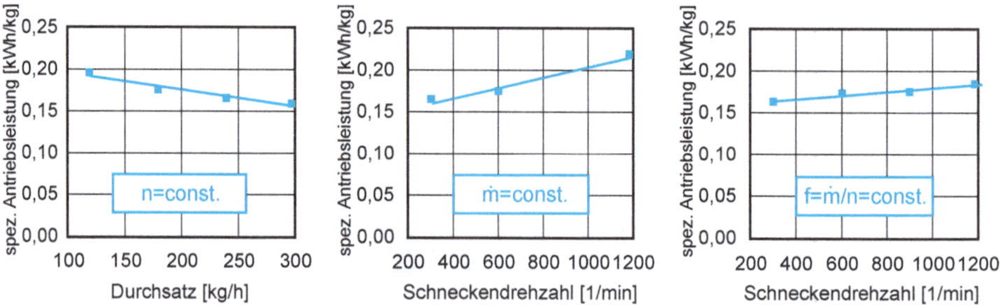

- Mit steigendem Durchsatz bei konstanter Schneckendrehzahl sinkt die spez. Antriebsenergie
- Mit steigender Schneckendrehzahl bei konstantem Durchsatz steigt die spez. Antriebsenergie
- Mit steigender Schneckendrehzahl bei konstantem Füllgrad steigt die spez. Antriebsenergie

Bild 2.52 Einfluss verschiedener Parameter auf die spez. Antriebsenergie [LIE05]

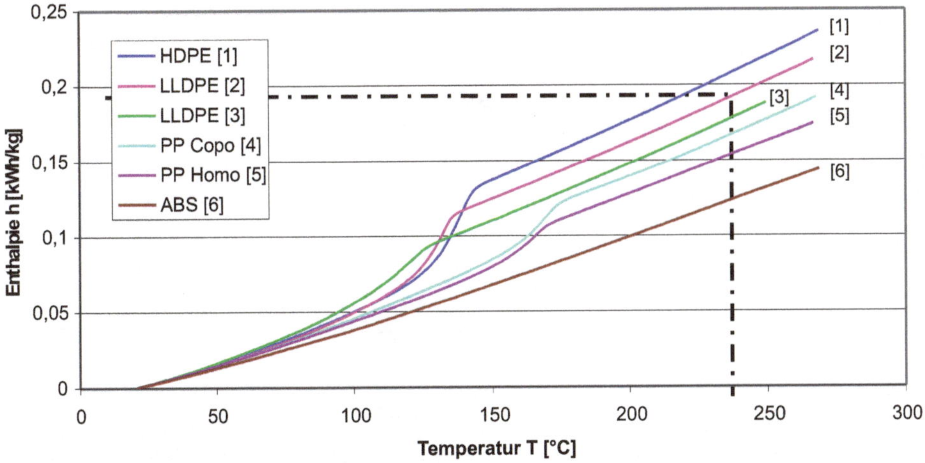

Bild 2.53 Enthalpie über der Temperatur für verschiedene Polymere [Quelle: SKZ, Würzburg]

Verhältnisse mit sehr starken Geometrieänderungen (je nach Winkelstellung der Elemente, siehe auch Bild 2.38) nicht möglich zu sein.

Durch die Kopplung unterschiedlicher Ansätze in einer Software (wie z.B. das Programmpaket SIGMA der Uni Paderborn) können inzwischen wesentliche verfahrenstechnische Größen des Compoundierprozesses, wie z.B. Druck, Temperatur, Aufschmelzen, Verweilzeit, Leistung, berechnet oder zumindest abgeschätzt werden [BAS10].

Im Bild 2.54 ist ein Beispiel für mit der Software SIGMA durchgeführte Berechnungen gegeben.

Zu erkennen ist der viel größere Druck in der Aufschmelzzone der Schnecke 1, hervorgerufen durch einen Abstau mit einem Gegenfördergewinde (orange im Bild).

Dies führt zum Einen zu einer sicheren Plastifizierung, zum Anderen aber auch zu einer deutlich höheren Energieeinleitung und damit höheren Temperaturen. Bedingt durch die bei höheren Temperaturen niedrigere Viskosität weist Schnecke 1 eine etwas größere Rückstaulänge am Ende der Maschine auf.

Die Ergebnisse derartiger Berechnungen zeigen beim Vergleich mit dem Versuch i.d.R. eine gute Wiedergabe der Tendenzen, ohne dass die Ergebnisse notwendigerweise die tatsächlichen Prozessgrößen genau darstellen. Dennoch ist der Einsatz derartiger Softwarepakete empfehlenswert, um einen ersten Eindruck von den Wirkungen einer geplanten Änderung an einem Prozess zu erhalten.

Obwohl in der industriellen Praxis nach wie vor ein großer Teil der Prozessentwicklungen erfahrungsbasiert mit Technikumsversuchen durchgeführt werden, lassen sich inzwischen insbesondere die schmelzegefüllten Zonen der gleichläufigen Doppelschnecken mit sehr guter Genauigkeit berechnen, wenn die Randbedin-

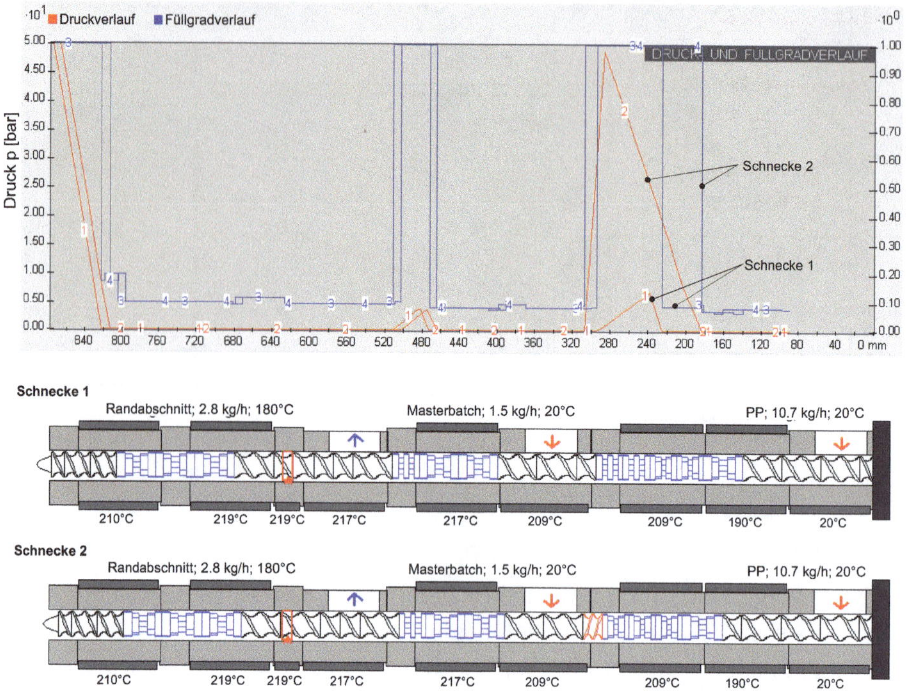

Bild 2.54 Druck- und Füllgradverläufe für zwei Schneckenkonfigurationen nach SIGMA [BAS10]

gungen und die Materialdaten genau genug bekannt sind. Als Beispiel soll hier die Druckaufbauberechnung dienen, die für die Abschätzung der Rückstaulänge und der Temperaturerhöhung sehr wichtig ist [HEI07].

Für newtonsche Medien können zur Auslegung der immer gefüllten Druckaufbauzonen auch analytische Rechnungsmethoden mit ausreichend genauen Ergebnissen herangezogen werden. Dies ist jedoch bei den hier betrachteten, stark nicht newtonschen Polymerschmelzen nicht mehr ausreichend. Heute werden für diese Aufgaben aktuelle Strömungsberechnungstools herangezogen.

Für die Optimierung der Druckaufbauzone wurden charakteristische Daten verschiedener Steigungen mit dem kommerziellen Code FLUENT berechnet. Für die Vernetzung kam ein eigener Netzgenerator zum Einsatz [WUE03]. Berechnet wurden jeweils das Druckaufbauvermögen und der Energieverbrauch für unterschiedliche Betriebspunkte. Die Ergebnisse hängen ab von der Geometrie (Schneckendurchmesser D, Steigung t, Anzahl der Gänge i, Gangtiefe h), den Betriebsbedingungen (Schneckendrehzahl n, Durchsatz q, Temperatur T) und wesentlich von den Eigenschaften der Polymerschmelze (Dichte ρ, Viskosität η).

Die Viskosität wird für Polymere häufig nach dem Carreau Modell beschrieben:

$$\eta(\dot{\gamma},T) = \frac{\eta_0\,\alpha_T}{(1+\alpha_T\,\dot{\gamma}\,B)^C} \tag{2.13}$$

Dabei wird der Arrheniusansatz zur Beschreibung der Temperaturabhängigkeit herangezogen.

$$a_T = \exp\left(\frac{E_A}{R}\left(\frac{1}{T}-\frac{1}{T_0}\right)\right) \tag{2.14}$$

Zur Vereinfachung der Darstellungen und um die Anzahl der nötigen Berechnungen zu begrenzen, werden weitere dimensionslose Kennzahlen definiert:

Die Durchsatzkennzahl Q beschreibt den dimensionslosen Durchsatz, der Parameter K den Druckaufbau und der *PI*-Parameter den Energieumsatz.

$$Q = \frac{\dot{m}}{n\,D^3} \tag{2.15}$$

$$K = \frac{\Delta p\,D}{\eta_0\,n t} \tag{2.16}$$

$$PI = \frac{P}{\eta_0\,n^2\,t\,D^2} \tag{1.17}$$

Ein Beispiel für die vernetzte Struktur zeigt für verschiedene Steigungen t die Abbildung 2.55.

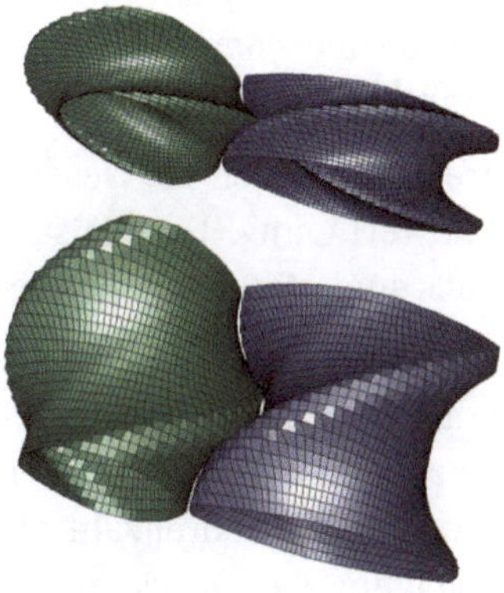

Bild 2.55 Rechengitter für verschiedene Steigungen

Im Bild 2.56 ist der typische Zusammenhang zwischen Druckaufbau und Leistungseintrag für unterschiedliche normierte Durchsätze und Steigungen gezeigt [KUE07].

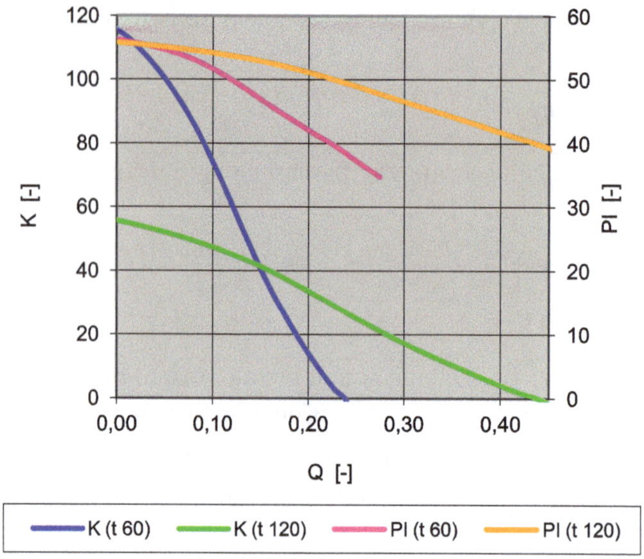

Bild 2.56 Kennzahlen als Funktion des dimensionslosen Durchsatzes

Der Druckaufbau bei kleinen Durchsätzen ($Q \Rightarrow 0$) für die kleinere Steigung (60 mm) ist deutlich höher als bei der großen Steigung (120 mm), während die große Steigung für kleine Druckgradienten ($K \Rightarrow 0$) viel mehr Fördervolumen bereitstellt. Beim Leistungseintrag ist im betrachteten Parameterbereich das Element mit der kleineren Steigung immer günstiger als der Druckaufbau mit der größeren Steigung.

Diese Zusammenhänge sind sehr gut bekannt, interessant ist jedoch insbesondere der Verlauf der Kurven zwischen den Extremwerten. Gern wird hier ein linearer Zusammenhang angenommen, was aber bei stark nicht newtonschen Schmelzen zu Fehlern in der Größenordnung bis zu 30 % führen kann [WUE03].

Zur Optimierung der Druckaufbauzonen stehen als freie Parameter im Wesentlichen die Steigung t und die Schneckendrehzahl n zur Verfügung. Die meisten anderen Prozessparameter wie Durchsatz, Austragsdruck und Material (-viskosität) sind bereits durch die Kundenvorgaben festgelegt.

Das Bild 2.57 zeigt den Zusammenhang zwischen dem dimensionslosen Druckaufbau K und den Parametern Steigung und Schneckendrehzahl für einen konstanten Durchsatz. Wie erwartet steigt der Druckaufbau mit der Schneckendrehzahl an. Für eine gegebene Drehzahl steigt mit zunehmender Steigung das Druckaufbauvermögen zunächst an, um nach dem Maximum wieder abzufallen (hier zu erkennen für die beiden hohen Drehzahlen). Für eine gegebene Drehzahl lässt sich damit eine optimale Steigung bestimmen, die den höchsten Druckaufbau und damit die kürzeste Rückstaulänge ergibt.

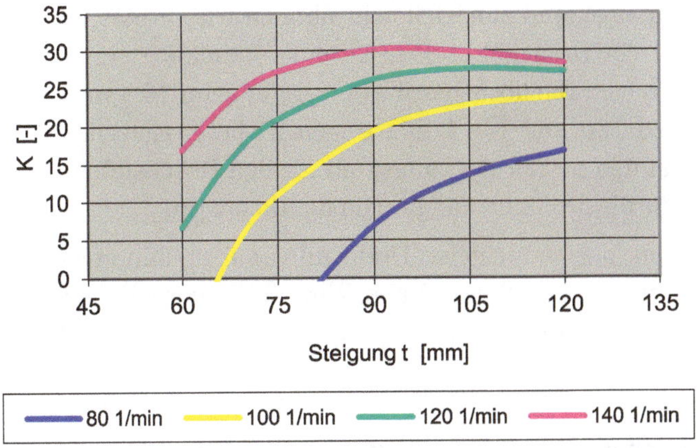

Bild 2.57 Druckaufbau als Funktion der Drehzahl und der Steigung für zweigängige Förderelemente

Neben der Länge der Druckaufbauzone ist die hier eingeleitete Energie von entscheidender Bedeutung, weil sie u.a. die Temperaturerhöhung der Schmelze bestimmt. Daher ist der energetische Wirkungsgrad ε beim Druckaufbau die eigentlich relevantere Kenngröße.

$$\varepsilon = \frac{\Delta p q}{P} = \frac{Q K}{PI} \tag{2.18}$$

Der Wirkungsgrad ist der Quotient aus Druckaufbauleistung und Gesamtleistung und kann auch aus den dimensionslosen Kennzahlen errechnet werden [KUE07].

Das Bild 2.58 zeigt den Zusammenhang zwischen Wirkungsgrad ε, Steigung t und Drehzahl n, wiederum für einen konstanten Durchsatz.

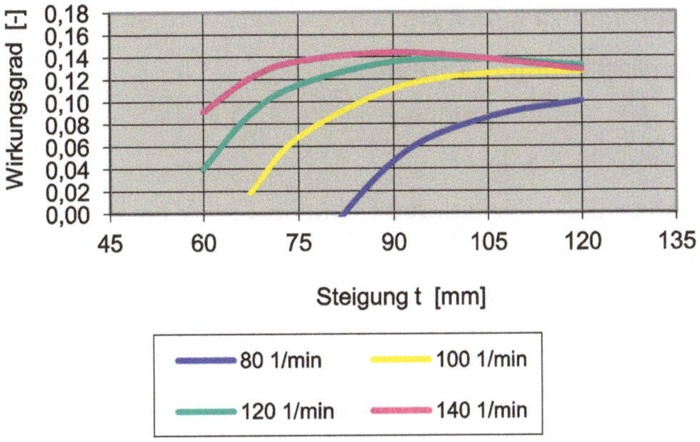

Bild 2.58 Energetischer Wirkungsgrad für den Druckaufbau als Funktion von Steigung und Drehzahl [KUE07]

Die Zusammenhänge sind zunächst sehr ähnlich wie für das Druckaufbauvermögen. Bei konstanter Drehzahl ergibt sich eine optimale Steigung, die den besten Wirkungsgrad bietet. Die höchsten Wirkungsgrade um 14 % werden hier bei Drehzahlen zwischen 120 und 140 1/min erzielt. Dabei erzielt die höchste Drehzahl nicht unbedingt den besten Wirkungsgrad für den Druckaufbau, was an den Kurvenverläufen für die größeren Steigungen deutlich wird.

Bei der kleinsten hier betrachteten Drehzahl von 80 1/min erreicht die Maschine mit der Steigung von ca. 80 mm ihr maximales Fördervolumen und kann daher keinen Druck mehr aufbauen. Damit ergibt sich ein Druckaufbauwirkungsgrad von 0.

2.2.4.3 Vom Labor in die Produktion: Hochrechnung

Nachdem eine Optimierung rechnerisch durchgeführt und versuchstechnisch verifiziert wurde, stellt sich die Frage nach der Übertragung in den Produktionsprozess.

Ein sicheres Scale-up (Maßstabsübertragung) ist immer dann möglich, wenn die zu vergleichenden Anlagen geometrisch und energetisch ähnlich sind.

Geometrische Ähnlichkeit ist gegeben, wenn die folgenden Kennzahlen identisch sind [SAE05]:

- Gangzahl i
- Durchmesserverhältnis D_a/D_i
- Zonen- und Maschinenlänge L/D
- Relative Spiele

Energetische Ähnlichkeit liegt bei identischer Drehmomentdichte:

- M_d/a^3 vor.

Als vergleichbare Betriebsbedingungen sind eine Vielzahl von Einflussgrößen zu verstehen, die konstant zu halten sind:

- Mittlere Schergeschwindigkeit (Drehzahl)
- Verweilzeit in den Verfahrenszonen
- (lokaler) Füllgrad der Schnecken
- Wärmetauschfläche A_{Zyl} der inneren Gehäuseoberfläche
- Oberflächenerneuerung
- Druck an der Schneckenspitze
- Spezifische Heiz-Kühlleistung

Die letzte Bedingung ist nur sehr schwer zu erfüllen, weil mit zunehmender Baugröße das Verhältnis zwischen Oberflächen und Volumen immer kleiner wird.

Das Problem ist nur zu umgehen, indem man den Versuch auf der kleinen Maschine weitgehend adiabat fährt.

Sind alle Randbedingungen sauber eingehalten, kann man den Durchsatz der Produktionsmaschine aus dem Durchsatz der Labormaschine hochrechnen:

$$\dot{m} = \dot{m}_L \left(\frac{D}{D_L} \right)^X \quad \text{mit: } x = 2{,}0 \text{ bis } 3{,}0 \tag{2.19}$$

Als Hochrechnungsexponenten erhält man für volumenbestimmte Prozesse $x = 3$; für rein oberflächenbestimmte Prozesse (Diffusionsgesteuerte Entgasung, intensive Kühlung o. ä. ergibt sich $x = 2$).

Viele in der Praxis laufenden Prozesse skalieren sehr nahe an der dritten Potenz.

Daraus ergibt sich als Konsequenz für den Maschinenhersteller, dass seine Baureihe konsequent ausgelegt sein muss bezüglich der geometrischen und energetischen Ähnlichkeit.

Alle in neuerer Zeit auf den Markt gekommenen Maschinenbaureihen erfüllen diese Randbedingungen und bieten daher eine gute Basis für gesicherte Prozessauslegungen und -Optimierungen.

2.2.5 Antriebstechnik

Die Antriebseinheit des gleichläufigen Doppelschneckenextruders ist neben dem Verfahrensteil die wichtigste Komponente der Gesamtanlage. Bei größeren Maschinen wird weit über 90 % der Gesamtleistung der Anlage über die Antriebseinheit in den Prozess eingebracht. Sie besteht aus Motor, Sicherheitskupplung und Getriebe (siehe auch Bild 2.36).

2.2.5.1 Hauptantrieb

Als Antrieb kommen für gleichläufige Doppelschnecken bis zu einer Baugröße von ca. 180 mm ausschließlich drehzahlvariable Motoren zum Einsatz. Dieses können Gleichstrom-, Drehstromasynchron- oder Synchronmotoren sein.

Gleichstrommotoren werden an einem Stromrichter betrieben, sind vergleichsweise günstig in der Anschaffung, aber wartungsintensiv durch den je nach Umgebungsbedingungen häufiger notwendigen Tausch der Bürsten [CHR07].

Asynchron- und Synchronmotoren können direkt am Netz betrieben werden oder sie werden an einem Frequenzumrichter betrieben, um die Drehzahl variieren zu können.

Dabei weisen die Synchronmotoren im Gegensatz zu den Asychronmotoren keine Rotorwicklungen auf, das Magnetfeld wird durch Permanentmagnete erzeugt. Daher entfallen die entsprechenden Verluste beim Betrieb des Motors, einhergehend mit einem höheren Wirkungsgrad der Motoren [CHR07] [GEH10].

Drehstrommotoren weisen außer den Lagern (typische Lebensdauer 10 - 50 000 Stunden) keine Verschleißteile auf. Sie haben sich mittlerweile - auch wegen der inzwischen preiswert angebotenen Umrichtertechnik auf breiter Front in der Extrusions- und Compoundiertechnik durchgesetzt. Die für Einschneckenextruder recht interessanten Torqueantriebe (es handelt sich hier um hochpolige Synchronmaschinen mit niedriger Nenndrehzahl, die bei Einschnecken das Reduziergetriebe unnötig machen) kommen wegen der heute bei Gleichläufern üblichen hohen Schneckendrehzahlen (bis zu 1800 1/min) nicht zum Einsatz.

Die Energiebilanz einer Compoundiermaschine zeigt in den meisten Fällen eine deutliche Dominanz des Antriebsmotors als Energieverbraucher (typisch deutlich größer 90 % der eingebrachten Energie). Daher rückt im Zuge der Nachhaltigkeitsdiskussionen, aber auch aus wirtschaftlichen Gesichtspunkten der Wirkungsgrad der Antriebe immer stärker in den Fokus.

Sehr häufig werden die Motoren im Feld zu hohen Anteilen in Teillast betrieben - entweder, weil sie überdimensioniert sind, oder weil die Compoundieraufgabe die volle Nutzung von Drehzahl und Drehmoment nicht zulässt.

Umfangreiche Untersuchungen in jüngster Zeit zeigen deutlich, dass der Wirkungsgrad der unterschiedlichen Motorentypen sich gerade im Teillastbereich sehr stark unterscheiden kann.

Im Bild 2.59 ist das Kennfeld des Wirkungsgrades über Drehzahl und Drehmoment für einen 79 kW Gleichstrommotor dargestellt. Man erkennt, dass der Wirkungsgrad von ca. 90 % bis auf unter 50 % absinkt, wenn der Betriebspunkt ungünstig ist [GEH10].

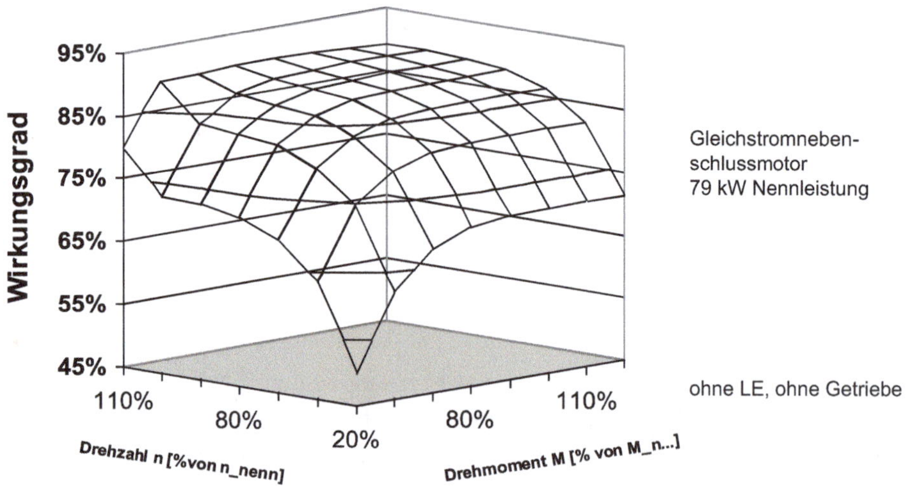

Bild 2.59 Wirkungsgrade bei sinkender Drehzahl- und Drehmomentbelastung [GEH10]

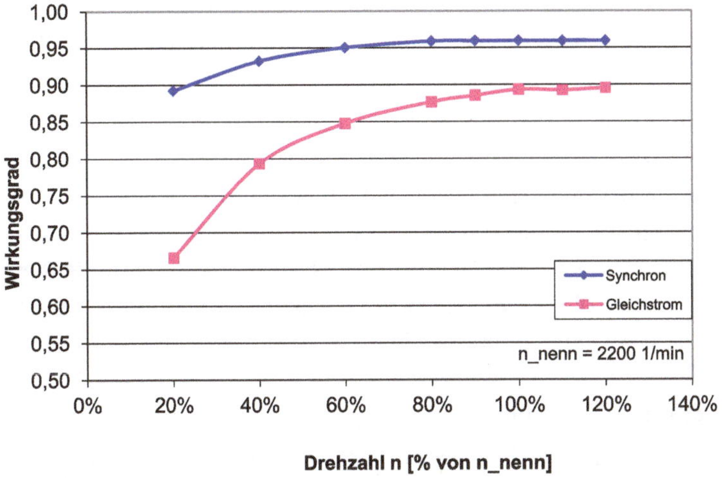

Bild 2.60 Vergleich Synchronmotor - Gleichstrommotor [GEH10]

Im direkten Vergleich dazu zeigt der Synchronmotor bei vergleichbaren Lastzuständen ein deutlich besseres Wirkungsgradverhalten, wie im Bild 2.60 dargestellt [GEH10].

Das Bild 2.60 zeigt die Wirkungsgrade eines Gleichstrom- und eines Synchronmotors bei Nennmoment als Funktion der Drehzahl.

Der Synchronmotor zeigt bei Nennlast einen ca. 10 % besseren Wirkungsgrad und auch bei nur 20 % der Nenndrehzahl noch einen Wirkungsgrad um 90 %.

Betrachtet man zusätzlich die Gesamtkosten eines 70 kW Antriebes über einen Zeitraum von 10 Jahren (siehe Bild 2.61), gerechnet für 90 % Wirkungsgrad, 5000 Betriebsstunden/Jahr bei einem Strompreis von 0,1 €/kWh, so kann man leicht

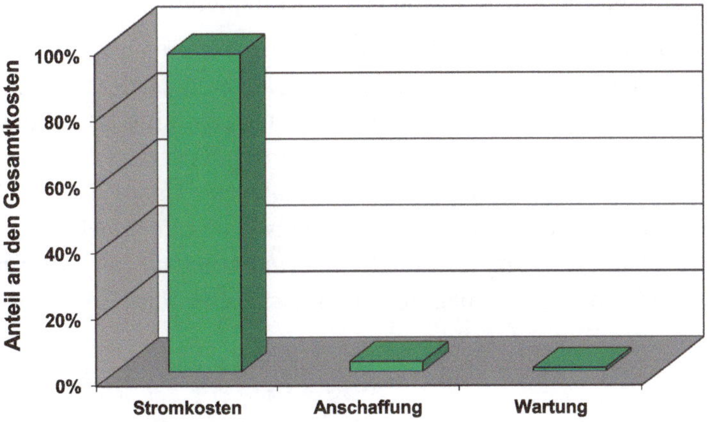

Bild 2.61 Kostenbetrachtung eines Antriebsmotors inkl. Leistungselektronik [GEH10]

ersehen, dass auch ein in der Anschaffung etwas teurerer Antrieb über die Lebensdauer der Maschine sehr viel Geld einsparen kann und gleichzeitig die Ökobilanz verbessert.

Für Compoundierlinien mit sehr hohen Durchsätzen kommen durchweg Drehstrommotoren zur Anwendung, die mit Mittelspannung betrieben werden, weil sich sonst bei Leistungen bis zu 18 MW nicht mehr handhabbare Stromstärken ergeben würden. In Bereichen mit schwachen Stromnetzen werden auch diese sehr großen Leistungen teilweise an Umrichtern betrieben, um die Anfahrströme zu reduzieren oder die verfahrenstechnischen Vorteile einer variablen Drehzahl nutzen zu können. Details hierzu siehe [CHR07].

2.2.5.2 Sicherheitskupplung

Um das Getriebe und die Schneckenwellen vor Überlast aus dem Verfahrensteil, aber auch aus der Schwungmasse des Motors bei plötzlicher Blockade zu schützen, wird die Kupplung zwischen Motor und Getriebe als Sicherheitskupplung ausgeführt. Eine richtig eingestellte und sicher funktionierende Sicherheitskupplung kann Schäden verhindern und damit lange Stillstandszeiten vermeiden.

Heute verwendete Sicherheitskupplungen haben neben der Begrenzung des Drehmomentes auch die Aufgabe, Stöße abzumildern und Fluchtungsfehler zwischen Motor und Getriebe auszugleichen [CHR07].

Bei modernen Maschinen werden entweder Rutschkupplungen oder Ausrastkupplungen eingesetzt.

Bei der Rutschkupplung erfolgt die Drehmomentübertragung im Reibschluss über mechanisch oder pneumatisch belastete Reibpakete. Das auslösende Drehmoment ist fein einstellbar. Pneumatisch angepresste Kupplungen können bei Bedarf über die Steuerung geöffnet und geschlossen werden. Nachteilig sind hier die deutlich höheren Kosten, bedingt auch durch die Notwendigkeit einer pneumatischen Steuerung und einer Schlupfüberwachung der Kupplung.

Bei der Ausrastkupplung erfolgt die Übertragung des Drehmomentes über federbelastete Kugeln oder Rollen, die in entsprechenden Kalotten der Gegenseite sitzen. Bei Eintreten einer Überlast rollen diese Elemente aus ihren Sitzen und schalten dann meistens völlig frei. Diese Art von Kupplungen ist vergleichsweise preiswert und benötigt steuerungstechnisch wenig zusätzliche Überwachung. Nachteilig sind die fehlende Pufferwirkung bei Stößen, notwendiges manuelles Einrasten bei den meisten Modellen, komplexe Justierung und regelmäßiger Wartungsbedarf. Außerdem sind sie leistungsbegrenzt und nicht über die Steuerung trennbar [CHR07].

2.2.5.3 Getriebe

Das Getriebe muss zum einen die Motordrehzahl auf Schneckenwellendrehzahl reduzieren, zum anderen das Drehmoment gleichmäßig auf die Wellen verteilen. Bedingt durch die Gleichläufigkeit und die relativ kleinen Achsabstände sind für Gleichläufer spezielle Konstruktionen notwendig. Die sogenannte doppelte Leistungsverzweigung hat sich hier in vielen Fällen als praktikables Prinzip mit guter Zuverlässigkeit erwiesen [CHR07].

Dabei werden jeweils zwei Zahneingriffe auf den Abtriebswellen für die Drehmomentübertragung genutzt, damit die notwendigen Verzahnungsbreiten nicht zu groß werden.

Für den sicheren Betrieb der Anlagen (kleine Spiele radial und axial) müssen die Abtriebswellen auf gleichmäßige Torsion und gleiches Einfedern bei Axialdruck ausgelegt werden [CHR07].

Die Leistungsdichte der Getriebe hat sich seit den 1950er-Jahren dramatisch erhöht.

Waren anfangs Drehmomentdichten unter 4 Nm/cm^3 und Drehzahlen um 300 1/min üblich, so werden heute bis zu 18 Nm/cm^3 bei Drehzahlen deutlich über 1000 1/min gefordert.

Besondere Aufmerksamkeit der Konstrukteure muss, wiederum bedingt durch die kleinen Achsabstände, auf die Lagerungen gerichtet werden. In der Praxis werden die Lager auf Lebensdauern zwischen 15 000 h und 60 000 h ausgelegt, wenn nicht Gleitlagerungen ausgeführt werden (vor allem bei Großmaschinen für die Polyolefinindustrie), die als hydrostatische Lagerungen praktisch verschleißfrei sind. Die Schmierung von Lagern und Verzahnungsteilen erfolgt bei Produktionsmaschinen durch Ölumlaufpumpen über entsprechende Ölfilter, um die Lebensdauer des Öls und der geschmierten Teile sicherzustellen.

Weitere Getriebebauformen und Details finden sich u. a. in [CHR07] [VDI 98].

2.2.6 Verschleißschutz

Verschleiß tritt bei allen Verarbeitungs- und Aufbereitungsverfahren in unterschiedlichen Formen auf. Er kann abrasiv, adhäsiv oder korrosiv bedingt sein [WUT07]. Häufig treten mehrere der genannten Mechanismen gleichzeitig auf [WUT98], was die Ursachenforschung in diesen Fällen schwierig macht.

Die durch Verschleißerscheinungen bedingten Ersatzteilkosten können eine erhebliche Größenordnung erreichen, wobei oft die Kosten durch den Produktionsausfall und eine mögliche Ausschussproduktion (die Qualität der Produkte lässt wegen des zunehmenden Verschleißes nach) die reinen Ersatzteilkosten deutlich übersteigen.

Das Auftreten von Verschleiß ist lokal sehr unterschiedlich und immer mit den Beanspruchungen durch Drücke, Temperaturen und mögliches Anlaufen der Schneckenelemente gegen die Gehäusewand oder gegeneinander korreliert.

Die Hauptverschleißzonen eines Gleichläufers sind demnach die Aufschmelzzone, Zugabe- und Einmischzonen für abrasive oder korrosive Füllstoffe und die Druckaufbauzone am Schneckenende.

Das Bild 2.62 zeigt den abrasiven Verschleiß im Aufschmelzbereich (stromaufwärtiges Förderelement und erster Knetblock) bei der Compoundierung von PA 6, PA 6.6 nach nur 1000 Betriebsstunden.

Bild 2.62 Abrasiv verschlissene Schneckenelemente im Aufschmelzbereich [WUT07]

Ein typisches adhäsives Verschleißbild, hervorgerufen durch das Anlaufen der Schnecken im Gehäuse zeigt das Bild 2.63.

Ein Beispiel für einen korrosiven Verschleißzustand zeigt das Bild 2.64.

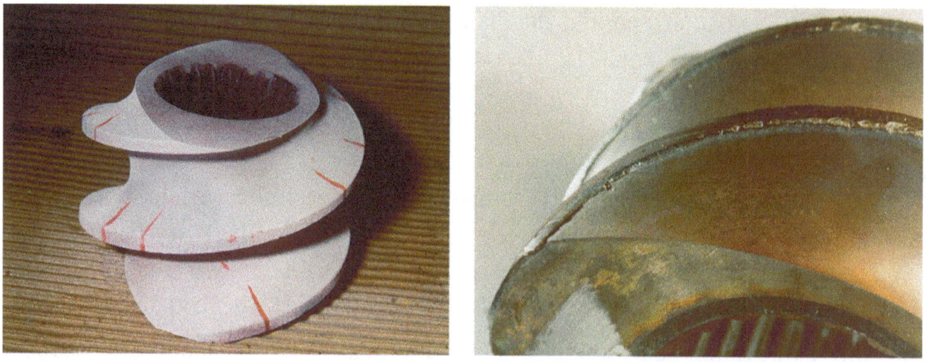

Bild 2.63 Stark angelaufene Schneckenelemente mit Bartbildung und Wärmerissen [Quelle: Coperion GmbH]

Bild 2.64 Korrosiv verschlissenes Förderelement [Quelle: Coperion GmbH]

In diesem Fall war keine starke Abrasion überlagert, so dass die Korrosionsnarben noch sehr gut zu erkennen sind.

Zur Optimierung des Verschleißverhaltens ist normalerweise eine Kombination aus verschiedenen Maßnahmen sinnvoll.

Zum Einen gilt dies für die Auswahl geeigneter Werkstoffe für die Schnecken und die Gehäuse. Heute werden von den verschiedenen Herstellern eine ganze Palette von Werkstoffen angeboten, die bei den Schneckenelementen von einfachen Nitrierstählen über Chromstähle (durchhart) und Werkzeugstähle bis hin zu pulvermetallurgisch im HIP-Verfahren hergestellten Verbundwerkstoffen reicht. Die Tabelle 2.3 zeigt beispielhaft die Werkstoffpalette für die SSE der Firma Coperion: Hier sind ergänzend zu dem vorher Gesagten auch verschiedene durch Aufschweißen hergestellte Verschleißschutzvarianten dargestellt [WUT07].

Tabelle 2.3 Verschleißgeschützte SSE (Schneckenelemente)-Ausführungen [WUT07]

SSE-Ausführung	CWP-Werkstoff-Kennziffer	Verschleißschutz	Härte [HRC]	max. Betriebs-Temp.	PROTECT basic Verschleiß	Korr.	Dicke 1)	PROTECTplus Verschleiß	Korr.	Dicke 1)	PROTECTextreme Verschleiß	Korr.	Dicke 1)
Nitrierstahl	00	vergütet, nitriert	Oberflächen-Härte >750HV	450°C	xx	x	0,4						
Verbund-werkstoff	15	pulvermetallurgisch hergestellter Verbund - Sonderwerkzeugstahl	60 + 5	450°C				xxxxx	x	dh 2)			
	25	pulvermet. hergest. korrosionsbest. Verbund - Sonderwerkzeugstahl	55 + 5	450°C				xxxx	xxx	dh			
	E12	pulvermet. hergest. Sonder - HSS - Verbundwerkstoff mit CVD Beschichtung	60 + 5	450°C							xxxxx	xxx	dh
	37	HSS - Verbundwerkstoff	55 + 3	450°C	xxx	xx	dh						
Durchhart	05	durchharter Cr - Stahl (Schmiedewerkstoff)	47 + 3	450°C				xx	xxx	dh			
	39	durchh. pulvermetallurgisch hergest. durchharter Werkzeugstahl	53 + 3	450°C				xxxx	x	dh			
Auftrags-schweißung	16	Ni - Basis-Werkstoff mit Ni - Basis Kamm-Auftragsschweißung	40 bis 50	> 500°C							x	xxxxx	3
	28	Cr-Ni Stahl mit Ni - Basis Kamm-Auftragsschweißung	40 + 5	350°C				x	xxxx	3			

Widerstand gegen Beanspruchung: X sehr gering, XX gering, XXX mittel, XXXX stark, XXXXX sehr stark
Weitere Auskünfte über spezielle Einsatzfälle (Abrasion, Adhäsion, Korrosion) und daran angepaßte Sonderwerkstoffe auf Anfrage

1) Dicke in mm
2) durchhart

Als verschleißgeschützte Gehäusevarianten wird ebenfalls eine breite Werkstoffpalette in unterschiedlichen Ausführungen angeboten. Die Möglichkeiten reichen von Nitrierstahl über auswechselbare Büchsen in unterschiedlichen Werkstoffen über eingebrachte Lötvliese mit hohen WC-Anteilen bis hin zu wiederum im HIP-Verfahren direkt pulvermetallurgisch beschichteten Gehäusen.

Im Bild 2.65 sind beispielhaft die unterschiedlichen Werkstoffkombinationen der Firma Leistritz Extrusionstechnik GmbH dargestellt. Die Position im Diagramm gibt jeweils die Widerstandsfähigkeit gegenüber Korrosion und Abrasion an.

Da Schnecke und Gehäuse immer als ein System zu betrachten sind, ist insbesondere bei adhäsivem Verschleiß die Materialpaarung von besonderer Bedeutung. So kann die Standzeit bei einer ungünstigen Materialpaarung im Gleitreibverschleißversuch um den Faktor 4 – 5 niedriger sein als bei einer günstigen Kombination [WUT95].

Neben der richtigen Werkstoffkombination ist für einen möglichst niedrigen Verschleiß aber auch die verfahrenstechnische Auslegung von großer Bedeutung.

So sollte die Aufschmelzzone durch entsprechende SSE (Schneckenelemente) auf niedrige dynamische Drücke ausgelegt sein, z. B. durch Spielvariationen, Dreigän-

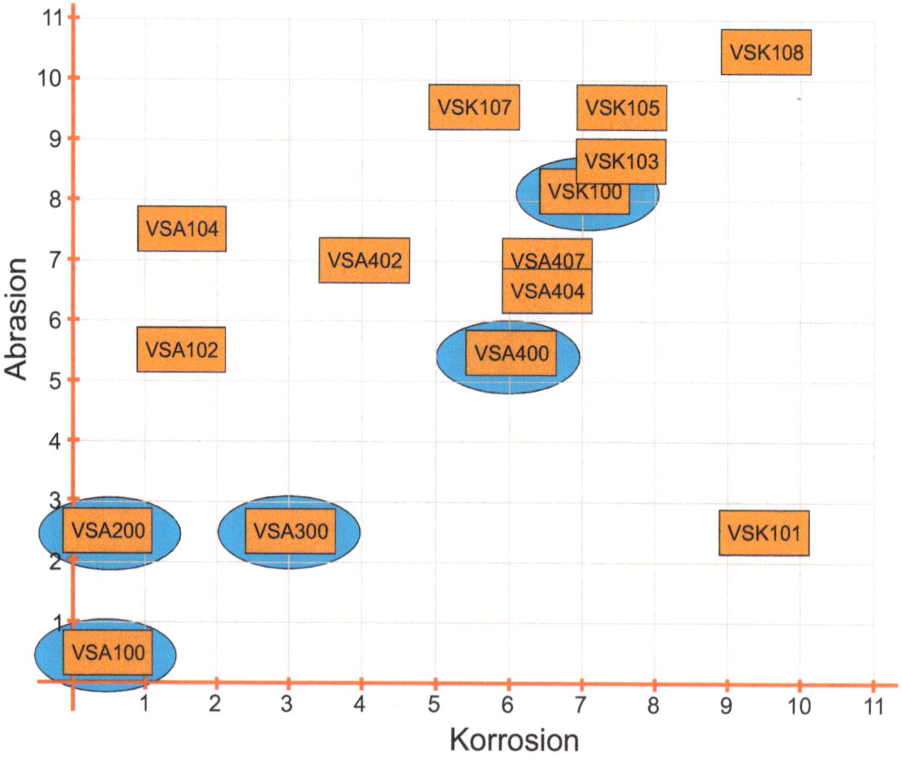

Bild 2.65 Verschleißschutzkombinationen für Schnecke und Zylinder [Quelle: Leistritz GmbH]

gigkeit und Materialvorheizung über einen verlängerten Einzugsbereich. Auch ist eine intensive Beheizung zu empfehlen.

Abrasive Füllstoffe sollten möglichst nach der Aufschmelzung über eine Seitenbeschickung zugegeben und vorgewärmt und/oder gecoatet werden.

Weitere, detailliertere Darstellungen der Sachverhalte finden sich z.B. in [WUT07 - 08] [VDI 98].

2.2.7 Prozessbeispiele

2.2.7.1 Direktverarbeitung von ungetrocknetem PET

In Bild 2.66 wird die direkte Verarbeitung von ungetrockneten Bottleflakes oder ungetrocknetem Granulat zu einer Flachfolie inklusive einer Randbeschnittrückführung in den Extruder gezeigt. Diese Verfahrensweise wird möglich durch die Kombination einer optimierten Aufschmelzung (ohne zu große IV (intrinsische Viskosität) - Abbau durch Hydrolyse) mit einer mehrstufigen, effektiven Entgasung der Polymerschmelze. Da ein hydrolytischer Abbau bei hohen Temperaturen sehr schnell abläuft, muss die enthaltene Feuchtigkeit sehr schnell und effektiv aus der Schmelze entfernt werden.

Der Druckaufbau erfolgt in diesem Fall über eine in die Steuerung eingebundene Zahnradpumpe, um Siebwechsler und Breitschlitzdüse ohne zu große Temperaturerhöhung überfahren zu können.

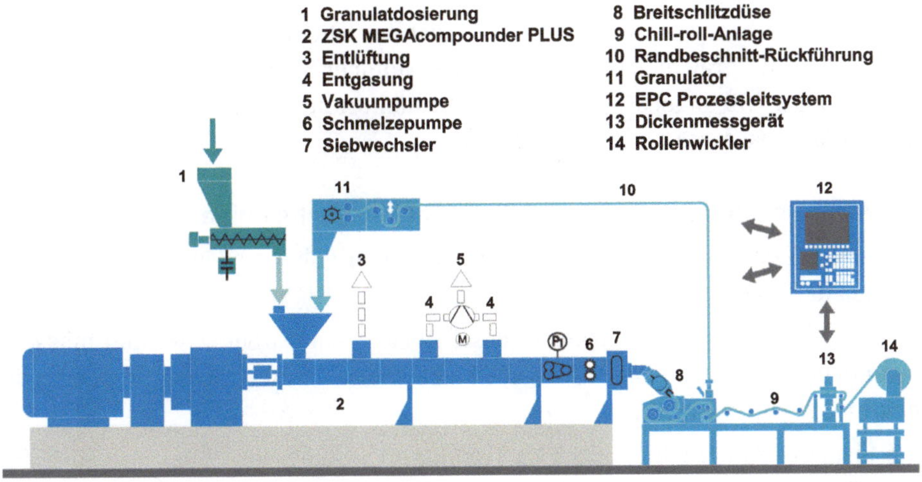

Bild 2.66 Anlagenschema zur Direktverarbeitung von ungetrocknetem PET [Quelle: Coperion GmbH]

2.2.7.2 Herstellung von mit Glasfasern verstärktem Polyamid

Die Herstellung von kurzglasfaserverstärktem Polyamid ist in dem Bild 2.67 dargestellt.

Die Fasern werden hier erst nach der Aufschmelzung des Polymeren in die Maschine zugeführt. Dies kann entweder als Schnittglas (typisch mit Hilfe einer Zweischnecken-Seiten-Beschickung ZSB), oder über die Zufuhr von Rovings direkt in die Schnecken erfolgen.

Im Falle der Rovingzugabe wird die Glasmenge durch Anzahl und Stärke der Rovings in Kombination mit der Einzugsgeschwindigkeit, die mit der Schneckendrehzahl verknüpft ist, bestimmt.

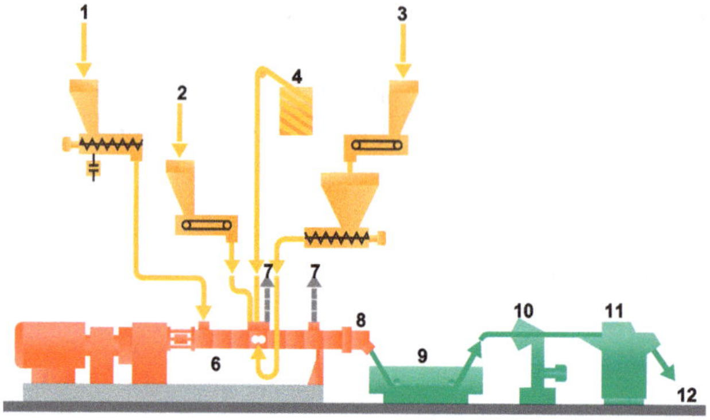

Bild 2.67 Herstellung von (Glas-) faserverstärktem Polyamid [Quelle: Coperion GmbH]

Bei Schnittglas kann in weiten Grenzen auch im laufenden Prozess variiert werden, indem die gravimetrische Dosierung (Nummer 3 in Bild 2.67) und ggf. die Drehzahl des ZSB angepasst werden. Die Granulierung erfolgt in diesem Fall über Strangdüse, Wasserbad und Stranggranulator.

2.2.7.3 Herstellung von mit Kreide oder Talkum hochgefüllten Polypropylen

In Bild 2.68 ist die Herstellung von hochgefülltem Polypropylen mit Kreide oder Talkum dargestellt.

Da in Summe 70 - 80 % Füllstoff in das Polymere eingearbeitet werden müssen, kann in diesem Fall die Füllstoffzugabe nicht mehr einstufig erfolgen, sondern wie hier in drei Stufen.

Ein kleinerer Anteil wird bereits im Trichter mit aufgegeben, muss also auch die Aufschmelzung passieren. Hier muss auf Dinge wie Verschleiß (intensive Heizung!) und Sekundäragglomerate durch hohe Zwickeldrücke geachtet werden. Der restliche Füllstoff wird dann in zwei Stufen (mit Zwischeneinmischung) stromab-

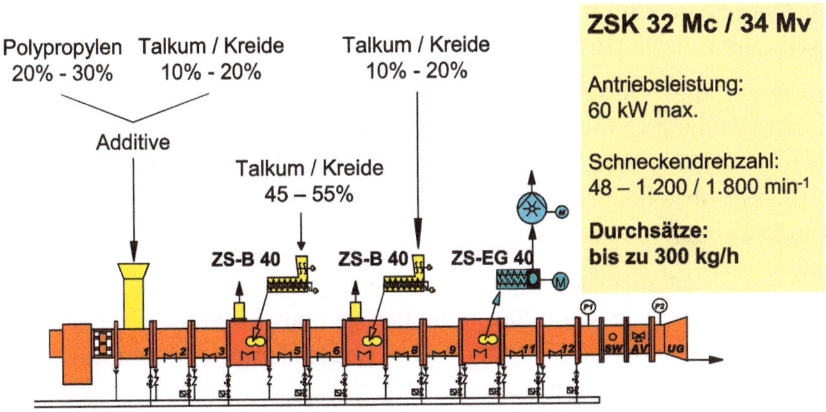

Bild 2.68 Herstellung von hochgefülltem Polypropylen [Quelle: Coperion GmbH]

wärts zugegeben. Zum Ende der Maschine erfolgt eine Vakuumentgasung, wobei eine modifizierte ZSB (Zweischnecken-Seiten-Beschickung), hier: ZS-EG, benutzt wird, um die Masse sicher in der Maschine zu halten. Dies ist der Tatsache geschuldet, dass hochgefüllte Polymerschmelzen u. U. nicht mehr wandhaftend sind und damit in einer nicht unterstützten Entgasungszone Schwierigkeiten zu erwarten sind.

Wegen der sehr hohen Füllstoffvolumina haben sich für derartige Aufgaben die sogenannten Volumenmaschinen der verschiedenen Hersteller bewährt.

Eine Stranggranulierung kann wegen der nicht vorhandenen Elastizität hochgefüllter Schmelzen nicht eingesetzt werden (Strangabrisse!), daher wird hier eine Unterwassergranulierung verwendet.

2.2.7.4 Masterbatchherstellung aus der Vormischung

Die Herstellung eines Masterbatches z. B. für Additive ist in Bild 2.69 dargestellt.

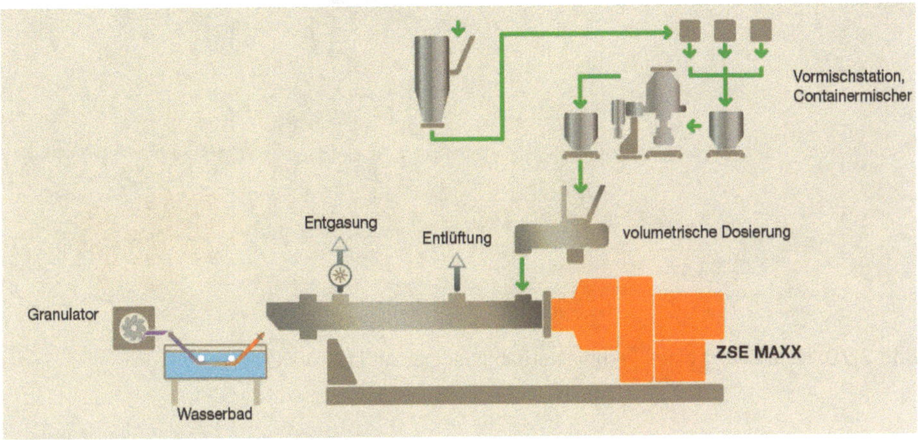

Bild 2.69 Masterbatchherstellung aus der Vormischung [Quelle: Leistritz GmbH]

Die Rezepturbestandteile werden hier zunächst verwogen und batchweise in einem Containermischer zusammen gebracht.

Die Vormischung wird anschließend über eine volumetrische Dosierung dem Compoundierextruder zugeführt. Eingeschleppte Luft wird über eine Entlüftung (atmosphärisch) und eine Vakuumentgasung vor der Druckaufbauzone abgeführt. Nach dem Austrag über einen Strangspritzkopf erfolgt die Abkühlung im Wasserbad und eine Stranggranulierung.

Durch die exakten Vormischungen kann hier die Dosierung in die Maschine volumetrisch und damit günstig erfolgen. Da bereits eine Vorvermischung in der Festphase erfolgt ist, kann die Maschine selbst vergleichsweise kurz ausgeführt werden.

2.2.7.5 Herstellung eines Farbmasterbatches

Bei der im Bild 2.70 dargestellten Masterbatchherstellung werden alle Komponenten dem Compoundierextruder gravimetrisch zugeführt. Dies ermöglicht z. B. eine Korrektur der Rezeptur im laufenden Prozess, um einen exakten Farbwert des Produktes einzustellen.

Die Pigmente (eines oder mehrere) werden zusammen mit dem Dispergierhilfsmittel durch ein Seitenfütteraggregat nach der Aufschmelzung des Trägerpolymeren in die Schmelze zugegeben, um Sekundäragglomerate zuverlässig zu vermeiden. Eine erste Entlüftung erfolgt hier nach hinten (Rückwärtsentlüftung). Dadurch wird die nachfolgende Einarbeitung der Pigmente erleichtert. Nach einer zweiten Entlüftung und optionaler (Vakuum-) Entgasung erfolgen Druckaufbau und Granulierung wie im Beispiel zuvor.

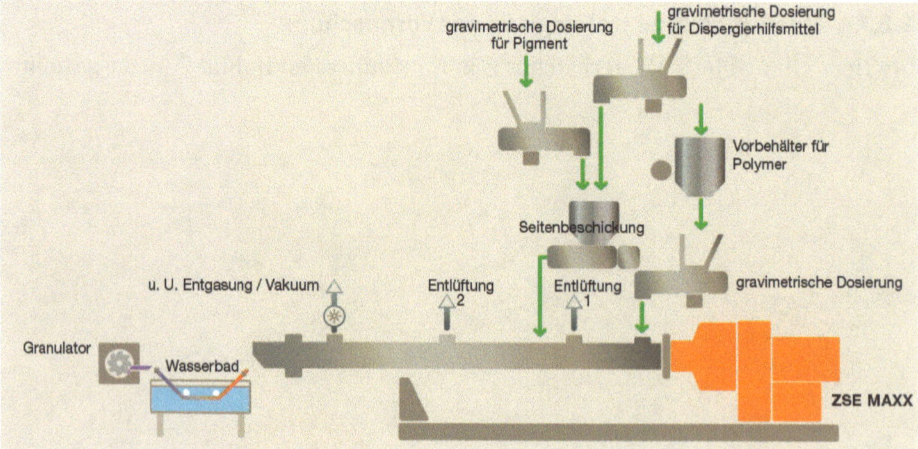

Bild 2.70 Herstellung eines Farbmasterbatches [Quelle: Leistritz GmbH]

2.2.7.6 Einarbeitung von Naturfasern in Polypropylen

Das nächste Beispiel zeigt den verfahrenstechnischen Aufbau für die Einarbeitung von Naturfasern in eine Polypropylenmatrix.

Zunächst werden das Matrixpolymer und Additive wie Haftvermittler, Stabilisatoren oder Verarbeitungshilfsmittel zudosiert.

Nach der Plastifizierung, die mit einem Rückförderelement abgeschlossen wird, erfolgt die Zufuhr der Naturfasern über eine Seitenfüttereinrichtung. Häufig ist die Dosierung der Naturfasern sehr problematisch, weil diese meist nicht frei fließend sind und außerdem eine sehr geringe Dichte aufweisen. Daher werden heute in der Regel Einzugshilfen (z.B. gezielte Luftabsaugung im Einzugsbereich der Seitenmaschine) verwendet. Die Entlüftung der großen Mengen mit eingezogener Luft erfolgt nach stromauf und stromab. Die Einarbeitung selbst sollte möglichst schonend erfolgen, um einerseits eine gewünschte Faserlänge zu erhalten und andererseits die Massetemperatur nicht zu stark ansteigen zu lassen. Naturfasern vertragen i.d.R. keine Temperaturen oberhalb 200 °C. Zur Abdichtung der Vakuumentgasung wird am Ende der Entlüftungszone wiederum ein Rückförderelement eingesetzt. Nach der Restentgasung unter Vakuum folgen Druckaufbau und Austrag. Naturfasercompounds werden entweder als Granulate weiterverarbeitet oder direkt zu Halbzeugen oder Formteilen geformt. Wegen der geringeren thermischen Belastung der Fasern ist die direkte Weiterverarbeitung in einer Wärme zu bevorzugen.

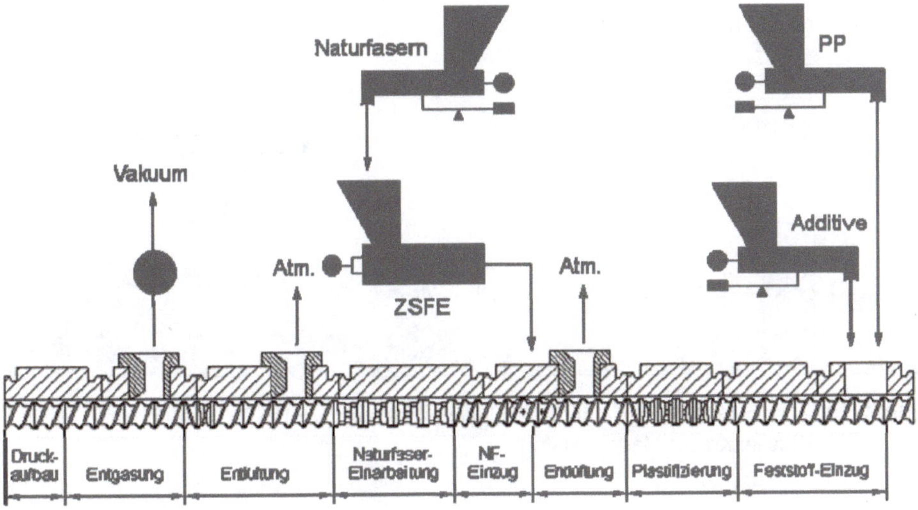

Bild 2.71 Verfahrensschritte beim Einarbeiten von Naturfasern [Quelle: Krauss Maffei Berstorff]

2.2.7.7 Inline-Compoundierung von Platten

Im abschließenden Beispiel ist noch einmal eine Direktextrusionsanwendung, hier zur Herstellung von Platten für technische Anwendungen dargestellt. In den Haupteinzug des Compoundierextruders werden Polymer, Additive und bei hohen Füllgraden auch ein Teil des Füllstoffes gravimetrisch zugegeben. Nach der Aufschmelzung erfolgt die Zugabe der restlichen Füllstoffmenge über eine Seiteneinspeisung. Eine Entlüftung/Entgasung schließt die Einarbeitung der Zuschlagstoffe vor dem Austrag ab.

Für hochwertige Halbzeuge sind in der Regel noch ein Siebwechsler und für den finalen Druckaufbau und exakte Durchsatzstabilität eine Zahnradpumpe integriert.

Hinter der Breitschlitzdüse und dem Glättwerk ist hier eine Rollenbahn für die finale Abkühlung vorhanden, in die auch die Dickenvermessung der erzeugten Platten integriert ist.

Schließlich folgen noch der Randbeschnitt und die Ablängung auf das Endmaß der Platten, die anschließend gestapelt und verpackt werden.

Die eingesetzten Füllstoffe können Fasern oder Holzmehl, aber auch Mineralien wie Kreide oder Schwerspat (für Akkustik-Anwendungen) sein. Die gute Mischwirkung der gleichläufigen Doppelschnecke liefert eine sehr gute und gleichmäßige Schmelzequalität, bei Maschinen mit hoher Drehmomentdichte durch die möglichen hohen Füllgrade noch in Kombination mit einer niedrigen Massetemperatur. Damit ist die Erzeugung hochwertiger Halbzeuge bei großen Durchsätzen und mit minimiertem Energieeinsatz möglich.

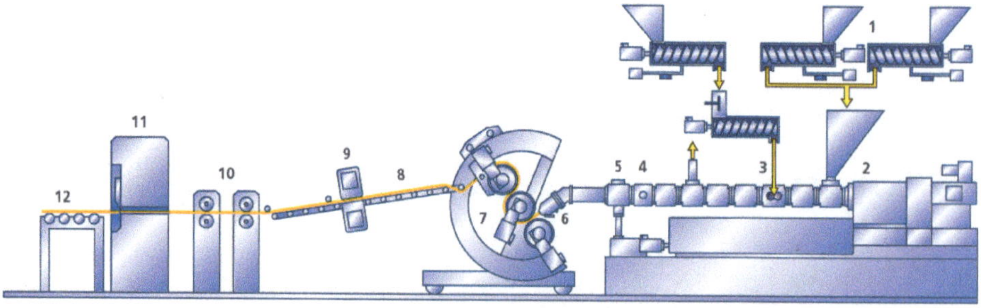

Bild 2.72 Platten-Extrusionslinie mit Zweischneckenextruder ZE-UT(X) [Quelle: Krauss Maffei Berstorff]

Literatur zu Abschnitt 2.2

[BAS10] Bastian, M.: Einfärben von Kunststoffen, Produktanforderungen, Verfahrenstechnik, Prüfmethodik, Hanser Verlag, 2010

[BIE07] Bierdel, M.: Übersicht patentierter Schneckenelemente. In: [Koh 07]

[BOO78] Booy, M. L.: Geometry of Fully Wiped Twin-Screw Equipment, Polymer Engeneering and Science 18 (12) 1978, Seite 973 - 984

[BUR89] Burkhardt, U.: Doppelschneckenextruder mit gleichlaufenden kämmenden Schnecken. In: Hensen, F., Knappe, W. Potente, H., Handbuch der Kunststoffextrusionstechnik Band 1: Grundlagen, Carl Hanser Verlag, München, 1989

[COP11] N. N.: Website der Fa. Coperion, http://www.coperion.com/compounding-extrusion/maschinen-anlagen/zsk-baureihe/zsk-megacompounder/
Abgerufen am 30. 07. 2011

[CHR07] Christ; H., Davids, R.; Weller, U.: Antriebseinheiten für gleichsinnig drehende Doppelschneckenextruder. In: Koh 07

[EP 1] Burkhardt, U.; Häring, E.; Heidemeyer, P.; Herter, R.; Munz, R.: Verfahren zur Durchführung kontinuierlicher Aufbereitungsprozesse auf gleichsinnig drehenden, dichtkämmenden Extrudern, EP 0852 533 B2

[ERD05] Erdmann, M.; Bauer, Th.: Der gleichläufige Doppelschneckenextruder-Typen von Schneckenelementen für gleichläufige Zwei- und Mehrwellenextruder, VDI Wissensforum, 2005

[ERD44] Erdmenger, R.; Meskat, W.: Vorrichtung zum Kneten, Gelatinieren und Verpressen von plastischen Massen, Patent der Fa. Bayer AG, DBP 862668, 1944

[ERD49] Erdmenger, R.; Meskat, W.: Misch- und Knetvorrichtung, Patent der Fa. Bayer AG, DBP 813154, 1949

[GEH10] Gehring, A.; Stübs, O.; Bastian, M.: Untersuchungen zum Wirkungsgradverhalten von Extrusionsantrieben. In: Extrusionstechnik 2010, Hochleistungsextrusion und Betriebskostenoptimierung, VDI Verlag GmbH, Düsseldorf 2010

[HEI07] Heidemeyer, P.; ZSK-NT: Neue zweistufige Aufbereitungsysteme bei hohen Durchsätzen. In: [Koh 07]

[HER72] Herrmann, H.: Schneckenmaschinen in der Verfahrenstechnik, Hanser Verlag, 1972

[KOH07] Kohlgrüber, K.: Der gleichläufige Doppelschneckenextruder, Grundlagen, Technologie, Anwendungen, Hanser Verlag, 2007

[KRE04] Kretschmer, K.: Untersuchung und Beschreibung des Prozess- und Mischverhaltens von Mischelementen für Gleichdrall-Doppelschneckenextruder, Dissertation Univ. Paderborn, 2004

[KUE07] Kühn, R.; Burkhardt, U.; Heidemeyer, P.: Optimization of quality and throughput at low revolution speeds in an advanced two stage compounding system, ANTEC Proceedings 2007, Paper No. 0392

[LEC10] Lechner, F.; Der gleichläufige Doppelschneckenextruder zum Aufbereiten von Polypropylen, Extrusionstechnik 2010 - Hochleistungsextrusion und Betriebskostenoptimierung, VDI Verlag GmbH, Düsseldorf 2010

[LEI07] N.N.: Features der ZSE MAXX, Baureihe, Firmenschrift Firma leistritz Extrusionstechnik GmbH, 2007

[LIE05] Liebhold, J.; Scheel, G.: Verfahrenstechnische Gesamtauslegung-Baureihen und Anwendungsbeispiele, VDI-Serminar Der gleichläufige Doppelschneckenextruder, Leverkusen, 2005

[MEN08] Menning, G.; Lake, M.: Verschleißminimierung in der Kunststoffverarbeitung, Phänomene und Schutzmaßnahmen, Hanser Verlag, 2008

[SAE05] Saemann, H.-J.: Simulation oder Scale-up-Alternativen zur Extruderauslegung?, VDI-Serminar Der gleichläufige Doppelschneckenextruder, Leverkusen, 2005

[SAE07] Saemann, H.-J.: Schneckenelemente für den Doppelschneckenextruder. In: [Koh 07]

[SKZ10] Gehring, A.: Bewertung von Antriebskonzepten für Extrusionsmaschinen aus ökonomischer und ökologischer Sicht für KMU, Forschungsbericht IGF-Vorhaben 16368 N/1, SKZ Würzburg, 2010

[VDI98] Martin, G. et al.: Der Doppelschneckenextruder, Grundlagen und Anwendungsgebiete, VDI-Verlag GmbH, Düsseldorf 1998

[WIE07] Wiedmann, W.: Doppelschnecke Gleichläufer. In: Compoundiersysteme im Vergleich, VDI-Wissensforum 2007

[WP96] N.N.: Zweiwelliger Schneckenkneter ZSK, Wissenswertes über Entwicklung und Verfahrenstechnik, Firmenschrift Werner & Pfleiderer 1996

[WUE03] Wünsch, O.; Kühn, R.; Heidemeyer, P.: Simulation of the fluid flow of deeper screw flights for corotating twin screw extruders, ANTEC Proceedings 2003, 338 - 343

[WUT95] Wuttke, R.: Verschleißschutz für Zylinder und Schnecken gleich- und gegensinnig drehender Doppelschneckenextruder. In: Der Doppelschneckenextruder, Grundlagen und Anwendungsgebiete, VDI-Verlag GmbH, Düsseldorf 1995

[WUT07] Wuttke, R.: Verfügbarkeit des Doppelschneckenextruders durch Werkstoffauswahl für produktberührte Teile. In: Koh 07

[WUT08] Wuttke, R.: Aufbereitung. In: Men 08

3 Extrusionswerkzeuge

3.1 Breitschlitzwerkzeuge

Dr.-Ing. Carl-Jürgen Wefelmeier

3.1.1 Einleitung

Breitschlitzwerkzeuge werden in den Bereichen Beschichtung von Trägerbahnen, Folien- und Plattenextrusion eingesetzt [MIC91].

Im Kapitel 6 „Flachfolien- und Plattenextrusion" wird im Zusammenhang mit der Maschinentechnik auf Breitschlitzwerkzeuge eingegangen. Prozesstechnisch gesehen bildet das Breitschlitzwerkzeug das Bindeglied zwischen dem Extrusionssystem und der Nachfolge bzw. dem Glättwerk. Der vom Extruder bereitgestellte plastifizierte Kunststoff wird im Werkzeug von einem kreisförmigen Querschnitt in einen schlitzförmigen Austrittsquerschnitt mit großem Breiten- zu Höhen-Verhältnis überführt.

Folgende Faktoren und Anforderungen stehen hier im Vordergrund:

- Homogene Volumenstromverteilung der Schmelze über den Austrittsquerschnitt
- Homogene Temperaturverteilung der Schmelze
- Kurze Verweilzeit und enge Verweilzeitverteilung
- Moderater Druckabfall im Werkzeug
- Möglichst glatte Schmelzeoberfläche ohne Riefen und Markierungen
- Geringe Düsenaufweitung infolge des Schmelzedrucks
- ausreichende mechanische Festigkeit

Es existiert eine Vielzahl von Kunststoffen mit individuellen Verarbeitungseigenschaften. Folgende materialspezifischen Einflussgrößen sind in diesem Zusammenhang von Bedeutung:

- Verarbeitungstemperatur
- Schmelzeviskosität bzw. Strukturviskosität
- Schmelzedichte
- Thermische Stabilität

Folglich muss das Breitschlitzwerkzeug auf die jeweilige Verfahrensaufgabe abgestimmt werden. Die Gestaltung der Schmelzeführung bzw. der Verteilerkanalgeometrie spielt hier eine zentrale Rolle. Aber auch die Werkstoffauswahl und die Oberflächenbeschaffenheit der Fließkanäle sind von Bedeutung.

Bei der Auslegung von Extrusionswerkzeugen stehen drei wichtige Aspekte im Vordergrund:

- Rheologische Werkzeugauslegung
- Thermische Werkzeugauslegung
- Mechanische Werkzeugauslegung

Bei der rheologischen Werkzeugauslegung wird die Gestaltung der Fließkanalgeometrie auf Basis von Materialdaten (z. B. Viskosität und Schmelzedichte) und Betriebspunkten (z. B. Massetemperatur und Durchsatz) festgelegt.

Bei der thermischen Werkzeugauslegung spielen Faktoren, wie Anzahl, Lage und Leistung der Heizzonen sowie die thermische Isolierung des Werkzeugs eine Rolle.

Wie bereits erwähnt, sollte die Düsenaufweitung infolge des Werkzeuginnendrucks möglichst gering sein. Folglich steht bei der mechanischen Werkzeugauslegung die Gestaltung des Düsenkörpers im Hinblick auf die Festigkeit im Fokus. Aber auch die Lage der Körperschrauben, die beide Düsenhälften miteinander verbinden, ist in diesem Zusammenhang von großem Interesse.

In [LIM06] und [STI01] werden unterschiedliche Auslegungsmethoden und Aspekte intensiv erläutert.

3.1.2 Grundsätzlicher Aufbau von Breitschlitzwerkzeugen

Auch wenn Extrusionswerkzeuge individuell an den Prozess angepasst werden müssen, ist der Aufbau grundsätzlich gleich.

Das Werkzeug besteht aus einem geteilten Düsenkörper. Die beiden Hälften werden mit so genannten Körperschrauben zusammengehalten. Die Fließgeometrie wird in den Düsenkörper eingearbeitet. Auf den Bildern 3.1 und 3.2 ist zu erkennen, dass die Körperschrauben möglichst nahe an der Fließgeometrie positioniert sind, um der Düsenaufweitung infolge des Werkzeuginnendrucks entgegenzuwirken.

Das folgende Bild 3.2 zeigt die wesentlichen Bereiche der Verteilergeometrie am Beispiel eines Kleiderbügelverteilers. Das Werkzeug ist symmetrisch aufgebaut.

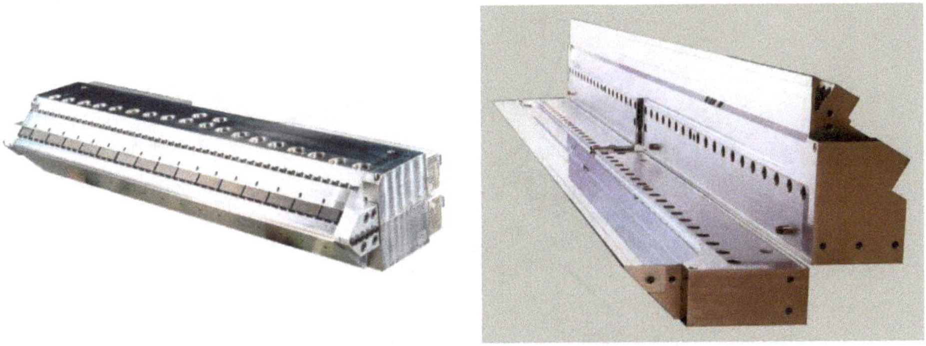

Bild 3.1 Düsenkörper, geschlossen und geöffnet [Quelle: Verbruggen NV]

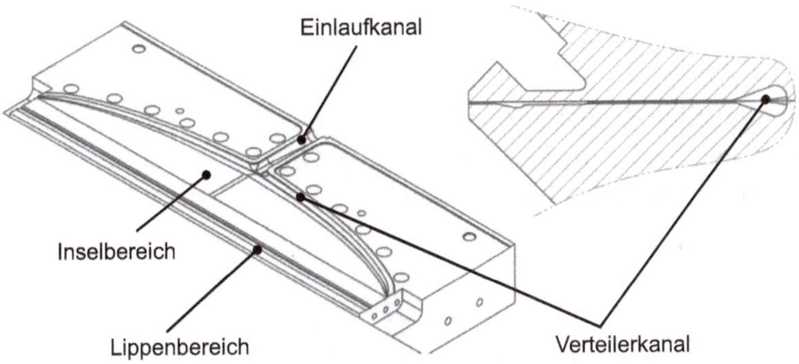

Bild 3.2 Bereiche der Verteilergeometrie am Beispiel eines Kleiderbügelverteilers [Quelle: Verbruggen NV]

Die Verteilergeometrie besteht im Wesentlichen aus einem Einlaufkanal, dem Verteilerkanal, dem Inselbereich und einem Lippenbereich am Austrittsspalt.

Die Schmelze strömt mittig über den Einlaufkanal in den Verteilerkanal, dann über die Insel und tritt über die Lippe aus dem Werkzeug heraus.

Im Verteilerkanal strömt der Kunststoff vornehmlich in Breiterichtung zu den Randbereichen des Werkzeugs. Aus der Forderung, dass die Schmelzeverteilung über den Austrittsquerschnitt konstant sein muss, resultiert auch, dass der Fließwiderstand auf allen im Werkzeug möglichen Fließpfaden konstant ist. Demnach muss der Schmelzefluss im Werkzeug ausbalanciert werden. Diese Balance kann als Kombination von Verteilerkanalgeometrie und Inselgeometrie erreicht werden. Die Insel dient als Drosselfeld, so dass eine Beeinflussung des Fließwiderstandes im Kleiderbügelverteiler sehr gut möglich ist.

Breitschlitzwerkzeuge können mit einem Staubalken ausgestattet werden (Bild 3.2 ohne Staubalken). In diesem Fall befindet sich nach der Insel eine Staubalkenzone. Aufbau und Funktion von Staubalken wird noch näher erläutert.

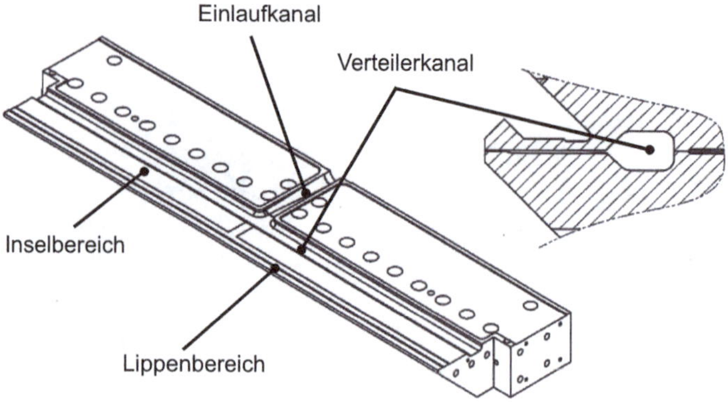

Bild 3.3 Bereiche der Verteilergeometrie am Beispiel eines T-Verteilers [Quelle: Verbruggen NV]

Das Bild 3.3 zeigt einen so genannten T-Verteiler, dessen geometrischer Aufbau im Vergleich zum Kleiderbügelverteiler wesentlich einfacher ist. Der Verteilerkanal weist in der Regel über die Werkzeugbreite eine konstante Form auf. Folglich ist der T-Verteiler in der Herstellung günstiger.

Bild 3.4 Verweilzeiten im T-Verteiler und im Kleiderbügelverteiler [Quelle: Verbruggen NV]

Das Bild 3.4 stellt mit Hilfe von Simulationsergebnissen die Verweilzeit im T-Verteiler und Kleiderbügelverteiler gegenüber. Geringe Verweilzeiten sind blau und hohe Verweilzeiten sind rot gekennzeichnet. Im T-Verteiler verweilt die Schmelze insbesondere in den Randbereichen deutlich länger als im Kleiderbügelwerkzeug. Folglich ist der T-Verteiler nicht für thermisch sensible Materialien geeignet.

3.1.3 Beeinflussung des Schmelzeflusses in Breitschlitzwerkzeugen

Breitschlitzwerkzeuge können mit Hilfe von numerischen und analytischen Methoden (siehe Kapitel 9 „Berechnung von Extrusionswerkzeugen") exakt ausgelegt werden.

Allerdings wird häufig ein Spektrum von Kunststoffen bei unterschiedlichen Betriebspunkten (z. B. Durchsatz, Produktdicke, Temperatur) verarbeitet. Dementsprechend ändern sich der Schergeschwindigkeitsbereich sowie die Schmelzeviskosität und somit die Schmelzeverteilung am Werkzeugaustritt. Aus diesem Grund muss vielfach der Schmelzefluss im Werkzeug korrigiert werden.

Flexible Lippe und Staubalken sind typische Lösungen, die in Breitschlitzwerkzeugen zum Einsatz kommen.

In der Praxis wird der Schmelzefluss teilweise auch über die Einstellung der Werkzeugheizzonen beeinflusst. Diese Vorgehensweise ist allerdings prozesstechnisch limitiert, da somit auch die thermische Homogenität der Schmelze verringert wird.

3.1.3.1 Flexible Lippe bzw. Flexlip

Das Bild 3.5 zeigt rechts die Ober- und die Unterlippe des Werkzeugs in der Seitenansicht bei demontierter Seitenplatte. Die Einfräsung in der Operlippe führt zu einer definierten Materialschwächung, womit die Materialflexibilität in diesem Bereich wesentlich gesteigert wird. Die Oberlippe ist über die gesamte Breite mit Druckschrauben versehen. Mit Hilfe dieser Druckschrauben lässt sich der Lippenspalt in einem bestimmten Bereich verringern. Das Querdickenprofil der Folie/Platte lässt sich mit Hilfe der Flexlip somit gezielt beeinflussen.

Die Unterlippe ist in diesem Beispiel starr ausgeführt.

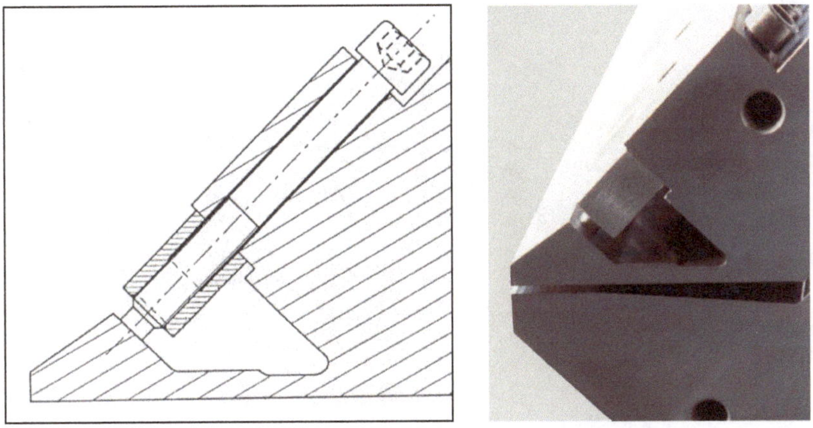

Bild 3.5 Flexlip, manuell justierbar mit Druckschrauben [Quelle: Verbruggen NV]

Bild 3.6 Flexlip, manuell justierbar mit Zug-Druckschrauben [Quelle: Verbruggen NV]

Das Bild 3.6 zeigt ein System mit Zug-Druck-Schrauben zur Verstellung der Flexlip. Hierbei kann die Schraube sowohl auf Druck (Lippe absenken bzw. Lippenspalt verringern) als auch auf Zug (Lippe heben bzw. Spalt vergrößern) beansprucht werden.

Insbesondere in der Folienextrusion wird häufig eine Foliendickenregelung eingesetzt. Hierzu werden die Dickemessung und die automatische Flexlipverstellung an der Breitschlitzdüse in einem Regelkreis eingebunden. Automatiksysteme an Breitschlitzwerkzeugen arbeiten in der Regel mit Hilfe von Dehnbolzen, die infolge einer temperaturinduzierten Längenänderung über elektrische Heizelemente Einfluss auf den Düsenlippenspalt nehmen. Im Bild 3.7 wird schematisch ein automatisch arbeitendes Lippenstellsystem gezeigt.

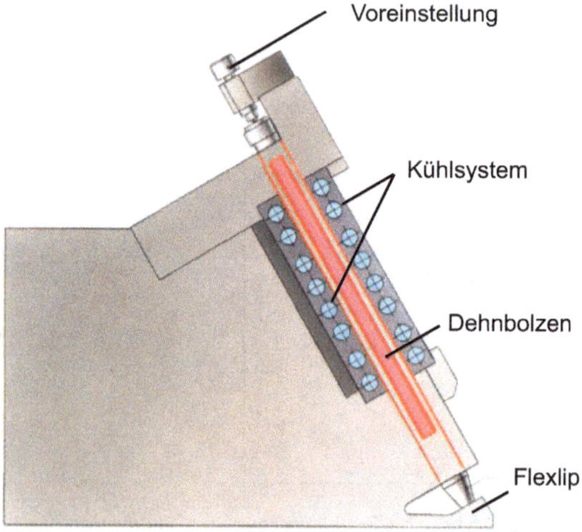

Bild 3.7 Flexlip mit Automatik [Quelle: Verbruggen NV]

Die Voreinstellung der Lippe geschieht manuell, bis ein Grundprofil erreicht wird. Danach erfolgt die Aktivierung der automatischen Dickenregelung. Die Dickemessung gibt das Dickenprofil der Folie an die Steuerung weiter. Lokale Dickstellen werden so kompensiert, dass eine elektrische Beheizung entsprechender Dehnbolzen erfolgt.

Wird die Heizung abgeschaltet, zieht sich der Bolzen wieder zusammen, so dass eine Vergrößerung des Lippenspalts erfolgt. Dieser Prozess ist allerdings relativ träge. Die Reaktionszeiten werden gesteigert, wenn die Bolzenkühlung über ein Medium erfolgt. Hierzu kann die Bolzenkühlung über Öl (siehe Bild 3.7) oder ein Luftgebläse erfolgen. In der Praxis kommen alle Systeme vor.

3.1.3.2 Staubalken

Bei der Plattenextrusion wird in Kombination mit der Flexlip ein Staubalken eingesetzt. Vereinzelt werden Staubalken auch in der Folienextrusion verwendet. Typische Foliendüsen sind normalerweise nur mit einer Flexlip ausgestattet.

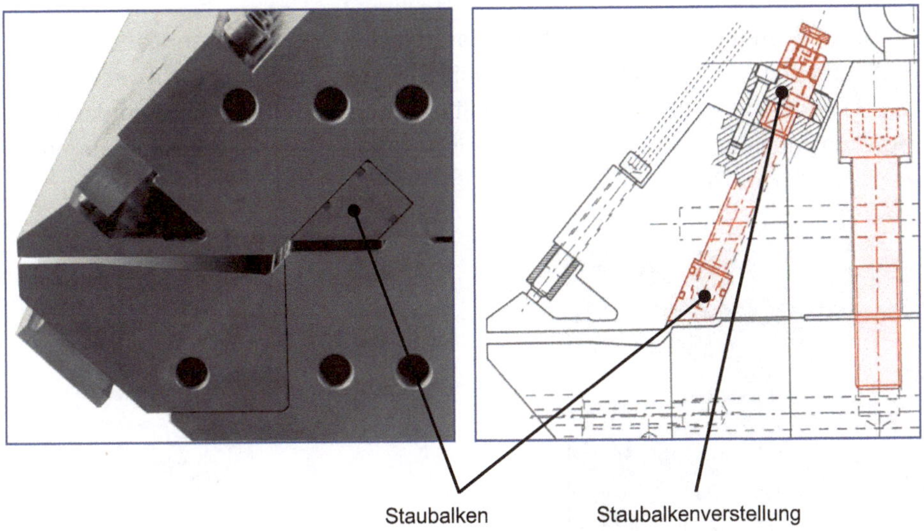

Bild 3.8 Breitschlitzwerkzeug mit Staubalken und Flexlip [Quelle: Verbruggen NV]

Das in Bild 3.8 dargestellte Werkzeug ist mit einem Staubalken ausgerüstet. In der oberen Werkzeughälfte wird in eine Ausfräsung der Staubalken über die gesamte Breite eingepasst. Der Balken lässt sich mit Hilfe der Verstellung auf und ab bewegen. Alle 40 - 60 mm sind Stellschrauben über die gesamte Werkzeugbreite positioniert [MIC91]. Auf diese Weise kann der Strömungsquerschnitt gezielt beeinflusst werden. Der Staubalken wird in der Regel für die grobe Flusskorrektur und die Flexlip für die Feinjustierung verwendet.

Durch den Einsatz von Staubalken entstehen tote Zonen, die nicht optimal durchströmt werden. Für thermisch sensible Materialien (z.B. PVC oder PC) ist der Einsatz von Staubalken deshalb nicht zu empfehlen.

In der Regel werden die Staubalken von Hand verstellt. Es existieren aber auch Systeme mit einer motorischen Justierung.

3.1.4 Ausführung der Unterlippe

Die Gestaltung der Unterlippe hängt davon ab, wie breit das Dickenspektrum sein muss. Es sind hier folgende grundsätzliche Typen von Unterlippen zu unterscheiden:

- fest, integriert
- austauschbar
- austauschbar und verstellbar
- verstellbar und flexibel

Ist die Lippe in die untere Düsenhälfte integriert (Lippe und Düsenhälfte sind ein Teil), kann der Werkzeugaustrittsspalt mit Hilfe der Unterlippe nicht variiert werden. Abgesehen von der oberen Flexlip-Einstellung ist der Austrittsspalt konstant. Diese Ausführung wird bei der Extrusion von Folien und dünnen Platten eingesetzt. Ein breites Dickenspektrum kann nicht realisiert werden.

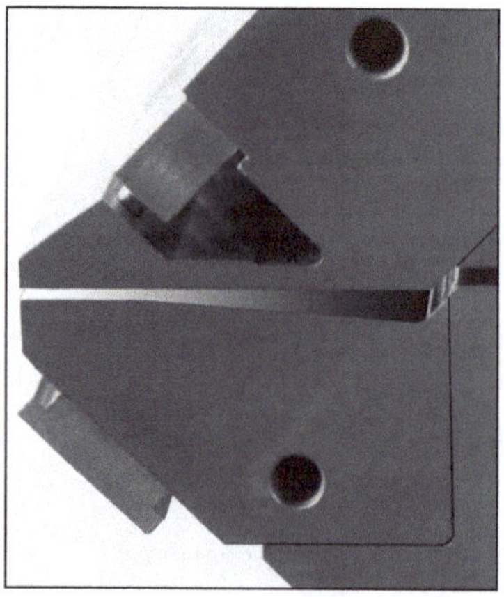

Bild 3.9 Unterlippe, austauschbar [Quelle: Verbruggen NV]

Das Bild 3.9 zeigt eine austauschbare Unterlippe ohne Verstellmöglichkeit. Der Vorteil dieser Ausführung besteht in der Austauschbarkeit der Lippe im Fall einer Beschädigung.

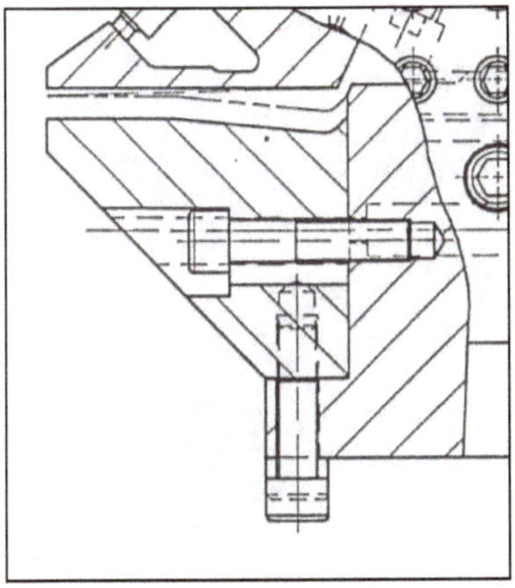

Bild 3.10 Unterlippe, austauschbar und verstellbar [Quelle: Verbruggen NV]

In Bild 3.10 wird eine austauschbare und verstellbare Unterlippe dargestellt. In Langlöchern lässt sich die Lippe über Justierschrauben, die über die Breite angeordnet sind, auf und ab bewegen. In diesem Beispiel kann der Lippenspalt auf maximal 8 mm geöffnet werden.

Bei den bisher gezeigten Unterlippenkonstruktionen resultiert aus dem Tausch der Lippe oder der Verstellung eine Produktionsunterbrechung.

Am Markt existieren unterschiedliche Systeme, die eine zentrale Verstellung bei laufender Anlage zulassen.

Das folgende Bild zeigt ein Breitschlitzwerkzeug, das mit einer zentralen Unterlippenverstellung ausgestattet ist.

Bild 3.11 Unterlippe, zentral verstellbar [Quelle: Verbruggen NV]

Ein Beispiel für das Funktionsprinzip einer zentralen Unterlippenverstellung zeigt Bild 3.12. Hier ist die Unterlippe flexibel ausgeführt und kann mittels der mechanischen Verstellung aufwärts (push) und auch abwärts (pull) bewegt werden. In diesem Beispiel (push/pull) beträgt der möglich Lippenhub ± 3 mm.

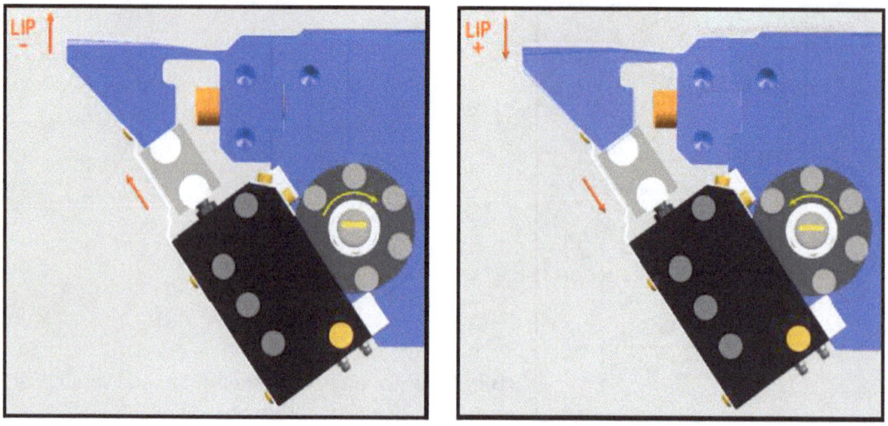

Bild 3.12 Unterlippe, zentral verstellbar push/pull [Quelle: Verbruggen NV]

Die einfachere Ausführung ist mit einem Mechanismus ausgestattet, der die Lippe lediglich aufwärts drückt (nur Push). Folglich ist der Lippenhub mit 4 mm bei diesem Beispiel geringer.

3.1.5 Deckling

Der Anlagenbetreiber möchte ein möglichst breit einsetzbares Extrusionssystem verwenden. Wie bereits erläutert bedeutet dieser Sachverhalt für die Düse, dass häufig ein weites Material- und Dickenspektrum realisierbar sein muss. Diese geforderte Flexibilität gilt ebenso für die Extrusionsbreite. Mit einer Breitschlitzdüse soll ein definierter Breitenbereich abgedeckt werden können.

Um diese Forderung zu erfüllen, werden häufig so genannte Decklings zur Verringerung der Austrittsbreite verwendet.

3.1.5.1 Externes Deckling

Bei einem externen Deckling werden von außen Leisten auf die Düsenlippen aufgesetzt, um den Austrittspalt in diesen Bereichen zu verschließen. Somit strömt die Schmelze über eine verringerte Austrittsbreite (siehe Beispiel in Bild 3.13).

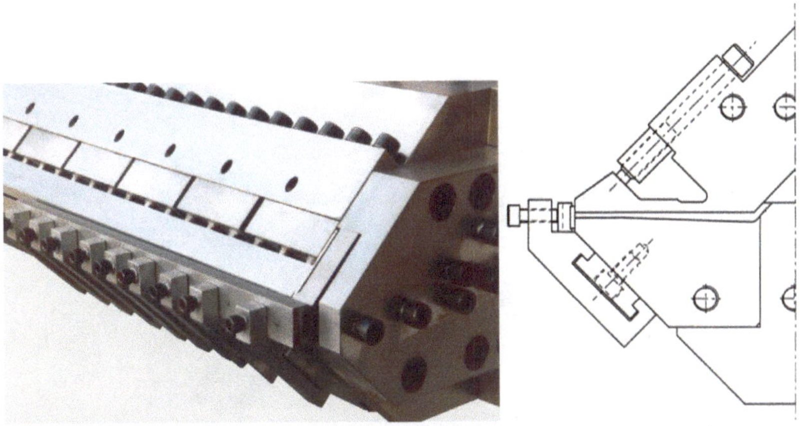

Bild 3.13 Externes Deckling, an der Unterlippe montiert [Quelle: Verbruggen NV]

In der Regel werden die Decklings gleicher Länge links und rechts montiert, um einen symmetrischen Schmelzefluss zu gewährleisten. Typischerweise wird die Austrittsbreite um max. 33 % verringert.

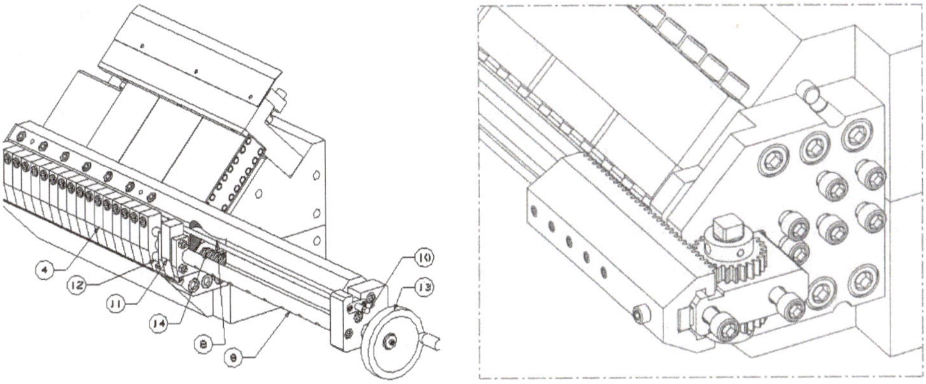

Bild 3.14 Externes Deckling, mit Spindel- oder Zahnradsystem verstellbar [Quelle: Verbruggen NV]

Eine komfortablere Lösung wird in Bild 3.14 dargestellt. Hier kann das Deckling über eine Mechanik kontinuierlich verstellt werden. Das Bild zeigt beispielhaft eine Spindelverstellung (links) und eine Positionierung über ein Zahnrad (rechts).

Externe Decklings sind vergleichsweise einfach aufgebaut. Jedoch sind sie strömungstechnisch eher ungünstig, weil sich im gedeckelten Bereich der Düse Material staut und somit stagniert. Diesen Effekt stellt Bild 3.15 dar. Hier wird der linke Randbereich einer offenen Werkzeughälfte gezeigt. Zur besseren Orientierung zeigt der weiße Pfeil die Strömungsrichtung. Auf dem Foto ist deutlich die Stagna-

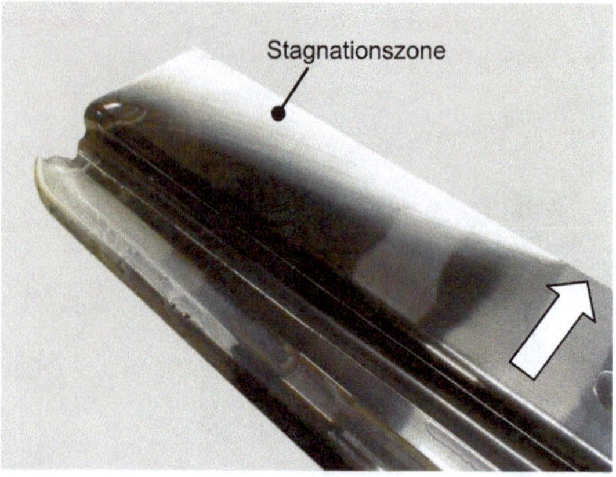

Bild 3.15 Stagnationszonen durch externes Deckling [Quelle: Verbruggen NV]

tionszone im gedeckelten Randbereich zu erkennen. Die Stagnation nimmt zum Rand hin zu, so dass die Kunststoffschmelze dort stehen bleibt und nicht ausgetauscht wird. Insbesondere für thermisch sensible Polymere ist dieser Sachverhalt problematisch.

Externe Decklings werden von außen auf die Lippen montiert. Dieser Umstand wirkt sich negativ auf die Lippengeometrie aus. Der Abstand von Lippenspalt und Walzenspalt wird dadurch vergrößert. Insbesondere bei der Folienextrusion ist jedoch in der Regel eine kurze Distanz zwischen Austrittsspalt und Walzenspalt verfahrenstechnisch von Vorteil.

3.1.5.2 Internes Deckling

Die oben beschriebenen rheologischen und prozesstechnischen Nachteile externer Decklings können mit Hilfe von internen Systemen verringert werden. Es werden fixe und justierbare Ausführungen unterschieden.

Bei internen Decklings werden über die definierte Deckling-Breite Einsätze eingelegt, die der internen Werkzeuggeometrie entsprechen. Somit wird der Verteiler-

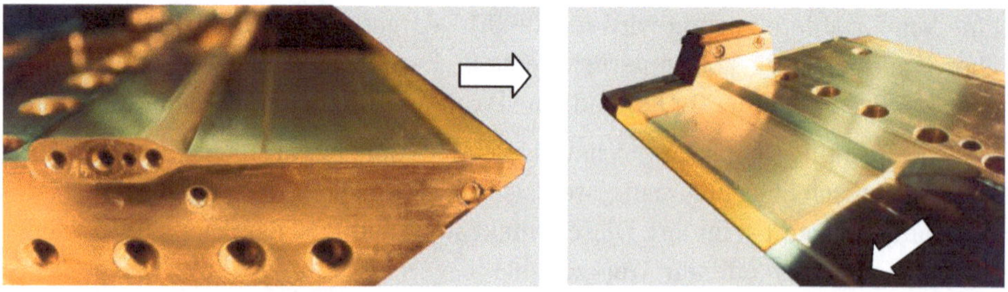

Bild 3.16 Internes Deckling, fix [Quelle: Verbruggen NV]

kanal genauso wie das Inselfeld und die Lippenzone bis zum Werkzeugaustritt volumetrisch mit dem Deckling gefüllt. Totzonen, wie sie beim externen Deckling auftreten, werden somit vermieden.

Aufgrund der Verteilerkanalkrümmung sind interne Decklings nicht für Kleiderbügelgeometrien geeignet, so dass eine T-Verteiler-Geometrie erforderlich ist.

Das Bild 3.16 zeigt ein fixes internes Deckling, das eine Verstellung in Breitenrichtung nicht zulässt. Im rechten Bild ist gut zu erkennen, dass der Deckling-Einsatz im Verteilerkanal einen rheologisch günstigen Radius aufweist. Ecken, in denen sich Material ansammeln kann, werden dadurch vermieden.

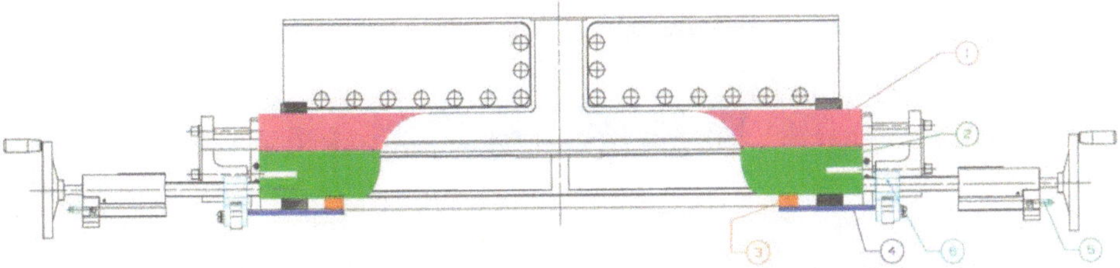

Bild 3.17 Internes Deckling, justierbar [Quelle: Verbruggen NV]

Das Bild 3.17 zeigt das Prinzip eines internen, justierbaren Decklings. Zwei Decklingeinsätze können getrennt voneinander über eine mit Spindeln arbeitende Mechanik verschoben werden. Auf diese Weise können die Strömungsverhältnisse im Verteilerkanal und der Insel bzw. der Lippe separat aufeinander abgestimmt bzw. ausbalanciert werden. Die folgenden Bilder sollen diesen Sachverhalt näher erläutern.

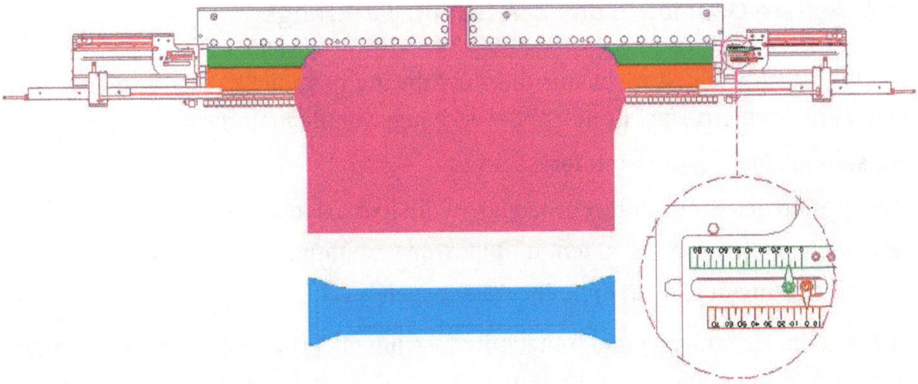

Bild 3.18 Internes Deckling, Extrudatprofil mit dicken Rändern [Quelle: Verbruggen NV]

In Bild 3.18 wird ein gedeckeltes Extrudatprofil mit dicken Randbereichen gezeigt. In diesem Fall strömt zuviel Schmelze über den Verteilerkanal zum Rand. Um diesem Effekt zu kompensieren, muss der Verteilerkanaleinsatz nach innen gestellt bzw. der Verteilerkanal verkürzt werden.

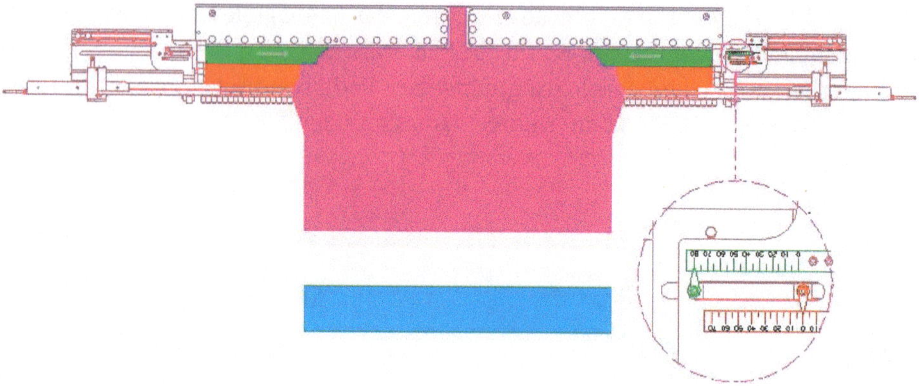

Bild 3.19 Internes Deckling, Extrudatprofil mit Kompensation dicker Randbereiche [Quelle: Verbruggen NV]

Das Bild 3.19 verdeutlicht die Wirkung einer Optimierung des Schmelzeflusses über eine separate Positionierung des Verteilerkanaldecklings. Dadurch, dass die Verteilerkanalbreite im Vergleich zu Bild 3.18 verringert wurde, strömt weniger Schmelze zum Rand. Mit Hilfe dieser Maßnahme kann das Extrudatdickenprofil verbessert werden.

3.1.6 Äußere Geometrie des Breitschlitzwerkzeugs

Verfahrenstechnisch ist nicht nur die Ausführung des Fließkanals, sondern auch die äußere Geometrie des Breitschlitzwerkzeugs von Bedeutung.

Hier sind folgende Faktoren interessant:

- Integration des Breitschlitzwerkzeugs in die Extrusionslinie
- Zugänglichkeit von Staubalken- und Flexlipverstellung
- Positionierung der Düsenlippe im Walzenspalt

Die Bilder in 3.20 zeigen eine Breitschlitzdüse mit einer besonders spitz geformten Lippe, um so tief wie möglich in den Walzenspalt eindringen zu können. Dadurch wird im Vergleich zur konventionellen Geometrie der Abstand zwischen dem Walzenspalt und dem Austrittsspalt der Breitschlitzdüse verringert. Typischerweise

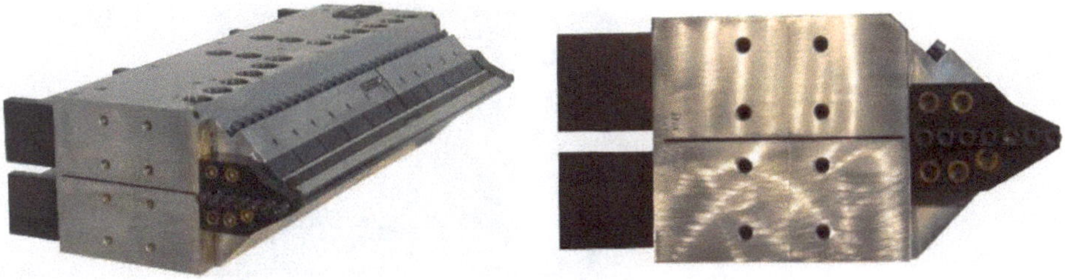

Bild 3.20 Breitschlitzwerkzeug mit schlankem Lippendesign [Quelle: Verbruggen NV]

werden solche Lippen für niedrigviskose Materialien (z. B. APET) eingesetzt. Das folgende Bild stellt die Düsenposition im Walzenspalt dar.

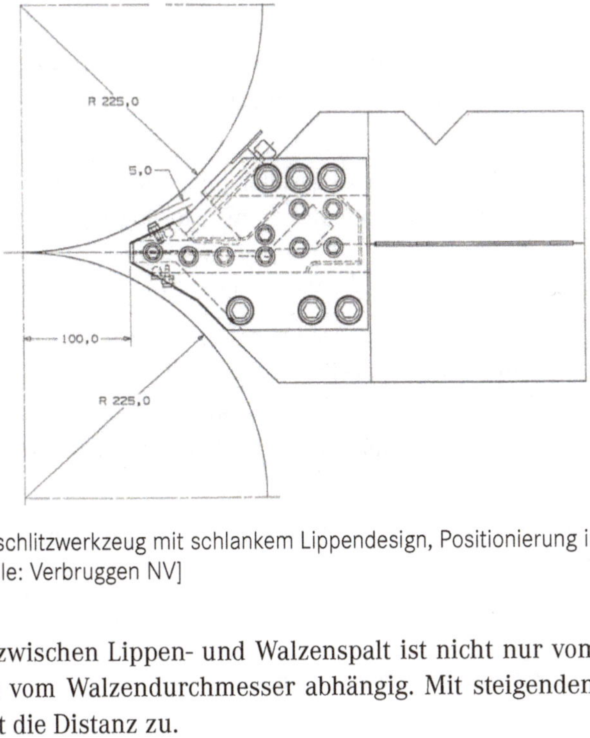

Bild 3.21 Breitschlitzwerkzeug mit schlankem Lippendesign, Positionierung im Walzenspalt [Quelle: Verbruggen NV]

Der Abstand zwischen Lippen- und Walzenspalt ist nicht nur vom Lippendesign, sondern auch vom Walzendurchmesser abhängig. Mit steigendem Walzendurchmesser nimmt die Distanz zu.

3.1.7 Heizung und Isolierung

In der Regel werden Breitschlitzwerkzeuge mit Hilfe von elektrischen Heizpatronen beheizt.

Das Bild 3.22 zeigt die Lage von Heizpatronen in der oberen und unteren Werkzeughälfte. Die Positionierung der Bohrungen für die Heizpatronen sollte so ge-

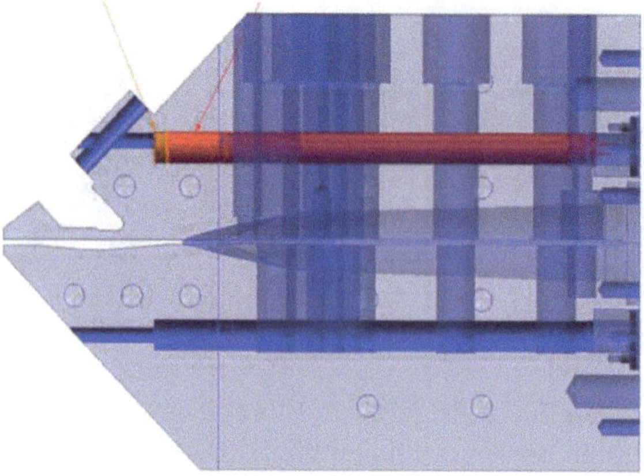

Bild 3.22 Heizpatronen im Breitschlitzwerkzeug [Quelle: Verbruggen NV]

wählt werden, dass sich eine möglichst homogene Temperaturverteilung im Werkzeugkörper ergibt. Ferner ist es üblich, eine ungerade Anzahl an Heizpatronen einzusetzen.

Außerdem werden im Bild die Bohrungen der Körperschrauben, die beide Werkzeughälften zusammenhalten, angedeutet. Sämtliche Bohrungen sind so zu positionieren, dass sowohl eine möglichst homogene Temperaturverteilung als auch eine ausreichend feste Verbindung der Werkzeughälften gewährleistet ist.

Häufig werden ebenfalls die Seitenplatten des Werkzeugs mit Heizpatronen versehen, um hier die notwendige Temperatur zu erreichen.

Bei der Verarbeitung von z. B. PET und PC kommen häufig Lippenheizungen zum Einsatz, um in diesem sehr sensiblen Bereich gezielt Einfluss auf die Temperatur nehmen zu können.

Oft werden Breitschlitzwerkzeuge mit Isolierplatten ausgerüstet, um den Wärmeverlust durch Abstrahlung zu minimieren.

3.1.8 Beschichtung und Oberflächenqualität

Wie bereits erwähnt soll die Verweilzeit bzw. das Verweilzeitspektrum im Werkzeug möglichst kurz sein. Aufgrund dieser Forderung erfolgt eine Beschichtung der schmelzeführenden Bereiche. In der Regel werden die Fließkanäle verchromt und poliert. Die Chromschichtdicke beträgt typischerweise 20 - 30 µm. Die Rauhigkeit des Lippenbereichs ist mit R_a = 0,02 - 0,04 µm geringer als die des Verteilerkanals, der typischerweise eine Rautiefe von R_a = 0,04 - 0,08 µm aufweist. Gerade im Lippenbereich sollen Materialablagerungen vermieden werden, weil diese auf der Extrudatoberfläche zur Streifenbildung führen können.

Alternativ zur klassischen Verchromung kann auch eine sehr harte und verschleißfeste Chromnitrid-Beschichtung (CrN) zum Einsatz kommen.

3.1.9 Einlaufkanalgeometrie

Die Einlaufkanalgeometrie eines Breitschlitzwerkzeuges wird bei Mono- und Coextrusionssystemen unterschiedlich ausgeführt (siehe Bild 3.23).

Einschichtwerkzeuge weisen in der Regel einen Kreiskanaleinlauf auf. Coextrusionswerkzeuge werden häufig in Kombination mit einem vorgeschalteten Feedblock bzw. Coextrusionsadapter betrieben. In den Werkzeugeinlauf strömen die vom Feedblock erzeugten, laminar übereinander liegenden Schmelzeschichten. Aus diesem Grund wird bei Coextrusionswerkzeugen die Einlaufkanalgeometrie rechteckig ausgeführt, damit der Schichtaufbau möglichst nicht gestört wird. Fertigungstechnisch ist der rechteckige Einlauf aufwändiger.

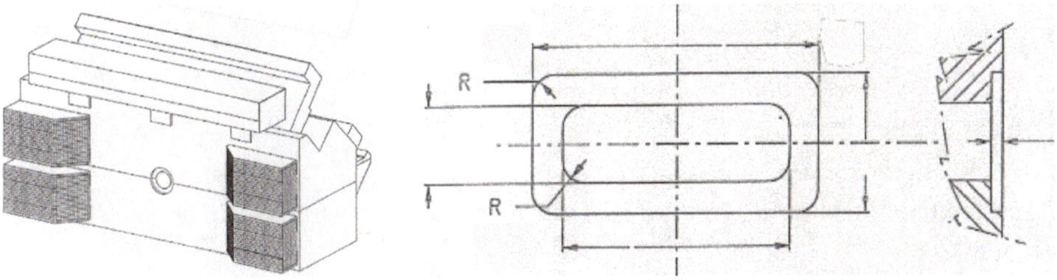

Bild 3.23 Einlauf für Monoextrusion (links) und Coextrusion (rechts)[Quelle: Verbruggen NV]

3.1.10 Coextrusionswerkzeuge

Folien und Platten werden vielfach mehrschichtig hergestellt, um definierte Funktionen zu gewährleisten. Auf diese Weise werden durch Coextrusion z. B. die Barriereeigenschaften von Folien verbessert oder der UV-Schutz von Kunststoffplatten erhöht (siehe Kapitel Folien- und Plattenextrusion).

Bei Coextrusionssystemen werden zwei grundsätzliche Werkzeugtypen unterschieden:

- Adapter- bzw. Feedblockwerkzeuge
- Mehrkanalwerkzeuge

3.1.10.1 Adapterwerkzeuge

Bei der Adapter-Coextrusion wird ein so genannter Adapter oder auch Feedblock in Kombination mit einer Einkanalbreitschlitzdüse (Bild 3.24, oben) verwendet. Im Feedblock werden mehrere Schmelzeschichten mit einer definierten Lagenkombination erzeugt und dem Breitschlitzwerkzeug als laminare Mehrschichtströmung zugeführt. Damit diese Lagenströmung einen möglichst gleichmäßigen Schichtaufbau über den gesamten Strömungsweg vom Feedblock durch das Breitschlitzwerkzeug bis zum Austritt beibehält, müssen die einzelnen Lagen ein ähnliches Fließverhalten aufweisen [MIC91]. Folglich sollten die Viskositäten und die Schmelzetemperaturen nicht weit voneinander abweichen.

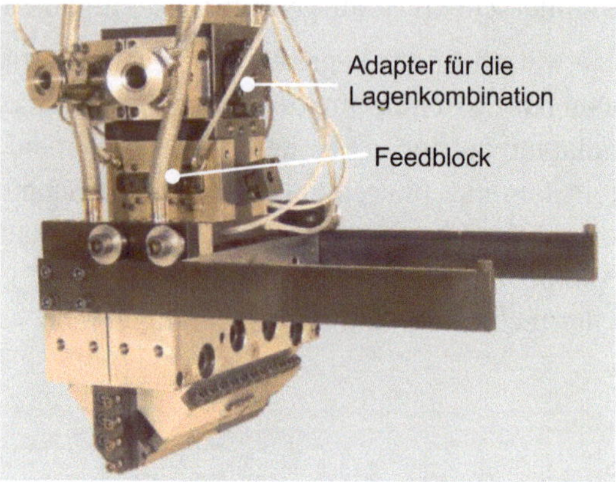

Bild 3.24 Breitschlitzwerkzeug mit Feedblock [Quelle: Verbruggen NV]

Der Coextrusionsadapter in Bild 3.24 verdeutlicht den grundsätzlichen Aufbau des Systems:

- Adapter für die Lagenkombination
- Feedblock bzw. Coextrusionsadapter
- Breitschlitzwerkzeug

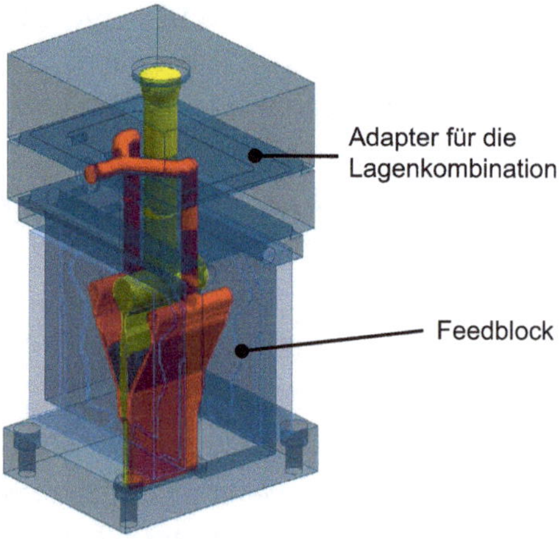

Bild 3.25 Feedblock – Fixer Adapter für die Lagenkombination [Quelle: Verbruggen NV]

In Extrusionsrichtung befindet sich vor dem eigentlichen Feedblock der Adapter für die definierte Lagenkombination. In Bild 3.25 wird ein System mit fixer Lagenkombination dargestellt. In diesem Beispiel werden der Hauptsrom A (gelb) und der Coextrusionsstrom B (rot) in die Lagenkombination BAB überführt. Der Feedblock nimmt die 3 Einzelströme auf und wandelt die Schmelzen zunächst vom Kreisquerschnitt über Einsätze in schlitzförmige Ströme um. Diese werden anschließend in einen 3-schichtigen Gesamtstrom zusammengeführt.

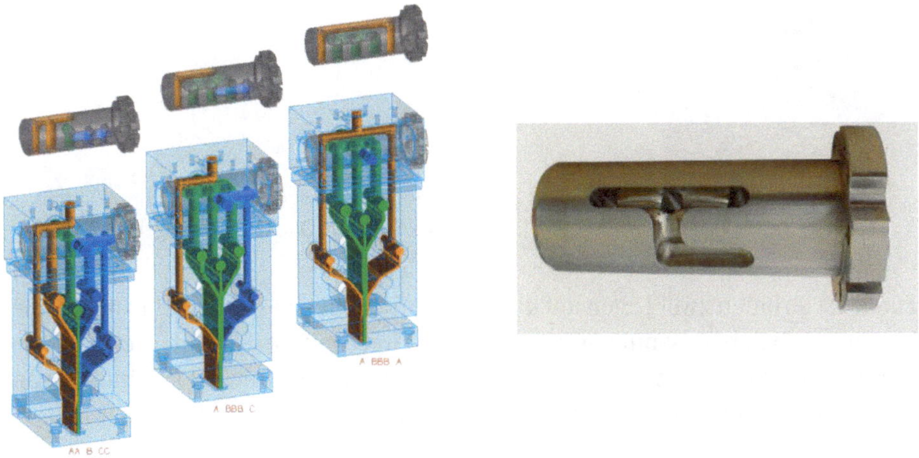

Bild 3.26 Feedblock – Kassette für die Lagenkombination [Quelle: Verbruggen NV]

Systeme mit einer fixen Lagenkombination sind unflexibel. Aus diesem Grund werden in der Praxis vielfach Kassetten zur Konfiguration unterschiedlicher Lagenkombinationen eingesetzt.

Das Bild 3.26 zeigt einen 5-Lagen-Feedblock. In diesem Beispiel können aus 3 einzelnen Extruderschmelzeströmen ABC die Lagenkombinationen AABCC, ABBBC und ABBBA erzeugt werden. Es ist zu erkennen, dass in die Kassette verschiedene Bolzen eingesetzt werden können. Die Lagenkombination hängt von der Gestaltung der Kanäle in den Bolzen ab.

Folglich kann der Kunststoffverarbeiter in kurzer Zeit durch einen Bolzentausch die Lagenkombination anpassen.

Das Bild 3.27 zeigt einen Sieben-Lagen-Feedblock mit Lagenkombinationskassette. Bei demontierter Seitenplatte offenbart sich der innere Aufbau des Feedblocks. Die fixe Geometrie der schmelzeführenden Bereiche ist ohne Schmelzeflusskorrektur ausgeführt.

Bild 3.27 Feedblock – innere Geometrie ohne Schmelzeflusskorrektur [Quelle: Verbruggen NV]

Zunächst strömen zwei Lagen auf die mittlere Schicht. Diese drei Schichten fließen bis zur nächsten Zusammenflussstelle, wo zwei weitere Schichten coextrudiert werden. Aus diesen laminar strömenden fünf Schichten wird an der dritten Zusammenflussstelle ein Verbund aus sieben Schichten erzeugt.

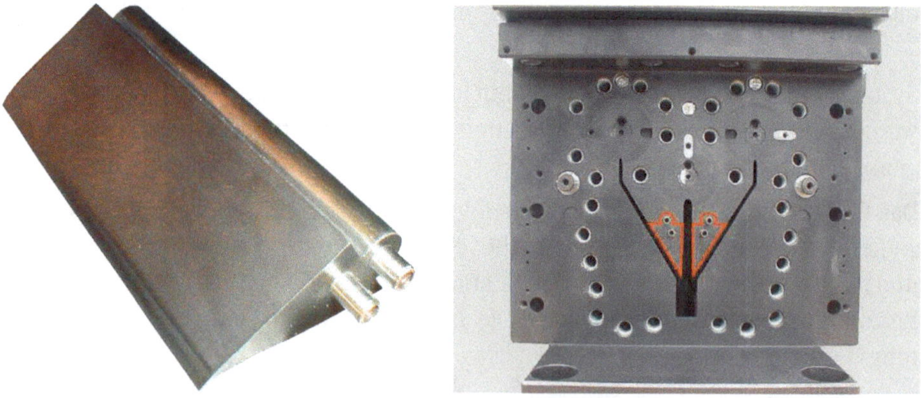

Bild 3.28 Feedblock – innere Geometrie mit auswechselbaren Einsätzen [Quelle: Verbruggen NV]

Das Bild 3.28 zeigt einen 3-Lagen-Feedblock mit auswechselbaren Einsätzen. Diese Einsätze (links) lassen sich profilieren, so dass der Schmelzefluss auf den jeweiligen Prozess angepasst werden kann.

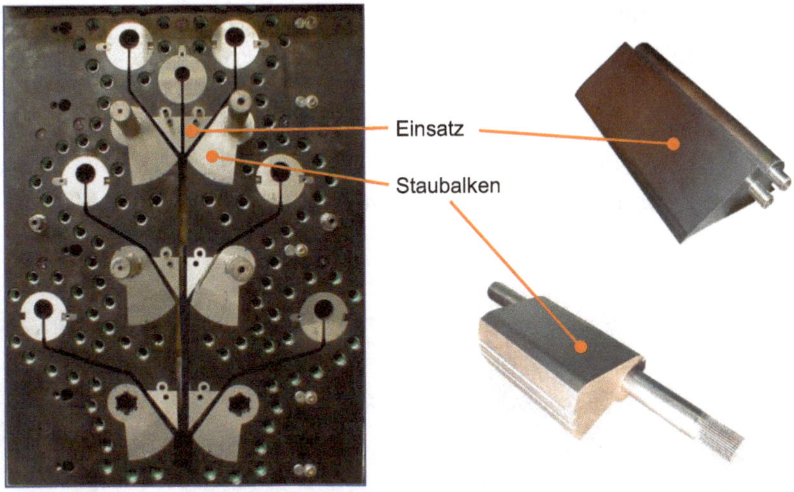

Bild 3.29 Feedblock – innere Geometrie mit auswechselbaren Einsätzen und schwenkbaren Staubalken [Quelle: Verbruggen NV]

Das Bild 3.29 zeigt einen 7-Lagen-Feedblock mit auswechselbaren Einsätzen und schwenkbaren Staubalken. Neben der Profilierung der Einsätze besteht hier zudem die Möglichkeit, die Strömungsgeschwindigkeit der Schmelze über den Staubalken anzupassen. Fließinstabilitäten im Zusammenströmbereich der Schmelzeschichten können vermieden werden, weil die Geschwindigkeiten der einzelnen Schmelzeströme aufeinander abstimmbar sind.

Das Arbeitsprinzip des Staubalkens soll im nächsten Bild erläutert werden.

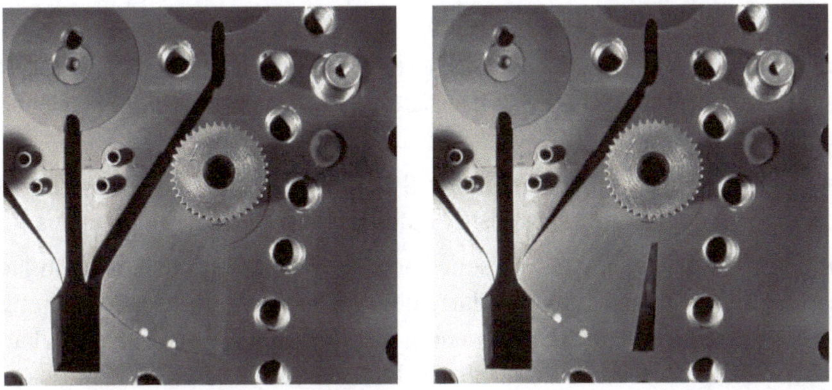

Bild 3.30 Feedblock – innere Geometrie mit auswechselbaren Einsätzen und schwenkbaren Staubalken – Funktionsprinzip [Quelle: Verbruggen NV]

Das Bild 3.30 (links) zeigt den Staubalken in offener Stellung, rechts wird der Staubalken im geschlossenen Zustand dargestellt.

Die Staubalken können während des Betriebs der Anlage über eine Hebelmechanik von außen justiert werden.

3.1.10.2 Mehrkanalwerkzeuge

In Mehrkanalwerkzeugen werden mehrere individuelle Breitschlitzgeometrien (z. B. Kleiderbügelverteiler) in einem Werkzeug integriert.

Bild 3.31 Mehrkanalwerkzeug mit 3 Lagen [Quelle: Verbruggen NV]

Das Bild 3.31 zeigt ein 3-Kanal-Werkzeug mit drei separaten Verteilergeometrien. Rechts wird der innere Aufbau bei demontierter Seitenplatte dargestellt. Der zentrische Hauptverteiler und die beiden Coextrusionsverteiler oben und unten unter 45 ° bzw. -45 ° sind mit eigenen Staubalken für die getrennte Korrektur jedes einzelnen Schmelzestroms ausgestattet. Nach dem Zusammenfluss der Einzelströme fließt die Mehrschichtschmelze zur Düsenlippe (Flexlip), so dass die Gesamtdickenverteilung nochmals optimiert werden kann [MIC91].

Der Vorteil dieses Werkzeugkonzeptes besteht in der Coextrudierbarkeit von Materialien mit unterschiedlichem Fließverhalten bzw. Kunststoffe mit abweichenden Schmelzetemperaturen und Viskositäten sind verarbeitbar.

Ferner kann, wie bereits erwähnt, jeder Schmelzefluss individuell korrigiert werden. Dieser Umstand wirkt sich positiv auf die Schichtdickenverteilung aus.

Mehrkanalwerkzeuge haben eine sehr komplexe Werkzeuggeometrie und stellen daher eine kostenintensive Lösung dar. Außerdem ist die thermische Trennung der einzelnen Verteiler konstruktiv aufwendig [MIC91]. Aus diesem Grund stellen vier Schichten die technische und wirtschaftliche Grenze dar.

Aus den genannten Gründen werden in der Praxis nach Möglichkeit Adapterwerkzeuge eingesetzt.

Die erläuterten technischen Lösungen können lediglich als typische Beispiele für Breitschlitzwerkzeuge, wie sie in der Praxis zum Einsatz kommen, verstanden werden. Das Ziel der Ausführungen besteht darin, das grundsätzliche Funktionsprinzip von Breitschlitzwerkzeugen für die Mono- und Coextrusion bei der Herstellung von Kunststoffplatten und -folien aufzuzeigen.

Literatur zu Abschnitt 3.1

[LIM06] Limper, A.; Wefelmeier, C.-J.; Seibel, S.: Simulation von Extrusionswerkzeugen; Kunststoffe 2/2006, Carl Hanser Verlag, München, S. 104 - 109

[MIC91] Michaeli, W.: Extrusionswerkzeuge, 2. Auflage; Carl HanserVerlag, München, 1991

[STI01] Stieglitz, H.: Ganzheitliche Betrachtung der Fließvorgänge in Breitschlitz- und Wendelverteilerwerkzeugen. Dissertation Universität Paderborn 2001

3.2 Ringspaltwerkzeuge

Dr.-Ing. Stefan Seibel

Werkzeuge mit kreisringspaltförmigem Austrittsquerschnitt dienen sowohl zur Extrusion von Rohren, Schläuchen, Schlauchfolien, schlauchförmigen Vorformlingen und darüber hinaus auch zur Ummantelung von Rohren und Kabeln.

Zur Herstellung von Halbzeugen mit nahtlosem Kreisringquerschnitt werden hauptsächlich die in Bild 3.32 gezeigten vier Werkzeugtypen eingesetzt.

Bei der Extrusion von Rohren und Schläuchen kommen vornehmlich längs angeströmte, also aus dem Zentrum gespeiste Werkzeuge zum Einsatz. Für die Herstellung von Schlauchfolien, verstärkten Schläuchen, Vorformlingen beim Blasformen und bei der Ummantelung müssen die Werkzeuge - produktionsbedingt - meist unter einem Winkel von 90 ° angeströmt werden. Zum Aufbau von Coextrusionswerkzeugen werden auch häufig Kombination der verschiedenen Werkzeugtypen und Anströmrichtungen realisiert.

Unabhängig von der Bauform müssen an die Grundwerkzeuge - direkt oder über austauschbare Zwischenteile - Düseneinheiten angeschlossen werden, deren Fließkanäle die Schmelzen zusammenführen, stabilisieren und auf den Austrittsquerschnitt hinführen. Die Gestaltung dieser Fließkanalbereiche ist sehr stark produkt- und materialabhängig und lässt nur bedingt Standards erkennen. Bei der Rohrextrusion und der Produktion von Schläuchen für das Blasformen erfolgt in den meisten Fällen eine Querschnittsverkleinerung zum Austrittsdurchmesser. Übliche Verhältnisse reichen hier von 2:1 bis 50:1. Hingegen wird bei Schlauch-

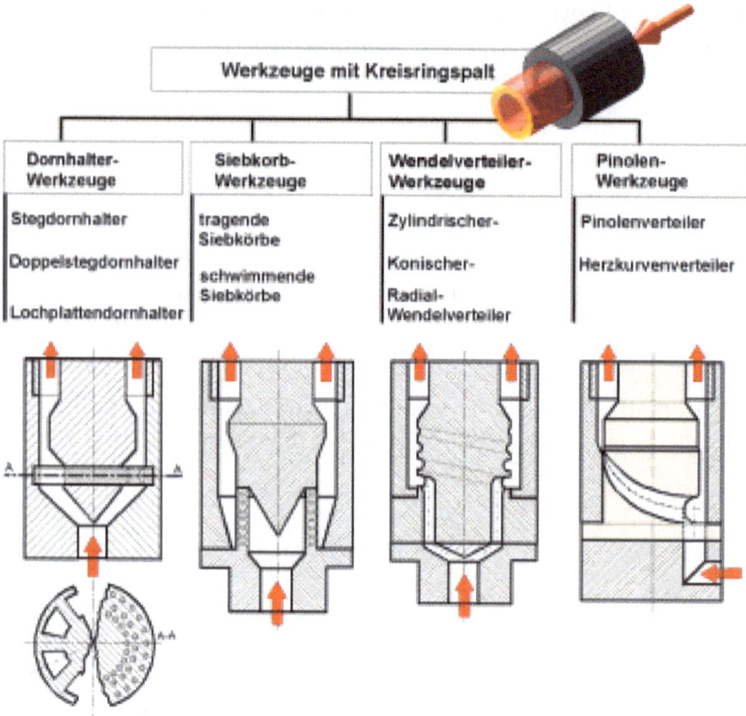

Bild 3.32 Unterteilung der Werkzeuge mit Kreisringspalt

folienwerkzeugen und Werkzeugen für Großrohre mit der Vergrößerung in Richtung Austrittsspalt gearbeitet. Das Aufziehverhältnis reicht bis 1 : 2,5. In jedem Fall sollte im Düsenbereich auf eine stetig beschleunigte Strömung geachtet werden.

Allen Düsensektionen gemein ist die Option der Zentrierbarkeit und der Spaltweiteneinstellung. Erst seit wenigen Jahren ist die so genannte Flexringtechnologie im Bereich der Kreisringspaltwerkzeuge im Einsatz, mit der eine noch exaktere Justierung der Dickentoleranzen möglich ist. Dabei wird in den massiven Werkzeugaußenring eine im Mundstückbereich flexible Hülse eingeschoben. Für die Verstellmöglichkeit werden Stellschrauben - gleichmäßig über dem Umfang verteilt - im Außenring integriert. Mit diesen ist die reversible Deformation der flexiblen Hülse durchführbar, und folglich der Fließwiderstand des Ringspaltes lokal sehr gezielt einstellbar [GRO04].

Das Verhältnis der Düsenmundstücklänge zum Austrittsspalt ist abhängig vom verarbeiteten Werkstoff und reicht bei Rohrwerkzeugen von ca. 2 : 1 bis 30 : 1.

3.2.1 Dornhalterwerkzeuge

Hauptanwendungsgebiet dieses Werkzeugtyps liegt in der Extrusion von Rohren und Vorformlingen. Die mengenmäßig wichtigsten Kunststoffe sind hierbei das Polyvinylchlorid (PVC), die Polyolefine (z. B. HD-PE) und Polyamide (PA). Generell ist dieser Werkzeugtyp unkritisch bzgl. der Verweilzeitverteilung und dem benötigten Druckverbrauch.

Der Verdrängerkörper bzw. Dorn wird durch den Dornhalter im Werkzeug fixiert, so dass die zentral eingespeiste Schmelze an diesem Dorn in einen Kreisringstrom umgeformt wird. Im weiteren Verlauf des Werkzeugs umströmt die Schmelze die Dornhalterstege und wird in mehrere Teilströme aufgeteilt.

Anstatt der Stege kann auch eine Lochplatte eingesetzt werden, wie im Bild 3.33 zu sehen. Durch die Aufteilung des Schmelzestroms an den Stegen entstehen Fließnähte, die sich nachteilig auf die Eigenschaften des Halbzeugs auswirken können und sich ggf. auf der Oberfläche durch Fließmarkierungen abzeichnen [KLE73].

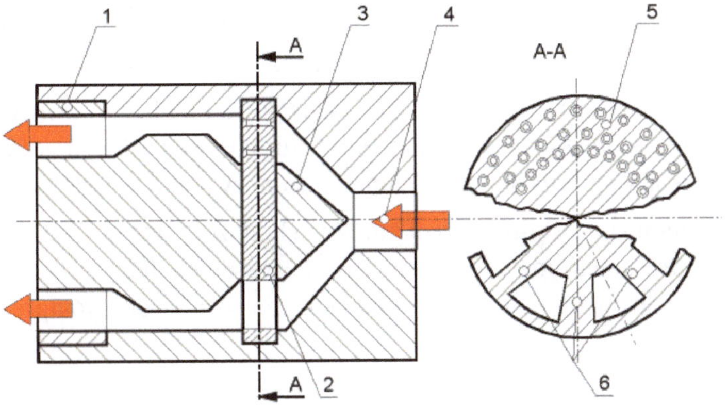

Bild 3.33 Skizze eines Dornhalterwerkzeugs mit Steg oder Lochplatte als Dornhalter; 1: Mundstück, 2: Dornhalter, 3: Dorn, 4: Schmelzeeinlauf, 5: Lochplatte, 6: Stege

Für höhere Durchsätze und zur Verbesserung der mechanischen Eigenschaften im Stegbereich kommt häufig der so genannte Doppelstegdornhalter zum Einsatz. Bei dieser Konstruktion sind zwei Stegreihen, die sich gegeneinander über einen Tragring abstützen, versetzt zueinander über dem Umfang angeordnet. Ein wesentlicher Vorteil dieser Konstruktion besteht in den nicht durchgehenden Stegmarkierungen, so dass die mechanischen Eigenschaften des extrudierten Halbzeugs wesentlich verbessert werden.

Der nach dem Stegdornbereich durchströmte Querschnitt bis zum Erreichen des Mundstückanschlusses sollte nach Möglichkeit nicht divergieren, um Totzonen und Ablagerungen zu vermeiden. Üblicherweise wird die Werkzeugzone, die in die Parallelführung mündet, einer steten Kompression unterzogen (Konvergieren des freien Querschnitts). Diese Art der Schmelzeführung ist vor allem bei der Verarbeitung von PVC, aber auch anderen thermisch empfindlichen Materialien, wie beispielsweise vernetzenden Polyolefinen, unerlässlich.

3.2.2 Siebkorbwerkzeuge

Siebkorbwerkzeuge erfüllen prinzipiell die gleiche Aufgabe wie Dornhalterwerkzeuge. Bei diesem Werkzeugtyp wird der Verdrängerdorn jedoch nicht durch Stege, sondern durch einen Siebkorb fixiert. Diese Art der Dornfixierung bezeichnet man auch als tragenden Siebkorb. Die Prinzipskizze in Bild 3.34 soll diesen Aufbau verdeutlichen. Das Material wird, zentral durch ein Verteilerrohr eingespeist, so um den Verdrängerkörper (Dorn) geleitet, dass möglichst wenige Totwassergebiete entstehen. Im Anschluss wird der Schmelzestrom durch den Siebkorb in viele Teilströme aufgeteilt. Dient der Siebkorb nicht der Fixierung des Verdrängerdorns (Pos. 2 in Bild 3.34), sondern ausschließlich verfahrenstechnischen Aufgaben, so spricht man auch von schwimmenden Siebkörben. Bei dieser Konstruktionsvariante wird der Verdrängerdorn von einem Dornhalter getragen.

Der Siebkorb ist ein rohrförmiger, mit sehr vielen Bohrungen (Durchmesser 1 - 3 mm) perforierter Körper. Wie der Darstellung in Bild 3.34 zu entnehmen ist, wird durch diese Konstruktion der Schmelzestrom zweimal um 90° umgelenkt.

Nach der zweiten Umlenkung durchläuft die Schmelze in vielen Fällen eine so genannte „Kompressionszone“, in der die Schmelzestränge der einzelnen Siebkorbbohrungen wieder ineinander „verlaufen“ können. Hinter der Kompressionszone

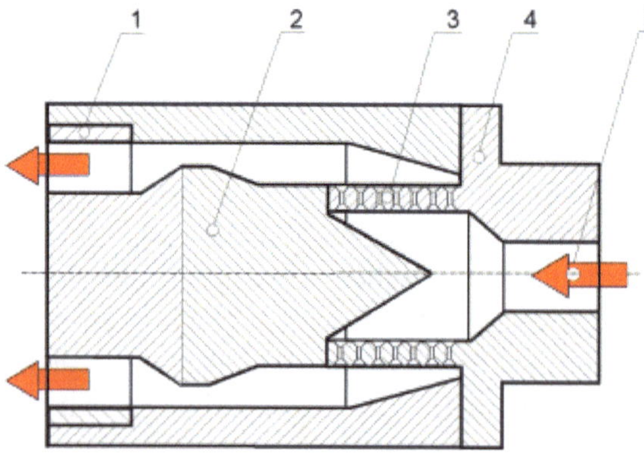

Bild 3.34 Skizze eines Siebkorbwerkzeugs mit tragendem Siebkorb; 1: Mundstück, 2: Dorn, 3: Siebkorb mit Bohrungen, 4: Siebkorbhalter, 5: Fließrichtung/Schmelzeeinlauf

folgt der Relaxationsraum (bzw. die Beruhigungszone). Innerhalb dieser großvolumigen Parallelführung wird der Schmelzestrom beruhigt. Am Ende dieses Werkzeugtyps befindet sich eine parallele Bügelzone mit verstellbarem äußeren Mundstück. Meistens sind es die dem Relaxationsraum folgenden Werkzeugbereiche, die es ermöglichen, Produkte unterschiedlichen Durchmessers und Wandstärke zu fertigen. Sie sind in gewissen Abmaßen austauschbar. Siebkorbwerkzeuge werden u. a. bei der Extrusion von HDPE, LDPE, PP, ABS und PS eingesetzt. Im Vergleich zu Dornhalterwerkzeugen sind Siebkorbwerkzeuge erheblich kompakter gebaut, wodurch sie leichter und damit einfacher in der Handhabung werden. Aufgrund der Werkzeugkonzeption, mit nur einem kurzen aber starken Druckverbraucher – dem Siebkorb – zu arbeiten, weist dieser Werkzeugtyp auch nur vergleichsweise geringe Gesamtdruckverluste auf. Ausführliche Beschreibungen zur Auslegung und zum Einsatz dieses Werkzeugtyps finden sich in [SEI06].

3.2.3 Wendelverteilerwerkzeuge

Wendelverteiler werden bei der Extrusion von Rohren, Blasfolien, Blasformschläuchen und in der Ummantelung eingesetzt. Aufgrund dieser Produktvielfalt wird auch ein entsprechend umfangreiches Materialspektrum, angefangen vom Polyolefin bis hin zum technischen Kunststoff für medizinische Anwendungen, mit diesem Werkzeug verarbeitet.

Beim konventionellen Wendelverteilerwerkzeug wird jede einzelne Wendel vom Vorverteiler – dem so genannten Sternverteiler – mit Schmelze versorgt. Diesen Primär- bzw. Vorverteilern schließen sich die wendelförmigen Kanäle an, die in den Dorn eingearbeitet sind und diesen in Form eines Mehrfachgewindes umlaufen. Hierbei nimmt die Kanaltiefe ständig ab, wobei sich der Leckspalt zwischen Dorn und äußerem Werkzeugteil, dem Werkzeugmantel, stetig vergrößert (siehe Bild 3.35). Entsprechend diesen Aufbaus erfolgt die Schmelzeverteilung im Wendelbereich und resultiert im Wesentlichen daraus, dass die radiale Kanalströmung kontinuierlich in eine axiale Stegströmung überführt wird. Durch das Aufteilen des Schmelzeflusses in mehrere Teilströme entsteht eine Überlagerung. Bindenähte, die bei anderen Werkzeugkonzepten prinzipbedingt immer vorhanden sind, werden somit vermieden.

Beim Einsatz der klassischen Vorverteilerbauform ist es nicht möglich, beliebig viele Hauptverteiler konzentrisch anzuordnen, da sich die Vorverteiler sonst zu stark gegenseitig beeinflussen (thermisch) oder der Bauraum einfach nicht mehr ausreicht. Mehr als fünf Schichten mit Spinnenvorverteilern werden kaum angeboten.

Um diese Restriktion zu umgehen, haben die Werkzeugbauer in den vergangenen Jahren verstärkt an der Weiterentwicklung der Vorverteiler gearbeitet. Heute sind z. B. Ausführungen mit Mehrfachvorverzweigungen und einer oder mehrerer Pino-

Bild 3.35 Prinzipskizze eines axialen Wendelverteilers (links); Konventioneller Wendeldorn (Bildmitte) und eines Radialverteilers mit 4 Wendelkanälen (rechts)

lenvorverteiler zur Anströmung des eigentlichen Wendelverteilers Standard. Durch die Pinolenverteilung benötigt nicht mehr jeder Wendelkanal eine separate Zuleitung, sondern wird über dem Umfang angeströmt.

Neben der ältesten und am weitest verbreiteten Bauform, der des Axialwendelverteilers, existieren noch zwei weitere Typen von Wendelverteilern.

Bei Radialwendelverteilern verlaufen die Wendeln nicht entlang eines Dorns, sondern sind in einer ebenen Werkzeugplatte eingearbeitet. Auf dieser Ebene winden sich die Wendeln vergleichbar einer Spirale in radialer Richtung zum Werkzeugzentrum [ROT02]. Die Schmelze wird bei dieser Konstruktion von außen dem Verteiler zugeführt. In Bild 3.35 (rechts) ist eine Werkzeugebene eines solchen Werkzeugs dargestellt.

Aufgrund der flachen Bauform können auch mehrere dieser Wendelebenen übereinander angeordnet werden. Diesem Aufbau verdankt der Radialwendelverteiler auch die Bezeichnung „stack die“ oder auch „pancake die“. In der Arbeit von Rotter [ROT02] wird die Bauweise dieses Werkzeugtyps detailliert untersucht und mit den anderen Bauformen verglichen.

Wendelverteiler können aber auch konisch ausgeführt sein. Bei dieser Werkzeuggeometrie wird die Schmelze vorwiegend seitlich eingespeist, so dass z. B. Stütz- bzw. Kühlluft bei Blasköpfen zentral durchgeführt werden kann. Die konische Ausführung kombiniert den Vorteil des Radialverteilers bzgl. der hohen Flexibilität bei der Schichtanzahl, ohne dessen Dichtigkeitsprobleme bei zu großen Werkzeugaufbiegungen zu bekommen.

Zusätzliche Bauformen, die zum Teil verschiedene Ausführungen in einem Werkzeug kombinieren, werden beispielsweise in [WOR98] und [FIS98] vorgestellt. Bei der Art der Auslegungsstrategien kann auf eine Vielzahl von Möglichkeiten zurückgegriffen werden [CAR95], [CHU98], [STI01], [WIE03].

3.2.4 Pinolenwerkzeuge

Der Werkzeugtyp des Pinolenverteilers kommt sowohl bei der Extrusion von Rohren, Blasformschläuchen und in der Ummantelung zum Einsatz. Pinolenwerkzeuge werden häufig unter einem Winkel von 90 ° vom Extruder mit Schmelze versorgt. Die radial zugeführte Schmelze wird über einen Verteilerkanal, welcher in den Pinolendorn eingebracht ist, in eine Axialströmung umgewandelt. Ein derartiges Umströmen der Pinole kann mindestens eine, bei mehreren Verteilern entsprechend vielfache charakteristische Fließmarkierung hervorrufen.

Das Bild 3.36 zeigt zwei grundsätzliche Bauformen des Werkzeugs. In der linken Bildhälfte ist eine Pinole mit einem Kleiderbügelverteiler dargestellt. Der Begriff Kleiderbügelverteiler stammt aus dem Bereich der Breitschlitzwerkzeuge. Wickelt man den Kegelstumpf eines Pinolenwerkzeugs ab, so ergibt sich ein dem Kleiderbügelverteiler ähnlicher Verlauf.

Eine weitere Ausführung dieses Werkzeugtyps stellt die Pinole mit Herzkurvenverteiler dar. Hier befindet sich auf dem Dorn ein herzförmiger Verdrängerkörper, um den die zugeführte Schmelze strömt. Der Verdrängerkörper ist so gestaltet, dass möglichst gleichlange Fließwege entstehen. Durch das Aufteilen und anschließende Wiedervereinigen der Schmelzeströme entstehen zwei Fließnähte, die eine mechanische Schwächung des Halbzeugs hervorrufen.

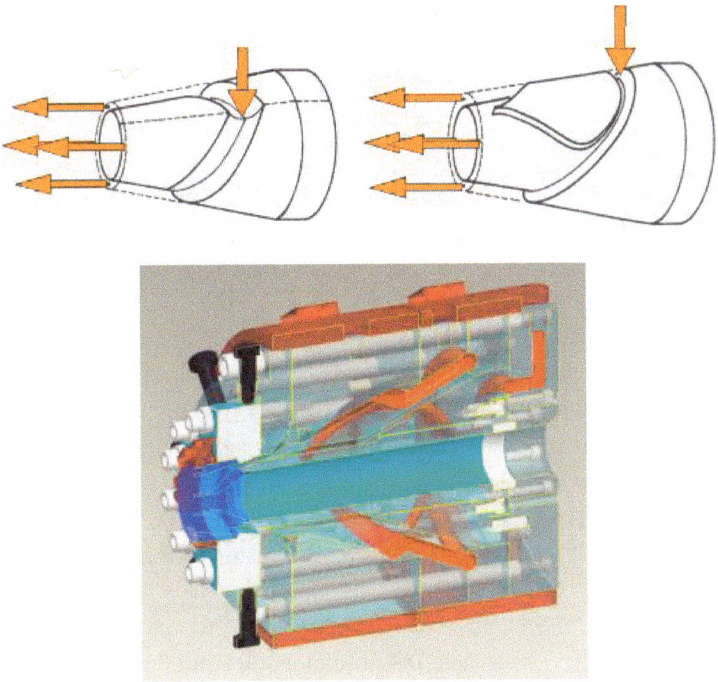

Bild 3.36 Prinzipskizze der gebräuchlichsten Pinolenformen [MIC91]

Ein großer Vorteil dieses Verteilertyps liegt in der Möglichkeit, eine Platz sparende und funktionale Nachrüstung bestehender Werkzeuge durchzuführen. Die Integration einer konischen Pinole im Düsenbereich oder oberhalb des Hauptverteilers findet vielfache Anwendung.

Die Integration einer konischen Pinole im Düsenbereich, für eine zusätzliche Schmelzeschicht, wird in den Ausführungen von [GRO04] dargelegt.

Ausführliche Beschreibungen zur Auslegung, zum Einsatz und zur Konstruktion dieses Werkzeugtyps finden sich in [KIR76], [MIC91], [STI01], [VIN03] und [WEF03].

■ Literatur zu Abschnitt 3.2

[CAR95] Carneiro, O. S.; Covas, J. A.: Design and assessment of mandrel pipe dies, Plastics, Rubber and Composites Processing and Application Vol. 24, No. 2, 1995

[CHU98] Chung, C. H.: A Systematic Approach for the Design of a Spiral Mandrel Die Polymer Engineering and Science, April 1998, Vol. 38, No. 4

[FIS98] Fischer, P.; Wortberg, J.: Ideen mit Zukunft - Neue Wendelverteilerwerkzeuge Erweiterte Fassung eines Beitrags zur SKZ-Fachtagung „Neuigkeiten in der Extrusion", Würzburg, 13. - 14. 05. 98

[FIS99] Fischer, P.; Wortberg, J.: Neue Konstruktionen aktueller denn je, Plastics Special 10, S. 50 - 54, 5. Jahrgang, 1999

[FIS01] Fischer, P.: Dies for Multi-layer Pipe Extrusion, Designing Spiral Mandrel Dies, Kunststoffe plast europe, 8/2001, Vol. 91

[GRO04] Groß, H.: Auslegung von Rohr- und Profilwerkzeugen, Seminar am SKZ, Würzburg, 2004

[KLE73] Kleindienst, U.: Fließmarkierungen durch Dornhalterstege beim Extrudieren von Kunststoffen, Kunststoffe 63, 7 (1973), S. 423 - 427

[MIC91] Michaeli, W.: Extrusionswerkzeuge für Kunststoffe und Kautschuk , 2. v. ü. Auflage, Carl Hanser Verlag München, Wien 1991

[ROT02] Rotter, B. A.: Rheologische und mechanische Auslegung von Radialwendelverteilerwerkzeugen, Dissertation am IKV, RWTH Aachen 2002

[SEI06] Seibel, S.: Rheologische und mechanische Auslegung von Radialwendelverteilerwerkzeugen, Dissertation am IKV, RWTH Aachen 2002, Konzeptionelle Aspekte bei der Gestaltung und Auslegung von Extrusionswerkzeugen, Dissertation am Institut für Kunststofftechnik KTP der Universität Paderborn 2006

[STI01] Stieglitz, H.: Ganzheitliche Betrachtung der Fließvorgänge in Breitschlitz- und Wendelverteilerwerkzeugen, Dissertation am Institut für Kunststofftechnik KTP der Universität Paderborn 2001

[VIN03] Vinke, T.: Analyse der Strömungs- und Druckverhältnisse in Breitschlitzwerkzeugen, Unveröffentlichte Diplomarbeit am Institut für Kunststofftechnik KTP, Universität Paderborn 2003

[WEF03] Wefelmeier C. J.: Methoden zur Auslegung von Extrusionswerkzeugen, VDI Praktikum „Werkzeugauslegung mit Excel" 2003

[WIE03] Wieczorek, A.: Auslegung von Wendelverteilerköpfen für die Rohrextrusion, 17. Leobener Kunststoffkolloquium 2003

[WOR78] Wortberg J.: Werkzeugauslegung für Ein- und Mehrschichtextrusion, Dissertation am IKV, RWTH Aachen 1978

[WOR98] Wortberg, J.: Neue Wendelverteilerwerkzeuge, Kunststoffe 88, 175-180, 1998

4 Rohrextrusion

Dr.-Ing. Henning Stieglitz

4.1 Einleitung

Kunststoffrohre haben in den letzten Jahrzehnten im Bereich der Trinkwasser- und Gasversorgung, in Abwassernetzen und Hausinstallationen sowie im Sektor der Schutzrohre zunehmend an Bedeutung gewonnen und sind hier nicht mehr wegzudenken. Sie haben enorme Vorteile in Bezug auf Gewicht, Lebensdauer, Korrosion und Verformung.

Bei der Gasversorgung nehmen Kunststoffrohre bereits eine führende Stellung ein wie Bild 4.1 zeigt.

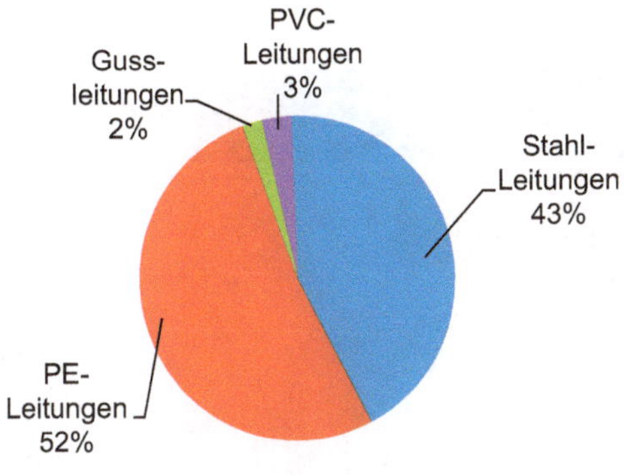

Bild 4.1 Werkstoffanteil im deutschen Gasnetz in 2007 [Quelle: DVGW e. V., Bonn]

Der Anteil der Gasleitungen aus Polyethylen lag bereits im Jahr 2007 oberhalb von 50 %. Davon ausgehend, dass nahezu alle Neuinstallationen mit Systemen aus Kunststoff erfolgen, wird dieser Anteil weiter steigen.

Im Bereich der Abwassernetze stellt sich die Situation noch anders dar. Aufgrund des Alters vieler Leitungen und Kanäle nehmen Steinzeug und Beton eine dominierende Stellung ein. Bei Neuinstallationen kommen mittlerweile jedoch verstärkt Systeme aus Kunststoff zu Einsatz.

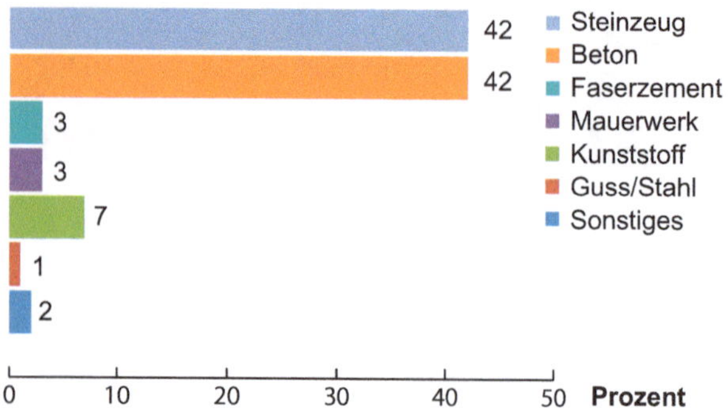

Bild 4.2 Materialverteilung im gesamten Kanalnetz in Deutschland 2009 [Quelle: DWA e. V., Hennef]

Das Bild 4.2 zeigt einen Blick auf die Materialverteilung im Kanalnetz in Deutschland im Jahr 2009.

Ein Grund für den verstärkten Einsatz von Kunststoffrohren auch im Kanalbau sind die hohen Einsparpotentiale, die sich durch den Einsatz von Kunststoffrohren ergeben. Gemäß Arbeitszeitrichtwerten der DIN ergeben sich für Rohrverlegezeiten bei einer Einbautiefe von zwei bis vier Metern und einer Rohrlänge von mindestens zwei Metern Unterschiede von bis zu ca. 16 min pro Rohrmeter. Dies entspricht einer Reduktion von mehr als 50 %.

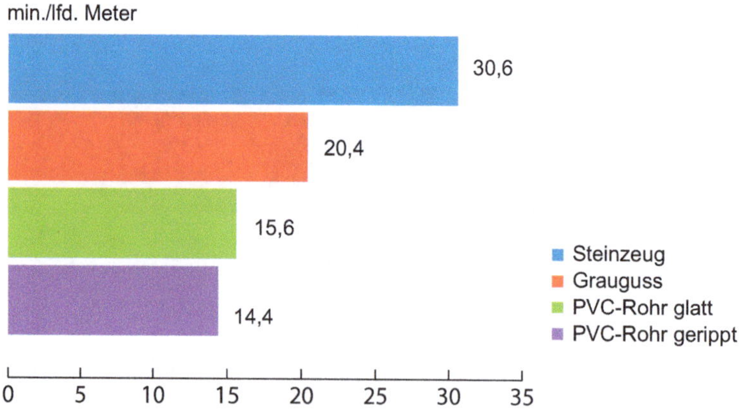

Bild 4.3 Verlegezeiten für Abwasserrohrleitungen [Quelle: DIN e. V., Berlin]

Ein weiterer Grund, der für den Einsatz von Kunststoffrohren spricht, ist die Flexibilität. Im Gegenzug zu starren Systemen wie beispielsweise Steinzeug können die Rohre den Belastungen ausweichen und Verschiebungen im Erdreich kompensieren.

In Bild 4.4 ist die Schadensverteilung an Kanälen in Deutschland dargestellt:

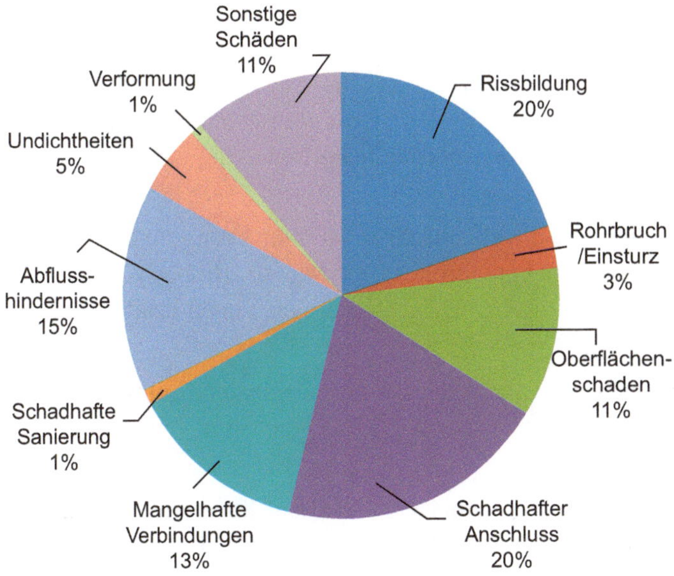

Bild 4.4 Schadensverteilung an Kanälen in Deutschland 2009 [Quelle: DWA e. V., Hennef]

Die Hauptursachen wie Rissbildung, schadhafter Anschluss, mangelhafte Verbindung sind u.a. auf die nicht vorhandene Flexibiltät der Rohre zurückzuführen. Hinzu kommt, dass die Länge der Kunststoffrohre aufgrund des geringeren Gewichts in der Regel größer ist als die von Steingut oder Betonrohren. Die Zahl der notwendigen Verbindungen nimmt dadurch erheblich ab, wodurch das Risiko von Schäden weiter minimiert wird.

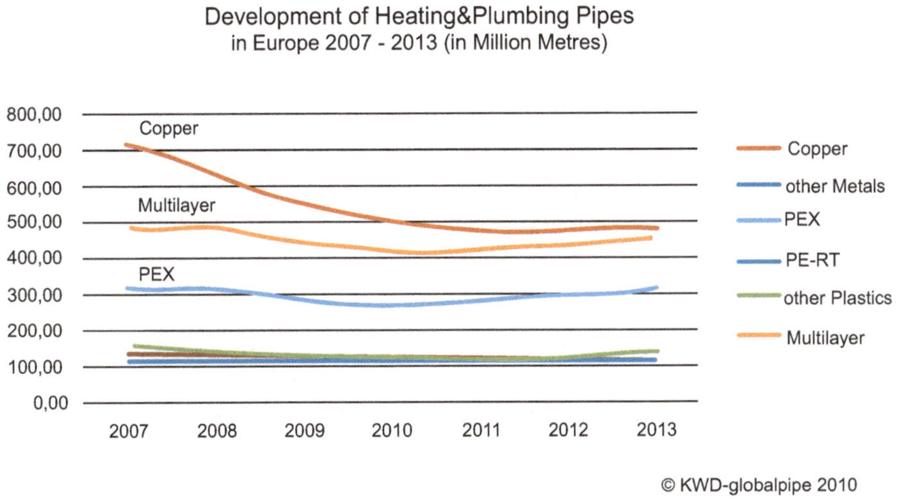

Bild 4.5 Materialverwendung für Heizungs- und Installationsrohre in Europa 2007 - 2013 [Quelle: KWD-globalpipe]

In der Trinkwasserhausinstallation verdrängt das Kunststoffrohr das Kupferrohr immer mehr. Korrosionsschäden, wie sie bei metallischen Leitungen entstehen, können mit Kunststoffrohrsystemen ausgeschlossen werden. Der Einsatz von Kunststoffrohren in diesem Bereich ist in den letzten 10 Jahren stark gestiegen. Die Verwendung von Kupferrohren ist im Gegenzug entsprechend zurückgegangen [FAT99].

Die Lebensdauer von Kunststoffrohren ist sehr hoch. Für Rohre aus Polyethylen liegt sie mittlerweile bei mehr als 100 Jahren. Mit Hilfe sog. Zeitstandsdiagramme lässt sie sich exakt bestimmen. Darüber hinaus liegen Erfahrungswerte von mehr als 70 Jahren vor.

Es ist davon auszugehen, dass der Bedarf an Kunststoffrohren weiter steigen wird. Marktforscher gehen von einem jährlichen Wachstum von etwa 4 - 5 % pro Jahr bis 2013 aus.

Die folgenden Ausführungen beziehen sich auf Kunststoffrohre aus thermoplastischen Kunststoffen im Durchmesserbereich zwischen 5 und 2000 mm. Nicht betrachtet werden flexible Schläuche und Kabel aus Elastomeren oder thermoplastische Elastomere, da diese einen eigenen Bereich mit spezifischen Anwendungsgebieten und eigener Produktionstechnik darstellen.

4.2 Materialien

4.2.1 Polyvinylchlorid (PVC)

Der älteste und bekannteste Rohstoff zur Herstellung von Kunststoffrohren ist Polyvinylchlorid (PVC).

PVC ist ein amorpher, thermoplastischer Kunststoff. Er ist hart, spröde und wird erst durch Zugabe von Polyolefinwachsen, Stabilisatoren und weiteren Additiven weich, formbar und für technische Anwendungen geeignet. Für Rohre kommt PVC-hart zum Einsatz, das im Temperaturbereich zwischen 160 und 200 °C verarbeitet wird.

Eine messtechnische Differenzierung von PVC-Typen erfolgt durch den K-Wert, der ein Maß für die Lösungsviskosität unterschiedlicher Kettenlängen darstellt. Die Herstellung von Druckrohren erfolgt mittels Extrusion unter Verwendung von PVC-Typen mit einem K-Wert von 65 bis 68. Für den Spritzgießprozess werden aufgrund der durch die Formgebungsgestaltung vorgegebenen geringen Schmelzeviskositäten bevorzugt PVC-Typen mit geringerer Kettenlänge eingesetzt. Die Spanne reicht hier vom K-Wert 50 bis zum K-Wert 65; schwerpunktmäßig werden K-Wert 57 bis K-Wert 60 verarbeitet. [KRV11]

Die Vorteile von PVC sind, dass es sich gut einfärben lässt, mit einem hohen Anteil an Füllstoffen gestreckt werden kann, kaum Wasser aufnimmt und beständig gegen Säuren, Laugen, Alkohol, Öl und Benzin ist. Aufgrund dieser enormen Beständigkeit wird das weltweit produzierte PVC mit 40 % vorwiegend in der Baubranche eingesetzt, wo es zu Profilen, Rohren, Platten und Bodenbelägen verarbeitet wird.

Nachteil ist, dass es sowohl bei der unsachgemäßen Herstellung als auch der nicht materialgerechten Verarbeitung von PVC zur Bildung von ätzendem Chlorwasserstoff und von Salzsäure kommen kann, was gesundheitlich bedenklich ist und zu Korrosion an den Verarbeitungsmaschinen führt. Aufgrund dieser Problematik ist PVC vor einigen Jahren in die öffentliche Kritik geraten und teilweise sehr emotional kontrovers besprochen worden. Dank der 2001 im EU-Parlament gefallenen Entscheidung, PVC weiter einzusetzen, und der „Freiwilligen Selbstverpflichtung der europaweiten PVC-Branche zur nachhaltigen Entwicklung" konnten die Vorbehalte weitestgehend beseitigt werden. Aufgrund des Eigenschaftsprofils und nicht zuletzt der sehr guten Recyclingfähigkeit ist PVC für viele Anwendungen der am besten geeignete Werkstoff. Ein gutes Beispiel hierfür ist die Fensterprofilbranche. Hier ist PVC nach wie vor der dominierende Werkstoff. Bei der Rohrherstellung haben sich neben dem PVC viele andere Werkstoffe etabliert. Hier gibt es regional erhebliche Unterschiede. Während in Europa überwiegend Polyolefine zum Einsatz kommen, überwiegt in Südamerika PVC.

4.2.2 Polyolefine

Polyolefine sind heute die wichtigste Kunststoffgruppe. Es handelt sich um Polymere, die aus Kohlenwasserstoffen mit einer Doppelbindung aufgebaut sind. Polyolefine sind teilkristalline, thermoplastische Kunststoffe, die sich leicht verarbeiten lassen und sich durch eine gute chemische Beständigkeit auszeichnen. Die wichtigsten Vertreter der Kunststoffgruppe sind Polyethylen und Polypropylen, die beide auch zur Herstellung von Rohren eingesetzt werden.

4.2.2.1 Polyethylen (PE)

Polyethylen wird vor allem in Rohrleitungssystemen für die Gas- und Wasserversorgung eingesetzt.

Variiert man bei der Herstellung Druck, Temperatur oder Katalysatoren, entstehen bei der Polymerisation von Ethylen entweder weitgehend lineare, also nur wenig verzweigte, oder stärker verzweigte Moleküle. PE-HD besitzt wenig verzweigte Makromoleküle und hat wegen der dichten Packung eine hohe Kristallinität (ca. 60 bis 80 %). Durch den geringeren Abstand benachbarter Moleküle hat ein solches Polyethylen eine höhere Dichte (0,942 bis 0,965 g/cm^3) als andere Polyethylensorten und eine höhere mechanische und chemische Beständigkeit.

Im Vergleich zu anderen Kunststoffsorten besitzt PE niedrige Festigkeit, Härte und Steifigkeit, aber eine hohe Dehnbarkeit und sehr hohe Schlagzähigkeit. Die Oberfläche von PE erscheint wachsartig und es hat eine sehr große Wärmedehnung. Die Wärmeleitfähigkeit von PE nimmt mit steigender Temperatur ab. Die Wärmeleitfähigkeit der Schmelze ist nahezu unabhängig von der Temperatur. Teilkristalline Thermoplaste weisen einen Steilanstieg der spezifischen Wärme im Schmelzebereich auf, der umso höher ist, je höher der kristalline Anteil ist. PE ist schwach bis stark transluzent oder sogar opak und hat häufig matte, unruhige Oberflächen. Alle Polyethylensorten haben ausgezeichnete elektrische Isoliereigenschaften und weisen gute Kriechstrombeständigkeit auf, neigen jedoch zur elektrostatischen Aufladung. PE besitzt eine hohe Beständigkeit gegen Säuren, Basen, polare organische Flüssigkeiten sowie Öle und Fette. Es ist unbeständig gegenüber Kohlenwasserstoffen und Oxidationsmitteln. Wasseraufnahme und Wasserdampfdurchlässigkeit sind sehr gering, die Durchlässigkeit gegenüber N_2, O_2, CO_2, Geruchs- und Aromastoffen ist dagegen sehr hoch. PE ist empfindlich gegenüber Spannungsrissbildung bei Einwirkung von Tensiden, Alkoholen, organischen Säuren, Silicon- und ätherischen Ölen, sowie wässrigen Alkalien. Die Entzündungstemperatur von PE liegt bei 340 °C. Bei längerer Lagerung oder Verwendung im Freien wird PE vor allem durch die kurz-welligen UV-Anteile der Sonnenstrahlen unter Beteiligung des Luftsauerstoffs geschädigt. [FAT99]

Man unterscheidet fünf verschiedene PE-Typen: PE-HD (high density), PE-LD (low densitiy), PE-LLD (linear, low densitiy), PE-HMW (high molecular weight) und PE-UHMW (ultra high molecular weight). Für die Rohrherstellung kommt in erster Linie PE-HD zum Einsatz.

Seine Verwendbarkeit wird dadurch eingeschränkt, dass es bei Temperaturen von über 80 °C erweicht, sich ohne Vorbehandlung nicht oder nur schlecht bedrucken lässt und durch Sonneneinstrahlung verspröden kann. Durch Ruß als UV-Stabilisator kann diesem allerdings vorgebeugt werden.

Die Polyethylene können nach ihrem Verhalten im Zeitstand-Innendruckversuch klassifiziert werden. Die ersten Qualitäten wurden als PE 63 bezeichnet. Die Zeitstand-Innendruckfestigkeit der daraus hergestellten Rohre beträgt nach 50 Jahren mindestens 6,3 MPa bei 20 °C (Wasser).

Durch neue Katalysatoren konnten Polymerblends aus lang- und kurzkettigen Polyethylenmolekülen erzeugt werden, wodurch sich die Zähigkeit und die Steifigkeit gleichermaßen erhöhten. Solche bimodalen Polyethylene stehen seit Anfang der 90er Jahre für die Rohrherstellung zur Verfügung. Diese Polyethylene werden als Typ PE 100 bezeichnet und erreichen nach 50 Jahren eine Zeitstand-Innendruckfestigkeit von mindestens 10,0 MPa bei 20 °C (Wasser).

Entscheidend für die Dauerhaltbarkeit der Rohre unter extremen Einsatzbedingungen ist der Widerstand des Rohrwerkstoffes gegenüber Spannungsrissen. Aufschluss über das Spannungsrissverhalten (Slow Crack Growth) eines Rohrwerkstoffes liefert der FNCT-Test. Die Belastung einer Rohrleitung unter Verlegebedingungen in der sandbettfreien bzw. grabenlosen Verlegung kann mit einem Punktlastversuch beschrieben werden.

Um Prognosen über die Dauerhaltbarkeit von Rohren unter zusätzlicher Punktlast treffen zu können, wurde zwischen dem Verhalten der Rohre unter Innendruck und Ergebnissen im FNCT-Test ein funktionaler Zusammenhang hergestellt. Werkstoffe, die die im DVGW-Merkblatt GW 323 geforderten Mindestanforderung von Standzeiten im FNCT-Test erfüllten (3300 h), werden als PE 100-RC bezeichnet.

PE-RT (Polyethylene of Raised Temperature Resistance) stellt eine Weiterentwicklung dar, die zum Ziel hat, Polyethylen auch bei erhöhten Betriebstemperaturen einsetzen zu können. Die Erweiterung des Anwendungsspektrums wird durch eine Modifizierung des strukturellen Aufbaus der PE-Makromoleküle erreicht, ohne dabei die Eigenschaften wie z. B. die gute Spannungsrissbeständigkeit oder Zähigkeit des unmodifizierten Polyethylens zu beeinträchtigen. [KRV11]

4.2.2.2 Polypropylen (PP)

Die Steifigkeit und Festigkeit von Polypropylen liegen zwischen denen von PE und den „technischen" Kunststoffen wie ABS, PA u. a. Die dynamische Belastbarkeit ist relativ hoch. Mit einer Glasübergangstemperatur um 0 °C verspröden alle PP-Homopolymerisate in der Kälte. Der Kristallit-Schmelzbereich liegt bei 160 bis 165 °C und liegt damit höher als bei PE, so dass auch die maximalen Gebrauchstemperaturen höher sind: Kurzfristig 140, langfristig 100 °C. PP zeigt nur minimale Wasseraufnahme und -durchlässigkeit. Gase, vor allem CO_2, sowie niedrigsiedende Kohlenwasserstoffe und Chlorkohlenwasserstoffe quellen es an. Wegen seines nichtpolaren Charakters ist PP chemisch sehr beständig: bis zu 120 °C ist es beständig gegen wässrige Lösungen von Salzen, Laugen und Alkalien, ggf. auch Waschlaugen. Es besitzt eine sehr gute Beständigkeit gegenüber polaren organischen Lösungsmitteln, Alkoholen, Estern, Ketonen, Fetten und Ölen. Starke Oxidationsmittel, konzentrierte Salpetersäure oder Halogene greifen PP schon bei Raumtemperatur an. Während PE durch Sauerstoff vernetzt wird, wird PP durch Sauerstoff abgebaut. [FAT99]

Von Polypropylen existiert eine Vielzahl verschiedener Typen, deren Parameter stark variieren. Es kann gut mit mineralischen Füllstoffen, wie Talkum, Kreide oder Glasfasern gefüllt werden, wodurch sich das Spektrum seiner mechanischen Eigenschaften erweitern lässt.

4.2.2.3 Vernetztes Polyethylen

Vernetztes Polyethylen (PE-X) hat sich aufgrund seiner mechanischen Eigenschaften insbesondere für den Warmwassertransport, aber auch für die Trinkwasser- und Gasversorgung schnell durchgesetzt.

PE-Makromoleküle lassen sich während der Verarbeitung im Extruder oder im Anschluss daran durch Zugabe entsprechender Zusätze dreidimensional vernetzen, wodurch ein Werkstoff und damit ein Endprodukt mit verbesserten Eigenschaften entsteht. Hervorzuheben sind die Temperaturbeständigkeit, die Schlagzähigkeit und die Spannunsrissbeständigkeit von PE-X. Im Markt sind heute die vier Vernetzungsverfahren Peroxid-Vernetzung (PE-Xa), Silan-Vernetzung (PE-Xb), Strahlen-Vernetzung (PE-Xc) sowie die weniger gebräuchliche Azo-Vernetzung (PE-Xd) bekannt.

4.2.2.4 Weitere Rohrwerkstoffe

Neben den genannten, sehr gebräuchlichen Werkstoffen für Rohre PVC, PE, und PP sowie PE-X werden seltener auch Polyamid (PA), Polybutylen (PB), Polybutylenterephthalat (PBT) sowie auch Acryl-Butadien-Styrol-Copolymer (ABS) verwendet.

Um bestimmte Eigenschaften von Rohren, beispielsweise akustische Dämmung, Sauerstoffbarriere, spezielle mechanische, optische oder thermische Eigenschaften oder auch eine einfachere Verlegung durch erhöhte Flexibilität zu erreichen, werden heute je nach Forderung entsprechende Zusatzstoffe, wie mineralische Füllstoffe oder Fasern verwendet, oder Materialien miteinander kombiniert. Häufig werden mehrschichtige Rohre durch Kombination verschiedener Kunststoffschichten oder durch Kombination verschiedener Materialien, wie Kunststoff und Metall, erzeugt.

4.3 Rohrtypen

Grundsätzlich unterscheidet man Rohre für drucklose Anwendungen, in den meisten Fällen für den Transport von Abwasser sowie in der Funktion als Schutzrohr für Kabel o.ä., und Druckrohre. Druckrohre sind Rohre, die von einer Flüssigkeit oder einem Gas unter Druck durchströmt werden. Natürlich ergeben sich aus dieser Unterscheidung unterschiedliche Anforderungsprofile, die von den erzeugten Rohren erfüllt werden müssen. Viele der im folgenden beschriebenen Rohrtypen weisen für eine bestimmte Anwendung eine vergleichbare Eignung auf. Die Entscheidung für den einen oder anderen Rohrtyp fällt daher häufig aufgrund regionaler Präferenzen, Verfügbarkeit sowie Kosten von Rohstoffen und Anlagenkapazitäten.

4.3.1 Einschichtige Rohre

Aus allen genannten Werkstoffen lassen sich Einschichtrohre, sog. Vollwandrohre, herstellen. Einschichtrohre aus den gebräuchlichsten Werkstoffen PVC oder PO werden sowohl für Trinkwasser- als auch für Abwasserleitungen sowie als Kabelschutzrohre eingesetzt. PO-Einschichtrohre kommen zusätzlich auch für den Gastransport zum Einsatz.

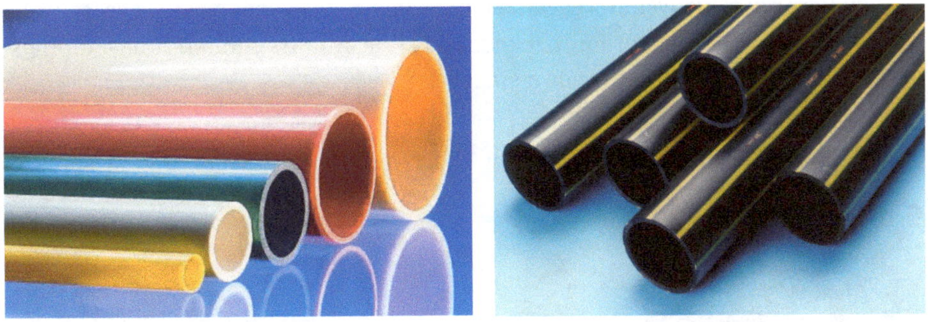

Bild 4.6 Einschichtige Rohre [Quelle: battenfeld - cincinnati]

4.3.2 Mehrschichtige Rohre

Von Mehrschichtrohren spricht man immer dann, wenn der Rohrwandaufbau aus verschiedenen Materialien erfolgt. Geschehen kann dies durch Coextrusion verschiedener Kunststoffmaterialien - dies können sowohl andere Rohstoffe als auch geschäumte Produkte sowie Regenerate sein - oder durch die Kombination von Kunststoffen und Metallen in dafür geeigneten Verfahren. Ziel dieser Verfahren ist, die Rohreigenschaften bewusst für die gewünschte Anwendung zu optimieren.

Bild 4.7 Mehrschichtige Rohre [Quelle: battenfeld - cincinnati]

4.3.3 Schaumkernrohre

Eine Alternative zu kompakten Vollwandrohren bieten für drucklose Anwendungen Schaumkernrohre, die sowohl aus PO als auch PVC gefertigt werden können. Wie der Name verrät, besitzt die Rohrwand einen geschäumten Kern, der von zwei nicht geschäumten Außenschichten umgeben ist. In Abhängigkeit der Rezeptur lassen sich mit Schaumkernrohren zwischen 25 und 30 % Rohstoffkosten im Vergleich zu den Kompaktrohren einsparen. Neben der Kostenersparnis bieten Schaumkernrohre als weitere Vorteile ein geringeres Gewicht sowie bessere Isolationseigenschaften. Sie werden beispielsweise im Abfluss-, Kanal- und Lüftungsbereich sowie als Kabelschutzrohre eingesetzt.

Bild 4.8 PVC-Schaumkernrohr [Quelle: battenfeld - cincinnati]

4.3.4 Rohre mit Regeneratschicht

Aus Kostengründen kann es Sinn machen, anstelle eines Vollwandrohres ein Mehrschichtrohr mit einer Regeneratschicht zu erzeugen. In dieser Schicht kann der Rohrhersteller sowohl hauseigene Reststoffe als auch Post-Consumer-Ware verwenden und so die Herstellkosten seines Rohres deutlich reduzieren. In der Regel sind solche Rohre dreischichtig aufgebaut, sie können jedoch auch aus vier oder fünf Schichten bestehen, wenn beispielsweise unterschiedliche Materialien zum Einsatz kommen und eine Haftvermittlerschicht (eine Art Klebeschicht) benötigt wird.

4.3.5 Rohre mit Funktionsschichten

Wie bereits erwähnt werden mehrschichtige Rohre häufig dann hergestellt, wenn bestimmte Anforderungen an das Produkt gestellt werden. Eine Schicht wird dann so ausgewählt, dass die gewünschte Funktionalität gegeben ist. Beispielsweise wird eine EVOH-Schicht immer dann eingearbeitet, wenn eine Diffusionssperrwirkung gegenüber Wasserdampf gefordert ist. Weitere Anforderungen können eine Glanzschicht oder eine leitfähige Schicht, beispielsweise im Benzin- und Petrolbereich, sein. Für Rohre, in die zum Beispiel Glasfaserkabel eingezogen werden sollen, ist eine Slip-Schicht (Gleitschicht) wichtig und je nach Anwendung muss die Außen- oder Innenschicht des Rohres besonders verschleißfest sein. Schließlich kann es auch sinnvoll sein, eine Prüfschicht einzubinden, die eine spätere Leckageprüfung erlaubt.

4.3.6 Metall-Kunststoff-Verbundrohre

In Metall-Kunststoff-Verbundrohren verbinden sich die Vorteile beider Werkstoffe. Das bekannteste ist das Aluminium-Kunststoff-Verbundrohr, das sich einen festen Platz in der Sanitärbranche für den Transport von kaltem und warmem Wasser erobert hat. Insbesondere in Fußbodenheizungssystemen sind Alu-Verbundrohre heute Standard. Aber auch in der Druckluft- und Klimatechnik kommen sie zum Einsatz. Als Kunststoff wird hier PE-X verwendet. Die enormen Vorteile der Rohre liegen in ihrer hohen Formstabilität bei gleichzeitiger Verlegeflexibilität durch die Aluminiumschicht und in der inkrustations- und korrosionsfreien glatten Kunststoff-Innenschicht. Vor äußeren Einflüssen schützt die Kunststoffaußenschicht.

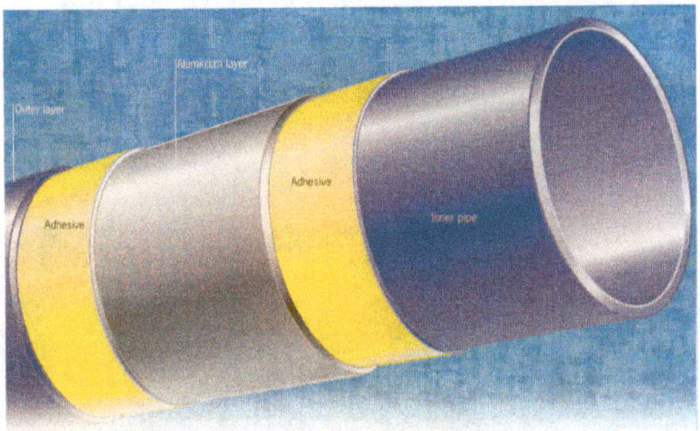

Bild 4.9 Verbundrohr [Quelle: battenfeld - cincinnati]

4.3.7 Faserverstärkte Rohre

Damit Rohre besonders hohen Drücken standhalten können, gleichzeitig aber der Rohstoffeinsatz möglichst gering gehalten werden kann, besteht auch die Möglichkeit, Mehrschichtrohre mit einer faserverstärkten Schicht herzustellen. Für ein sog. Reinforced Thermoplastic Pipe (RTP) wird ein konventionelles PE-Innenrohr extrudiert, welches inline mit Fasern oder faserverstärkten Bändern meist in zwei

Bild 4.10 Reinforced Thermoplastic Pipe [Quelle: Krauss Maffei]

Lagen umwickelt wird. Als Schutzschicht dient eine weitere PE-Schicht. Die Festigkeit des so entstandenen Verbundrohres hängt im Wesentlichen von der Festigkeit des Faserverbundes ab. Als Fasern kommen Aramid-, Polyester-, Glas- oder Kohlefasern zum Einsatz. Getestet sind solche Rohrtypen für Innendrücke von bis zu 40 bar, bei Einsatz von Aramidfasern sogar bis zu 100 bar. Einsatz finden RTPs beispielsweise für den Rohöltransport zwischen Ölquelle und Raffinerie.

4.3.8 Großrohre

Von Großrohren spricht man üblicherweise ab einem Durchmesser von 800 mm, nach oben hin sind keine Grenzen gesetzt. Projekte mit bis zu 6 m Rohrdurchmesser wurden bereits realisiert. Im direkten Extrusionsverfahren hergestellte glatte Großrohre, zumeist aus Polyolefinen, können derzeit sicher mit einem Durchmesser von 2 m produziert werden. Diese Grenze wird stetig weiter nach oben geschoben.

Haupteinsatzgebiet von Großrohren sind erdverlegte, kommunale Ver- und Entsorgungsnetzwerke.

Bild 4.11 Großrohrfertigung [Quelle: battenfeld - cincinnati]

4.3.9 Wellrohre

Mit dem Produktionsverfahren der Wellrohrextrusion können von kleinen Rohren mit einem Durchmesser von 16 mm bis hin zu Großrohren alle Dimensionen hergestellt werden. Bevorzugte Materialien sind PVC, PE-HD und PP. Der Vorteil von Wellrohren gegenüber Vollwandrohren liegt in der Gewichtseinsparung und der Flexibilität. Diese entsteht dadurch, dass die Rohrwandung in einem sogenannten Corrugator profiliert wird, auch für die erforderliche Steifigkeit sorgt.

Bild 4.12 Wellrohr
[Quelle: battenfeld - cincinnati]

4.3.10 Wickelrohre

Eine weitere gebräuchliche Herstellmethode für Großrohre ist die Wickelrohrtechnologie, die auch für kleinere Durchmesser genutzt werden kann, jedoch nach heutigem Stand der Technik vornehmlich für Rohre mit einem Durchmesser von über 2 m zum Einsatz kommt. Der bevorzugte Werkstoff für Wickelrohre ist PE-HD. Bei dieser Methode werden Profile extrudiert und auf einen Formkörper mit gewünschtem Rohrdurchmesser aufgewickelt. Für die erforderliche Wanddicke wird dieses Profil mehrlagig gewickelt und verschweißt.

4.3.11 Ummantelte Stahlrohre

Der Vollständigkeit halber seien hier auch die zum Korrosionsschutz mit einer Kunststoffschicht ummantelten Stahlrohre genannt. Für kleinere Rohrdurchmesser verwendet man das Verfahren der Schlauchummantelung, bei dem das vorbehandelte Rohr kontinuierlich durch einen Querspritzkopf geführt und mittels Unterdruck ein Schmelzeschlauch aufgetragen wird. Bei der Wickelummantelung, die für größere Rohrdurchmesser angewendet wird, extrudiert ein erster Extruder den Haftvermittler als Folienschicht, während ein zweiter die PE-Umhüllung in mehreren Lagen darüber aufträgt. Durch den hohen Auftragsdruck der Wickelschichten auf die Rohroberfläche entsteht ein homogener Verbund.

4.3.12 Bewässerungsrohre

Eine besondere Form der Rohre sind Bewässerungsrohre, die in der Landwirtschaft Einsatz finden. Es handelt sich hierbei um Rohre, die in definierten Abständen gelocht sind und dadurch Wasser abgeben. Spezielle, bei der Herstellung in die Rohre eingebrachte Tropfer oder Bänder sorgen dafür, dass eine gleichmäßige Wasserverteilung auf der gesamten Rohrlänge erfolgt.

4.4 Herstellverfahren

Der Standard-Extrusionsprozess zur Herstellung von Kunststoffrohren besteht aus einer Vielzahl von Verfahrensabläufen, die in unterschiedlichen hintereinander geschalteten Linienkomponenten ablaufen. Die Reihenfolge der benötigten Komponenten wie Materialzuführung, Extruder, Rohrwerkzeug, Kalibrierung, Kühlung, Abzug, Trennvorrichtung/Konfektionierung sowie Kipprinne oder Wickler ist immer gleich, jedoch kommen in Abhängigkeit des zu produzierenden Halbzeuges unterschiedliche Ausführungen zum Einsatz.

Für die Herstellung von Polyolefinrohren sind Extrusionslinien mit Einschneckenextruder Standard.

Für die Herstellung von PVC-Rohren werden nahezu ausnahmslos gegenläufige Doppelschneckenextruder eingesetzt.

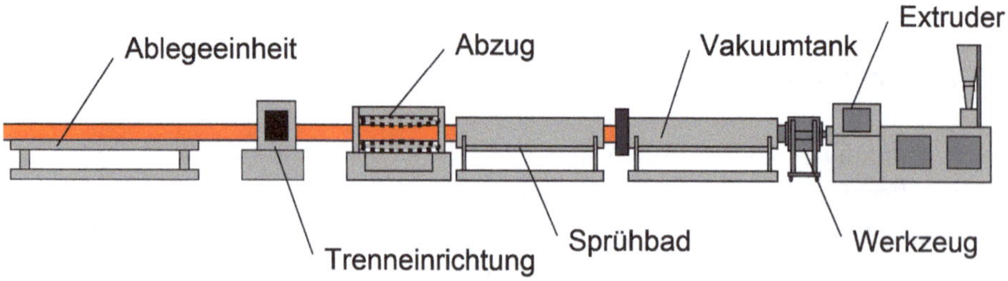

Bild 4.13 Schematische Darstellung einer Rohrextrusionslinie

In Kapitel 1 und 2 werden die unterschiedlichen Aggregate getrennt beschrieben, Extruder und formgebendes Werkzeug werden daher an dieser Stelle nicht näher erläutert.

4.4.1 Materialbeschickung

Aus der so genannten Materialbeschickung, die die Aufgaben fördern, wiegen, mischen und/oder dosieren der pulver- oder granulatförmigen Eingangsware übernimmt, gelangt der Rohstoff in die zentrale Komponente einer jeden Extrusionsanlage: Den Extruder, das eigentliche Kunststoffverarbeitungsaggregat, und von dort in das formgebende Werkzeug.

4.4.1.1 Materialbeschickung für Einschneckenextruder

Häufig werden Einschneckenextruder einfach aus „vollem Trichter" gefahren. Dies bedeutet, dass die Eingangsware in den Trichter eingefüllt und von der Schnecke eingezogen wird. Zur kontinuierlichen Messung des Materialstromes werden insbesondere im PO-Bereich ergänzend kontinuierliche Verwiegungen eingesetzt. Alternativ wird der Rohstoff mit Hilfe einer gravimetrischen, seltener volumetrischen Dosiervorrichtung in den Trichter des Extruders kontinuierlich eindosiert. Häufig sind diese Dosiersysteme als Mehrkomponenten-Systeme ausgelegt, damit etwaige Zusatzstoffe, wie Farb-, Füll- und Verstärkungsstoffe zudosiert werden können.

Bild 4.14 Gravimetrie Einschneckenextruder [Quelle: Inoex]

4.4.1.2 Materialbeschickung für Doppelschneckenextruder

Auch bei Doppelschneckenextrudern ist die heute noch gebräuchlichste Form der Materialaufgabe auch die einfachste: Die Eingangsware wird in den Trichter des Extruders eingefüllt und von diesem kontinuierlich eingezogen.

Außerdem sind für die PVC-Dosierung horizontale und vertikale Dosierwerke sowie Stopfwerke, beispielsweise für schlecht rieselfähige oder hochgefüllte Rezepturen, im Einsatz.

4.4.2 Extruder

Der Extruder ist eines der Kernstücke jeder Extrusionsanlage, der je nach Anwendungsfall und Hersteller unterschiedliche Bauformen besitzen kann (siehe auch Kapitel 1 und 2).

Im Folgenden sollen die Eigenschaften näher beleuchtet werden, die für die Rohrextrusion von elementarer Bedeutung sind.

Im Einzelnen sind dies:

- Konstantes Förderverhalten über den gesamten Drehzahlbereich:

  In der Rohrextrusion werden in der Regel keine Schmelzepumpen eingesetzt, d.h. eine Trennung zwischen, Plastifizierung, Förderung und Druckaufbau findet nicht statt. Der Extruder muss diese Aufgaben übernehmen. Schwankungen zeigen sich daher sofort in der axialen Wanddickenverteilung. Entlang der Extrusionslinie weist das Rohr unterschiedliche Wanddicken auf, die eindeutig auf eine ungleichmäßige Förderung zurückzuführen sind.

- Geringe Massetemperatur:

  Die Qualität des Rohres und die Länge der notwendigen Kühlstrecke sind entscheidend von der Massetemperatur abhängig. Ist die Massetemperatur zu hoch, kann der sog. Sagging-Effekt auftreten. Die Schmelze an der Innenseite des Rohres wird nicht ausreichend schnell abgekühlt. Nach Austritt aus dem Rohrkopf fließt diese aufgrund der Gravitationskraft nach unten und kühlt dort ab. Die Folge hiervon sind über dem Umfang des Rohres ungleichmäßige Wanddicken, die über die Zentrierung nicht ausgeglichen werden können. Im Umkehrschluss fehlt dieses Material an der Oberseite des Rohres. Der Rohrhersteller muss mehr Material einsetzen als theoretisch notwendig, um die geforderte Mindestwanddicke an der Oberseite zu errechnen. Bei einfachen Rohren, die nur eine Schicht aufweisen, kann dies dazu führen, dass der Prozess nicht wirtschaftlich betrieben werden kann. Die Materialkosten haben bei diesen Anwendungen einen Anteil von ca. 80 % vom Verkaufspreis des Rohres, d.h. jede Ungleichmäßigkeit in der Rohrwand, die über mehr Materialeinsatz ausgeglichen werden muss, hat direkten Einfluss auf die Wirtschaftlichkeit.

Des Weiteren muss dem Material die im Extruder eingebrachte Energie wieder entzogen werden. Dies erfolgt innerhalb der Kühlstrecke. Aufgrund der schlechten Wärmeleitfähigkeit des Kunststoffs ist deren Länge sehr stark von der Massetemperatur am Austritt aus dem Rohrkopf abhängig. Je höher diese ist, desto länger wird die Kühlstrecke.

- Gegendruckunabhängiges Förderverhalten:

  In der Regel werden Rohrextrusionslinien für einen Dimensionsbereich und nicht für eine einzige Rohrdimension ausgelegt.

  Beim Wechsel von einer Dimension zur nächsten ist es im Normalfall erforderlich, den Düsensatz, d.h. den letzten Bereich des Rohrkopfes auszutauschen. In Abhängigkeit von der zu produzierenden Rohrdimension können sich hierdurch die Spaltmaße im Austrittsbereich und somit auch der zu überwindende Werkzeuggegendruck erheblich verändern. Unterschiede von 200 bar sind in der Praxis keine Seltenheit. Der Extruder muss in der Lage sein, auch den hohen Gegendruck zu überwinden, ohne dass sich die Massetemperatur hierdurch zu stark verändert.

4.4.3 Werkzeug

Neben dem Extruder ist das Rohrwerkzeug die zweite Kernkomponente jeder Rohrextrusionsanlage. Das Werkzeug legt die Geometrie des Endproduktes fest und ist damit entscheidend für die Wirtschaftlichkeit einer Extrusionsanlage. Wird die Schmelze nicht sehr gleichmäßig über dem Umfang verteilt, muss entweder mehr Material eingesetzt werden, um die minimal geforderte Wanddicke zu erreichen oder - im schlechtesten Fall - es kann das gewünschte Produkt nicht produziert werden.

Bei der Rohrextrusion bilden Werkzeug und Extruder eine Einheit. Das Zusammenspiel dieser beiden Komponenten ist entscheidend für die Rohrqualität. Ein wesentliches Merkmal des Werkzeugs ist in diesem Zusammenhang das Volumen der Fließkanäle. Hier ist zwischen Polyolefin- und PVC-Verarbeitung streng zu unterscheiden.

Da Polyolefine im Normalfall weniger temperaturempfindlich sind, hat hier ein größeres Volumen in der Regel einen positiven Effekt auf die Rohrqualität. Temperaturinhomogenitäten vergleichmäßigen sich im Rohrkopf, und das Rohr erhält eine absolut ebene Innenoberfläche. Dieser Effekt kann gezielt eingesetzt werden, um die Massetemperatur abzusenken. Hierzu wird die Schneckengeometrie so gestaltet, dass bewusst unaufgeschlossen Partikel am Ende der Schnecke vorliegen. Dieses nicht plastifizierte Material wird im Rohrkopf vollständig durch die umgebende Schmelze aufgeschlossen und wirkt dabei wie eine Art „Eiswürfel" in einem Wasserglas. Analog der Temperatur des den Eiswürfel umgebenden Wassers sinkt

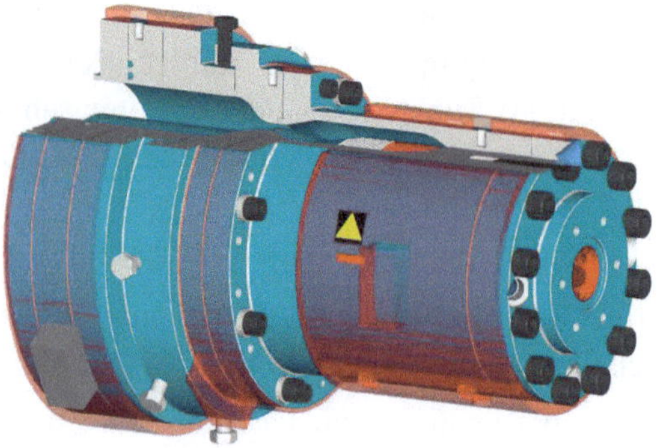

Bild 4.15 Zentrierung bei einem Rohrwerkzeug [Quelle: battenfeld - cincinnati]

die Temperatur der Schmelze und das Material wird vollständig plastifiziert. Möglich ist diese Vorgehensweise jedoch nur dann, wenn keine Mischaufgaben zu erfüllen sind. Diese müssen im Extruder erfolgen und erfordern ein vollständig plastifiziertes Material vor Eintritt in den Mischbereich der Schnecke.

Nachteilig an großvolumigen Werkzeugen ist die längere Verweilzeit und die damit einhergehenden längeren Spülzeiten.

Im Gegensatz hierzu, muss bei der PVC-Verarbeitung das Volumen der Fließkanäle auf den Massedurchsatz abgestimmt sein.

Ist das Volumen zu groß, so baut die Schmelze im Rohrkopf sehr stark ab und es kann zu sog. Brennern kommen, d.h. das Material degradiert und beginnt sich zu zersetzen. Im Fall von PVC entsteht u.a. Salzsäure, die die Stahloberflächen des Werkzeuges angreift und zu Beschädigungen führen kann.

Ist das Volumen zu gering, steigt der zu überwindende Werkzeuggegendruck derart stark an, dass die Durchsatzleistungen reduziert werden muss, um ein Öffnen des Werkzeuges während der Produktion zu vermeiden.

Allen Werkzeugen gemein ist die Zentrierung. Diese ermöglicht es dem Anwender, durch ein Verschieben der Düse Einfluss auf die Wanddickenverteilung zu nehmen.

Die Zentrierung kann auf unterschiedliche Arten erfolgen. Bei der Standardausführung kann der Maschinenbediener über Zentrierschrauben die Düse in die gewünschte Richtung verschieben.

Bei der thermischen Zentrierung besitzt die Düse über dem Umfang verteilt mehrere Heizzonen, die einzeln angesteuert werden können. In Abhängigkeit von der eingestellten Temperatur verändert sich das Fließverhalten und damit die Wanddickenverteilung des Rohres. Diese Ausführung ist besonders effektiv bei der PVC-Verarbeitung und bei dünnwandigen Polyolefinrohren.

Bild 4.16 Rohrkopf mit zusätzlicher Zentrierung der Außenschicht [Quelle: battenfeld - cincinnati]

Bei der Mehrschichtextrusion kann sich die Zentrierung schwieriger gestalten. In Abhängigkeit des gewählten Rohrkopfkonzeptes ist es oftmals nur möglich, den Gesamtverbund zu zentrieren, d. h. erst nach dem Zusammenfluss der unterschiedlichen Schichten ist die Zentrierung angeordnet. Eine Zentrierung der Einzelschichten ist in diesen Fällen nicht möglich. Haben nun die verarbeiteten Materialien stark unterschiedliche Viskositäten oder prinzipiell andere Fließeigenschaften, kann es bei der Zentrierung zu einer ungleichmäßigen Verschiebung der Schichten kommen.

Es hat sich daher als vorteilhaft erwiesen, zumindest für die Außenschicht eine zweite Zentrierung vorzusehen, die vor der Hauptzentrierung angeordnet ist und nur auf die Außenschicht wirkt.

4.4.4 Kalibrieren und Abkühlen

Der aus dem Rohrwerkzeug austretende thermoplastische Schmelzeschlauch muss unter Formzwang abgekühlt/kalibriert werden. Der Kalibrierung kommt in Bezug auf Rohrabmessungen und Spannungen in der Rohrwand große Bedeutung zu. Es wird zwischen Innen- und Außenkalibrierung unterschieden. Die Innenkalibrierung ist bei der Rohrextrusion recht schwierig zu handhaben und findet deshalb nur selten Anwendung. Rohre werden überwiegend außen kalibriert. Eine Kombination ist nicht möglich. [HKP86]

Bei der Außenkalibrierung unterscheidet man zwischen Vakuum-Tank-Kalibrierung und Überdruckkalibrierung.

4.4.4.1 Vakuum-Tankkalibrierung

Die Vakuum-Tankkalibrierung besteht aus einem vakuumdicht verschließbaren Kühlbecken, das geflutet wird oder mit Sprühdüsen ausgestattet ist. Die Tanks können in zwei Kammern unterschiedlicher Länge aufgeteilt werden. Die erste Kammer, in welcher sich der Kalibrator befindet, hat eine deutlich geringere Länge als die zweite Kammer. Auf diese Weise kann ein schnelleres Anfahren realisiert werden.

Der noch plastische Schmelzeschlauch wird kurz nach dem Austritt aus dem Werkzeug durch einen im Vakuumtank montierten Kalibrator gezogen. Für den nötigen Anpressdruck an den Kalibrator sorgt die Druckdifferenz zwischen dem Normaldruck im Rohrinneren und dem Unterdruck im Vakuumtank. Der Kalibrator ist je nach Thermoplast und Liniengeschwindigkeit als Hülsen oder Scheibenkalibrator ausgeführt [HKP86].

Hülsenkalibratoren bestehen aus einem sehr kurzen Einlaufbereich und einer Hülse. Die Hülse ist mit Löchern oder Schlitzen versehen, die in Umfangsrichtung verlaufen. Durch diese Öffnungen kann Wasser auf die Rohroberfläche gelangen und dient zum einen als Kühlmittel und zum anderen als Schmiermittel zwischen Kunststoff und Metall. Als Werkstoff kommen hierbei entweder Bronze oder Edelstahl zum Einsatz. Die Wahl des Werkstoffes ist abhängig vom zu verarbeitenden Kunststoff. Bei Polyolefinen werden im Allgemeinen Bronzekalibratoren eingesetzt, bei PVC-Verarbeitung Edelstahlkalibratoren.

Wichtig bei allen Kalibriervorgängen ist eine ausreichende Kühlung des Kalibrators. Kann dies nicht sichergestellt werden, so kommt zum Anhaften der Schmelze und damit zum Aufreißen oder Abreißen des Rohres. Aus diesem Grund hat der Vakuumtank im Einlaufbereich eine große Anzahl von Sprühdüsen. Sie dienen dazu, den Hülsenkalibrator sehr gut zu kühlen.

Bild 4.17 Außenkalibrierungen [Quelle: battenfeld - cincinnati]

Bild 4.18 Scheibenkalibrierung im eingebauten Zustand [Quelle: battenfeld - cincinnati]

Mit steigender Liniengeschwindigkeit nimmt die Reibung zwischen Kunststoff und Kalibrator jedoch zu und die ins System eingebrachte Wärme kann nicht mehr abgeführt werden. In diesen Fällen kommen Scheibenkalibratoren zum Einsatz. Bei dieser Ausführungsform ist die sich berührende Fläche zwischen Kunststoff und Metall deutlich geringer und ein „Aufreiben" wird vermieden.

Scheibenkalibratoren bestehen aus einem Einlaufbereich und hintereinander aufgereihten Scheiben. Die Scheibendicke kann zwischen ein und zwei Millimetern betragen. Der Abstand zwischen den Scheiben ist variabel. Direkt hinter dem Einlaufbereich ist der Abstand geringer (2 mm - 3 mm), da hier das Rohr noch sehr instabil ist und besser geführt werden muss. Zum Auslauf der Kalibrierhülse hin wird der Abstand größer und kann dann zwischen 15 mm und 20 mm betragen.

Die Scheiben sind im Normalfall aus Edelstahl gefertigt und werden nicht mit Wasser besprüht, sondern befinden sich in einer sog. Vollbadvorkammer, welche vor dem Vakuumtank angebracht ist.

Scheibenkalibratoren werden bei hohen Geschwindigkeiten oberhalb von 15 m/min eingesetzt.

Neben diesen Standardkalibriereinheiten, die im Durchmesser nicht veränderbar sind, wurden in den vergangenen Jahren unterschiedliche, verstellbare Lösungen entwickelt. Bei diesen Systemen gibt es prinzipiell zwei unterschiedliche Klassen.

Verstelleinheiten der Klasse I ermöglichen eine Anpassung der Kalibrierung an unterschiedliche Druckstufen; d. h. in Abhängigkeit der Wanddicke ändert sich die Schwindung des Rohres. Demzufolge muss der Innendurchmesser der Kalibrierung angepasst werden, um sowohl bei dünnwandigen als auch bei dickwandigen Rohren den gleichen Außendurchmesser gewährleisten zu können. Am Markt sind zahlreiche Lösungen erhältlich. Das Bild 4.19 zeigt eine derartige Kalibrierhülse.

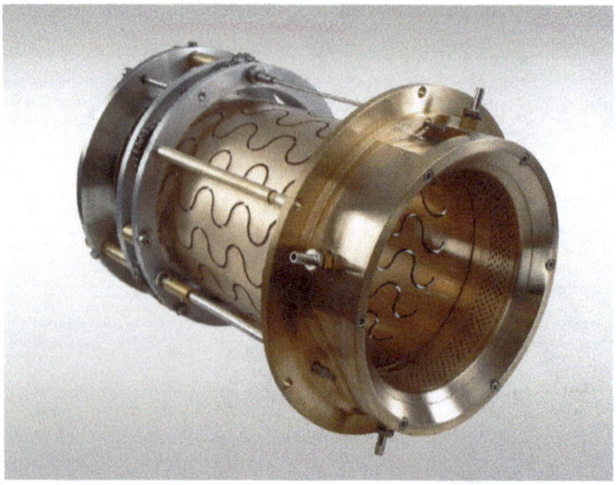

Bild 4.19 Verstellbare Kalibrierhülse für unterschiedliche Druckstufen [Quelle: battenfeld - cincinnati]

Der Einlaufbereich ist fix. Der Durchmesser der Kalibrierhülse kann durch die Verschiebung eines Ringes in Achsrichtung verändert werden.

Verstellbare Kalibrierhülsen der Klasse II bieten die Möglichkeiten, ohne Wechsel der Kalibrierung unterschiedliche Rohrdurchmesser produzieren zu können. Sie bieten somit erhebliche Vorteile, die in Abschnitt 4.4.11 näher beschrieben werden. Realisiert wird dies durch unterschiedliche am Markt verfügbare Technologien. Um die Komplexität dieser Einheiten deutlich zu machen wird im Folgenden exemplarisch das System QuickSwitch der Firma Krauss Maffei näher beleuchtet.

Der bei Kalibrierhülsen zum Einsatz kommende feststehende Kalibrierzylinder wird durch eine massive Röhre ersetzt, deren Wände aus Hunderten beweglicher Segmente bestehen. Die am Rohr anliegenden Flächen der Segmente weisen eine Rundung auf, die dem größtmöglichen Rohraußendurchmesser entspricht. Die Segmente sind hierbei zu einzelnen Segmentkränzen zusammengefasst, die in Extrusionsrichtung gesehen dicht hintereinander liegen. Hierbei werden zwei aufeinanderfolgende Einheiten zu einem Dimensionskranz zusammengefasst. Diese Dimensionskränze sind versetzt auf Lücke zueinander angeordnet, wodurch gewährleistet ist, dass keine Kante entsteht, die den Kalibrierkorb auf seiner kompletten Länge durchläuft. Die einzelnen Segmentoberflächen bilden gemeinsam eine glatte Rohrinnenfläche mit kreisrunder Geometrie. Der Innenradius dieses flexiblen Zylinders lässt sich durch Drehung eines außen liegenden Stellrades stufenlos und mit hoher Genauigkeit verändern. Bei diesem Auf- bzw. Zufahren des Kalibrierkorbes verschieben sich die Segmentkränze zueinander. Wird der größtmögliche Rohrdurchmesser produziert, braucht man beide Segmentkränze eines Dimensionskranzes, um den Umfang des Rohres abzubilden. Soll der kleinste Rohrdurchmesser hergestellt werden, ist lediglich ein Segmentkranz notwendig, die komplette Oberfläche des Rohres abzudecken, d. h. die beiden Segmentkränze des Dimensionskranzes überdecken sich zu 100 %.

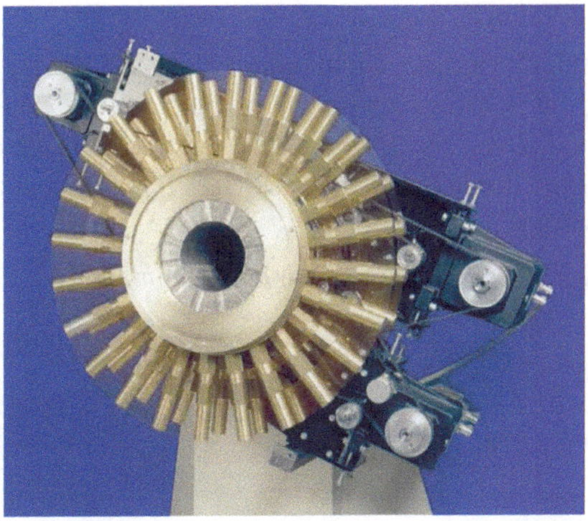

Bild 4.20 QuickSwitch Kalibrierung [Quelle: Krauss Maffei]

Prinzipiell gemein ist allen oben beschriebenen Systemen, dass eine Gutproduktion nur möglich ist, wenn Vakuum anliegt und sich der Schmelzeschlauch an den Kalibrator anlegt. Ist ein zweigeteilter Tank im Einsatz, kann dementsprechend die Anfahrzeit verringert werden. Je kürzer die Kammer, umso schneller kann Vakuum angelegt werden. Die zweite Kammer dient der weiteren Stabilisierung des Rohres, so dass dieses nach Austritt aus dem Vakuumtank eine ausreichende Stabilität besitzt. Aus verfahrenstechnischer Sicht sind lange Vakuumstrecken sehr vorteilhaft für die Masshaltigkeit der Rohre. Insbesondere die Ovalität wird durch lange Vakuumstrecken vermieden, da das noch instabile Rohr durch das Vakuum in Form gehalten wird und abkühlen kann.

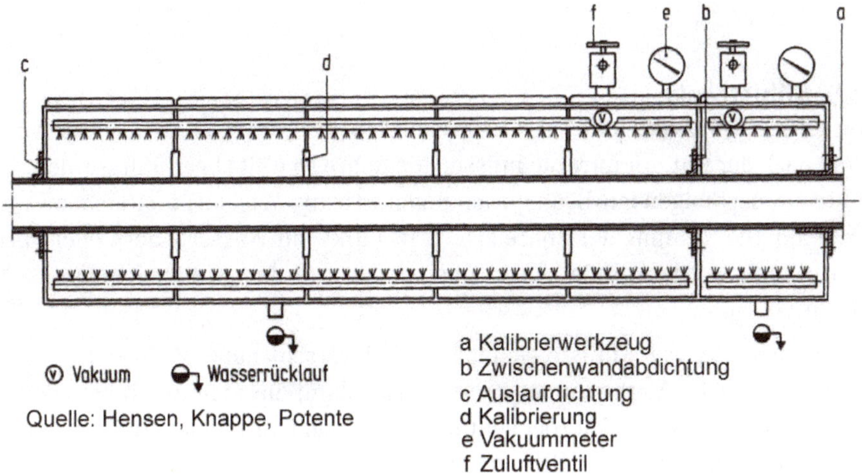

Bild 4.21 Vakuumtankkalibrierung mit Sprühkühlung; Prinzipdarstellung

4.4.4.2 Überdruckkalibrierung

Bei der Überdruckkalibrierung hängt hinter dem Rohrwerkzeug in einem bestimmten Abstand im Rohrinneren ein Dichtstopfen mit flexiblen Dichtlippen. Im Raum zwischen Werkzeug und Stopfen wird durch Druckluft ein Überdruck erzeugt, der ein Anlegen der Rohraußenwand an die Innenseite der wassergekühlten Kalibrierhülse bewirkt.

Der Dichtstopfen wird über eine Kette oder ein Seil am Rohrkopf gehalten. [HKP86]

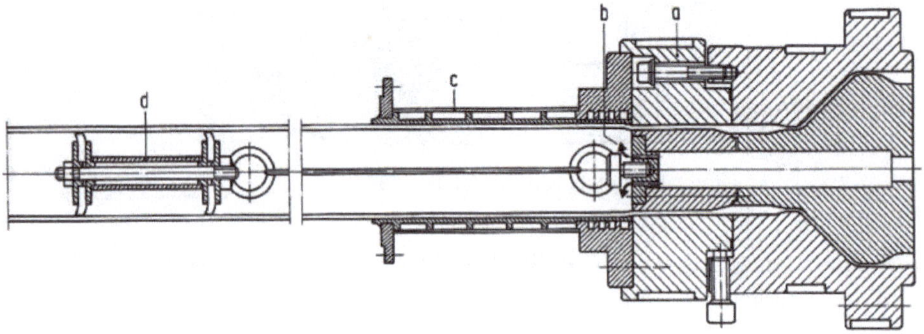

Bild 4.22 Überdruckkalibrierung, Prinzipdarstellung [HKP86]

Zum Einen ist die Einbringung des Stopfens während des Anfahrprozesses mit erheblichem Aufwand verbunden. Zum Anderen ist es in der Vergangenheit immer wieder zu einem Abreißen des Stopfens während der Produktion gekommen, in dessen Folge die Anlage gestoppt werden musste.

Aus diesen Gründen hat sich die Vakuum-Tankkalibrierung heutzutage als Stand der Technik durchgesetzt.

4.4.5 Kühlstrecke

In und nach der Kalibrierstrecke müssen die Rohre so weit abgekühlt werden, dass sie für die nachfolgenden Beanspruchungen (Abzug, Wickler) ausreichend formstabil sind. Die Kühlung der Rohre erfolgt in Tanks mit Wasserbädern oder Sprühdüsen. Damit werden große Wärmeübergangswerte und Kühlgleichmäßigkeiten erreicht.

Zur Abschätzung der Kühlstreckenlänge sind verschiedene Methoden bekannt. Eine sehr einfache Methode bietet die Fourier Zahl, die man als dimensionslose Zeit interpretieren kann. Hierbei geht man von vielen Vereinfachungen aus, die in der Realität nicht zutreffen. [HKP86]

Für eine genauere Betrachtung müssen die temperaturabhängigen Stoffwerte der Thermoplaste mit in die Berechnung einbezogen werden. Auch die Wärmeübergangskoeffizienten ändern sich im Laufe der Abkühlung. Die Bestimmung der Werte ist nicht unkompliziert und geschieht selbst bei genaueren Rechnungen meist mit Schätzwerten.

Für die Rohrextrusion werden in der Literatur folgende Wärmeübergangskoeffizienten angegeben:

Kalibrator: α = 750 - 1000 W/m²K

Vakuumtank: α = 750 W/m²K

Zweiter Sprühtank: α = 200 W/m²K

Dritter Sprühtank: α = 150 W/m²K

Freie Konvektion an Luft (Raumtemp.): α = 5 W/m²K

Ein bekanntes Verfahren für eine genauere Bestimmung des Kühlverlaufs ist das Finite-Differenzen-Verfahren, dessen grafische Version als Binder-Schmitt-Verfahren bekannt ist. Das Verfahren berechnet Temperaturen an diskreten Orten in radialer Richtung und nach diskreten Zeitschritten. [FAT99]

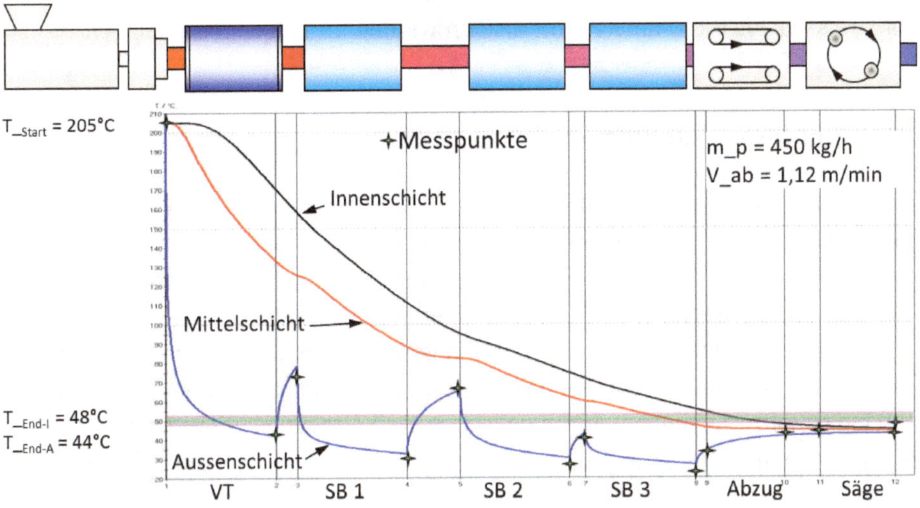

Bild 4.23 Beispiel einer Abkühlberechnung

Wie bereits erwähnt wurde die Leistungsfähigkeit von Rohrextrusionslinien über die vergangenen Jahre stetig erhöht. Eine Durchsatzanhebung geht immer einher mit der Anpassung der Nachfolge der Linie und dabei im Speziellen mit der Angleichung der Vakuum- und Kühltanks. Die Kühlleistung muss erhöht werden, um eine konstante Qualität sicherzustellen. Durch die Optimierung der Kühlmitteltemperatur und die Verbesserung der Kühltechnik in Vakuum- und Kühltanks kann hier oftmals nur begrenzt Einfluss genommen werden. Häufig erfolgt eine Kompensation durch die Verlängerung der Kühlstrecke, d.h. durch die Installation weiterer Tanks. Hierbei stößt der Verarbeiter aber zunehmend an bauliche Einschränkungen (Länge der Produktionshalle), die größere Investitionen notwendig machen.

Bei großen, dickwandigen Rohren kann es darüber hinaus vorkommen, dass durch die schlechte Wärmeleitfähigkeit der Kunststoffe die inneren Schichten sehr lange brauchen, bis sie erstarrt sind. Kühlzeiten von über zwei Stunden sind durchaus realistisch. Während des Großteils dieser Zeit befindet sich der Kunststoff an der Innenseite im schmelzeförmigen Zustand. In dieser Zeit fließt die Kunststoffschmelze gravitationsbedingt zur Rohrunterseite und bewirkt eine ungleichmäßige Wanddickenverteilung. Diese Erscheinung wird Sagging-Effekt genannt. Entgegen wirken kann man diesem Effekt, durch eine entsprechende Dezentrierung des Düsensatzes; d.h. im oberen Bereich des Rohres wird eine dickere Wandstärke erzeugt als im unteren Bereich. [FAT99] Durch den Sagging-Effekt gleicht sich der Unterschied wieder aus. Im abgekühlten Zustand weist das Rohr eine annähernd gleiche Wandstärke über dem Umfang auf. Die erzielbare Genauigkeit ist aufgrund der nur sehr schwer abschätzbaren Prozesse begrenzt. Größere Toleranzen und damit Materialverschwendung sind die Folge.

Abhilfe kann in diesen Fällen eine sog. Rohrinnenkühlung bieten. Deren Funktionsweise sowie die Chancen und Risiken werden im Folgenden erläutert.

4.4.6 Rohrinnenkühlung

Neben den Wärmeströmen, die standardmäßig über den Vakuum- und Kühltank aus dem Produkt abgeführt werden, nutzt die neue Technologie zwei weitere Wärmeströme zur Kühlung des Produktes. Der eine führt die Schmelzewärme über die Oberflächen des Werkzeugs ab. Dies kann entweder durch Luft oder durch zusätzlich in das Werkzeug eingebrachte Kühlkanäle erfolgen, die von einem Kühlmittel durchströmt werden. Der zweite Wärmestrom ergibt sich aus einem Luftstrom, der durch das Rohr und danach durch den Dorn des Werkzeugs gesaugt wird.

Der prinzipielle Aufbau der Produktkühlung ist im oben aufgeführten Bild 4.24 gezeigt.

Am Ende der Extrusionslinie wird kalte Luft aus der Umgebung angesaugt und durch das Produkt gefördert. Gleich dem Prinzip des Gegenstrom-Wärmetauschers

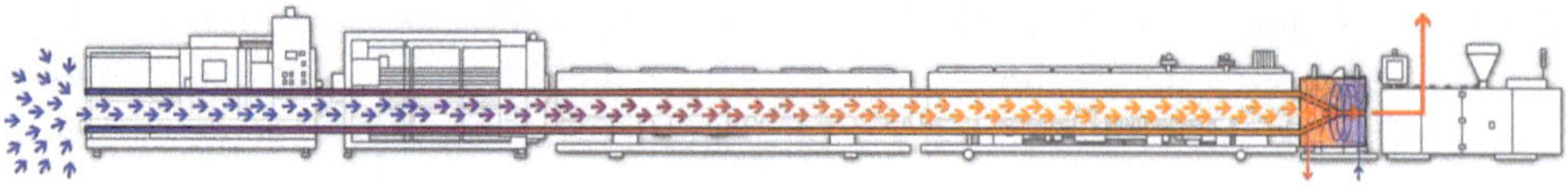

Bild 4.24 Rohrinnenkühlung

heizt sich die Luft beim Durchströmen des warmen Kunststoffrohres auf. Die strömende Luft sorgt dabei für eine stete Erneuerung der Grenzschicht am Rohr, so dass der Wärmeübergang in das Strömungsmedium Luft verbessert wird und Luft erhebliche Wärmemengen transportieren kann. Im Extrusionswerkzeug wird die erwärmte Luft durch das Zentrum des Werkzeugs geleitet und hat dabei die Möglichkeit, den Werkzeugdorn abzukühlen, so dass der Schmelze weitere Energie entzogen werden kann.

Abgasseitig setzt sich das System aus einer Abgasführung, einem Kondensatabscheider, dem Ventilationssystem und einem Schalldämpfer zusammen. Hinter dem Schalldämpfer kann auch ein Wärmetauscher vorgesehen werden, um die in der Abluft gespeicherte Energie nutzbar zu machen.

Die Rohrinnenkühlung in Verbindung mit einer Schmelzekühlung im Rohrkopf ermöglicht eine Leistungssteigerung der Anlage bei gleichem Platzbedarf von bis zu 30 % - 50 %, abhängig von Rohrdimension und Material. Weiterhin wird die Innenoberfläche des Rohres deutlich schneller stabilisiert als bei herkömmlichen Systemen; d. h. der Sagging-Effekt kann minimiert und die Toleranzen verbessert werden. Weniger Materialverbrauch ist die Folge.

Bei der Anwendung dieser Technologie ist jedoch unbedingt dem Materialverhalten des Kunststoffs Rechnung zu tragen. Aufgrund der sehr geringen Wärmeleitfähigkeit und dem Schwindungsverhalten darf die Energieabfuhr an der Rohrinnenseite ein gewisses Maß nicht überschreiten. Friert die Oberfläche an der Innenseite zu früh ein, führt die Schwindung unweigerlich zu Vakuolen in der Rohrwand. Das Rohr kann nicht zum Einsatz gebracht werden. Die abgesaugte Luftmenge und damit die abgeführte Energiemenge muss daher der Rohrdimension und den Umgebungsbedingungen (z. B. Lufttemperatur) angepasst werden.

4.4.7 Abzug

Aus der Kühlstrecke gelangt das Rohr in die Abzugseinheit. Der Abzug soll den Schmelzestrang ruckfrei und mit gleichmäßiger Geschwindigkeit durch die Kalibrierung und die Kühltanks ziehen. Die Abzugkraft der Anlage muss größer sein als die auftretenden Reibkräfte (Kalibrator, Dichtungen). Je nach Rohrgröße, -typ und Wanddicke werden die verschiedensten Abzüge eingesetzt. [HKP86]

In der Regel kommen Raupenabzüge zum Einsatz, da mit ihnen große Kräfte übertragen werden können. Bandabzüge eignen sich insbesondere für kleine, schnelllaufende Dimensionen.

Bild 4.25 Raupenabzug [Quelle: battenfeld - cincinnati]

Die Anzahl der gleichmäßig am Umfang verteilten Raupen bestimmt sich aus dem Rohrdurchmesser und damit aus der erforderlichen Abzugskraft. Zwischen den Raupen wird das Rohr gefasst, wobei darauf geachtet werden muss, dass dies mit möglichst geringem Druck erfolgt, damit das Rohr nicht verformt oder zerdrückt wird. Gleichzeitig muss der Druck aber auch groß genug sein, um die Abzugskraft aufzubringen.

Der Abzug muss das Rohr absolut gleichmäßig durch die Linie ziehen. Jede Unregelmäßigkeit zeichnet sich in der Wanddickenverteilung ab.

Darüber hinaus ist der Abzug ein wichtiges Element in den unterschiedlichen Regelkreisen einer Rohrextrusionslinie. Werden beispielsweise Rohre mit Druckrohrmuffen hergestellt, so steuert der Abzug über eine Reduzierung der Abzugsgeschwindigkeit die Wandverdickung an der Stelle, an der später die Muffe ausgeformt wird.

4.4.8 Trenneinheit

Grundsätzlich gibt es zwei Möglichkeiten, die Rohre nach dem Abzug weiter zu verarbeiten: Entweder werden sie in Stangen mit einer bestimmten Länge geschnitten, über eine Kippvorrichtung ausgeworfen und schließlich gestapelt oder sie werden mit Hilfe eines Wicklers auf sog. Coils aufgewickelt.

Es gibt verschiedenen Arten von Trenneinrichtungen, die je nach gewünschter Bearbeitung ausgewählt werden. Man unterscheidet nach Art des Schnittes, Schnittqualität, Rohrdurchmesser, Wanddicke, Kunststoffsorte, Länge, Spanart bzw. spanloser Schnitt.

Es gibt prinzipiell 4 verschiedene Arten von Trenneinrichtungen:

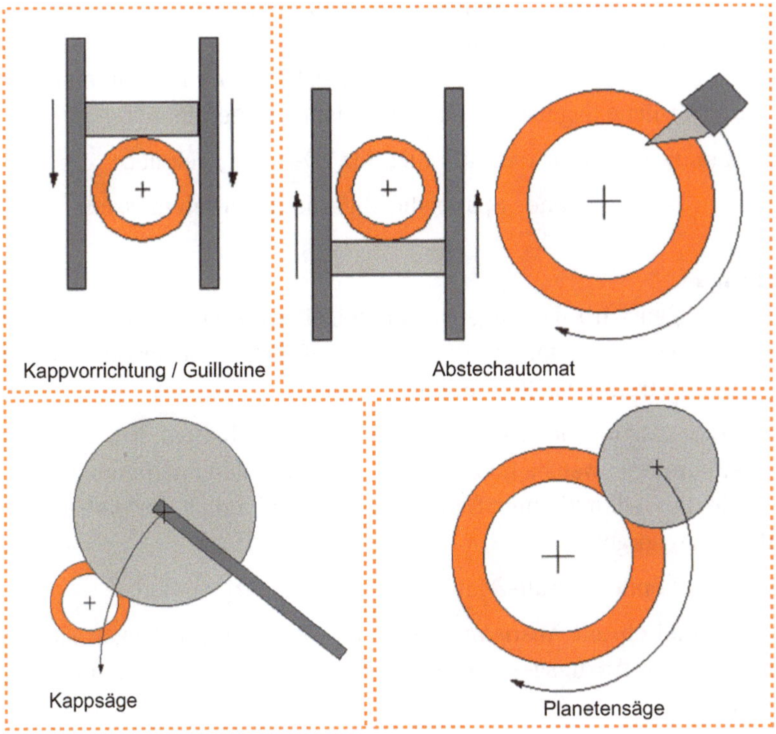

Bild 4.26 Schematische Darstellung der unterschiedlichen Trenneinheiten

Kappvorrichtung/Guillotine

Bei dieser Bauart wird ein Messer zwischen zwei Führungen gehalten. Wird ein Schnitt ausgelöst, so wird das Messer durch das Rohr gedrückt. Der Schnittvorgang erfolgt in der Regel in vertikaler Richtung. Zum Einsatz kommt diese Art der Trennung für Polyolefinrohre bis 50 mm Durchmesser. Es fallen keine Späne an.

Abstechautomat

Diese Ausführung einer Trenneinheit ist dadurch gekennzeichnet, dass ein Messer auf einem Arm um das Rohr herumgeführt wird. Das Messer, welches als Klinge oder Rundmesser ausgeführt sein kann, wird hierbei mit einer konstanten Kraft gegen das Rohr gedrückt und taucht mit jeder Umdrehung tiefer in Rohrwand ein, solange bis diese vollständig durchtrennt ist.

Mittels einer solchen Trennvorrichtung ist es möglich, Polyolefinrohre mit Durchmessern größer 800 mm und Wandstärken bis zu 100 mm spanlos zu trennen.

Für PVC-Rohre ist diese Art des Schneidens aufgrund der Sprödigkeit ungeeignet.

Kappsäge

Kappsägen bestehen im Wesentlichen aus einem angetriebenen Sägeblatt, welches auf einem Arm montiert ist und durch das Rohr geschwenkt wird. Der Durchmesser des Sägeblattes richtet sich nach dem Durchmesser der zu schneidenden Rohre. Kappsägen sind daher nur begrenzt einsetzbar für Rohre bis 160 mm Durchmesser. Das erforderliche Sägeblattdurchmesser ist dann bereits 450 mm.

Kappsägen sind sowohl für PVC- als auch für PO-Rohre geeignet.

Nachteilig sind die anfallende Späne, die abgesaugt werden müssen.

Planetensäge

Bei Planetensägen wird das angetriebene Sägeblatt analog dem Vorgang bei Abstechautomaten ebenfalls um das Rohr herumgeführt. Mit jeder Umdrehung taucht es tiefer ein und trennt das Rohr auf diese Weise.

Die Energieversorgung der Antriebseinheit des Sägeblattes erfolgt in der Regel über Schleifkontakte, welche im Zusammenhang mit den anfallenden Spänen eine Fehlerquelle darstellen können. Daher ist es unumgänglich, für eine ausreichende Späneabfuhr zu sorgen.

Planetensägen können für alle Materialarten eingesetzt werden.

Alle Trenneinheiten mit Ausnahme der Kappvorrichtung bewegen sich während des Schneidens in Abzugsgeschwindigkeit mit, um einen geraden Schnitt zu ermöglichen.

Neuere Systeme bieten verschiedene Schneid- und Trennprogramme. Ein spanloses Trennen (möglich bei weichen PE-Rohren) erfolgt mit einem Rundmesser und Gegenrolle, die die schnittbedingte Aufwölbung glättet. Ein Kombischnitt schneidet dickwandige Rohre im ersten Teilschnitt mit einem Sägeblatt und zum Schluss spanlos, um Späne im Rohrinneren zu vermeiden. [FAT99]

4.4.9 Ablegeeinheit

Nach der Trenneinrichtung wird das Rohr aus der Extrusionslinie entfernt. Bei modernen Anlagen geschieht dies vollautomatisch. Rohre, die durch Biegung keine bleibende Verformung erfahren, werden auf Haspeln aufgewickelt. Hierbei sind Rohrlängen bis zu 200 m möglich.

Steife Rohre werden gestapelt. Die einfachste Variante ist eine Kipprinne, die das Rohr seitlich auf einen Transportwagen oder eine Palette kippt. Teurere Systeme bündeln mehrere Rohre zusammen und stapeln sie automatisch auf Paletten auf.

Soll an einem Rohr eine Muffe ausgebildet werden, so ist die Muffmaschine in der Regel in die Ablegeeinheit integriert. In der Muffmaschine durchläuft das Rohr mehrere Stationen. Nach dem Schnitt wird das Rohr seitlich aus der Extrusions-

Bild 4.27 Rohrwickler [Quelle: battenfeld - cincinnati]

linie herausgenommen und an einer Seite erhitzt. Bei dickwandigen Rohren gibt es meist zwei Aufheizstationen. Hat das Rohrende eine bestimmte Temperatur erreicht, wird es wiederum seitlich eine Station weiter bewegt und auf einen Dorn aufgedrückt, der die Muffe ausformt. Anschließend kann noch ein Dichtungsring in die Muffe eingesetzt werden. [FAT99]

4.4.10 Mess-, Steuer-, Regeleinrichtungen [INO11]

Um eine gleichermaßen sichere wie effiziente Rohrherstellung gewährleisten zu können, ist es heute üblich, Mess-, Steuer- und Regelsysteme einzusetzen, die das Zusammenspiel der komplexen Abläufe überwachen und regeln. Aufgrund der einfachen Handhabung und Datenanbindung von Peripherie- und Nachfolgekomponenten - auch unterschiedlicher Hersteller - ist es heute Standard, sämtliche Soll- und Istwerte, diskrete Messwerte, Trendkurven oder aber schon aufbereitete Prozessdaten zentral in einer Einheit zu erfassen, zu visualisieren und zu kontrollieren. Als wichtige Parameter des Extruders werden die Temperaturen und Drücke erfasst, die Schneckendrehzahl und das Drehmoment. In den Nachfolgeaggregaten werden die Liniengeschwindigkeit, die Geometrie des Rohres sowie die Temperaturen der Kühleinrichtungen erfasst.

Das Standardverfahren zur Wanddicken- und Durchmessermessung ist das Ultraschallsystem, welches mittlerweile seit über 20 Jahren in der Rohrextrusion eingesetzt wird.

Konventionelle Ultraschallmesssysteme arbeiteten nach dem Impuls-Echo-Verfahren. Die Sensoren bei diesen Standardsystemen sind feststehend (je nach Rohrgröße 4 - 16 Sensoren) oder werden reversierend 360° um das Rohr bewegt (1 - 2

Sensoren). Hierbei können nur die Ultraschallsignale für die Wanddickenmessung genutzt werden, die nach der Reflexion am Rohr zum Sensor zurückkehren. Ein Teil der Ultraschallsignale wird bei jeder Veränderung der akustischen Impedanz (Produkt aus Dichte und Schallgeschwindigkeit) reflektiert. Die erste Reflektion findet beim Übergang von Wasser nach Kunststoff und die zweite Reflektion entsteht bei der Rohrinnenwand. Die Zeitdifferenz zwischen den beiden Reflektionen ist ein Maß für die Wanddicke. Die Sensoren sind gleichzeitig Sender und Empfänger des Ultraschalls.

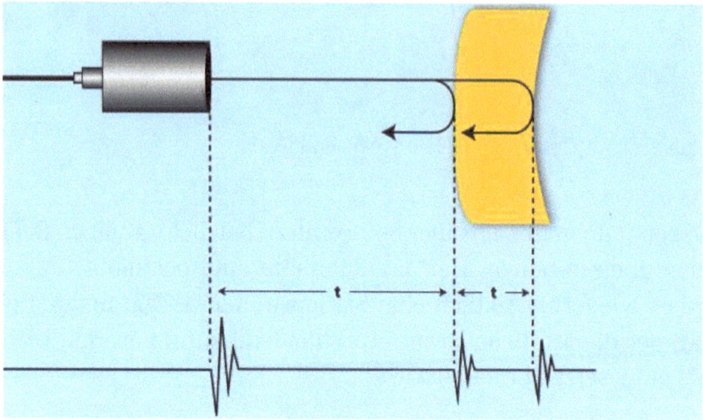

Bild 4.28 Konventionelles Ultraschallprinzip basiert auf dem Impuls-Echo-Verfahren

Das vom Sensor empfangene Signal ist eine Summe aus allen reflektierten Einzelsignalen der im Messbereich liegenden Rohrwand.

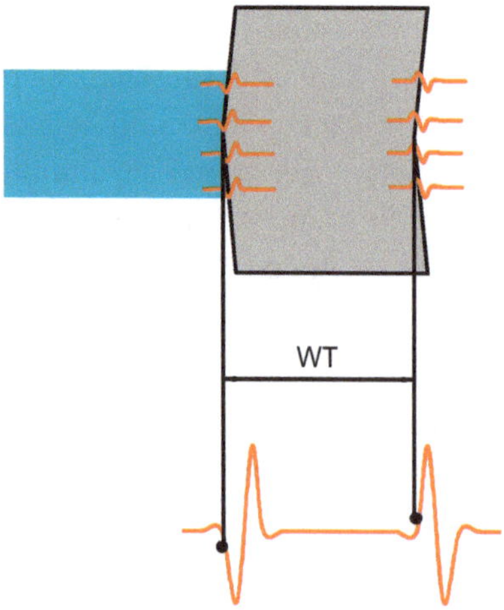

Bild 4.29 Empfangenes Signal

Dabei wird über der Größe des Messflecks nur eine mittlere Wanddicke gemessen. Je größer der Ultraschallsensor, desto größer ist die Mittelung der Wanddickenmessung, d.h. mit diesem Verfahren kann bei Einsatz großer Ultraschallsensoren nur mit einer großen Mittelung der Wanddickenmessung gearbeitet werden.

Unter hundertprozentiger Wanddickenmessung ist eine ultraschalltechnische Vermessung der gesamten Rohroberfläche in Umfang- und Extrusionsrichtung zu verstehen.

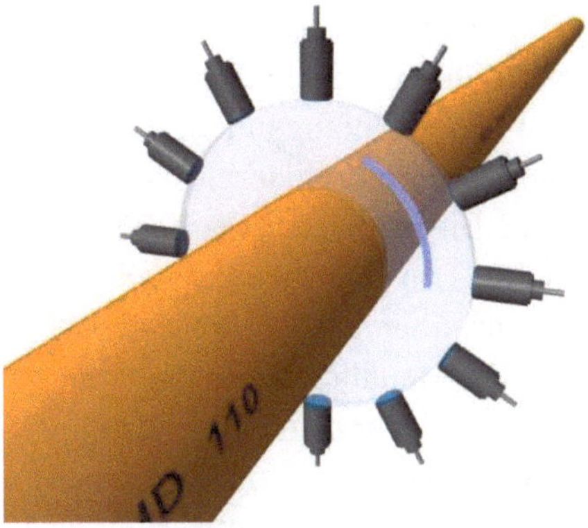

Bild 4.30 Hundertprozentige Vermessung

Mit einer solchen Messung können produktionsbedingte Schwankungen der Rohrgeometrie über der gesamten produzierten Rohroberfläche erfasst und zur Regelung der Anlage hinsichtlich Dünnstellen genutzt werden. Die Abdeckung des Messflecks muss daher in Extrusions- und Umfangsrichtung mindestens hundert Prozent betragen.

Eine hundertprozentige Wanddickenvermessung ist heutzutage Stand der Technik und wird von mehreren Herstellern angeboten. Mit folgenden vier Prinzipien wird das System im Markt angeboten:

- Schnellrotierende Scanner mit 1 - 2 kontinuierlich umlaufenden Sensoren
- Messkammern mit einer größeren Anzahl an Sensoren
- Messkammern mit großflächigen, formangepassten Sensoren
- Elektronisch Rotierende Scanner (ERS)

Aufgrund des kaum praktikablen Einstell- und Bedienaufwandes haben sich die schnellrotierenden Scanner nicht durchgesetzt. Der Wartungsaufwand dieser Systeme ist zudem sehr hoch. Die Messmechanik des schnellrotierenden Scanners ist in einer Maximaldrehzahl begrenzt und kann somit nur bis zu einer bestimmten Extrusionsgeschwindigkeit eingesetzt werden.

Messsysteme, die mit einer großen Anzahl von Sensoren (max. 32) ausgerüstet wurden, konnten sich ebenfalls nicht richtig durchsetzen. Die Auswertung erfolgte mit konventionellen Ultraschallkarten in kaskadierter Anordnung. Die physikalisch gegebene Begrenzung der Messfolgefrequenz der Ultraschalltechnik in der Rohrextrusion, als auch die eingeschränkten Auswertemöglichkeiten begrenzte bei diesen Systemen sowohl den maximalen Außendurchmesser als auch die maximale Extrusionsgeschwindigkeit. Ein Vorteil dieses Prinzips war die einfache Handhabung und Installation.

Das dritte Prinzip basiert auf einer Vergrößerung und gleichzeitiger Formanpassung der Messsensoren. Diese Messvorrichtung, die auch Trapez-Schwinger genannt wird, wurde speziell für das Vermessen von Rohren entwickelt und erlaubt durch seinen Aufbau aus Keramikstäbchen in einer Epoxidharz-Matrix eine hohe Effektivität. Alle vom Trapez-Schwinger ausgesendeten Ultraschallsignale werden aufgrund der Bauform seiner Messfläche auch wieder empfangen und stehen zur Auswertung zur Verfügung. Durch die kaskadierte Anordnung der Sensoren wird eine lückenlose Vermessung der Rohre erreicht. Dieses System kann für Rohrdurchmesser bis zu 225 mm eingesetzt werden. Die Trapez-Schwinger haben zwei gravierende Nachteile. Zum einen deckt ein Sensor einen großen Rohrbereich im Umfang ab, was zu einer sehr großen Mittelung der Wanddickenmessung und damit zu einem Verlust an Messgenauigkeit führt und zweitens müssen die zu vermessenden Rohre sehr genau zentriert werden, weil sich sonst ein Messfehler aufgrund der geometrischen Verhältnisse einstellt. Diese genaue Zentrierung ist in der Praxis nicht zu erreichen.

Eine Weiterentwicklung des zweiten Prinzips ist das System des elektronisch rotierenden Scanners. Hierbei wird eine Aktiv/Passivmessung eingesetzt.

Der Vorteil dieses Messprinzips liegt in dem erweiterten Messfleck, da bis zu drei Sensoren gleichzeitig das vom mittleren Sensor ausgestrahlte Signal empfangen. Der aktive Sensor wird in schnellem Takt weitergeschaltet und eine sog. elektronische Rotation (bis zu 6000 U/min.) erzeugt. Da jeder Sensor dreimal (einmal aktiv, zweimal passiv) an einer Wanddickenmessung beteiligt ist, kann sich das System auch ständig selbst kontrollieren. Mit dieser Technologie ist eine 100% Messung bis zu einer Liniengeschwindigkeit von 100 m/min möglich.

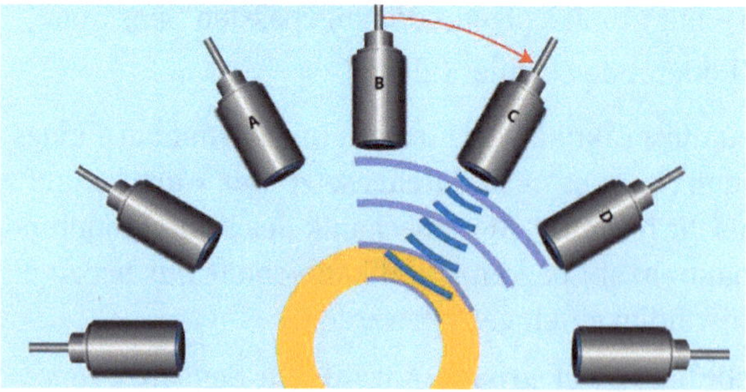

Bild 4.31 Elektronisch rotierender Scanner

Dieses Messprinzip ist außerdem in der Lage, Fehlstellen im Rohr aufzuzeigen. Ergänzt werden solche Systeme durch optische Messverfahren, die Fehlstellen an der Rohroberfläche dedektieren.

In Verbindung mit einer automatischen Kalibrierung kann diese Anlage einen optimalen Toleranzbereich erreichen. Die Anzahl der Sensoren, sowie die Frequenzen und die Leistung werden der Rohrgröße und dem Kunststoffmaterial individuell angepasst.

Moderne Ultraschallwanddickenmesssysteme setzen hochpräzise digitalisierte Auswerteelektroniken ein und analysieren umfassend den gesamten Informationsgehalt der Messung. Dies führt zu einer noch höheren Messgenauigkeit. Typische Signalverzerrungen und Überlagerungen werden von diesem Verfahren erkannt und bei der Weiterverarbeitung der Signale ausgeblendet. Mittels digitaler Auswerteelektroniken sind bis zu sieben Schichten sicher zu messen.

4.4.11 Dimensionswechselsysteme

Aufgrund der schlechten Konjunktur im Bausektor sind die Hersteller von Kunststoffrohren in den letzten Jahren zunehmend unter Druck geraten. Darüber hinaus haben sich die Umfänge der Aufträge erheblich verändert. Während vor einigen Jahren noch große Mengen einer Rohrdimension produziert wurden, sind heute durch sehr kleine Auftragslose häufige Dimensionswechsel erforderlich. Infolge dieser Entwicklung verändern sich die Anforderungen an Extrusionsanlagen. War früher nahezu ausschließlich die Ausstoßleistung das entscheidende Kriterium, so spielen heute Effizienz und Flexibilität der Systeme eine immer wichtigere Rolle.

Die Umrüstung der Linie beim Wechsel einer Dimension gestaltet sich mit den bisher am Markt erhältlichen Systemen sehr aufwändig. Zunächst muss die Linie gestoppt, der Schmelzestrang abgetrennt und das Rohr herausgefahren werden, das sich noch in der Linie befindet. Anschließend beginnt der Umbau der Anlage. In Produktionsrichtung gesehen müssen ein bis zwei Mitarbeiter den Düsensatz, die Kalibrierung, die Stützscheiben im Vakuumtank, die Endabdichtung des Vakuumtanks sowie die Ein- und Auslaufdichtungen der Sprühbäder austauschen, die Führungsrollen in den Sprühbädern anpassen und schließlich den Abzug und den Trennautomaten neu einstellen.

Erst wenn diese Arbeiten abgeschlossen sind, kann ein neues Anfahrrohr in die Linie eingefädelt werden. In der Regel sind mindestens zwei Mitarbeiter für diese Tätigkeit erforderlich.

Anschließend wird die Anlage neu angefahren. Der aus dem Rohrkopf austretende Schmelzeschlauch wird an das Anfahrrohr angeschweißt und die Linie langsam auf die gewünschte Geschwindigkeit hochgefahren. Während dieses Prozesses wird die Wanddicke über dem Umfang kontrolliert und eine Neuzentrierung der

Düse vorgenommen. Parallel zu dem Neustart müssen die demontierten Einzelteile wie Düse, Dorn und Kalibrator gereinigt und eingelagert werden.

Die Ausführungen verdeutlichen die Vielzahl der Arbeitsschritte sowie den Zeit- und Personalbedarf, der bei einem Dimensionswechsel erforderlich sind. Weiterhin zu beachten ist die nicht unerhebliche Ausschussproduktion beim Ab- und Anfahren.

Vor diesem Hintergrund wurde von unterschiedlichen Firmen in den letzten Jahren neuartige Systeme entwickelt, die einen kontinuierlichen Dimensionswechsel ohne Stopp der Anlage ermöglichen.

Dazu wurde die gesamte Nachfolge inklusive des Rohrkopfes entsprechend modifiziert bzw. vollständig neu entwickelt.

Eine genaue Beschreibung der unterschiedlichen Aggregate findet sich in der Literatur oder kann auf Anfrage bei den einzelnen Herstellern bezogen werden.

Die neuen Systeme eröffnen dem Anwender ein erhebliches Einsparpotential.

- Der Dimensionswechsel kann binnen weniger Minuten auf Knopfdruck vollzogen werden. Hierdurch erhöht sich deutlich die Zeit, die die Anlage pro Jahr genutzt werden kann. Mehr Produktionskapazität steht somit zur Verfügung.
- Alle Umrüstarbeiten, die für die Umstellung auf eine andere Rohrabmessung notwendig waren, entfallen. Weniger Personal ist für den Anlagenbetrieb erforderlich.
- Der Wartungsaufwand verringert sich beträchtlich. Weder muss Kunststoffschmelze von ausgetauschten Düsen und Dornen entfernt werden, noch sind Kalibratoren zu reinigen oder Dichtungen instand zu setzen. Auch in diesem Bereich ist deutlich weniger Personal erforderlich.
- Lediglich wenige Meter Rohr, die während der Umstellphase produziert werden, müssen herausgetrennt und eingemahlen werden. Bei den jetzigen Extrusionslinien sind die direkt nach Neustart produzierten Rohre in der Regel nicht verkaufsfähig, da die geforderten Toleranzen nicht eingehalten werden können. Üblicherweise werden die auf diese Weise anfallenden Produktionsabfälle zerkleinert und in einem definierten Anteil dem Prozess wieder zugeführt. Hierdurch entstehen Zusatzkosten, die den Gewinn des Unternehmens verringern.
- Die Rohrhersteller können ihre Außenlagerflächen erheblich reduzieren, da sie mit Hilfe des neuen Systems unterschiedliche Rohrdimensionen auch in kleinen Mengen produzieren können.
- Da sich die Systeme stufenlos verstellen lassen, kann jede Art von Sonderdimension, die im Dimensionsbereich der Linie liegt, hergestellt werden. Aufträge, die zuvor einen erheblichen zeitlichen Vorlauf erforderten, weil Komponenten wie beispielsweise Kalibratoren neu gefertigt werden mussten, können jetzt in kürzester Zeit bearbeitet werden.

4.4.12 Ausblick

Kunststoffrohre haben sich weltweit ihren Platz in Bewässerungssystemen in der Landwirtschaft, für Trink- und Abwasser, für Gastransport sowie als Schutz für Kabel und Telefonleitungen erobert. Es ist davon auszugehen, dass sie in den kommenden Jahren noch stärker nachgefragt werden und ihre Produktionsmenge signifikant steigen wird.

Insbesondere vor dem Hintergrund einer drohenden Wasserknappheit - Experten gehen davon aus, dass im Jahr 2025 etwa 67 % der Weltbevölkerung eine akute Wasserverknappung zu spüren bekommen - werden sichere und robuste Transportwege für das Wasser immer wichtiger. Und kaum ein Material ist für Rohre so gut geeignet wie Kunststoff: Es ist leicht, langlebig, hygienisch, beständig gegenüber Umwelteinflüssen, leicht zu verlegen und es rostet überhaupt nicht. Kunststoffrohre sind universell einsetzbar und sind daher auch in Zukunft aus den Versorgungsnetzen nicht wegzudenken.

■ Literatur zu Kapitel 4

[HKP86] Handbuch der Kunststoffextrusionstechnik Band II Extrusionsanlagen, Hensen, Knappe, Potente, Carl Hanser Verlag München 1986

[INO11] Unveröffentliche Information Fa. Inoex 2011

[FAT99] Rohrextrusion. Skript zur Vorlesung, Universität Paderborn 1999

[KRV11] Information des Fachverbands der Kunststoffrohr-Industrie

5 Profilextrusion

Dr.-Ing. Stefan Seibel

5.1 Einleitung

In der Technik wird üblicherweise das Wort „Profil“ nicht nur für den Querschnitt eines Gegenstandes benutzt, sondern auch für das Bauteil als solches. Im Bereich der Kunststoff-Extrusion wird alles, was nicht Rohr, Platte, Kabel oder Folie ist, als „Profil“ bezeichnet.

Eine grobe Einteilung der durch Extrusion herstellbaren Kunststoffprofile kann in Vollstabprofil, offenes Profil und Hohlprofil erfolgen. Eine vollständige Beschreibung ist mit dieser Einteilung jedoch nicht möglich, da in der Praxis oft Kombinationen der Grundformen vorkommen und mehr als ein Material verarbeitet wird. Das Bild 5.1 zeigt anhand vereinfachter Profilformen die Unterscheidungskriterien verschiedener Arten.

Das Bild 5.2 zeigt eine Vielzahl von verschiedenen, heute am Markt erhältlichen Kunststoffprofilen.

Kunststoffprofile kommen heute in allen Bereichen des technischen Lebens vor. So findet man in der Möbel-, Fahrzeug- oder Elektroindustrie Kunststoffprofile aus ABS, ASA, PA, PS, PP, PE und PMMA. Der mengenmäßig wichtigste Kunststoff in der Profilherstellung ist das Polyvinylchlorid (PVC). PVC wird für die Herstellung von Fenster- und Türrahmen, Rollladen, Kabelkanälen, Verkleidungen und vielen anderen Dingen aus dem Bausektor eingesetzt. Die am häufigsten vorzufindende

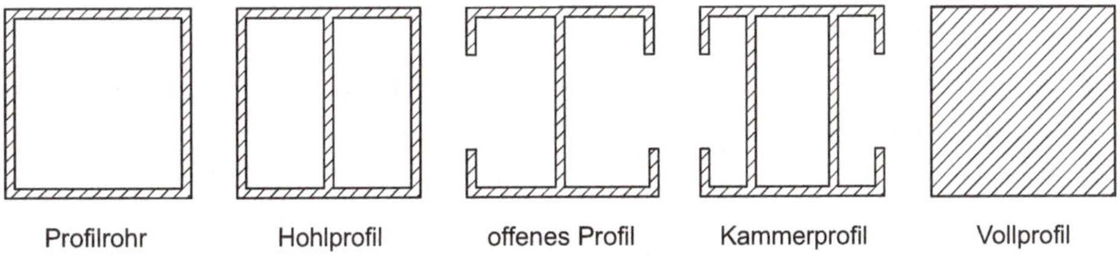

Bild 5.1 Übersicht der gängigsten Profilarten (Querschnitt)

Bild 5.2 Verschiedene Typen von Kunststoffprofilen [Quelle: battenfeld - cincinnati]

Anwendung ist jedoch das Fensterhauptprofil. Im Jahr 2004 konnte das Fensterprofil seinen 50sten Geburtstag feiern. Wie in verschiedenen anderen Anwendungen hat sich der Werkstoff PVC auch hier durch sein hervorragendes Eigenschaftsprofil im Markt durchgesetzt. Kennzeichnend für diesen Werkstoff ist seine Langlebigkeit, Wirtschaftlichkeit und der schonende Umgang mit den Ressourcen durch seine energetisch günstige Verarbeitung sowie gute Recycelfähigkeit. Nach Angaben der Fa. VESTOLIT lässt sich ein altes Fensterprofil siebenmal oder noch öfter zu einem neuen Fensterprofil recyceln, ohne in seinen mechanischen Eigenschaften die gestellten hohen Anforderungen zu verfehlen.

Zu Beginn des Siegeszuges der Fensterprofilextrusion spielte die Recycelfähigkeit jedoch noch keine Rolle. Damals galt es, die Vielseitigkeit des kontinuierlichen Extrusionsprozesses auf das Produkt Fensterprofil zu übertragen. In der Profil- und Fensterextrusion der 80er- und 90er-Jahre waren im oberen Durchsatzbereich Standardmaschinen d.h. gegenläufige Doppelschneckenextruder mit Durchmessern zwischen 80 - 110 mm bei Verfahrenslängen kleiner/gleich 18 D üblich. Diese Maschinentechnik sicherte stabile Liniengeschwindigkeiten von 1 bis 2 m/min für die Extrusion von Fensterhauptprofilen. Zur Fixierung und Kühlung dieser Abzugsleistungen waren damals Kalibrier- und Kühlstreckenlänge von 4,5 bis 6 m ausreichend.

Heute sind Abzugsgeschwindigkeiten von 6 m/min im Einfachstrangverfahren und 2 · 4 m/min bei Standardmaschinen für die Doppelstrangfertigung üblich. Zur Fixierung dieser Leistung sind Kalibrier- und Kühlstreckenlängen bis zu 22 m mit 2 · 5 Trockenkalibrierungsblöcken und mehreren Vakuumtanks inklusive der Kurzkalibrierungen im Einsatz [STU07].

Die zukünftigen Entwicklungen für die Fensterextrusion von „Morgen" sind verbunden mit weiteren Leistungssteigerungen im Durchsatz, der Abzugsgeschwindigkeit und den damit notwendigen Kühlkapazitäten. Es wird auch zukünftig der Hochleistungs-Doppelschneckenextruder für die Plastifizierung der PVC-Massen eingesetzt werden, um Profile im Einfach- und Doppelstrangverfahren oder nach dem Doppellinienkonzept herzustellen. Voraussichtlich wird man dann mit Abzugsgeschwindigkeiten bis zu 1 · 10 m/min bzw. 2 · 8 m/min arbeiten können.

Unter Beibehaltung konventioneller Kalibrier- und Kühltechnik sind dann jedoch Nachfolgestrecken von 30 m oder mehr erforderlich. Neue Ideen bei der Kühltechnik könnten hier hilfreich sein, die Produktionshallen nicht immer länger werden zu lassen.

Getrieben vom Ehrgeiz der Leistungssteigerung, aber auch von den Wünschen der Profilhersteller, die Liniengeschwindigkeiten zu erhöhen, wurden im Falle der DSE 130 - einem Doppelschneckenextruder mit 130 mm Schneckendurchmesser - die Ausstoßleistungen in den vergangenen 20 Jahren mehr als verdoppelt. Um identische Schmelzegüten gewährleisten zu können, wurde neben den Kenngrößen Drehmoment, Drehzahl und Antriebsenergie auch die Länge und der Durchmesser des Verfahrensteils angepasst. Bezogen auf die Verfahrenseinheiten bedeutet dies eine deutliche Verlängerung bis hin zu 34 D langen Doppelschneckenmaschinen. Für kleine bis mittlere Ausstoßleistungen sind neben den parallelen Doppelschnecken auch konische Maschinen im Einsatz [STU07].

Trägt man einmal, wie in Bild 5.3 dargestellt, die damalige als auch heutige Durchsatzleistung in kg/h über den damit verbundenen Abzugsgeschwindigkeiten in m/min auf, so lassen sich daran die benötigten Plastifizierleistungen von „Morgen“ ablesen. Im Doppelstrang sind dann schnell Durchsätze gefordert, die nur noch mit sehr großen Maschinen oder aber mit dem Doppellinienkonzept bewerkstelligt werden können.

Bei der Erhöhung der Ausstoßleistungen für die Profilextrusion muss die zur Schneckendrehzahl proportionale Schneckenumfangsgeschindigkeit als limitierende Größe berücksichtigt werden. Die heute eingesetzten Profilmischungen neigen ab einer bestimmten oberen Umfangsgeschwindigkeit von etwa 6,5 m/min zur Überscherung. Als Folge werden Temperaturinhomogenitäten und Materialschädi-

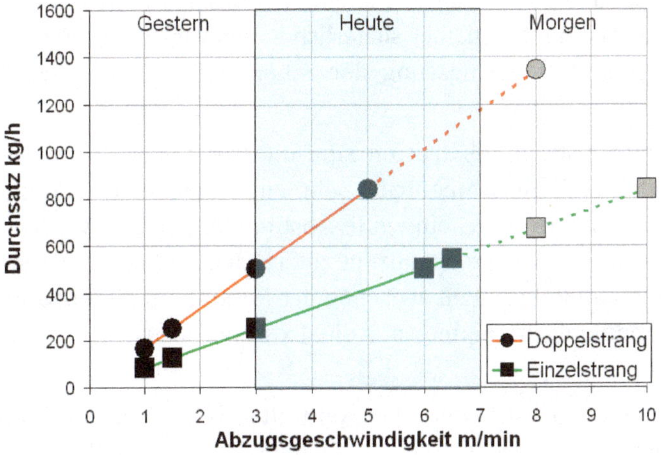

Bild 5.3 Entwicklung von Liniengeschwindigkeiten und Durchsatzleistungen

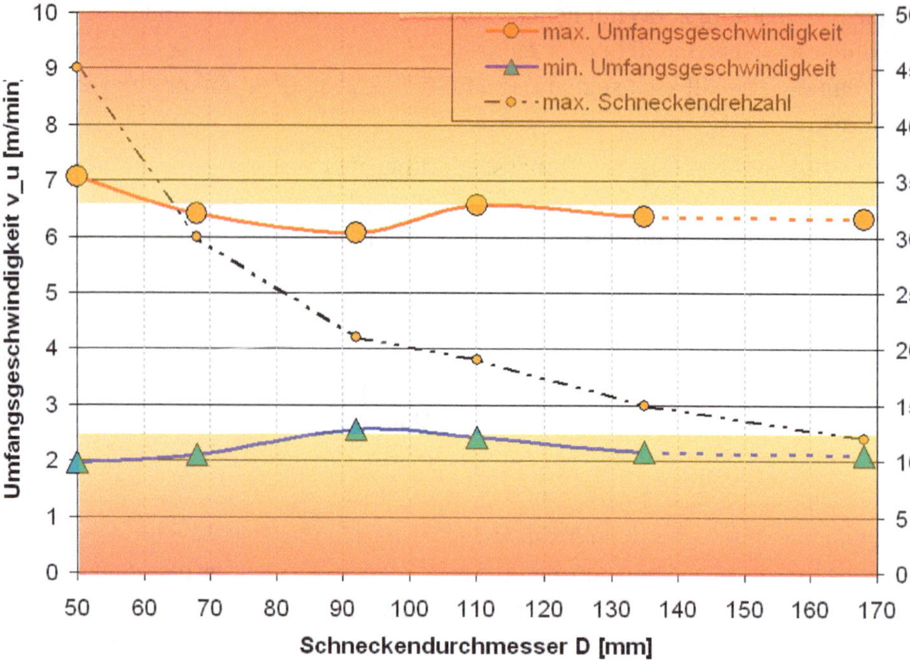

Bild 5.4 Arbeitsbereiche in Abhängigkeit vom Schneckendurchmesser *D* als Ausgangspunkt für zukünftige Entwicklungen

gungen festgestellt. Auf der anderen Seite darf aber auch eine untere Umfangsgeschwindigkeit nicht unterschritten werden, da sonst die eingebrachte Scherenergie nicht ausreicht, das Material homogen aufzuschließen. In diesem Fall kann der Werkstoff die an das Produkt gestellten mechanischen Eigenschaften nicht erfüllen. Das Diagramm (Bild 5.4) zeigt somit recht deutlich die Grenzen der Steigerung der Ausstoßleistung auf, die ausschließlich auf Basis einer Drehzahlerhöhung erfolgen soll. Reserven stecken aber sicherlich in der Vergrößerung des spez. Durchsatzes und/oder der Verringerung der Scherempfindlichkeit der Materialcompounds.

Innerhalb der Fensterprofilextrusion sind die drei wesentlichen Bereiche „Rohstoff", „Kunde" und „Maschinenbau" sehr eng miteinander verknüpft. Auf der einen Seite ist es notwendig, eine gute Abstimmung zwischen der Rezeptur und dem Maschinen- und Werkzeugkonzept zu erzielen. Auf der anderen Seite bedarf es besonderer Aufmerksamkeit zwischen der Rezepturabmischung und den benötigten Endprodukteigenschaften, die die Extrusionsbetriebe und Konfektionäre voraussetzen.

Betrachtet man zunächst einmal den weltweiten Bedarf an PVC-Profilen im Jahr 2010, so zeichnen sich drei starke Regionen ab. In Nordamerika werden vor allem Zinn stabilisierte Profilmischungen eingesetzt. Der chinesische Markt bedient sich vorwiegend noch Blei stabilisierter Systeme. Auf dem europäischen Markt sind die Blei stabilisierten Mischungen auf dem Rückzug bzw. verschwunden und werden vereinbarungsgemäß der Nachhaltigkeitsinitiative der europäischen PVC-Industrie „Vinyl 2010" bis zum Jahr 2015 von alternativen Stabilisatoren, wie z.B. Calcium basierten Rezepturen, ersetzt. Wesentliche Veränderungen sollten sich in den kommenden Jahren auf dem russischen Markt abzeichnen, der immer mehr vom Importeur zum Hersteller bzw. Exporteur wird.

Der Trend weg von den Blei und Sn stabilisierten Mischungen hin zu den Calcium basierten Rezepturen zeichnet sich aber auch in Nordamerika und in Asien ab. Praktische Erfahrungen der Verarbeiter berichten, dass die Profilwerkzeuge nach der Umstellung von Ca/Zn-Rezepturen auf Pb stabilisierte Systeme schneller zur Belagbildung neigen als vorher. Bei der Belagbildung handelt es sich um eine nur mechanisch abtragbare Schicht auf der Fließkanaloberfläche. Diese Ablagerungen beeinflussen den Extrusionsprozess nachteilig hinsichtlich des Druckbedarfs und der Halbzeugoberflächen. Jede Werkzeugreinigung ist auch mit Verschleiß an den Fließkanälen und Dichtflächen verbunden, und reduziert die Werkzeuglebensdauer.

Neben dem Rohstoff PVC, den Stabilisatoren, weiteren Zuschlagstoffen sowie der Mischungsherstellung beeinflussen weitere Posten den Produktionsprozesses sowie den resultierenden Halbzeugpreis. Schaut man sich die Aufteilung dieser Produktionskosten an, so geht aber zweifelsfrei hervor, dass die Rohstoffkosten den größten Anteil am Produkt- und Meterpreis beim Fensterprofil haben. Dem Profilhersteller obliegt es also zunächst, die Auswahl der Einzelkomponenten hinsichtlich der Materialpreise zu optimieren.

Übliche Fensterprofilmischungen bestehen aus S-PVC 100 phr (parts per hundred rubber), Schlagzähmodifier 4 - 5 phr, Kreide 5 - 10 phr, Stabilisatoren 4 - 5 phr, Titandioxid und Farbpigmente 3 phr, innere und äußere Gleitmittel und Verarbeitungshilfen. Ebenso ist es notwendig, die Aufbereitung/Compoundierung, welche aus den Rezepturbestandteilen ein extrusionsfähiges Material hervorbringt, hinsichtlich der Kosten zu analysieren. Im Hinblick auf den anschließenden Verarbeitungsprozess - die Extrusion - ist zu beachten, dass der Aufbereitungsprozess einen wichtigen Beitrag zur Prozessführung darstellt. Das Ziel ist und bleibt es jedoch, ein qualitativ hochwertiges Produkt erzeugen zu können.

Weiteres Einsparpotenzial ergibt sich durch den Einsatz von automatischen Verwiegesystemen. Zum einen wird so eine Prozessüberwachung und Steuerung der Gesamtlinie ermöglicht, und zum anderen der Einflussfaktor „Mensch" minimiert, so dass am Ende ein effektiver Materialeinsatz vorliegt.

Die Analyse der Produktionskosten zeigt darüber hinaus, dass eine Investition in moderne und materialsparende Linientechnik genügend Potenzial bietet, die Materialkosten signifikant zu senken.

Die Bedürfnisse an die Extrusionstechnik bzw. den Extrusionsprozess lassen sich in zwei Anforderungskataloge – „Produktqualität" und „Wirtschaftlichkeit" – zusammenfassen. Die von den Konfektionären und Endverbrauchern geforderte „Produktqualität" lässt sich erfüllen, in dem eine gute thermische Homogenität, ein entsprechender Misch- und Dispergiergrad bei konstantem Metergewicht (Förderkonstanz) gewährleistet wird. Die „Wirtschaftlichkeit" eines Prozesses ist verknüpft mit der Durchsatzleistung, dem Verschleißverhalten (Standzeit), der Produktionssicherheit (Verfügbarkeit), der Produkt- & Prozessüberwachung sowie der Energieeffizienz der Linie.

Die Anforderungen der Profilhersteller und Verarbeiter an das extrudierte Halbzeug lassen sich im Glanz, der Maßhaltigkeit und Formstabilität, den Farbwerten, der Oberflächenstruktur und den allgemeinen mechanischen Eigenschaften festmachen. Die meisten dieser Kenngrößen für die Produktqualität sind messtechnisch erfassbar und ermöglichen eine objektive Vergleichbarkeit. Alle diese Produkteigenschaften gilt es über Jahre hinweg auch bei Leistungssteigerung konstant zu halten.

Wie schon eingangs angedeutet, unterscheidet man heute zwischen drei Linienkonzepten: Der Einfach- und Doppelstrang-Extrusion sowie der Doppellinien-Extrusion. Die Entscheidung für eines dieser drei Linienkonzepte ist sehr stark an die Anforderungen des Anwenders gebunden. Nimmt man die Wirtschaftlichkeit als Entscheidungskriterium, so ist hier die Doppelstranganlage bei der Herstellung von Dauerläufer-Profilen mit hohen Ausstoßleistungen im Vorteil. Bei der Flexibilität hat die Einfachstanganlage in Verbindung mit mittleren Ausstoßleistungen sicherlich ihre Vorteile, gerade wenn es um die Flexibilität und Rüstzeiten geht. Das Doppellinienkonzept punktet gerade beim Platzbedarf bezogen auf die Ausstoßleistung. Es gibt zweifelsfrei weitere Anforderungen, die wichtig für die Entscheidungsfindung sind und für das eine oder andere Konzept sprechen.

Dort, wo niedrige spezifische Investitionskosten bei einfachster Bedienung und Rüstung im Vordergrund stehen, ist die Einfachstranganlage die erste Wahl. Ein weiterer Punkt, der dieses Konzept so attraktiv macht, ist die Tatsache, dass nicht überall die Spitzenleistungen an Profilmetern pro Jahr eingefordert werden und der Einfachstrang in diesen Fällen das Preis/Leistungsoptimum darstellt.

Eine vergleichsweise höhere Ausstoßleistung an Profilmeter/Jahr bei Durchsätzen bis 850 kg/h kann mit den Doppelstranglinien realisiert werden. Ein Doppelschneckenextruder speist dabei zwei üblicherweise identische Profilwerkzeuge. Diese Lösung unterstützt die Zielrichtung, bei hohen Ausstoßleistungen eine prozesssichere Produktion zu fahren.

Als Alternative zur weit verbreiteten Doppelstrangextrusion, die heute Ausstoßleistungen von 600 bis 850 kg/h erreicht, wurden Doppellinien- bzw. Duo-Anlagen entwickelt, welche sich durch ein sehr günstiges „Stellflächen/Ausstoßleistungs-

Verhältnis“ auszeichnen. Hierdurch wird es möglich, noch höhere Ausstoßleistungen als mit Einfach- bzw. Doppelstranglinien zu realisieren, ohne an Flexibilität zu verlieren. Zwei Doppelschneckenextruder werden dabei so nahe wie möglich parallel aneinander gestellt. Beide Maschinen als auch die angeschlossenen Nachfolgen sind getrennt voneinander regel- und steuerbar. Auf diese Weise ist es möglich, zwei unterschiedliche Profilgeometrien zu produzieren. Diese Lösung unterstützt die Zielrichtung, auch bei hohen Ausstoßleistungen eine prozesssichere und flexible Produktion zu fahren.

Moderne Extrusionswerkzeuge zeichnen sich durch rheologisch optimierte Fließkanalgeometrien aus. Für diese Optimierung der schmelzeführenden Kanäle werden immer häufiger Strömungssimulationsprogramme eingesetzt. Der gezielte Einsatz von CFD Programmen - Computational Fluid Dynamic Software - hilft, die Werkzeugoptimierungsläufe zu reduzieren. Um möglichst gute Produktoberflächen herstellen zu können, bedarf es einer anwendungsgerechten Materialpaarung (PVC/Stahl) mit entsprechend hochwertigen Fließkanaloberflächen. Eine effektive Temperaturführung im und am Werkzeug unterstützt die gleichmäßige Masseaustrittsgeschwindigkeit am Düsenmund. Die Langlebigkeit eines Profilwerkzeugs wird ebenso durch ein einfaches Handling bei der Rüstung und Reinigung begünstigt.

5.2 PVC-U und Mischen von PVC-Rezepturen

5.2.1 PVC-U (unplastiziertes PVC oder Hart PVC)

Die besonderen Materialeigenschaften von PVC haben in den letzten Jahrzehnten zu unterschiedlichsten Compounds im Bereich der Profilextrusion geführt. Neben der Entwicklung von PVC-Typen mit verschiedensten K-Werten hat sicherlich auch das Angebot von verbesserten Stabilisatoren zu diesem Trend beigetragen. Die kennzeichnenden Merkmale von Hart-PVC sind die gute Witterungsbeständigkeit, Schwerentflammbarkeit, hoher E-Modul, gute elektrische Isolationswerte, gute chemische Beständigkeit, physiologische Unbedenklichkeit, hoher Glanz, gute Kratzfestigkeit, geringe Durchlässigkeit für Gase, Feuchtigkeit und Aromastoffe, geringe Schwindung, gute Schweiß- und Klebbarkeit sowie geringe Quellbarkeit. Hart-PVC Profilmassen werden in der Praxis hauptsächlich mit Stabilisatoren auf Basis von Blei, Zinn und Calcium/Zink stabilisiert. Bleistabilisatoren eignen sich nur für opake, d.h. gedeckte Teile, die eine hohe Vicat-Erweichungstemperatur aufweisen und preisgünstig sind. Zinnstabilisatoren ergeben glasklare bzw. transparente Halbzeuge, verbessern die Fließfähigkeit, aber setzen auch den Vicat-Bereich herab. Calzium-/Zinkstabilisatoren eignen sich für physiologisch unbedenkliche

Anwendungen und ergeben ebenfalls transparente Bauteile. Die Fließfähigkeit ist besser als die der Blei-Stabilisatoren.

Der K-Wert (wurde historisch aus der Molmasse des Polymeren berechnet, kann aber auch als Maß für die Viskosität angesehen werden. Mit Hilfe von EN ISO 1628-2 kann z. B. aus dem K-Wert eine Viskositätszahl berechnet werden) der verwendeten PVC-Typen beeinflusst die Thermostabilität, die Vicat-Erweichungstemperatur und auch die Fließfähigkeit [BEC86].

5.2.2 Mischen von PVC-Rezepturen

Zur Vorvermischung der Additive mit unaufgeschmolzenen PVC-Partikeln in extrudierfähige Produkte sind Kombinationen aus Heiz- und Kühl-Mischer die am häufigsten eingesetzten Aggregate. Dabei hat der Heizmischer die Aufgabe, das PVC in wenigen Minuten mit den für die spätere Verarbeitung erforderlichen Additiven zu vermischen, anzuhaften und gleichzeitig auf 110 bis 130 °C aufzuheizen. Dabei binden sich die Additive dauerhaft an die PVC-Partikel, so dass beim späteren Handling keine Entmischung auftritt. Im Kühlmischer kühlt das aus dem Heizmischer entleerte Mischgut, das so genannte Dryblend, wieder auf eine lagerfähige Temperatur von etwa 40 °C ab. In der Fensterprofil-Herstellung werden im Allgemeinen dem Heizmischer sämtliche Komponenten gleichzeitig über einen Vorbehälter zugeführt [GRO 99].

5.3 Extruder

Für die PVC-Profilproduktion eignet sich der gegenläufige Doppelschneckenextruder besonders gut, da er ein sehr gutes Einzugsverhalten von Pulvermischungen und Granulaten aufweist. Außerdem besitzt er aufgrund der Schneckengeometrien und der Bewegungsvorgänge eine Selbstreinigung und eine sehr enge Verweilzeitverteilung. Zudem zeigt er ein hohes Druckaufbauvermögen bei gleichzeitig angemessener Temperaturerhöhung [Sch98].

Parallele, gegenläufige Doppelschneckenextruder kommen vor allem in Bereichen mit hohen Durchsatzleistungen zur Anwendung, während konische, gegenläufige Doppelschneckenextruder in Bereichen mit geringen Durchsatzleistungen eingesetzt werden. Typische Durchsatzleistungen verschiedener Doppelschneckenextruder sind in Bild 5.5 dargestellt.

Bedingt durch die thermische Empfindlichkeit der PVC-Massen bedarf es nicht nur einer Extrusionsmaschine mit engem Verweilzeitspektrum, sondern auch eines speziellen Schnecken- und Maschinendesigns, um den Verarbeitungsanforderun-

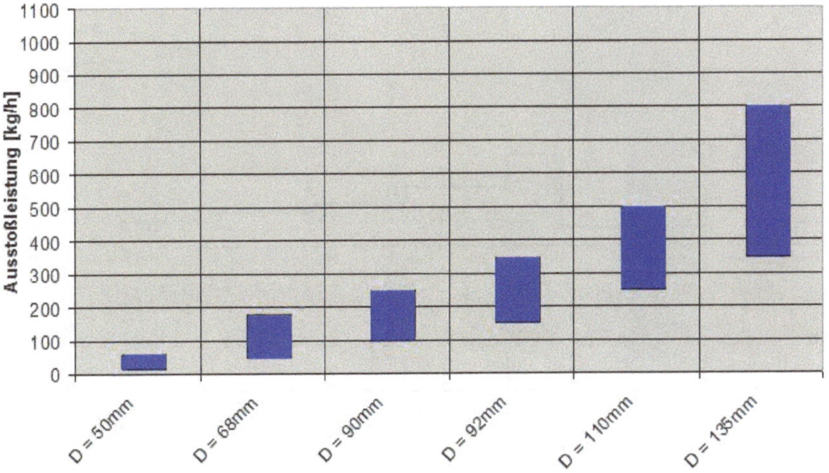

Bild 5.5 Ausstoßleistungen verschiedener Baugrößen paralleler Doppelschneckenextruder

gen gerecht zu werden. Beispielsweise muss bei Erhöhung der Ausstoßleistungen für die Profilextrusion die zur Schneckendrehzahl proportionale Schneckenumfangsgeschwindigkeit als limitierende Größe berücksichtigt werden (siehe Abschnitt 5.1, Seite 179).

Einer Steigerung der Ausstoßleistung, die ausschließlich auf Basis einer Drehzahlerhöhung erfolgen soll, sind daher Grenzen gesetzt (siehe auch Bild 5.3, Seite 181). Reserven stecken aber sicherlich in der Vergrößerung des spez. Durchsatzes und/oder der Verringerung der Scherempfindlichkeit der Materialcompounds. In den meisten Fällen ist eine Durchsatzsteigerung mit der Verlängerung der Verfahrenseinheit, speziell der Vorwärmzone, verbunden. Innerhalb dieser Vorwärmzone wird das Material durch die Verringerung des Kammervolumens komprimiert. Die Kompression kann kontinuierlich oder stufenweise erfolgen und erreicht ihr Maximum direkt vor der Entgasungszone.

Die Leistungsfähigkeit eines Doppelschneckenextruders hängt nicht zuletzt auch von der Einspeisung des Rohmaterials in die Einzugzone der Schnecke ab. Prinzipiell stehen hierzu die Fahrweise direkt aus dem Trichter, die Einspeisung mittels eines Horizontal-Dosierwerks oder die Befüllung mit einem Stopfwerk zur Verfügung. Die enorme Bandbreite unterschiedlichster Materialien macht es wichtig, Qualitätsschwankungen zwischen den Materialchargen ausgleichen zu können. Stopfwerke ermöglichen eine Unterdosierung, eine Vollspeisung oder ein Stopfen des Materials im Schneckeneinzugsbereich. Dies erlaubt eine problemlose Anpassung der Extrusion an wechselnde Schüttdichten.

Nur mit einer Schneckengeometrie kann der Verarbeiter eine große Bandbreite marktgängiger Rezepturen verarbeiten. Speziell die Funktion des „Stopfens“ führt zu einer Reihe von Vorteilen. Die Ausstoßleistung lässt sich auch bei niedrigen

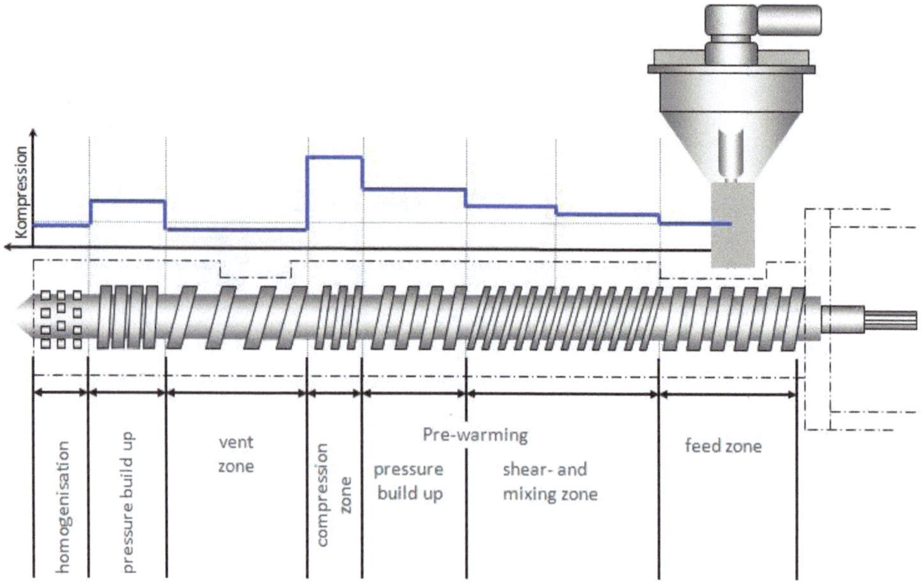

Bild 5.6 Charakteristischer Schneckenaufbau zur Plastifizierung vom PVC-U Massen

Schüttdichten steigern. Sie führt insgesamt zu einer Reduzierung der Schneckendrehzahl bei konstantem Ausstoß und verringert damit den Verschleiß der Verfahrenseinheit. Im Zusammenspiel mit einer geschlossenen Schneckentemperierung sorgt sie für eine vergrößerte Kontaktfläche zwischen PVC/Schnecke und intensiviert damit den Wärmeübergang im Einzugs- und Vorwärmbereich. Darüber hinaus wird durch den Einsatz der Speiseschnecke die Gefahr der Brückenbildung im Trichter minimiert.

Die Schnecke – siehe auch Bild 5.6 – wird in Bereiche mit speziellen Aufgaben unterteilt:

1. **Feeding zone:** Diese dient der Förderung und Dosierung aller folgenden Schneckenzonen und Verarbeitungsschritte.
2. **Shear/Mixing:** In dieser Zone erfolgt die Aufheizung primär durch die Aufheizung von außen – zylinderseitig – aber auch von innen, durch die Schneckentemperierung. Große Spalte sorgen für eine gute Durchmischung des PVC-Pulvers.
3. **Pressure build-up:** Diese Zone besitzt engere Spalte und eine flachere Steigung, um das Material zu komprimieren und durch die Kompressionszone zu transportieren.
4. **Compression:** In dieser Zone wird dem Material viel Scherenergie zugeführt und eine Abdichtung zur Entgasungszone realisiert. Der Druckgradient entlang der Zone sollte zwischen 200 und 300 bar liegen.

5. **Venting zone:** Die Funktion der Entgasungszone besteht darin, flüchtige Bestandteile und Feuchtigkeit aus dem Material zu entfernen. Hierdurch wird die Grundvoraussetzung für ein homogenes und blasenfreies Endprodukt geschaffen.
6. **Pressure build-up:** Diese Zone besitzt, wie schon Zone 3, enge Schneckenspalte und wird auch als Meteringzone - Austragszone - bezeichnet. Das Material wird hier auf eine Verarbeitungstemperatur zwischen 180 und 190 °C erwärmt und der nötige Druck aufgebaut, um die letzte Schneckenzone und den Werkzeugwiderstand zu überwinden.
7. **Homogenizing:** Diese letzte Zone dient der Homogenisierung der gelierten PVC-Masse und dazu, die Druckpulsation aus der C-Kammer Entleerung der Schnecke zu minimieren. Mit einer Massetemperaturerhöhung bis zu 5 °C ist hier zu rechnen.

Typischerweise sind Doppelschnecken mit einem Temperiersystem ausgerüstet. Bei der Verarbeitung von Profilrezepturen kommen heute zwei unterschiedliche Systeme zur Anwendung:

a) Die interne geschlossene Temperierung nach dem Prinzip der „Heatpipe“ oder
b) die externe Temperierung durch ein Ölumlaufsystem mit regelbarem Kühlmedium.

Die interne Schneckentemperierung ist ein geschlossenes System und arbeitet nach dem Prinzip des Wärmerohres. Als Temperiermedium wird destilliertes Wasser verwendet. Die Effektivität der Innenkühlung lässt sich mit der Menge an Temperiermedium einstellen. Typische Füllmengen liegen zwischen 25 - 50 % des Wärmerohrvolumens. Das Wasser verdampft im Hochtemperaturbereich der Schnecke und gibt die aufgenommene Energie durch Kondensation in Niedrigtemperaturbereich wieder ab. Auf diese Weise wird ein Teil der Prozesswärme aus der Austragszone abgeführt und dem Plastifiziervorgang im Anfangsbereich der Schnecke zugeführt. Daraus ergeben sich zusätzlich zu den verfahrenstechnischen Verbesserungen auch Energieeinsparungen. Das System ist unkompliziert im Aufbau, lässt keine Fehlbedienung zu und ist wartungsfrei.

Das andere Verfahren ist die externe Schneckentemperierung. Hier wird temperiertes Thermalöl von außen über eine Rotationsdichtung in die Schnecke geführt. Der Vorteil dieses Systems liegt in der extern gezielt beeinflussbaren Temperatur der Austragszone. Um die Funktion dauerhaft sicherzustellen, ist eine regelmäßige Wartung und Pflege unerlässlich.

Der zu verarbeitende Kunststoff kommt beim Durchlaufen durch den Extruder sowohl mit der Zylinderwand als auch mit der Schneckenoberfläche in Kontakt und wird dadurch thermisch beeinflusst. Die Schneckenoberflächen machen ca. 70 % der Kontaktfläche aus, und verdeutlichen demzufolge die besondere Bedeutung der Schneckentemperierung.

Dem jeweiligen Einsatzbereich und der zu verarbeitenden Rezeptur müssen Geometrie und Oberflächenstruktur der Schnecken angepasst werden. Nur die kundenspezifische Abstimmung garantiert die gewünschte Durchsatzbandbreite oder den hohen maximalen Ausstoß bei optimaler Plastifizierleistung.

5.4 Werkzeuge für die Profilextrusion

5.4.1 Prinzipieller Aufbau

Werkzeuge für die Profilextrusion bestehen heute üblicherweise aus dem Extrusionswerkzeug, welches mittels eines Adapters am Extruder verbunden ist und einem Kalibrierwerkzeug. Der Werkzeugadapter enthält typischerweise die beiden Sensoren zur Erfassung der Schmelzetemperatur und des Massedruckes. Das Kalibrierwerkzeug besteht meist aus einem Trockenkalibrierabschnitt und einem Nasskalibrierbereich.

Die Anforderungen an das fertige Halbzeug/Profil sind vor allem die Maßgenauigkeit, die Formtreue im Querschnitt und über die Profillänge, die Funktionsgenauigkeit und die Oberflächengüte. Um diesen Anforderungen gerecht zu werden, sollten einige Gestaltungsgrundsätze befolgt werden:

1. Der Profilquerschnitt soll so einfach wie möglich ausgeführt werden.
2. Die Zahl der Innenstege so gering wie nötig gewählt werden.
3. Die Wandstärke der Innenstege sollte 20 bis 30 % dünner sein als die der Außenstege.
4. Scharfe Kanten nach Möglichkeit vermeiden (R = 0,25 bis 0,5-mal Wandstärke).
5. Materialanhäufungen und plötzliche Wandstärkenunterschiede sind zu vermeiden. Diese führen aufgrund von unterschiedlichem Verzug und Schwindung zu Einfallstellen und Bogenlauf.
6. Symmetrische oder drehsymmetrische Profilquerschnitte minimieren den Verzug und Bogenlauf der Halbzeuge.
7. Alle Kanten zwischen Steg und Gehäuse sind abzurunden, um hohe Verweilzeiten zu vermeiden.

Das Extrusionswerkzeug formt den Kunststoffstrang im Strömungskanal in die entsprechende Profilform um. Bei den Werkzeugen zur Herstellung von PVC-Profilen wird der Strömungskanal in vier funktionale Zonen eingeteilt:

1. Zulauf
2. Verteilerzone (Dornträger)

3. Kompressionszone
4. Beruhigungszone/Parallelzone

Der aus dem Extruder bereitgestellte Schmelzestrang wird in der Zulaufzone aufgeweitet und anschließend in der Verteilerzone in Teilvolumenströme, entsprechend der Profilgeometrie, aufgegliedert. Die Teilvolumenströme werden in der Kompressionszone verdichtet und in der Parallelzone zur endgültigen Profilform ausgeformt.

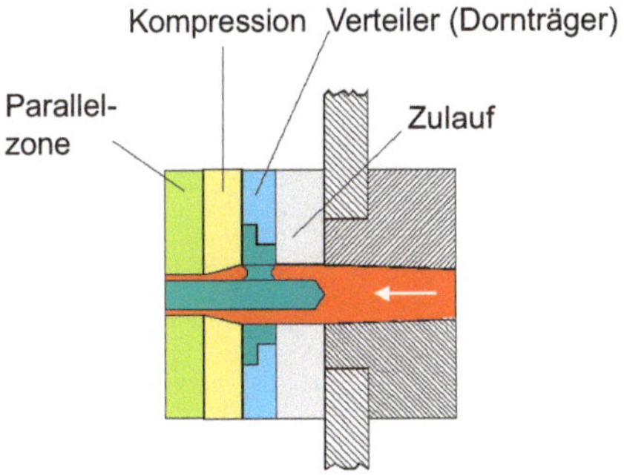

Bild 5.7 Funktionszonen eines Dornträgerwerkzeugs

In Abhängigkeit der Profilwandstärken der zu verarbeitenden Thermoplaste und Massedurchsätze sind die vier Zonenlängen und Kompressionsverhältnisse aufeinander abzustimmen. Bei der Gestaltung ist darüber hinaus zu beachten, dass der Strömungskanal keine Toträume und Stagnationsstellen aufweisen darf. Die Schmelze muss vom Eintritt in den Zulauf bis zum Austritt möglichst stetig beschleunigt werden, bis die benötigte gleichmäßige Austrittsgeschwindigkeit in der Parallelzone erreicht ist. Um die Abmessungen des Austrittsquerschnittes festlegen zu können, muss das Schwellen des Materials, die Umlagerung des Geschwindigkeitsprofils am Ende der Parallelzone - auch Düsenmund genannt - zu einem blockförmigen Geschwindigkeitsprofil, die Schwindung des Materials bei der Abkühlung und der Unterzug berücksichtigt werden. Das Schwellen am Werkzeugaustritt hat seine Ursache in den im Werkstoff gespeicherten reversiblen Deformationen, sowie in der Umlagerung des Geschwindigkeitsprofils am Düsenmund zu einem Blockprofil. Hierbei kann es zu lokalen Dehnungen und Stauchungen am Halbzeug und damit zu Verzerrungen des Profilquerschnittes kommen. Die reversiblen Deformationen - auch Entropieelastizität genannt - werden teilweise in der abschließenden Parallelzone abgebaut. Je länger diese Parallelzone am Ende des Werkzeugs ist, desto weniger weitet sich der Schmelzstrang am Austritt des Werkzeuges auf. Um das Schwellen zu berücksichtigen muss der Austrittsquerschnitt um 4 % bis 10 % reduziert werden. Die Querschnittsreduktion ist vom verwendeten Material und der Austrittsgeschwindigkeit abhängig. Während der Abkühlung von der Schmelzetemperatur auf Raumtemperatur findet eine Volumenkontraktion statt. Der prozentuelle Betrag der Schwindung kann anhand eines pvT-Diagramms ermittelt werden, und muss bei der Festlegung des Austrittsquerschnitts berücksichtigt werden. Der Schwindungsprozess kann durch die sehr schnelle und intensive Abkühlung des Profils blockiert werden. Das ist dadurch zu erklären, da bei schneller Abkühlung größere „freie Volumina“ eingefroren werden, da die hohe Abkühlgeschwindigkeit die Molekülbeweglichkeit schlagartig stark vermindert. Das bedeutet aber auch, dass die Schwindung bei langsamer Abkühlung größer ist, aber nachfolgender Schrumpf bei Warmlagerung kleiner ist. Die Volumenschwindung *V* kann bei Annahme annähernd isotoper Verhältnisse in die Längenschwindung *L* umgerechnet werden:

$$\Delta L = 3\sqrt{\Delta V} \qquad (5.1)$$

mit:

ΔL = Längenschwindung

ΔV = Volumenschwindung

5.4.2 Bauarten von Profilwerkzeugen

Heute finden sich vornehmlich zwei Arten von Werkzeugen bei den Profilherstellern:

- Werkzeuge mit Dornträger oder
- Werkzeuge mit Scheibensegmenten

Ein Dornträgerwerkzeug besteht unter anderem aus dem Torpedo, dem Dorn und einzelnen planparallelen Werkzeugplatten, welche die äußere Umrandung des Strömungskanals bilden. Wesentlich für diesen Aufbau ist, dass der Strömungskanal keine Strömungsleiteinrichtungen enthält, um den Massestrom gezielt in Teilbereichen zu führen. Beim Abstimmen dieser Dornträgerwerkzeuge stellt man häufig fest, dass Querströmungen zwischen Teilbereichen negative Auswirkungen auf die Profilqualität haben und nur schwer zu eliminieren sind.

Demgegenüber wird bei den Segmentwerkzeugen der Strömungskanal ausschließlich in die planparallelen Werkzeugplatten eingearbeitet und entsprechend der Profilgeometrie in entsprechende Teilströmungskanäle unterteilt. Strömungstechnisch sind diese Teilkanäle besser kontrollier- und berechenbar und eröffnen keine Möglichkeit, eine ausgeprägte Querströmung zuzulassen. Erst am Ende des Werkzeugs – in der Beruhigungszone – werden die einzelnen Schmelzeströme zu einem Gesamtschmelzestrom „verschweißt“.

Die Temperierung des Werkzeugs erfolgt heute vorwiegend über außen angebrachte Heizplatten, wobei je nach Komplexität des Werkzeugs mindestens vier Heizzonen auf den Seitenflächen, eine Heizzone im Zulaufbereich und Adapter verwendet werden. Zusätzlich können sogenannte „Glanzheizungen“ an der Stirnseite vorhanden sein. Generell wird die Profilqualität durch die Temperaturführung bei der Produktion und die thermische Auslegung des Werkzeuges in entscheidendem Maße beeinflusst. Zu hohe Wandtemperaturen an den Strömungskanälen, hervorgerufen durch fehlerhaft eingestellte Produktionstemperaturen oder durch eine ungenügend durchdachte Konstruktionen, können für Geschwindigkeitsunterschiede am Austritt und Ablagerungen im Werkzeug verantwortlich sein. Dies gilt insbesondere für die Herstellbarkeit von Coextrusionsprodukten. Im Problemfall und zur Beurteilung muss hier der gesamte „Heißteil“ (Extruder, Schmelzeleitung, Adapter und Extrusionswerkzeug) untersucht werden.

Die Mannigfaltigkeit der Profile und der Materialien sowie die zunehmende Tendenz zu kundenspezifischen Lösungen erfordern eine hohe Flexibilität des Werkzeugherstellers, welche mittels Bedarfs orientierten Werkzeugkonzepten abzudecken ist. Um diesen Marktanforderungen gerecht zu werden, werden wissenschaftliche Methoden in der Werkzeugauslegung, wie zum Beispiel Strömungssimulation, Berechnung oder Messung forciert.

Extrusionswerkzeuge wurden in früheren Jahren ausschließlich nach „Erfahrungswerten“ ausgelegt. Heute stehen leistungsfähige Rechner und Computerprogramme zur Verfügung, die es ermöglichen, den dreidimensional konstruierten Strömungskanal einer Strömungssimulation zu unterziehen. Wenn auch eine exakte Vorausberechnung noch nicht möglich ist, so lassen sich dennoch zahlreiche Analysen damit durchführen und Probleme frühzeitig erkennen. Ein rein wissenschaftlicher Ansatz ist jedoch im derzeitigen Extrusionsumfeld zum Scheitern verurteilt, wenn die Erfahrungswerte nicht eingebunden werden. Hilfreich wäre es, die vorhandenen Erfahrungen in Wissensdatenbanken zu bündeln, und mit Hilfe einfach zu bedienender Software eine enge Verknüpfung zur Berechnung zu realisieren, so dass letztendlich eine Werkzeugkonstruktion mit „optimiertem“ Strömungskanal für die Fertigung freigegeben werden kann.

Aussagekräftige Berechnungen benötigen ein entsprechend feines Berechnungsnetz für die Strömungssimulation einer CFD-Software. Die Anzahl der Finiten Elemente erreicht bei komplexen Fließkanälen Größenordnungen von 1 bis 5 Millionen, so dass sich selbst mit modernen Rechnern, die auf Parallel-Prozessoren arbeiten, Rechenzeiten von 2 bis 24 h ergeben.

Neben der Analyse von Druck und Strömungspfaden entlang dem Fließkanal, stellt die Austrittsgeschwindigkeitsverteilung an der Parallelzone des Werkzeugs eine hilfreiche Aussage bereit. Mit dieser lässt sich eine Art „Schubmuster“ erstellen, welches Rückschlüsse auf die zu erwartende Geschwindigkeitsverteilung des Profils zulässt.

Bei aller Begeisterung für die Simulation ist jedoch zu beachten, dass als wesentliche Voraussetzung für ein brauchbares Berechnungsergebnis das Wissen über die rheologischen Eigenschaften der verwendeten Kunststoffmasse bei Kenntnis der vorherrschenden Verarbeitungsbedingungen erforderlich ist. Andernfalls ist das Simulationsergebnis nur scheinbar korrekt und wird sich in der Praxis nicht bewahrheiten.

5.4.3 Anforderungen an den Werkzeughersteller und Stand der Technik

Der Markt für die Extrusion von Fensterprofilen zeigt mittlerweile zwei Richtungen auf. Auf der einen Seite benötigen die Fensterprofil-Extrudeure Werkzeuge, die im Dauerbetrieb höchste Qualität mit höchster Leistung bringen. Diese so genannten Dauerläufer produzieren rund um die Uhr und werden idealerweise nur für die Reinigung kurzzeitig von der Extrusionsanlage genommen. Mit diesen Werkzeugen werden große Profilmengen in höchster Qualität hergestellt. Auf der anderen Seite werden im Zuge eines kompletten Fenstersystems Profile benötigt, an die ähnliche Qualitätsanforderungen gestellt werden, die jedoch in weitaus geringeren Mengen produziert werden müssen. Für diese Profile sind vielfach günstigere Extrusionswerkzeuge notwendig, die die Profilkosten auch für geringere Mengen attraktiver machen können.

Der Werkzeugpreis geht in die gesamten Profilkosten nur mit ca. drei bis fünf Prozent ein und scheint daher auf den ersten Blick unbedeutend, dennoch fordern die Profilextrudeure gerade für Werkzeuge, mit denen geringere Profilmengen produziert werden, günstigere Preise.

Auf diese Marktanforderung haben Werkzeughersteller mit unterschiedlichen Baureihen geantwortet. So bietet z. B. die Firma Greiner Extrusionstechnik zwei Werkzeuglinien an: Das BasicTooling (Bild 5.8 und 5.9) und das PowerTooling.

Das BasicTooling stellt eine ökonomische Lösung für den Bereich von geringeren Produktionsmengen dar. Aufgrund der Beschränkung auf niedrige Extrusionsgeschwindigkeiten sowie der Vorgabe von Toleranzfeldern und eines äußerst schlanken Produktionsprozesses durch konsequente Ausnutzung von Standardisierung gelingt eine erhebliche Reduzierung des Einfahraufwands.

Das PowerTooling (Bild 5.10) hingegen deckt den Bedarf im klassischen Highend-Bereich mit engsten Toleranzen und höchsten Massedurchsätzen für die so genannten Dauerläufer ab. Mit diesem Werkzeugkonzept können auch kundenspezifische Lösungen realisiert werden.

Beide Konzepte sind mittlerweile mit einer speziellen Düsenkonstruktion, der sogenannten Quick Change Die - kurz QCD, kombinierbar, die einen äußerst raschen Werkzeugwechsel ermöglicht, um die Rüstzeiten möglichst kurz halten zu können.

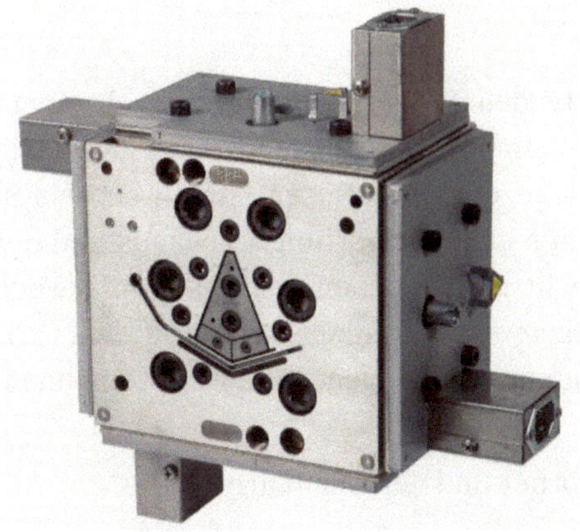

Bild 5.8 BasicTooling Düse
[Quelle: Greiner Extrusionstechnik]

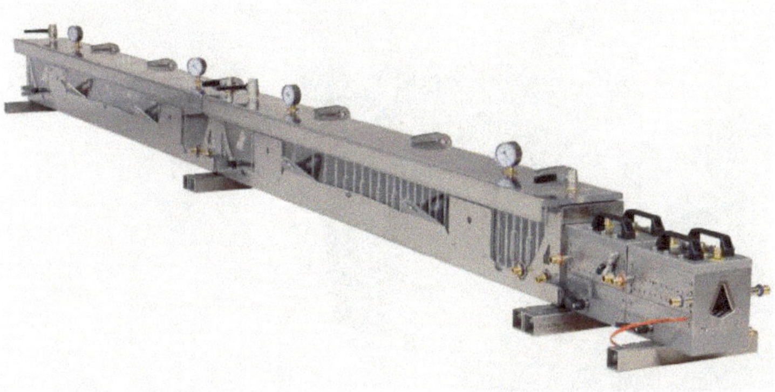

Bild 5.9 BasicTooling Trockenkalibrierung und Tanks [Quelle: Greiner Extrusionstechnik]

Bild 5.10 Einzelne Düsenteile des PowerTooling [Quelle: Greiner Extrusionstechnik]

5.4.4 Schnellwechselsystem

Eine weitere wichtige Forderung der Extrudeure ist die Nachfrage nach einem schnellen und einfachen Werkzeugwechsel, um Anlagenstillstandzeiten soweit wie möglich zu minimieren. Die Erfahrung hat gezeigt, dass Düsenschnellwechselsysteme mit hohem Automatisierungsgrad aufgrund des Wartungsaufwands und der großen Investitionskosten vom Markt nicht angenommen werden. Mittlerweile existieren einfache, rein mechanische Düsenwechselsysteme am Markt. Das QCD der Firma Greiner besteht im Wesentlichen aus den folgenden beiden Komponenten, welche in Bild 5.11 dargestellt sind:

- Spannkäfig bestehend aus dem Grundkörper und den Spannarmen
- Düsenpaket

Bild 5.11 Quick Change Die – QCD Grundkörper mit 2 Führungssäulen (Insert); (1) Spannarme; (2) Düsenpaket

Die Düsenbeheizung befindet sich direkt in den Spannarmen (1). Durch die Lockerung der vier Spannschrauben können alle Spannarme zur Seite geklappt werden (Bild 5.12). Durch die Öffnungsbewegung der Spannarme sind alle Düsenflächen frei zugänglich und ein Düsenwechsel ist innerhalb von wenigen Minuten möglich.

Die Spannarme sind die mechanisch am stärksten beanspruchten Teile der gesamten QCD. Sie übernehmen die volle Spannkraft aller Düsenplatten und müssen einem Extrusionsdruck von bis zu ca. 450 bar standhalten. Die spezielle, relativ schlanke Form dieser Spannarme wurde durch den Einsatz von umfangreichen strukturmechanischen FEM-Berechnungen bei der Entwicklung ermöglicht.

Bild 5.12 Lockerung der Spannschrauben; seitlich aufgeklappte Spannarme

5.4.5 Kundenspezifische Lösungen

Eine nicht zu unterschätzende Anforderung an einen modernen Werkzeughersteller ist die Möglichkeit, kundenspezifische Lösungen anzubieten. Diese Forderung wurde in den letzten Jahren immer lauter. Dabei muss ein sinnvoller Kompromiss zwischen Kostenreduzierung durch Standardisierung und Eingehen auf spezielle Kundenwünsche gefunden werden. Dabei kommt es auch öfters vor, dass der Werkzeughersteller zum Einsatz von bereits vorhandenen Kundenstandardteilen (z.B. Tanks, Coextrusionsanspeisungen) genötigt wird, welche nicht immer optimal aufeinander abgestimmt sind. Die Verantwortung für die Performance des Werkzeugs liegt jedoch immer beim Werkzeughersteller. Als Beispiel sei ein Doppelstrangwerkzeug mit Kerntechnologie, wie in Bild 5.13 dargestellt, angeführt.

Bild 5.13 Doppelstrang mit Kerntechnologie (Hauptextruder mit zwei Seitenextrudern)

5.4.6 Werkzeugauslegung und Wissenschaft im Werkzeugbau

Wie schon angesprochen, ist der Einsatz wissenschaftlicher Methoden wie Simulation, analytische Berechnung sowie Messung ein zentraler Bestandteil des Produktionsprozesses eines modernen Werkzeugbauers. Die Vorteile eines strukturierten Vorgehens in der Erfassung von Einflussgrößen und physikalischen Zusammenhängen sowie der berechnungstechnischen Unterstützung der Werkzeugauslegung liegen klar auf der Hand.

Trotz großer Anstrengungen ist es jedoch bis jetzt bis auf Ausnahmefälle nicht gelungen, eine Werkzeugauslegung zu erreichen, die den Optimierungsprozess weitgehend überflüssig macht. Die Strömungssimulation bietet den Vorteil, komplexeste Geometrien, eine große Anzahl von Materialmodellen sowie Vorgänge wie Wandgleiten zu modellieren. Bei Neuentwicklungen und Erstellung von Auslegungsrichtlinien ist diese Berechnungsmöglichkeit ein unverzichtbares Arbeitsmittel.

Um dennoch den Vorteil von Berechnungen im Standard-Konstruktionsprozess nutzen zu können, wird von einzelnen Werkzeugbauern der Weg favorisiert, Berechnung mit Erfahrungswissen zusammen zu archivieren. Das Erfahrungswissen wird dabei in Wissensdatenbanken abgelegt und durch Regeln softwaremäßig verknüpft. Bei Berechnungen und Simulationen wird ein hoher Automatisierungsgrad mit einer einfach zu bedienenden Benutzereingabe kombiniert, so dass eine Vielfalt von einfachen Standardberechnungen jedem CAD-Anwender zur Verfügung steht. Durch den Softwareeinsatz ist es auch möglich, die Interpretation der Berechnungsergebnisse mit Erfahrungswissen zu verknüpfen. Oft werden Berechnungsergebnisse erst durch diese Verknüpfung zu einer wertvollen Entscheidungshilfe.

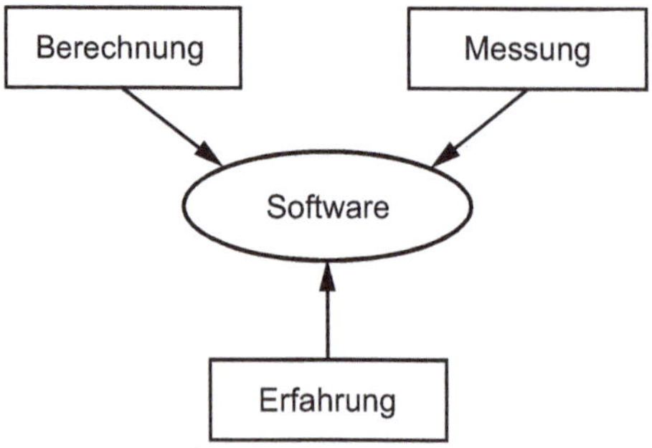

Bild 5.14 Benutzerfreundliche Software verbindet verschiedene Sichtweisen [SCH08]

Der Einfahrprozess wurde in der Vergangenheit kaum durch EDV-Einsatz unterstützt. Gerade in diesem Bereich liegt ein großes Potenzial für die effizientere Nutzung von vorhandenem Wissen durch Softwareunterstützung.

5.4.7 Anforderungen an Berechnungswerkzeuge im Alltag

Aufgrund der verkürzten Durchlaufzeiten steht für die Auslegung eines Standard-Werkzeugs nur eine beschränkte Zeitspanne zur Verfügung. Die Praxis zeigt, dass folgende Voraussetzungen erfüllt sein müssen, damit eine Berechnung bei jedem Werkzeug erfolgreich angewendet wird:

- Die Berechnung muss vom Konstrukteur selbständig durchgeführt werden können (kein Berechnungsingenieur notwendig).
- Der Konstrukteur braucht keine FEM-Kenntnisse.
- Eingabe, Ausgabe und Auswertung der Berechnung sind sehr einfach (minimaler Einschulungsaufwand).
- Die Berechnung (inklusive Eingabe, Ausgabe und Interpretation) muss bei iterativer Anwendung innerhalb von 5 Minuten möglich sein. Bei einmaliger Berechnung (z. B. Kühlstreckenrechnung) darf die Berechnung nicht länger als 20 Minuten dauern.
- Die Berechnungsmöglichkeit muss 24 h am Tag zur Verfügung stehen.

Diese Forderungen können nur durch eine vollständige Automatisierung von FEM-Berechnungen realisiert werden.

5.5 Kalibrierwerkzeug

Die Aufgabe der Kalibrierung ist es, den aus dem Werkzeug austretenden Schmelzestrang definiert abzukühlen und in die benötigte geometrische Form zu bringen. Durch den sogenannten Unterzug (Verstreckung aus der Düse heraus) soll das Profil in die nachfolgende Kalibriervorrichtung eingezogen werden. Es soll so schnell wie möglich ein guter Kontakt zur kühlenden und kalibrierenden Wand des Kalibers hergestellt werden. Daher muss im Gegensatz zur Strangaufweitung der Austrittsquerschnitt (zwischen 3 und 10 %) größer ausgeführt werden, um einen guten Kontakt beim Eintritt in das Kaliber zu gewährleisten. Die Größe hängt wieder vom verwendeten Kunststoff und der Geschwindigkeit ab.

Der Kaliber darf weder im Einlauf noch im weiteren Verlauf der Innenwandung eine Beschädigung der Produktoberflächen verursachen. Darüber hinaus ist die Erzeugung von Eigenspannungen zu minimieren. Kalibrierwerkzeuge für die Fensterprofilherstellung bestehen typischerweise aus zwei Teilen, einer Trocken- und Nasskalibrierung. Aufgabe der Kalibrierung ist es, den noch plastischen Profilstrang im ersten Teil der Kalibrierung unter Einwirkung von Vakuum an die Innenseite des gekühlten Trockenkalibers anzusaugen und gleichzeitig abzukühlen. Im ersten Kalibrierabschnitt muss der Profilstrang soweit abgekühlt sein, dass sich eine feste Oberfläche gebildet hat, um im folgenden Abschnitt mit Kühlwasser in Kontakt kommen zu dürfen. Im Falle unzureichender Kühlung im Trockenkaliber werden durch das Kühlwasser kleine Einfallstellen, Flecken und Streifen gebildet. Grundsätzlich ist die Trockenkalibrierung so kurz wie möglich zu halten. Im Trockenkaliber ist die Kühlwirkung aufgrund der schlechteren Wärmeleitfähigkeit des Kalibrierkörpers gegenüber dem Einsatz mit Kühlwasser deutlich geringer. Da die Profiloberfläche an die Innenwandung gesaugt wird und somit Reibungskräfte zwischen Kaliber und Profil entstehen, ist mit höheren Abzugskräften zu kalkulieren. Größere Abzugskräfte rufen aber auch einen erhöhten Längsschrumpf hervor. Eine Mindestlänge ist aber trotzdem einzuhalten, um die Ausformung und Fixierung der Innenstege zu gewährleisten. Die meisten Werkzeughersteller verwenden Trockenkaliber, die aus Segmenten von je 200 oder 250 mm bestehen und eine Gesamtlänge von 500 mm bis 1500 mm aufweisen.

Hohlkammerprofile werden nach dem Trockenkaliber in einem Vakuumtank mit Wasserströmung oder mittels Sprühnebel auf Umgebungstemperatur abgekühlt. Bei Vakuumtanks, welche aus mehreren Kammern bestehen, durch sogenannte Stützscheiben gebildet, kann eine gezielte Wasserströmung realisiert werden, die durch Druckunterschiede zwischen den Kammern getrieben ist. Für die Profilqualität wesentlich ist ein schwankungsfreies Vakuum innerhalb des Tanks sowie die präzise Regelung des Unterdruckes. Eine hohe Kühlleistung wird durch einen großen Wasseraustausch bei möglichst hoher Temperaturdifferenz zwischen Ein- und Auslauf erzielt.

Bei der Produktion von Vollwandprofilen werden vorzugsweise offene Wasserbäder oder Sprühbäder eingesetzt.

5.6 Kühlung

Eine große Herausforderung bei der Kalibrierung von Profilen, gerade wenn es sich dabei um Mehrkammerprofile handelt, ist die gleichmäßige Abkühlung des Profilquerschnitts. Temperaturunterschiede von über 100 °C innerhalb des Profils müssen durch Ableitung der Wärme ausgeglichen werden. Mit zunehmender Profilgeschwindigkeit erhöht sich die Komplexität der zu bewältigenden Kühlprozesse. Eine hohe Zahl an Kammern im Profil schränkt die natürliche Luftzirkulation und damit die Wärmeübertragung und den Wärmetransport stark ein. Wärmestau und Hitzenester führen durch nachträgliche Wärmeabstrahlung, zeitlich versetzt ablaufenden Schrumpf, zu unerwünschter Verformung des Profils. Dadurch können vorgegebene Toleranzen nicht mehr eingehalten werden. Derart verformte Profile sind für die Fensterproduktion nicht mehr verwendbar und somit unbrauchbar.

5.6.1 Optimierung von Kühlparametern in der Profilextrusion

Simulation der Abkühlung eines Fensterprofils

Für die Optimierung von Kühlparametern ist das Verständnis des Kühlprozesses eine wesentliche Voraussetzung. Dabei stellt die Finite Elemente Methode (FEM) ein besonders wertvolles Hilfsmittel dar [MUE97], [GRO98], [OER03].

Mit Hilfe der FEM kann der komplette Abkühlverlauf von Fensterprofilen simuliert werden. Dabei wird ein Profilquerschnitt in einem 2D-Modell entlang der gesamten Kühlstrecke bis zur Position der Säge begleitet. Zum Zeitpunkt $t = 0$ (erster Profilkontakt mit der Trockenkalibrierung) wird eine gleichmäßige Temperaturverteilung im Profilquerschnitt angenommen (typisch 200 °C). Auf der Profiloberfläche wird eine zeitabhängige Konvektionsrandbedingung (Wärmeübergangskoeffizient und Umgebungstemperatur) aufgebracht. Damit können die unterschiedlichen Kühlbedingungen in Trockenkalibrierung, Tank und Umgebungsluft modelliert werden. Für praxisnahe Aussagen ist es sehr wichtig, alle relevanten Wärmetransportmechanismen zu berücksichtigen: Wärmeleitung, Konvektion und Strahlung [VDI02], [BIR60], [BRU00].

Als Beispiel sei die Abkühlung eines 3-Kammer Rahmenprofils im Folgenden genauer betrachtet: Die Kühlstrecke besteht aus 6 Trockenkalibern mit einer Gesamtlänge von 1,44 m und einer Tanklänge von 11,8 m. Bei einer Extrusionsgeschwindigkeit von 4 m/min ergeben sich folgende Maximaltemperaturen: am Ende der Trockenkalibrierung 198,6 °C (Bild 5.15); am Ende der Kühlstrecke 99,8 °C (5.16) sowie 60,1 °C bei der Säge [SCH08].

Betrachtet man den zeitlichen Temperaturverlauf von drei repräsentativen Punkten (Bild 5.17 und 5.18), dann zeigt sich, dass die Profiloberfläche (T3) bereits nach Ende der Trockenkalibrierung im Wesentlichen ausgekühlt ist. Die Innenseite der Hauptwand (T2) weist am Ende der Trockenkalibrierung eine Temperatur von typischerweise 160 °C auf. Somit ergibt sich eine mittlere Hauptwandtemperatur von etwa 90 °C. Im Unterschied dazu hat sich die Temperatur der Innenstege (T1) noch kaum reduziert. Erst im Bereich des Tanks werden Konvektion und Strahlung aus-

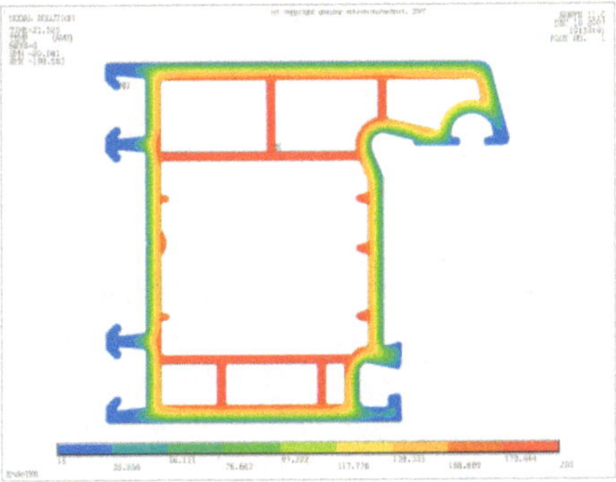

Bild 5.15 Temperaturverteilung am Ende der Trockenkalibrierung [SCH08]

reichend effizient, um zu einer spürbaren Kühlung der Innenstege beitragen zu können. Am Ende des Tanks liegt eine kühle Außenwand vor. Durch die große Wärmekapazität der kalten Außenwand werden die Innenstege auch nach dem Ende der Kühlstrecke noch wirksam gekühlt (Abfall der Maximaltemperatur von etwa 100 °C auf etwa 60 °C im Bereich der Säge) [SCH08].

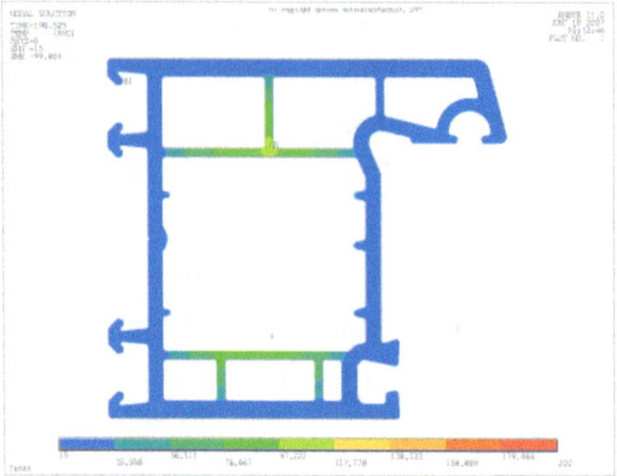

Bild 5.16 Temperaturverteilung am Ende der Kühlstrecke

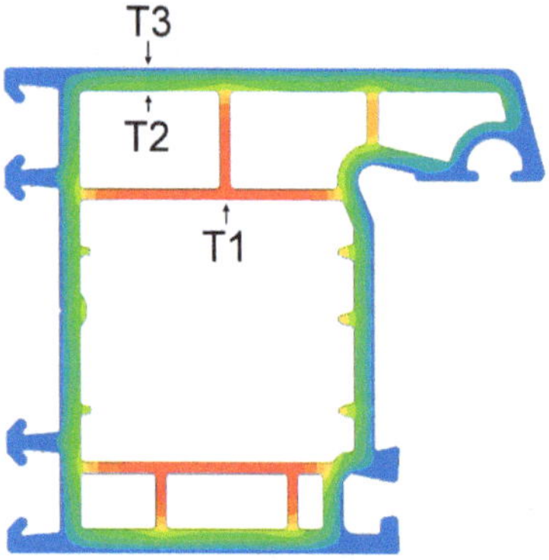

Bild 5.17 Drei repräsentative Punkte für die Analyse des zeitlichen Temperaturverlaufs [SCH08]

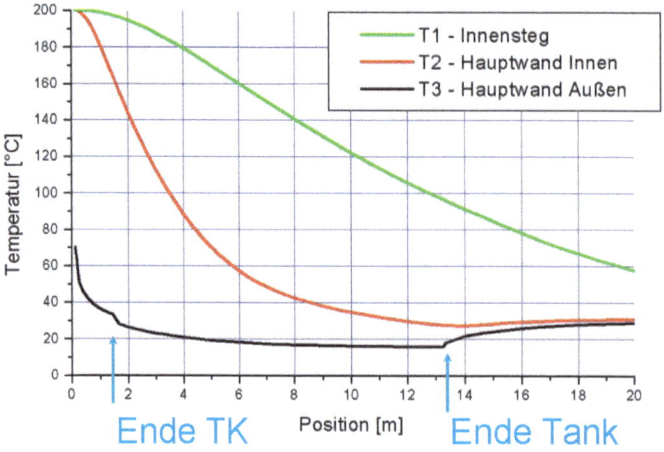

Bild 5.18 Zeitlicher Temperaturverlauf von drei repräsentativen Punkten [SCH08]

Parametervariation

Das Simulationsmodell kann zur Analyse von Einflussgrößen auf die Maximaltemperatur des Profils herangezogen werden. Dabei können auch Effekte untersucht werden, die der Messung kaum zugänglich sind.

In Tabelle 5.1 werden drei Parameter variiert [SCH08].

Tabelle 5.1 Parametervariation

Parameter	Standard	Variation
α Wärmeübergangskoeffizient [W/m²/K]	1000	600 bis 2000
T_W Wassertemperatur [°C]	15	15 bis 19
Extrusionsgeschwindigkeit [m/min]	4,00	3,90 bis 4,10

Der Einfluss der Parametervariation auf die Maximaltemperatur am Ende der Kühlstrecke sowie auf die Maximaltemperatur bei der Säge wird im Bild 5.19 bis 5.21 dargestellt.

Das Bild 5.19 zeigt, dass eine Erhöhung des Wärmeübergangskoeffizienten (bzw. der Durchflussmenge) die Maximaltemperatur am Tankende und bei der Säge nur geringfügig reduziert. Durch eine Verdoppelung des Wärmeübergangskoeffizienten lässt sich die Temperatur am Tankende nur um etwa 1 °C absenken.

Erhöht man die Wassertemperatur im Tank um 2 °C, dann erhöht sich die Maximaltemperatur am Tankende um 1 °C. Bei der Säge kommt es zu einer Erhöhung der Maximaltemperatur um 1,6 °C. Der Maximaltemperaturanstieg ist somit bei der Säge höher als am Tankende. Das lässt sich folgendermaßen erklären: Die Hauptwände weisen am Ende der Kühlstrecke eine mittlere Temperatur auf, die

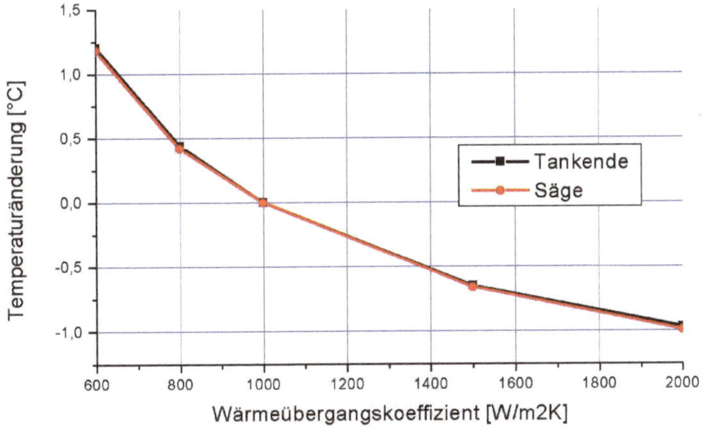

Bild 5.19 Änderung der Maximaltemperatur bei Variation des Wärmeübergangskoeffizienten [SCH08]

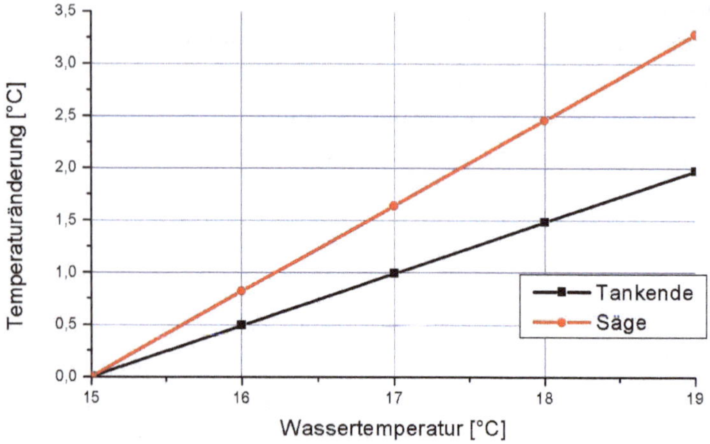

Bild 5.20 Änderung der Maximaltemperatur bei Variation der Wassertemperatur

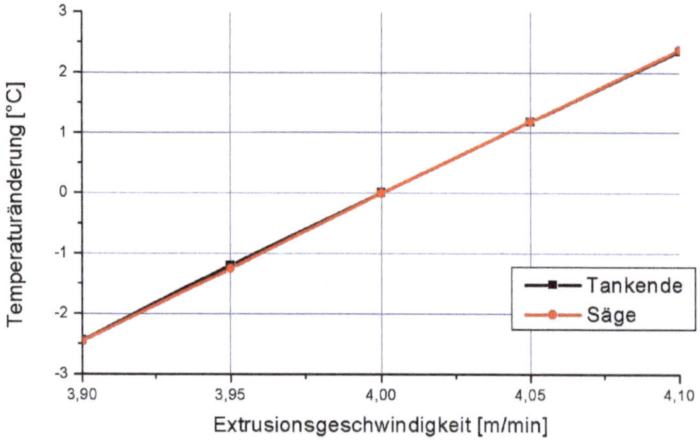

Bild 5.21 Änderung der Maximaltemperatur bei Variation der Extrusionsgeschwindigkeit

nur wenig über der Wassertemperatur liegt. Bei Erhöhung der Wassertemperatur sind somit die Außenwände im Bereich zwischen Ende der Kühlstrecke und der Säge wärmer. Dadurch wird die Kühlung der Innenstege in diesem Bereich weniger effizient.

Eine Variation der Extrusionsgeschwindigkeit um 2 % hat auf die Maximaltemperatur bei der Säge eine ähnliche Auswirkung wie eine Veränderung der Wassertemperatur um etwa 2,5 °C beziehungsweise ist von gleicher Größenordnung wie eine Veränderung des Wärmeübergangskoeffizienten um den Faktor 2.

Daraus folgt, dass durch Senkung der Wassertemperatur im Tank und/oder durch eine deutliche Erhöhung der Wasserdurchflussmenge im Tank die Extrusionsgeschwindigkeit bei gleicher Kühlstrecke nur in begrenztem Ausmaß erhöht werden [SCH08].

5.6.2 Kühlleistung

Aus dem oben beschriebenen Simulationsmodell lässt sich auch die erforderliche Kühlleistung für verschiedene Bereiche der Kalibrierung berechnen (siehe Bild 5.22).

Es zeigt sich, dass der erste Trockenkaliber und der erste Tank die größte Kühlleistung erfordern und mit 4 bis 5 kW von gleicher Größenordnung sind. Die Kühlleistung der Trockenkaliber 3 bis 6 ist bereits deutlich kleiner als die Kühlleistung der Trockenkaliber 1 und 2. Somit lässt sich das in der Profilextrusion häufig eingesetzte Koppeln der Trockenkaliber 3 und 4 sowie 5 und 6 sehr gut nachvollziehen.

Typischerweise wird die Werkzeugkühlung mit Frischwasser betrieben und benötigt für die Kühlung bis zu 50 m^3/h. Durch den Einbau eines geschlossenen Wasserkreislaufes kann der Wasserverbrauch wesentlich reduziert werden [SCH08].

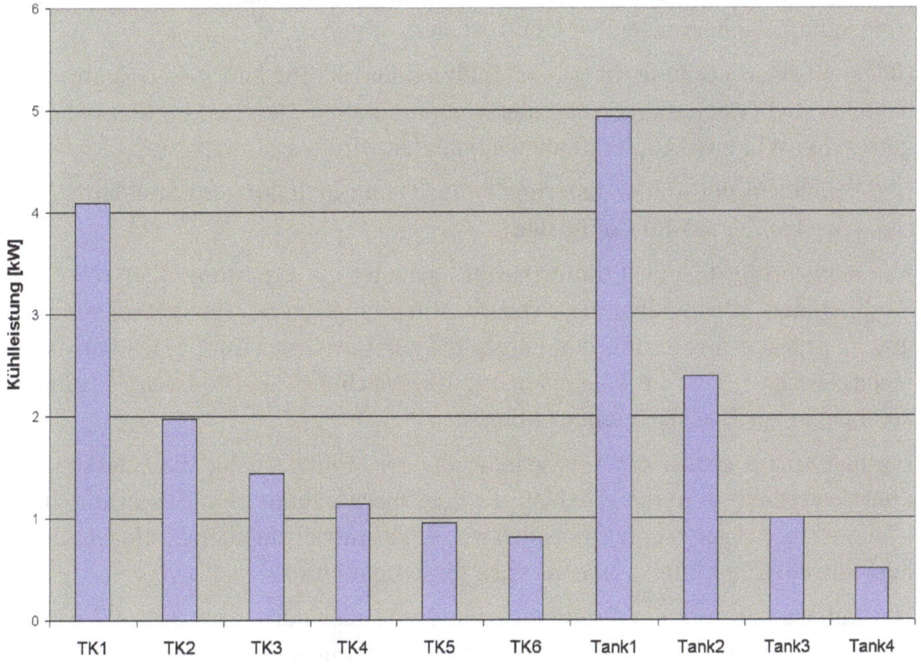

Bild 5.22 Kühlleistung in verschiedenen Bereichen der Kalibrierung bei einem typischen Fensterhauptprofil mit einer Extrusionsgeschwindigkeit von 4 m/min

5.7 Sonstiges

5.7.1 Nachfolge, Steuerung

Neben dem Extruder und dem eingesetzten Profilwerkzeug spielt auch die Funktionsweise der Nachfolge und insbesondere die Automatisierung der Linie eine entscheidende Rolle. Automatisierung bedeutet hier Produkt- und Prozessüberwachung auf der ganzen Linie. Es gilt also, die Daten jedes Liniensegmentes zentral - vorwiegend am Extruder - zu erfassen, um eine „horizontale" Steuerung und Automatisierung vornehmen zu können. Der Extruder ist also auch als „Kopf" der Linie zu verstehen, was die Datenerfassung angeht.

Des Weiteren eröffnet die „horizontale" Datenerfassung von Antrieben, Coextrudern und Nachfolgemaschinen mit einfacher und intelligenter Sensorik den Übergang von der Synchronisierung zur Kommunikation. An dieser Stelle ist auch eine Vernetzung, die quer bzw. „vertikal" verläuft, über mehrere Extrusionslinien realisierbar.

Die vertikale Linienvernetzung unterstützt einen Produzenten beim Produktivitätsvergleich von verschiedenen Extrusionslinien oder Standorten. Diese Vernetzung kann beispielsweise über OPC realisiert werden.

OPC steht als Abkürzung für „Open Linking & Embedding for Process Control" und kann als ein herstellerübergreifender Kommunikationsstandard für den Datenaustausch von Windows-Applikationen verstanden wird.

OPC kommt aus der Automatisierungsbranche und stellt dort eine Standardschnittstelle für den Zugriff auf Geräte dar.

Automatisierung für die Profilextrusion bedeutet die Erfassung aller relevanten Produktdaten mit intelligenter Sensorik. Dies fängt an bei der Verwiegung und gravimetrischen Dosierung des Rohstoffes zur Gewährleistung eines konstanten Metergewichtes, geht im Folgenden zur Überwachung des Profils auf Maßhaltigkeit bis hin zur Oberflächeninspektion.

Darüber hinaus gehört zur Automatisierung der Profilextrusion die Erfassung von Energieströmen, um eine effiziente Prozessüberwachung und -Steuerung zu gewährleisten. Erfasst werden beispielsweise die Antriebsmomente, die Durchsatzleistung, die Kühlmittelströme als auch die Temperaturen.

Die Automatisierung der Profilextrusion kann aber auch dazu genutzt werden, durch die Aufnahme und Ermittlung der Belastungshistorie von Maschinenelementen eine Prognose für Serviceintervalle festzulegen. Beispielsweise wird mit Hilfe der Belastungshistorie des Antriebs, welche aus der Erfassung der Betriebsstunden und Belastungshöhe besteht, die pro Zeitintervall verbrauchte Lebensdauer errechnet.

Die Dokumentation von Prozess und Produktion ist die Voraussetzung, eine gleich bleibend hohe Produktqualität gewährleisten zu können und bietet darüber hinaus Möglichkeiten, via Modem oder Internet eine Ferndiagnose durchzuführen. Diese Prozessüberwachung eröffnet eine standortunabhängige Expertenbeteiligung an Prozessanalysen [STU07].

5.7.2 Oberflächenkontrolle in der Profilextrusion

Anders als in der Rohrextrusion haben sich in der Profilextrusion noch keine Standardsysteme zur Online Produktvermessung etabliert.

Folgende Qualitätsparameter sind in der Profilextrusion wichtig:

- Farbe
- Glanz
- Glanzstreifen
- Riefen
- Punktfehler/Stippen (Verunreinigungen)
- Hauptabmaße, Funktionsmaße und Innenabmaße
- Mechanische Eigenschaften

Diese Qualitätsparameter werden in der Praxis hauptsächlich außerhalb der Extrusionslinie erfasst, indem in regelmäßigen Abständen Musterstücke entnommen und geprüft werden. Seit vielen Jahren werden Systeme zur Oberflächenbeurteilung entwickelt, die in der Lage sind, die sichtbaren Flächen von Profilen auf Qualität zu überprüfen. Dabei können die Defekte nach Art und Größe vom Anwender definiert werden. Eine Zuordnung der Fehlstellen zu der Produktlänge wird vom System automatisch vorgenommen und ermöglicht mit einer entsprechenden Vorrichtung ein automatisches Abpacken der geprüften Profile.

Ein weiterer Schritt ist die Online Vermessung der Querschnittsgeometrie. Wie auch in anderen Industriebereichen sind derartige Überwachungssysteme mit Zeilen- oder Matrixkameras auch in der Profilextrusion vereinzelt im Einsatz.

Obwohl beide Systeme auf den Produktionsbetrieb hin optimiert wurden, ist zurzeit eine Anwendung im Standard noch nicht erkennbar. Das könnte einerseits an den zusätzlichen Investitionskosten, andererseits an der doch aufwendigen Fehlerdefinition liegen.

5.7.3 Geräuschemission

Vor dem Hintergrund der neuen EU Richtlinie 2003/10/EG, die 2006 in Kraft getreten ist und Mindestvorschriften zum Schutz von Sicherheit und Gesundheit der Arbeitnehmer vor Gefährdung durch physikalische Einwirkungen (z.B. Lärm) festlegt, hat die Battenfeld Extrusionstechnik umfangreiche Schallleistungsmessungen an Extrusionslinien durchgeführt. Innerhalb einer Profilextrusionslinie stellt der Kalibriertisch neben dem Antriebsstrang des Extruders die lauteste Anlagenkomponente dar. Die Lärmverursacher sind hier wiederum die für die Vakuumerzeugung eingesetzten Flüssigkeitsringvakuumpumpen sowie das so genannte Falschluftventil, ein Kugelhahn zur Druckregelung. Da die so genannten „Flüstertische" standardmäßig mit einem Zentralvakuum ausgestattet sind, entfallen hier die Falschluftventile und damit ein Lärmerzeuger innerhalb der Linie.

Weitere Lärmverursacher sind die Abzug- und Trennvorrichtungen, die Materialdosierung, die Temperierung bzw. Ventilatoren als auch Nebenaggregate wie z.B. Öl- und Wasserpumpen.

Um die Geräuschemission des Antriebs zu reduzieren, kann die Getriebeverzahnung optimiert geschliffen werden oder aber die Motorkühlung von Luft auf Wasser umgestellt werden. Ebenfalls besteht die Option, Ventilatoren und Zylinderkühlung mit einer strömungstechnisch optimierten Ansauggeometrie auszustatten oder Nebenaggregate mit einer Kapselung zu versehen.

5.8 Marktentwicklung

Anhand der Entwicklungen bei den Materiallieferanten und Maschinenherstellern ist festzustellen, dass neue Märkte im Osten erschlossen werden können. Hier ist der Bedarf an Profilen mit wenigen Kammern, die als Dauerläufer produziert werden sehr groß, woraus günstige Meterpreise resultieren.

Für die Realisierung dieser Anlagenkonzepte setzen alle führenden Profilmaschinenbauer auf die Vergrößerung der Anlagenkomponenten Extruder, Werkzeuge und Nachfolge.

Bei den Profilherstellern stehen neben der Forderung nach hohen Ausstoßleistungen aber vor allem die Wirtschaftlichkeit und Verfügbarkeit mehr denn je im Vordergrund. Neben den Material- und Personalkosten kommt auch die Frage nach dem Energieverbrauch immer häufiger ins Gespräch. Die Instandhaltung bzw. Wartung ist direkt verknüpft mit der Verfügbarkeit der Linie und bedarf ebenfalls besonderen Augenmerks.

In Abhängigkeit von der Entwicklung in der Werkzeug- und Kalibertechnik werden sich die Ausstoßleistungen bei den Doppelschneckenextrudern erhöhen und weiterentwickeln müssen. Veränderungen wird es demnach bei den Schneckendurchmessern, den Schneckendrehmomenten, den spez. Durchsätzen und den max. Schneckendrehzahlen geben.

Auch diese Evolution in der Maschinentechnik wird erkauft durch höhere erforderliche Kühlleistungen und den damit verbundenen größeren Platzbedarf.

Diese Lösungsansätze sollten bei der Planung und Errichtung neuer Produktionsstätten berücksichtigt werden!

Literatur zu Kapitel 5

[BEC86] Becker, W., Braun, D.: Kunststoffhandbuch Polyvinylchlorid 2/2; 2. Auflage 1986 Carl Hanser Verlag, München, Wien

[BIR60] Bird, R.B., Stewart W.E., Lightfoot E. N.: Transport Phenomena. New York: John Wiley & Sons, 1960

[BRU00] Brunnhofer, E., Sander, R.: Das Extrusionswerkzeug - Leitfaden zur Gestaltung und Handhabung. Düsseldorf: VDI Verlag, 2000

[GRO98] Groth, C., Müller, G.: FEM für Praktiker - Temperaturfelder. 2. Auflage. Renningen-Malmsheim: expert verlag, 1998

[GRO99] Große-Aschhoff, M.: Optimierung des Mischprozesses bei PVC für Fensterprofile; Erschienen in Kunststoffe 02/1999, Seite 74 - 77

[HUB07] Hubl, B.: Wissenschaft und Praxis im Fensterprofilwerkzeugbau 2007, Manuskript Fa. Greiner Extrusionstechnik GmbH

[MIC91] Michaeli, W.: Extrusionswerkzeuge für Kunststoffe und Kautschuk. 2. Auflage. München Wien: Carl Hanser Verlag, 1991

[MUE97] Müller, G., Groth, C.: FEM für Praktiker. 4. Auflage. Renningen-Malmsheim: expert verlag, 1997

[OER03] Oertel, H., Laurien, E.: Numerische Strömungsmechanik 2. Auflage. Braunschweig/ Wiesbaden: Vieweg Verlag, 2003

[SCH08] Schmidt, R., Hubl, B.: Optimierung von Kühlparametern in der Profilextrusion; Manuskript Veka AG, Sendenhorst und Greiner Tool.Tec GmbH, Nußbach

[STU07] Studener, W., Seibel, S.: Profilextrusion der Zukunft; Beitrag zum 6. Internationaler Kunststoff-Fenster-Kongress 2007, Würzburg

[VDI02] Verein Deutscher Ingenieure: VDI-Wärmeatlas. 9. Auflage. Berlin Heidelberg: Springer Verlag, 2002

6 Flachfolien- und Plattenextrusion

Dr.-Ing. Carl-Jürgen Wefelmeier

6.1 Einleitung

Kunststofffolien und Platten sind häufig Halbzeuge, die zu gebrauchsfähigen Produkten weiterverarbeitet werden müssen. Nachfolgende Schritte können z. B. das Thermoformen, Beschichten, Bedrucken, und das spanende Bearbeiten (bei Platten) sein. Die Abgrenzung zwischen Folien und Platten wird über die Dicke des Halbzeugs vorgenommen. Folien werden in der Regel gewickelt und Platten gestapelt. Je nach Kunststoff existieren dennoch Überschneidungen, so dass diese Produkte einerseits steif genug bzw. stapelfähig sind und andererseits eine ausreichende Flexibilität besitzen, um gewickelt werden zu können.

Kunststofffolien werden in vielen Bereichen eingesetzt. Kunststoffverpackungen, wie Schalen, Becher, Teller etc. spielen dabei eine wesentliche Rolle. Verpackungslösungen aus Kunststoffen können optimal auf den jeweiligen Verwendungszweck angepasst werden. Durch Mehrschichtverbunde ist es möglich, optimale Gebrauchseigenschaften zu realisieren. Im Lebensmittelverpackungsbereich spielen die Barriereeigenschaften eine große Rolle, um eine optimale Qualität des Verpackungsgutes zu gewährleisten. Die Folie muss zudem definierte mechanische und optische Eigenschaften aufweisen. Ferner spielt z. B. die Siegelfähigkeit von Deckelfolien eine wichtige Rolle. Um die erforderlichen Gebrauchseigenschaften zu gewährleisten, müssen diese Folien mehrschichtig hergestellt werden.

Aber auch für technische Anwendungen kommen Folien zum Einsatz. Sie werden beispielsweise für Helmvisiere, Schutzbrillen und Flachbildschirme eingesetzt. Auch in der Automobilindustrie werden Kunststofffolien verwendet. Da sie bedruckbar und leicht thermoformbar sind, werden Folien häufig im KFZ-Innenraum als hinterspritzte Dekorfolien eingesetzt. Hinterleuchtete, transparente und transluzente Folien finden häufig in Tachometern Einsatz.

Für Kunststoffplatten existiert ebenfalls ein breites Einsatzspektrum. Auch hier sind oft mehrschichtige Systeme erforderlich, um z. B. an den Plattenoberflächen einen definierten Schutz gegen UV-Strahlung zu gewährleisten.

Platten können zu einer Vielzahl von Produkten weiterverarbeitet werden. Durch Thermoformen können Platten z. B. zu Transportbehältern, Schutzhauben für den Maschinen- und Anlagenbau, KFZ-Kotflügeln, Sanitärartikeln (Badewannen, Spülen), Stapelpaletten und Elektrogehäusen verarbeitet werden.

Transparente Kunststoffplatten werden häufig anstelle von Glas verwendet. Als Beispiele dienen hier Stadionbedachungen, Werbedisplays und Lärmschutzscheiben. Im Automobil werden Glasscheiben häufig durch Kunststoffscheiben ersetzt.

6.2 Anlagentechnik

Im Folgenden soll auf den Aufbau von Extrusionslinien zur Herstellung von Folien und Platten anhand von typischen Beispielen eingegangen werden.

Wie bereits erläutert, bestehen zwischen Folien und Platten und deren Anwendungen signifikante Unterscheide, die sich zwangsläufig in der Maschinentechnik widerspiegeln. Einige Anlagenkomponenten werden jedoch sowohl in Plattenanlagen als auch in Folienanlagen verwendet. Um Wiederholungen zu vermeiden, werden deshalb zunächst der grundsätzliche Aufbau und die Funktion der Anlagentechnik für Folien und Platten erläutert.

Die detaillierten Beschreibungen der einzelnen Anlagenkomponenten und deren Variationen werden deshalb nochmals separat vorgenommen.

6.2.1 Maschinentechnik zur Herstellung von Flachfolien

Die Maschinentechnik von Flachfolienanlagen richtet sich nach den Produkteigenschaften. Hier werden zwei grundsätzliche Folientypen unterscheiden:

- Gießfolien (Castfilm, Chillroll)
- Glättfolien

Bei Gießfolien wird die Kunststoffschmelze auf eine Kühlwalze (Chillroll) aufgegossen. Mit dieser Technologie können sehr dünne Folien mit minimaler Dicke von ca. 20 µm hergestellt werden (siehe auch Kapitel 7 „Gießfolienextrusion").

Bei Glättfolien wird die Kunststoffschmelze in einem Glättwerk beidseitig geglättet. Infolge des Glättprozesses zwischen den Glättwalzen können hier lediglich Folien mit minimaler Dicke von ca. 125 µm extrudiert werden.

Bevor der Rohstoff in einer Folienextrusionsanlage zu einer Flachfolie oder Platte verarbeitet wird, muss dieser gelagert, gefördert und ggf. vorgetrocknet bzw. kristallisiert werden. Die dafür benötigte Peripherie wird im nachfolgenden Layout nicht dargestellt, ist aber für den Verarbeitungsprozess von Bedeutung.

Die Rohstoffe werden in Bigbags, Oktabins, Behältern oder Silos gelagert und mittels einer pneumatischen Förderung zum Trockner bzw. direkt zu den Extruderdosierungen gefördert. Hierzu werden die Anlagen mit automatisierten Materialleitsystemen ausgestattet (siehe Kapitel 11 „Dosiergeräte für Extrusionsanlagen“).

Viele Kunststoffe sind hygroskopisch, d.h. sie nehmen aus der Umgebung Wasser auf. PET, PA, PC, ABS sind beispielsweise solche Materialien. Bei der Verarbeitung dieser Kunststoffe muss die Maschinentechnik mit einem Trocknungssystem ausgestattet werden.

Materialien wie PP, PE, PS und PVC werden im Allgemeinen nicht vorgetrocknet, weil diese nicht hygroskopisch sind.

6.2.1.1 Beispiel einer Extrusionslinie zur Herstellung geglätteter Flachfolien

Das Bild 6.1 zeigt die schematische Darstellung einer Flachfolienextrusionslinie für geglättete Folien. Die Anlage ist modular aufgebaut.

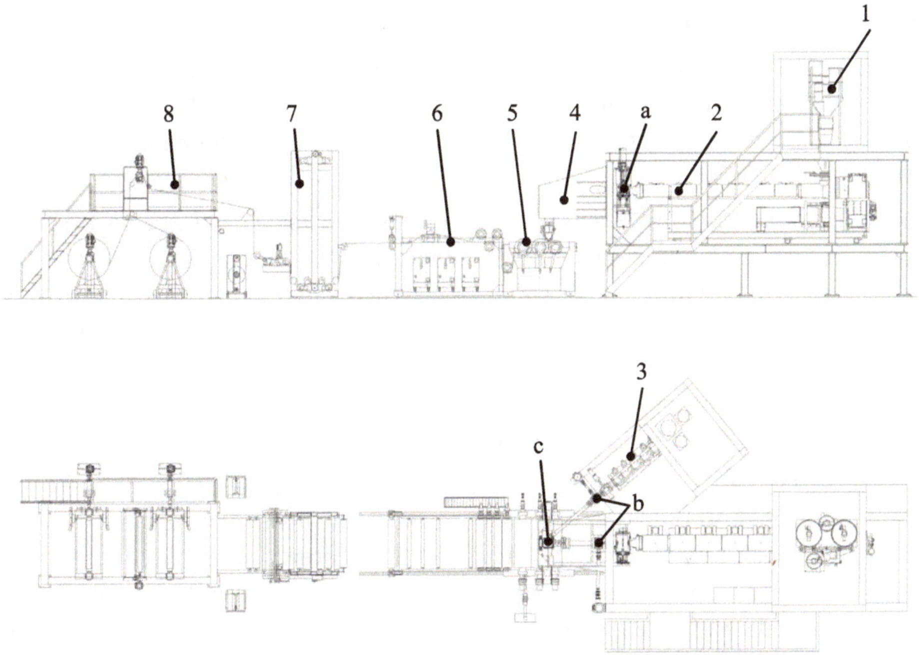

Bild 6.1 Folienextrusionslinie, schematisch (oben: Seitenansicht, unten: Draufsicht) [Quelle: Krauss Maffei Berstorff GmbH]

Modul 1: Dosierung
Modul 2: Hauptextruder
Modul 3: Coextruder
Modul 4: Düsenportal
Modul 5: Glättwerk
Modul 6: Nachkühleinheit
Modul 7: Warenspeicher
Modul 8: Wickler
Detail a: Siebwechsler
Detail b: Zahnradpumpen
Detail c: Feedblock

Modul 1 zeigt die Dosierung, welche vom Materialleitsystem mit dem Rohstoff beschickt wird. Die Dosierung hat die Aufgabe, dem Extrusionssystem definierte Mengen an bestimmten Komponenten (Kunststoff, Additive etc.) zuzuführen. Die Dosierungen sind über den Extrudern angeordnet und münden in den Trichter der Einschneckenextruder (Modul 2 und 3). Auf den Aufbau und die Funktion von Dosiergeräten wird in Kapitel 11 „Dosiergeräte für Extrusionsanlagen" näher eingegangen.

Das **Modul 2** zeigt den Hauptextruder und das **Modul 3** den Coextruder (siehe Draufsicht im Bild 6.1). Die Aufgabe der Extruder ist das homogene Plastifizieren der Ausgangskomponenten, die von der Dosierung zugeführt werden.

Bei der Folienextrusion kommen in der Regel Einscheckensysteme zum Einsatz. In diesem Beispiel handelt es sich um reine Plastifizierextruder ohne Entgasung, wie sie z. B. für die Verarbeitung von PP-Tiefziehfolien verwendet werden.

Sie sind jeweils mit einem Trichter ausgestattet, der auf der Einfüllöffnung montiert ist. Die Materialzufuhr aus dem Trichter kann mit Hilfe eines Schiebers unterbrochen werden. Häufig werden hier sog. Doppelblatt-Schieber eingesetzt. Beide Schieber öffnen und schließen von der Mitte aus. Durch eine Überlappung beider Schieber werden Toträume, in denen sich Granulat absetzen kann, vermieden.

Die Extruder stehen auf Bühnen, um die für den Prozess notwendige Extrusionshöhe zu erreichen. Der Motor ist in diesem Beispiel unterhalb der Extruderzylinder als stehendes U angeordnet. Er ist mittels einer Klauenkupplung mit dem Reduziergetriebe gekoppelt.

Beide Extruder sind mit Siebwechslern ausgestattet (siehe **Detail a** in Bild 6.1). Diese werden am Kopfflansch des Extruders montiert. Die Aufgabe des Siebwechslers besteht in der Filtration der vom Extruder erzeugten Kunststoffschmelze. Ferner wird infolge der Filtration die nachgeschaltete Zahnradpumpe geschützt. Auf diese Weise können Feststoffe, die zu Beschädigungen führen können, nicht in die Zahnradpumpe gelangen. Im Beispiel werden für beide Extruder Doppelbolzensiebwechsler verwendet. Auf das Thema Siebwechsler wird in Abschnitt 6.3.1 näher eingegangen.

Zahnradpumpen werden dort eingesetzt, wo ein möglichst gleichmäßiger Massestrom erforderlich ist (siehe **Detail b** in Bild 6.1). Ferner weisen Zahnradpumpen ein sehr gutes Druckaufbauvermögen und ein lineares Förderverhalten auf. Außerdem können dem Extruder nachgeschaltete Zahnradpumpen ein pulsierendes Förderverhalten dämpfen. Die Kopplung zwischen den Zahnradpumpenantriebswellen und den Antrieben erfolgt in der Regel mit Hilfe von Kardanwellen (Aufbau, Wirkweise und Funktion von Schmelzepumpen werden in Abschnitt 6.3.2 beschrieben).

Das Düsenportal (**Modul 4**) dient als Aufhängung für die Schmelzeleitungen, die von den Extrudern zum Feedblock bzw. Coextrusionsadapter führen, für den Feedblock (bei Coextrusion) und die Breitschlitzdüse. Im Feedblock (**Detail c** in Bild 6.1) werden die Schmelzeströme vom Hauptextruder (A) und vom Coextruder (B) zusammengeführt. Je nach gewünschtem Schichtaufbau (z. B. BAB, AAB, BAA) werden im Feedblock die Schmelzeströme kombiniert, so dass die einzelnen Schichten am Einlauf der Breitschlitzdüse als laminare Strömung übereinander liegen.

Stromabwärts nimmt die Breitschlitzdüse die vom Feedblock erzeugte Lagenkombination auf und verteilt die Schmelze von einem rechteckigen Strömungsquerschnitt in einen schlitzförmigen Austrittsquerschnitt in die Breite. Auf diese Weise entsteht eine flächige Schmelzefahne, die im 1. Walzenspalt des Glättwerks (**Modul 5**) aufgenommen und zu einer Folie verarbeitet wird. Je exakter das Dickenprofil der Schmelzefahne ist, desto besser ist die Folienprofiltoleranz. Um dies zu erreichen, wird die Schmelzeverteilung am Austrittsquerschnitt mit Hilfe einer flexiblen Lippe korrigiert. Im Abschnitt 3.1 „Breitschlitzwerkzeuge" wird der Aufbau und die Wirkungsweise von Feedblöcken und Breitschlitzdüsen detailliert erläutert.

Das Glättwerk (**Modul 5**) kalibriert, glättet und kühlt die von der Breitschlitzdüse ausgeformte Schmelzefahne. Der Glättwerkrahmen nimmt die fixe Mittelwalze und die Führungen der beweglichen Walzen 1 und 3 auf. Das Glättwerk kann längs und in der Höhe verfahren werden. Diese Beweglichkeit ermöglicht einen freien Zugang zur Breitschlitzdüse für Anfahr- und Reinigungsprozesse. Ferner sind die Walzenantriebe und Getriebe von großer verfahrenstechnischer Bedeutung, weil hier ein hoher Anspruch an den Gleichlauf der Walzen gestellt wird. In Allgemeinen werden die Glättwalzen hydraulisch bewegt.

Im Glättspalt entsteht infolge des Glättdrucks eine Spaltlast, die wiederum zu Verformungen der Walzen führen. Dieser Sachverhalt führt dazu, dass Walzen konstruktiv angepasst werden müssen. Je nach gewünschter Oberflächenqualität und -beschaffenheit der Folie werden Walzen z. B. verchromt, poliert, graviert oder sandgestrahlt ausgeführt. In Abschnitt 6.3.3 werden der Walzenaufbau und die Funktionsweise näher erläutert.

Wie bereits erläutert, wird die Folie im Glättwerk gekühlt. Durch den Kontakt zwischen der Schmelze und der Walzenoberfläche entsteht in der Regel ein Wärmestrom vom Kunststoff in die Walze und an die Umgebungsluft. Die Menge der abgeführten Wärme wird durch die Walzentemperatur bzw. die treibende Temperaturdifferenz zwischen dem Kunststoff und der Walzenoberfläche beeinflusst. Um die gewünschte Folienqualität bzgl. Glanz, Transparenz, Planlage, Schrumpf, Thermoformbarkeit etc. zu gewährleisten, muss die Temperaturführung im Glättwerk möglichst präzise sein. Aus diesem Grund werden die Walzen mit Hilfe von Temperiergeräten temperiert. Im Allgemeinen werden hierfür Wassertemperiergeräte eingesetzt.

Im Bild 6.1 wird ein liegendes bzw. horizontales Glättwerk dargestellt. Dadurch wird eine vertikale Position der Breitschlitzdüse ermöglicht. Bei Folienextrusionsanlagen ist diese Konfiguration üblich, da so der Schmelzezulauf in den 1. Glättspalt zwischen Walze 1 und 2 sehr gut beeinflusst werden kann.

Ferner sollte die Breitschlitzdüse so nahe wie möglich in den 1. Glättspalt zwischen Walze 1 und Walze 2 positioniert werden können, um einerseits eine starke Verstreckung der Schmelzfahne infolge des Eigengewichts zu vermeiden und andererseits eine undefinierte Abkühlung an der Luft zwischen Breitschlitzdüsenaustritt und Glättspalt zu verringern.

Eine Verstreckung der Schmelzefahne führt zu Orientierungen, die in der Folie eingefroren werden und aus denen bei der Weiterverarbeitung (z. B. Thermoformen) Spannung bzw. Deformationen resultieren können.

Im Abschnitt 6.4.3.1 werden die verfahrenstechnisch relevanten Details, die für Glättwerke von Bedeutung sind, detaillierter beschrieben.

Die Nachkühleinheit inklusive 2-Walzen-Abzug (**Modul 6**) ist in diesem Beispiel direkt mit dem Glättwerk gekoppelt und wird gemeinsam mit dem Glättwerk in Längsrichtung verfahren. Die Nachkühleinheit hat die Aufgabe, die Folie nach Verlassen des Glättwerks weiter herunterzukühlen. Das Bild 6.1 zeigt 4 Nachkühlwalzen. Die Anzahl und der Durchmesser der Nachkühlwalzen richten sich nach der benötigten Kühlleistung. Diese ist wiederum abhängig von der Durchsatzleistung, Folienbreite, Foliendicke und folglich von der daraus resultierenden Liniengeschwindigkeit.

Die einfachste Ausführung der Nachkühleinheit verfügt über Nachkühlwalzen, die von der Folie mitgeschleppt und mit Wasser aus dem Kühlkreislauf gekühlt werden. Dafür muss die Folie dick genug sein, um die notwendige Walzenschleppkraft aufzunehmen. Für dünne Folien werden die Walzen in der Regel einzeln angetrieben ausgeführt.

Die Kühlleistung ist bei dieser Lösung von der Kühlwassertemperatur und vom Kühlwasservolumenstrom anhängig. Ergo muss das Kühlwasser mit der notwendigen Temperatur- und Volumenstromkonstanz vorliegen. Dies ist nicht immer der Fall, weil die Kühlwassertemperatur und der -volumenstrom möglicherweise sehr stark von den Randbedingungen vor Ort beeinflusst werden. Hier können z. B. die von Jahreszeiten abhängigen Umgebungstemperaturen oder die Belastung des Kühlwasserkreislaufs durch andere Verbraucher eine Rolle spielen.

Eine bessere Temperaturführung der Nachkühlwalzen kann durch den Einsatz von Temperiergeräten realisiert werden. Hier kann nicht nur analog zu den Glättwalzen die Temperatur definiert, sondern auch in engen Grenzen konstant gehalten werden.

Wie bereits erwähnt, verfügt die in Bild 6.1 beschriebene Extrusionslinie über einen für Folienextrusionsanlagen typischen 2-Walzen-Abzug. Häufig wird die Unterwalze angetrieben und fix ausgeführt. Die Oberwalze kann mittels einer Pneumatik angehoben und gesenkt werden, wodurch sich der Abzug öffnen und schließen lässt. Mit Hilfe des Abzugs wird die Folie vom Ablösepunkt der Walze 3 durch die Nachkühleinheit hindurch gezogen.

Um den Schlupf (dies bezeichnet die Geschwindigkeitsdifferenz zwischen Folien- und Walzenoberfläche) zwischen der Folienoberfläche und den Abzugswalzen gering zu halten, werden die Abzugswalzen häufig gummiert ausgeführt. Zur Verringerung des Schlupfes bzw. zur Vergrößerung der Kontaktfläche zwischen der Folie und den Abzugswalzen wird anstatt der „geraden Durchführung" eine so genannte S-Umschlingung realisiert (siehe Bild 6.2). Hierfür muss der Abzugswalzenantrieb mit einer Drehrichtungsumkehr versehen werden.

Die Nachkühleinheit in Bild 6.2 (links) besteht aus einer Rahmenkonstruktion. Somit ist es hier möglich, dass weitere Komponenten, wie Dickenmess-, Oberflächeninspektions-, Oberflächenbehandlungs- und Beschichtungssysteme zwischen den Nachkühlwalzen und dem 2-Walzen-Abzug auf dem Rahmen montiert werden können.

Dickemesssysteme arbeiten häufig im Regelkreis der Foliendickenregelung. Hierzu wird die Dickemessung mit einer automatischen Austrittspaltverstellung an der Breitschlitzdüse gekoppelt. Automatiksysteme an Breitschlitzwerkzeugen arbeiten in der Regel mit Dehnbolzensystemen, die infolge einer temperaturinduzierten Längenänderung Einfluss auf den Düsenlippenspalt nehmen (umfassende Behandlung des Themas siehe Abschnitt 3.1 „Breitschlitzwerkzeuge"). Dadurch wird ein sehr gleichmäßiges Foliendickenprofil realisiert.

Als Werkzeug der Qualitätssicherung finden häufig Inspektionssysteme Anwendung (in Bild 1 nicht dargestellt). Fremdverunreinigungen können z. B. als Stippen, Schlieren, Fließlinien und Einbrenner (Black Specs) auftreten [HIS03]. Mit Hilfe des Inspektionssystems ist es möglich, solche Folienbahnfehler zu detektie-

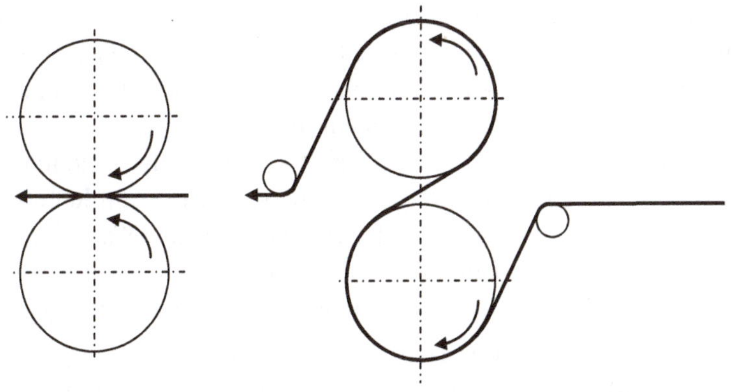

Bild 6.2 2-Walzen-Abzug mit geradem Durchgang und S-Umschlingung

ren und zu klassifizieren. Hierzu kommen leistungsfähige Kameras mit angepassten Beleuchtungssystemen zum Einsatz.

Beschichtungssysteme können Fluide auf die Folienoberfläche auftragen. Diese Beschichtungen haben definierte Funktionen, wie z. B. Siegelfähigkeit und Barriere gegen Gase. Aber auch sog. Antibeschlagmittel, Antistatika und Antiblockmittel spielen hier eine wichtige Rolle. Beschichtungen werden z. B. dort eingesetzt, wo der Einsatz von Masterbatch oder eine Coextrusion nicht erwünscht ist (weiterführende Literatur [NEN00]).

Die Folienoberflächeneigenschaften können nicht nur durch Coextrusion von Funktionsschichten und Oberflächenbeschichtungen beeinflusst werden, sondern auch mittels einer Oberflächenbehandlung wie dem Corona-Verfahren. Kunststoffe, wie z. B. PP, PE, PET, PVC und PC weisen eine geringe Oberflächenhaftung auf. Aufgrund dieser Tatsache lassen sich Kunststofffolien ohne Oberflächenbehandlung nur schlecht kleben, lackieren und bedrucken. Ein Corona-System besteht im Wesentlichen aus einer isolierten Elektrode und einer geerdeten Walze, auf welcher gleichzeitig die Folie geführt wird. Eine kontinuierliche elektrische Entladung an der Folienoberfläche führt zum Plasma, so dass an der Folienoberfläche polare Gruppen gebildet werden. Dieser Vorgang führt zu einer Steigerung der Oberflächenenergie und somit zur besseren Oberflächenhaftung [NEN00].

Das **Modul 7** (in Bild 6.1) bzw. der Warenspeicher hat die Aufgabe, eine definierte Menge an Folie zu puffern. Dies ist insbesondere während eines Wickelwechsels notwendig. Aus diesem Grund bilden die Komponenten Warenspeicher und Folienwickler streng genommen eine funktionale Einheit.

Im Wesentlichen besteht der Warenspeicher aus einem Rahmen, vier fixen und drei beweglichen Umlenkrollen. Die beweglichen Umlenkrollen können parallel auf einem Schlitten bis in den oberen Bereich des Rahmens verfahren werden. In ihrer untersten Position befinden sich die beweglichen Umlenkrollen unterhalb der fixen Umlenkrollen. Die Folie wird im Spalt zwischen den fixen und beweglichen Umlenkrollen gerade hindurch gefädelt. Findet nun ein Wickelwechsel statt, so dass in dieser Zwischenzeit keine Folie vom Wickler aufgenommen werden kann, heben sich die 3 beweglichen Umlenkrollen nach oben. Hierdurch werden die fixen und beweglichen Umlenkrollen im Wechsel von der Folie umschlungen. Bevor die 3 beweglichen Umlenkrollen ihre oberste Position im Rahmen erreicht haben, muss der Wickelwechsel beendet worden sein. Der Warenspeicher kann nur während dieser Aufwärtsbewegung Folie puffern. Die Speicherkapazität ist demnach von der Bauhöhe und der Anzahl der Umlenkrollen abhängig.

Den Abschluss der in Bild 6.1 gezeigten Folienextrusionsanlage bildet der Wickler (**Modul 8**). Die Aufgabe eines Wicklers besteht darin, die Folie zu Rollen definierter Qualität zu wickeln, um eine reibungslose Weiterverarbeitung (z. B. Zuschneiden, Bedrucken, Thermoformen) zu gewährleisten. Der Wickelprozess spielt für die Qualität der Folie eine entscheidende Rolle, da Faltenbildung und Dickstellen im Wickel (Kolbenringe) unbedingt vermieden werden müssen.

Diese hohen Anforderungen führen für die jeweiligen Folientypen zu entsprechenden technischen Lösungen, die sehr vielfältig sind. Im Abschnitt 6.3.4 wird auf die Wicklertechnologie daher noch näher eingegangen.

Im gezeigten Beispiel (Bild 6.1) wird ein Kaulenwickler gezeigt. Das System besteht im Wesentlichen aus einer Bühnenkonstruktion, einem sich auf der Bühne befindlichen Hilfsabzug, den Kaulenwagen und den Antrieben für jede Wickelwelle.

Die Folie wird durch den Hilfsabzug hindurchgefädelt und über Umlenkwalzen zur Wickelhülse geführt. Der Hilfsabzug entkoppelt den Wickler von den vorgeschalteten Aggregaten. In diesem Beispiel wird die Folie von Hand an die Wickelhülse angelegt. Ist ein Wickel fertig bzw. hat er seinen Soll-Durchmesser erreicht, erfolgt eine Quertrennung (z.B. mittels einer pneumatisch bewegten feststehenden Klinge) und die Folie wird an die noch leere zweite Wickelhülse angelegt. Während dieses Anlegevorgangs kann keine Folie gewickelt werden, so dass diese im Warenspeicher gepuffert werden muss (siehe auch Modul 7).

Der Vorteil von Kaulenwicklern besteht darin, dass die Kaulenwagen fahrbar ausgeführt sind und somit der innerbetriebliche Transport der Großrollen sehr einfach und ohne Hebezeuge erfolgen kann. Die Kaulenwagen sind mit Schiebklapplagern und Expansionswickelwellen ausgestattet, so dass dies eine Wicklung der Folie auf Papphülsen erlaubt. Die fertigen Wickel können entweder innerbetrieblich weiterverarbeitet werden (z.B. Thermoformen) oder auf Paletten zum Endkunden gesandt werden [HEI97].

Wie bereits erwähnt, verfügt jede Wickelwelle über einen eigenen Antrieb und arbeitet nach dem Prinzip der Zentralwicklung. Häufig werden solche Wickler mit einer Zugregelung betrieben. Hierfür wird eine dem Wickel vorgelagerte Zugmesswalze eingesetzt. Der gemessene Zugwert wird in der Steuerung als Regelgröße verwendet.

Es existieren aber noch weitere Komponenten, wie Schneideinrichtungen, Randstreifenwickler und Entladungsstäbe, die in einer Folienextrusionsanlage nicht fehlen dürfen.

Längsschneideinrichtungen für den Nutzen- und Randbeschnitt wurden in Bild 6.1 hinter dem Folienspeicher positioniert. Hierfür haben sich elektrisch angetriebene Kreismesser bewährt, welche über die Folienbreite positionierbar sind. Diese haben gegenüber feststehenden Industrieklingen den Vorteil, dass auch härtere Materialien, wie z.B. Polycarbonat bis 1,5 mm und dickere Folien aus weicherem Kunststoff, wie z.B. PP bis 3 mm geschnitten werden können.

Häufig haben die Wickler ebenfalls eine Randbesäumung und einen Nutzenschnitt. In diesem Fall verfügt das vorgelagerte Extrusionssystem über einen Randbeschnitt bzw. eine Vorbesäumung der Folienränder.

Die anfallenden Randstreifen werden in Bild 6.1 von Randstreifenwicklern aufgenommen. Diese werden hinter den Randstreifenmessern beidseitig positioniert. Der Randstreifen wird gegebenenfalls später weiterverwertet (z. B. Recycling).

Es besteht aber auch die Möglichkeit, den Randstreifen in einer Randstreifenmühle zu zerkleinern, so dass diese Folienschnitzel inline in den Extrusionsprozess zurückgeführt werden.

Entladungsstäbe werden insbesondere bei der Folienextrusion eingesetzt, da es hier aufgrund der relativ hohen Liniengeschwindigkeiten (bei Glättfolien ca. 60 m/min) zu statischen Aufladungen kommt. Statische Aufladung der Folie führt dazu, dass Schmutzpartikel von der Folie angezogen werden. Ferner besteht die Gefahr von elektrischen Schlägen für die Anlagenbediener.

Entladungsstäbe werden auch als Ionisierstäbe bezeichnet, weil hier ein elektrisches Feld mit positiven und negativen Ionen erzeugt wird. Positive Ladung wird mit negativen Ionen und negative Ladung mit positiven Ionen neutralisiert.

Entladungsstäbe können an unterschiedlichen Stellen entlang des Bahnverlaufs installiert werden. Insbesondere vor empfindlichen Komponenten, wie elektronischen Messsystemen (Dickenmessung, Inspektionssysteme etc.) werden Ionisierstäbe eingesetzt. Auch bei Übergängen von einem Modul zum anderen z. B. zwischen dem Abzug und dem Wickler sollten Entladungsstäbe montiert werden.

Eine optionale Komponente stellt bei Folienanlagen eine so genannte Schutzfolienkaschiereinrichtung dar. Schutzfolien werden bei einfachen Standardanwendungen, wie z. B. Tiefziehfolien aus PS, PP normalerweise nicht auf die Folienoberfläche kaschiert. Das Beispiel in Bild 6.1 zeigt eine Standardanlage für Tiefziehprodukte. Aus diesem Grund wird hier keine Schutzfolienkaschierung gezeigt.

Dennoch finden sie bei höheren Qualitätsanforderungen z. B. bei glasklaren, optischen Folien aus APET oder PC durchaus Einsatz. Häufig werden so genannte Adhäsionsfolien aus PE verwendet. Diese haften auf den glatten Oberflächen der zu schützenden Folie ohne Zusatz von Klebstoffen.

Es kann aber auch vorkommen, dass die Haftung solcher Adhäsionsfolien für weitere Verarbeitungsschritte, wie z. B. das einseitige Bedrucken nicht ausreicht. Die nicht zu bedruckende Folienseite soll aber während des Weiterverarbeitungsschrittes noch geschützt werden. In diesem Fall kommen selbstklebende Schutzfolien zum Einsatz. Typischerweise werden in Extrusionslinien die Schutzfolienkaschierstationen vor dem Abzug positioniert.

Plattenextrusionsanlagen verfügen häufig über Schutzfolienkaschierstationen.

6.2.1.2 Beispiele für Extrusionslinien zur Herstellung von Platten

Das Produktspektrum im Bereich der Kunststoffplatten ist ähnlich groß wie bei Kunststofffolien. Daraus resultiert eine Bandbreite technischer Lösungen für die Herstellung von Kunststoffplatten, die von der Standardanwendung bis zur Sonderlösung reicht.

Um dies zu veranschaulichen, soll zunächst ein typisches Beispiel einer Extrusionslinie zur Herstellung von Polyolefinplatten dargestellt und erläutert werden. Anschließend wird eine Extrusionsline gezeigt, auf der optisch klare Platten (z.B. aus APET, PETG und PC) produziert werden können.

6.2.1.2.1 Extrusionlinie zur Herstellung von Polyolefin-Platten

Das Bild 6.3 zeigt eine Extrusionslinie für die Herstellung von dicken HDPE-Platten. Plattendicken von bis zu 40 mm sind hier typisch.

Die Anlage ist modular aufgebaut. Die Dosierung (**Modul 1**) und die Extrusion (**Modul 2**) unterscheiden sich nicht wesentlich von der Folienextrusionslinie. Bei der Plattenextrusion kommen in der Regel Einschneckenextruder zum Einsatz. In diesem Beispiel handelt es sich um eine Monoextrusion.

Beim eingesetzten Einschneckenextruder handelt es sich um einen Platifizierextruder ohne Entgasung, da HDPE wenig hygroskopisch ist. Der Motor ist in diesem Beispiel neben dem Extruderzylinder als liegendes U angeordnet. Er ist mittels einer Klauenkupplung mit dem Reduziergetriebe gekoppelt.

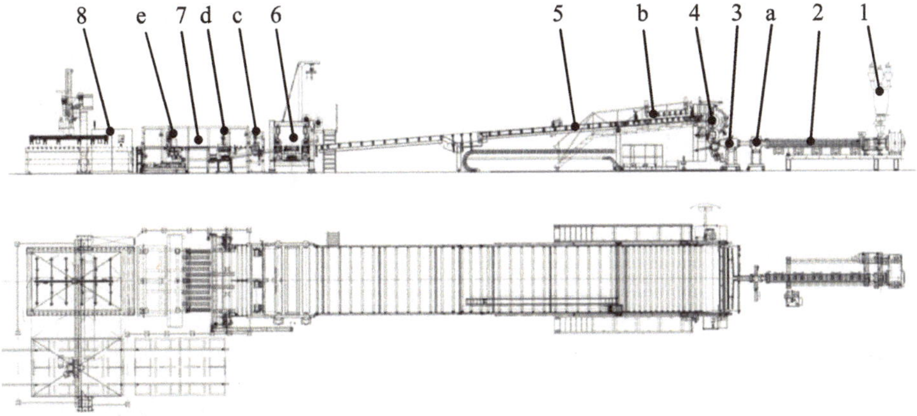

Bild 6.3 Plattenextrusionslinie für Polyolefin-Platten, schematisch (oben: Seitenansicht, unten: Draufsicht) [Quelle: Krauss Maffei Berstorff GmbH]

Modul 1: Dosierung
Modul 2: Extrusion
Modul 3: Breitschlitzdüsen
Modul 4: Glättwerk
Modul 5: Rollenbahn
Modul 6: 4-Walzen-Abzug
Modul 7: Schneideeinrichtungen
Modul 8: Plattenstapler
Detail a: Doppelbolzensiebwechsler
Detail b: Andruckrollenbahn
Detail c: Längstrennsäge

Der Extruder ist mit einem kontinuierlich arbeitenden Doppelbolzensiebwechsler (**Detail a**) ausgestattet (Details zu Siebwechslern siehe Abschnitt 6.3.1).

Genauso wie bei der Folienextrusion kommen bei der Plattenextrusion Breitschlitzdüsen zum Einsatz (**Modul 3**). Typische Plattenbreitschlitzdüsen verfügen aber noch über einen so genannten Staubalken, um die Schmelzeverteilung am Werkzeugaustritt zu beeinflussen. Dies ist deshalb notwendig, weil mit steigender Austrittsspalthöhe der Einfluss einer Lippenverstellung auf die Schmelzeverteilung abnimmt. Im Abschnitt 3.1 „Breitschlitzwerkzeuge" wird der Aufbau und die Wirkungsweise von Breitschlitzdüsen mit Staubalken detailliert erläutert.

Die Breischlitzdüse ist bei der Extrusion dicker Platten in der Regel horizontal positioniert, weil das Glättwerk vertikal bzw. stehend ausgeführt ist. Um die Schmelzefahne dem 1. Glättspalt zwischen der 1. und 2. Glättwalze zuzuführen, ist die Bauhöhe der Extruderbühne im Vergleich zur Folienextrusion geringer. Der Extruder steht auf einer niedrigen Bühne und die weiteren Aggregate, wie Siebwechsler und Breitschlitzdüse werden in diesem Beispiel auf mit Rollen versehenden Untergestellen montiert (siehe auch Bild 6.4).

Wie bei der Folienextrusion übernimmt das Glättwerk (**Modul 4**) bei der Plattenextrusion die Aufgaben Kalibierung, Glättung und Kühlung der Schmelzefahne.

Es kann in Längsrichtung und in der Höhe verfahren werden, um einerseits die Position der Breitschlitzdüse im Walzenspalt zu beeinflussen und andererseits Raum für Reinigungs- und Wartungszwecke freizugeben.

Der grundsätzliche Aufbau für Folien und Platten ist sehr ähnlich. Dennoch muss ein Plattenglättwerk aufgrund des dickeren Extrudats an die Verfahrensaufgabe angepasst werden. Auf diese Merkmale soll im Folgenden näher eingegangen wer-

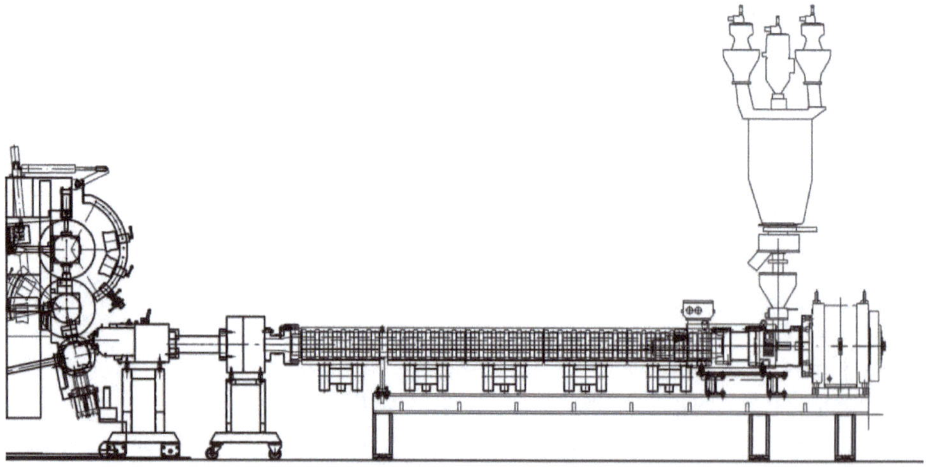

Bild 6.4 Plattenextrusionslinie für Polyolefin-Platten, (Module: Dosierung, Extrusion und Glättwerk), schematisch [Quelle: Krauss Maffei Berstorff GmbH]

den. Um dies zu verdeutlichen, werden in Bild 6.4 die Module 1 bis 3 als vergrößerter Ausschnitt gezeigt.

Die vertikale Position des Glättwerks ist bei der Plattenextrusion deshalb notwendig, weil das dicke Extrudat ein großes Eigengewicht aufweist. Ferner ist ein dickes Extrudat im Vergleich zum dünnen länger weich, da Kunststoff bekanntlich ein schlechter Wärmeleiter ist. Wäre das Glättwerk also horizontal ausgeführt, würde sich die Schmelze von der mittleren Walze lösen und gegebenenfalls aufgrund der Gravitation herunterfallen. Dieser Vorgang wird auch als Durchhang oder Sagging bezeichnet.

Dieser Durchhang des Materials spielt bereits beim Austritt aus dem Breitschlitzwerkzeug eine Rolle. Der Kunststoff wird in den 1. Glättspalt zwischen der unteren und der mittleren Walze extrudiert. Hier ist es wünschenswert, dass die Breitschlitzdüsenlippen so weit wie möglich in den Glättspalt hineinreichen. Um dies zu gewährleisten, wird die Unterwalze kleiner als die beiden anderen Walzen ausgeführt und soweit nach vorne gezogen, bis alle drei Walzen miteinander fluchten. Auf diese Weise wird die Schmelze so früh wie möglich aufgenommen und ein Durchgang der Schmelzfahne vor dem 1. Glättspalt minimiert.

Im Vergleich zur Folienextrusion sind die resultierenden Drücke in den Glättspalten infolge des Kontakts zwischen den Walzen und dem Extrudat eher gering, weil dicke Extrudate weich sind und deshalb ohne großen Druck geglättet werden können.

Wie bereits erläutert, wird das Extrudat im Glättwerk gekühlt. Infolge des Kontaktes zwischen der Schmelze und der Walzenoberfläche entsteht in der Regel ein Wärmestrom vom Kunststoff in die Walze und vom Kunststoff an die Umgebungsluft. Die Größe des Wärmestroms in die Walze wird durch die Walzentemperatur beeinflusst.

Aufgrund der Tatsache, dass die Plattenextrusionslinien im Vergleich zu Folienanlagen sehr langsam laufen, hat das Plattenextrudat eine wesentlich längere Verweilzeit an der Umgebungsluft als die Folie. Ein typischer Wert der Liniengeschwindigkeit für dicke HDPE-Platten (45 mm) ist 0,1 m/min. Anlagen für Glättfolien laufen je nach Dicke und Material bei Liniengeschwindigkeiten von 60 m/min. Folglich spielt die Umgebungstemperatur und somit der Wärmestrom vom Platten-Extrudat zur Umgebungsluft im Vergleich zur Folienextrusion eine wesentlich größere Rolle.

Um die gewünschte Plattenqualität bzgl. Planlage bzw. Schrumpf zu gewährleisten, muss nicht nur die Temperatur der Glättwalzen bzw. der Wärmestrom vom Extrudat in die Walzen sondern auch der Wärmestrom vom Extrudat in die Umgebungsluft möglichst präzise beeinflusst werden können. Aus diesem Grund werden die Walzen analog zur Folienextrusion mit Hilfe von Temperiergeräten (in der Regel Wassertemperiergeräte) temperiert. Zusätzlich kommen an der Mittel- und

Oberwalze IR-Flächenstrahler zum Einsatz, um den Wärmestrom an die Umgebungsluft zu reduzieren und somit einen möglichst symmetrischen Abkühlprozess zu gewährleisten. Auf diese Weise können eine zu starke einseitige Abkühlung des Extrudates, ungleichmäßiger Schrumpf sowie Wölbungen und Schüsselungen in der Platte reduziert werden.

Gemäß Bild 6.4 sind die IR-Flächenstrahler verschiebbar an gekrümmten Halterungen befestigt, so dass deren Lage individuell am Walzenumfang angepasst werden kann.

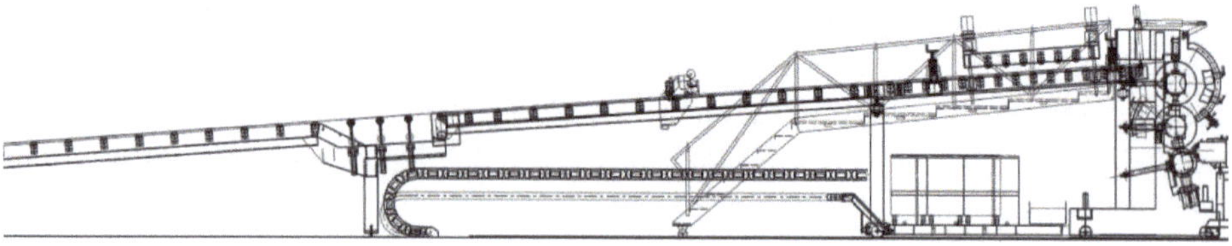

Bild 6.5 Plattenextrusionslinie für Polyolefin-Platten, Module Glättwerk und Rollenbahn, schematisch [Quelle: Krauss Maffei Berstorff GmbH]

An das Glättwerk schließt sich die Rollenbahn (**Modul 5**) an. Sie ist so mit dem Glättwerkrahmen gekoppelt, dass ein optimaler Übergang von der Oberwalze zur Rollenkühlbahn gewährleistet wird. Die Platte ist an dieser Stelle noch sehr weich und lediglich die Oberflächen des Extrudates sind erst erstarrt. Folglich übernimmt die Rollenbahn die Platte mit dem Zweck, diese an der Umgebungsluft soweit gleichmäßig abzukühlen, bis diese am Abzug ausreichend durchgekühlt ist.

Besonders wichtig ist die Planlage der Platte. Aus diesem Grund wird im vorderen Bereich oberhalb der Rollenbahn eine Andruckrollenbahn installiert (siehe Bild 6.5 und **Detail b** in Bild 6.3). Diese ist in ihrer Höhe verstellbar. Mit Hilfe der Andruckrollen wird die noch weiche Platte an die Rollenbahn gedrückt, damit die Platte möglichst plan auf den Rollen liegt.

Um eine gute Planlage zu erreichen, werden häufig die Rollenbahnen ebenfalls mit IR-Strahlern ausgestattet, um die Plattenseiten möglichst symmetrisch abzukühlen. Eine asymmetrische Abkühlung führt hier zu ungleichmäßigem Schrumpf und somit zu Schüsselungen und Wölbungen. Kühlt beispielsweise die Plattenoberseite später als die Unterseite ab, schrumpft die Oberseite, während die Unterseite bereits erstarrt ist. Folglich wölbt sich die Platte nach oben. Die Planlage ist demnach von den Walzentemperaturen, IR-Strahler-Leistungen und deren Positionierung abhängig.

Aufgrund der Tatsache, dass Kunststoffe schlechte Wärmeleiter sind, muss die Rollenkühlbahn für dicke Platten entsprechend lang ausgeführt werden. Je nach Produkt und verarbeiteten Material kann daher die Länge bis zu 60 m betragen.

Den Bildern 6.3 und 6.5 kann entnommen werden, dass die Rollenbahn aus zwei Teilen besteht. Der 1. Teil ist mit dem Glättwerk fest gekoppelt und bewegt sich mit dem Glättwerk, das auf einem Fahrwerk vor und zurück fahren kann. Der 2. Teil ist fest mit dem 4-Walzen-Abzug (**Modul 6** in Bild 3) verbunden. Aufgrund des Umstands, dass der 4-Walzen-Abzug eine fixe Position hat, ist der 2. Rollenkühlbahnteil ebenfalls ortsfest. Aus diesem Grund verfügt die Rollenbahn am Übergang zwischen dem 1. und 2. Teil über eine Längenkompensation bzw. eine Teleskopierung. Die Bilder 6.3 und 6.5 zeigen die Position des Glättwerks bzw. der Rollenbahn Teil 1 in Arbeitsposition. Demnach wird das Glättwerk so weit wie möglich zur Breitschlitzdüse gefahren. Dadurch entsteht in der Arbeitsposition am Übergang zwischen den Rollenbahnteilen eine Lücke, die in diesem Beispiel durch drei zusätzliche, pneumatisch höhenverstellbare Rollen geschlossen werden muss. Wird das Glättwerk und somit auch Teil 1 der Rollenbahn von der Breitschlitzdüse weggefahren, senken sich diese Rollen in eine untere Position, um den notwendigen Raum für die Fahrbewegung des 1. Teils freizugeben.

An die Rollenbahn schließt sich ein 4-Walzenabzug an. Mit Hilfe des Abzugs wird die Platte von der Rollenbahn abgezogen. Der 4-Walzenabzug kann auch als Doppelabzug bezeichnet werden, weil er über zwei Abzugsspalte verfügt. Der grundsätzliche Aufbau ist analog zum bereits beschriebenen Folienabzug. Der 2. Abzugsspalt ist deshalb notwendig, weil es gerade beim Anfahrprozess der Plattenanlage zu Wölbungen und Beulungen in der Platte kommen kann. Diese fehlerhaften Stellen in der Platte können aber nicht den geschlossenen Abzugsspalt passieren. Es

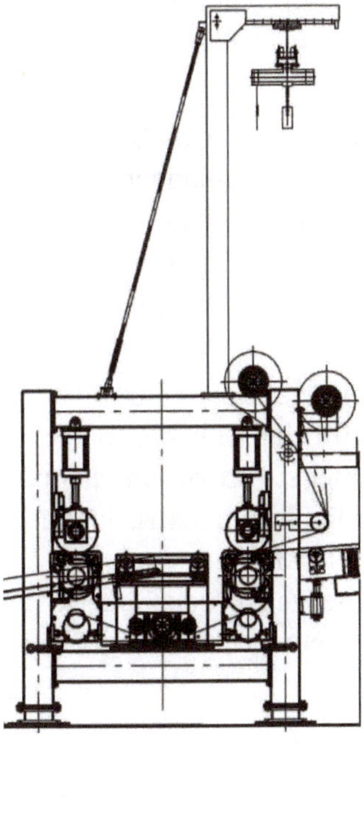

Bild 6.6 Plattenextrusionslinie für Polyolefin-Platten, Module 4-Walzenabzug mit Schutzfolien Kaschierung oben, schematisch [Quelle: Krauss Maffei Berstorff GmbH]

muss aber immer gewährleistet sein, dass die Platte ohne Unterbrechung abgezogen wird. Während eine Fehlstelle den offenen Abzugsspalt durchläuft, bleibt der andere geschlossen.

In diesem Beispiel wurden die zwei Abwickelrollen der Schutzfolienkaschierung oben rechts an den Rahmen des Abzugs montiert, so dass hier die Oberseite der Platte mit Schutzfolie belegt werden kann. Ist eine der beiden Kaschierrollen leer, kann die andere, noch volle Rolle zum Einsatz kommen. Das Bild 6.6 zeigt, dass die Kaschierfolie über Umlenkrollen und eine Breitstreckwalze zum 1. Abzug geführt wird. Der 1. Abzugsspalt fungiert hier gleichzeitig als Kaschierspalt.

Die Breitstreckwalze hat die Funktion die Kaschierfolie breit zu strecken, um durch Glattziehen eine ungewünschte Faltenbildung zu vermeiden. Als Breitstreckwalzen können so genannte Bananenwalzen zum Einsatz kommen. Diese verfügen über eine definierte Krümmung, um die Kaschierfolie glatt zu ziehen. Häufig werden auch Bürstenwalzen verwendet. Durch eine Schrägstellung der Bürstenfasern wird die Folie von der Mitte ausgehend zum Rand glatt gestrichen.

Mit Hilfe eines Krans, der ebenfalls am Rahmen der Abzug montiert wird, kann der Kaschierrollenwechsel vorgenommen werden.

Im Beispiel wird nur eine einseitige Schutzfolienkaschierung gezeigt. In der Regel werden jedoch Ober- und Unterseite der Platte mit Schutzfolien belegt.

Das **Modul 7** schließt sich nach dem 4-Walzen-Abzug an und beinhaltet die Schneideeinrichtungen für den Längs- und Querschnitt (siehe auch Bild 6.3). In Bild 6.7 (**Detail c**) sind drei Längstrennsägen für den Randbeschnitt und den Mittenschnitt zu erkennen. Die Kreissägen können individuell über die Breite positioniert und von unten angeschwenkt werden. In der Seitenansicht ist noch der Stutzen für die Späneabsaugung zu erkennen.

Der Randbeschnitt wird anschließend in Guillotinen links und rechts (**Detail d** in Bild 6.7) zerkleinert. Genauso wie die Kreissägen können die Guillotinen quer zur Extrusionsrichtung verstellt werden. Die Randstreifenstücke fallen aus der Guillotine auf ein Förderband (**Detail f** in Bild 6.7), das den zerkleinerten Randbeschnitt zur Seite in eine neben der Anlage positionierte Randstreifenmühle (nicht dargestellt) oder in einen Auffangbehälter befördert.

Die Platte wird anschließend mit Hilfe einer Quertrennsäge (**Detail e** in Bild 6.7) auf die richtige Länge geschnitten. Zu diesem Zweck wird eine Kreissäge in einem Rahmen für die Vorschubbewegung des Sägeschnitts quer zur Extrusionsrichtung linear geführt. Es ist außerdem möglich, den gesamten Rahmen in Extrusionsrichtung zu verfahren und während des Sägevorgangs mit der Längsbewegung der Platte zu synchronisieren. Infolgedessen kann die Kreissäge eine kombinierte Bewegung längs und quer ausführen. Auf diese Weise wird ein rechtwinkeliger Sägeschnitt realisiert.

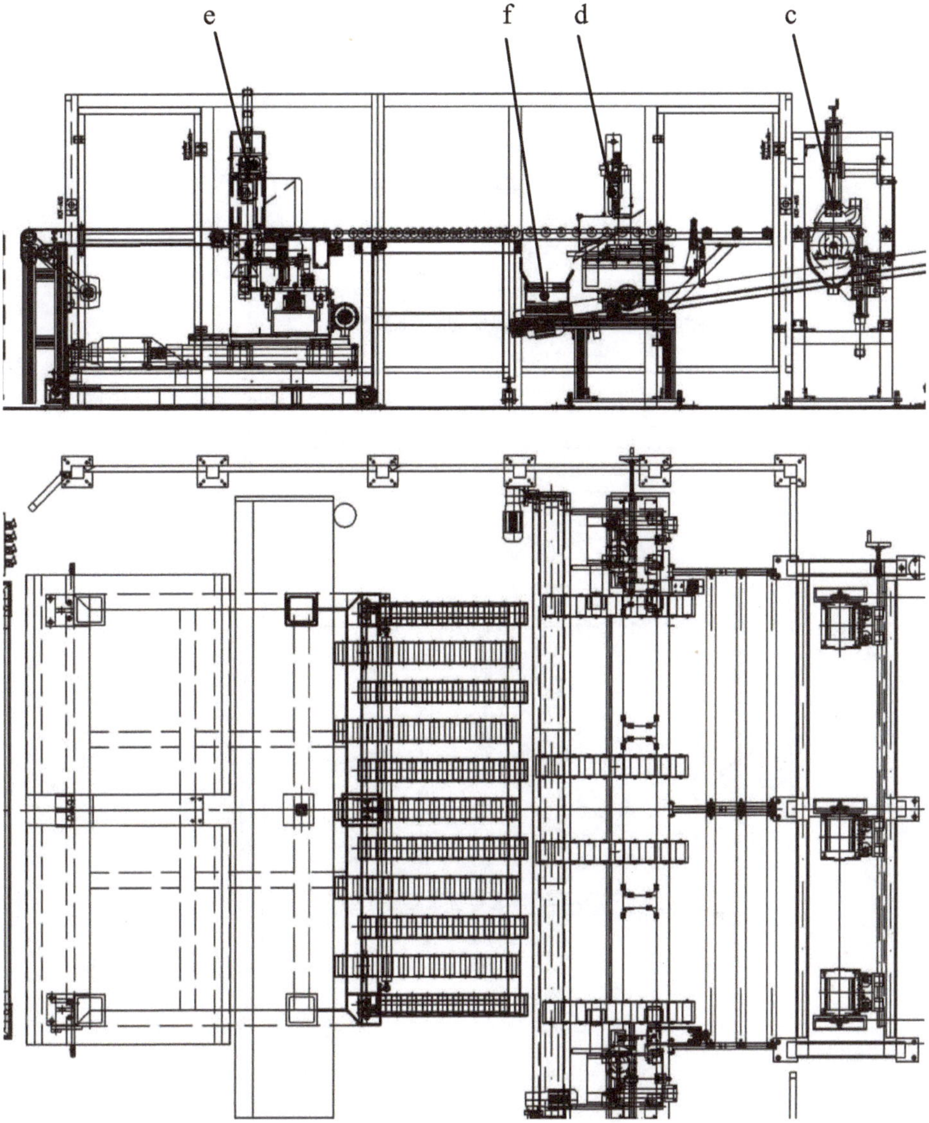

Bild 6.7 Plattenextrusionslinie für Polyolefin-Platten, Modul Schneideeinrichtung, schematisch (oben: Seitenansicht, unten: Draufsicht) [Quelle: Krauss Maffei Berstorff GmbH]

Detail c: drei Längstrennsägen
Detail d: Guillotinen
Detail e: Quertrennsäge
Detail f: Förderband

Die zugeschnittene Platte wird nun dem Plattenstapler (**Modul 8** in Bild 6.3) zugeführt. Dieser besteht im Wesentlichen aus den Komponenten Rollentisch, 2-Achs-Portalroboter (**Detail g** in Bild 6.8), Saugrahmen (**Detail h** in Bild 6.8) und Palettenwagen (**Detail i** in Bild 6.8).

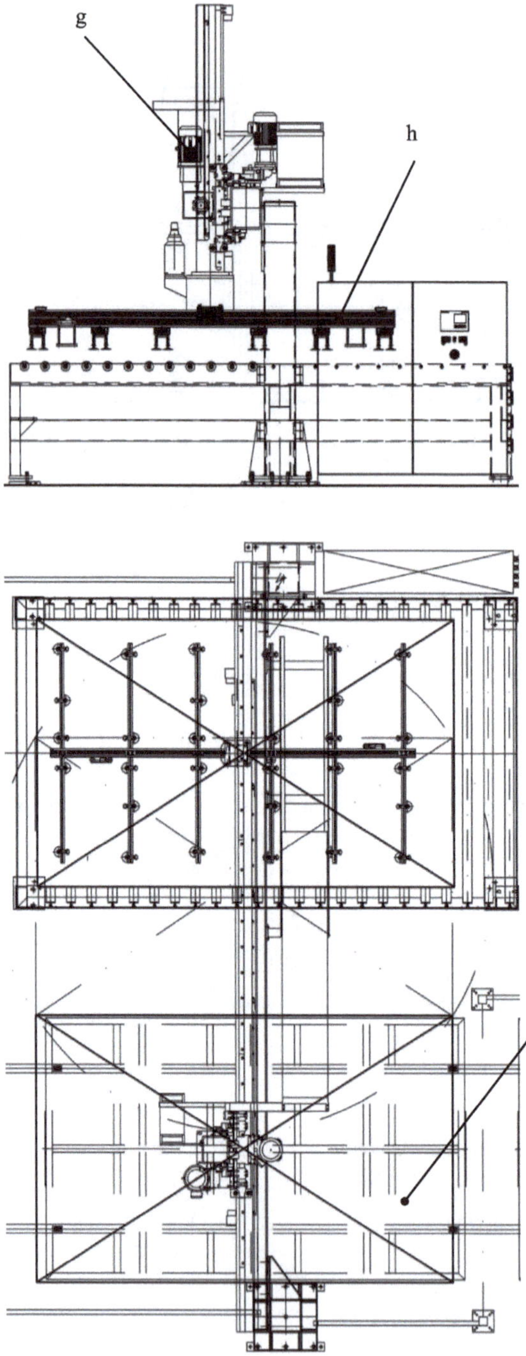

Bild 6.8 Plattenextrusionslinie für Polyolefin-Platten, Modul Plattenstapler, schematisch (oben: Seitenansicht, unten: Draufsicht) [Quelle: Krauss Maffei Berstorff GmbH]

Detail g: Rollentisch, 2-Achs-Portalroboter Detail h: Saugrahmen Detail i: Plattenwagen

Der Saugrahmen verfügt in diesem Beispiel über insgesamt 30 Vakuumsaugnäpfe, die einzeln positioniert und aktiviert werden können. Somit kann der Saugrahmen individuell an die Plattengröße angepasst werden.

Der 2-Achs-Portalroboter bewegt den Saugrahmen auf 2 Linearachsen im definierten Arbeitsraum. Der Arbeitsraum besteht aus dem Rollentisch und dem daneben liegenden Abstapelbereich, in dem die Platten auf dem Palettenwagen abgelegt werden. Der Arbeitsraum stellt aufgrund der Roboterbewegungen einen Gefahrenbereich dar und ist deshalb mit Schutzgittern und Lichtschranken bzw. Lichtgittern zu versehen.

Der Portalroboter führt einerseits vertikale Bewegungen zum Heben und Senken der Platte durch und transportiert andererseits die aufgenommene Platte quer zur Extrusionsrichtung vom Rollentisch zum Palettenwagen. Ist die Palette voll, kann der Palettenwagen auf Schienen aus dem Arbeitsraum herausgefahren werden, so dass die volle Palette gefahrlos von einem Gabelstapler aufgenommen werden kann (siehe Bild 6.3).

6.2.1.2.2 Extrusionline zur Herstellung von Platten optischer Qualität

Die im vorherigen Abschnitt dargestellte Anlage hat einen für Plattenanlagen allgemeinen und typischen Aufbau mit vertikalem Glättwerk, horizontalem Schmelzezulauf, Rollenbahn, Sägen und Stapler.

In diesem Abschnitt wird näher auf eine Plattenanlage eingegangen, die bei der Extrusion von Platten mit optischer Qualität eingesetzt wird. Im Vergleich zu der oben beschriebenen Anlage für dicke Platten werden auf diesem System eher dünnere Platten von 0,8 mm bis 20 mm verarbeitet. Die Dicke der Platte ist allerdings sehr stark vom Rohstoff abhängig. Typische Kunststoffe, die auf einer solchen Anlage verarbeitet werden, sind z. B. APET, PETG, PC, PMMA, ABS, PS und SAN.

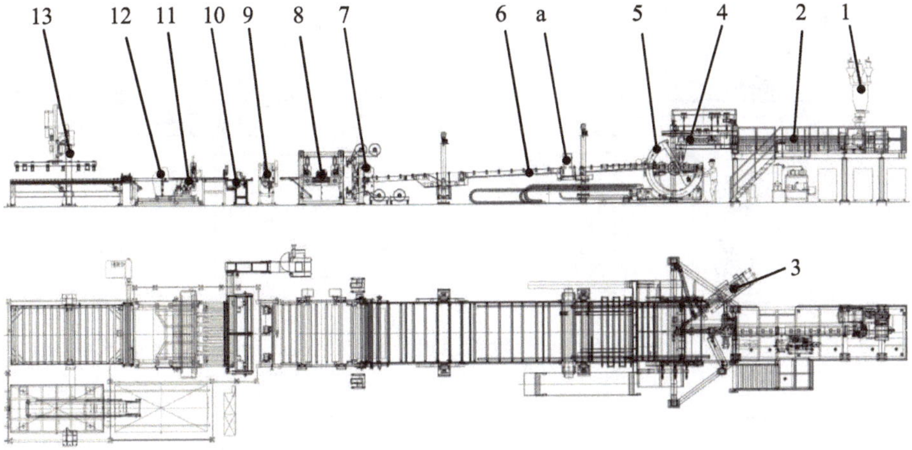

Bild 6.9 Plattenextrusionslinie für optische Qualität, schematisch [Quelle: Krauss Maffei Berstorff GmbH]

Die in Bild 6.9 dargestellte Extrusionslinie ist analog zu den bereits erläuterten Extrusionsanlagen aufgebaut und besteht aus den Modulen:

Modul 1: Dosierung
Modul 2: Hauptextrtuder
Modul 3: Coextruder
Modul 4: Düsenportal mit Feedblock und vertikal ausgerichteter Breitschlitzdüse
Modul 5: Glättwerk als Sonderbauform mit der Bezeichnung „Planetcalander®"
Modul 6: Rollenbahn
Modul 7: Kaschierstation
Modul 8: 4-Walzen-Abzug
Modul 9: Längstrennsägen für Rand- und Mittenschnitt
Modul 10: Guillotine für den Randbeschnitt
Modul 11: Quertrennsäge
Modul 12: Guillotine für das Quertrennen bei dünnen Platten
Modul 13: Plattenstapler
Detail a: Dickenmesssystem

Im Folgenden sollen die besonderen Merkmale dieses Systems näher erläutert werden.

Das Bild 6.10 zeigt die Seitenansicht des Extrusionsteils und des Glättwerks. Es handelt sich um einen Einschneckenextruder (**Modul 2**) mit Entgasungsdom (**De-**

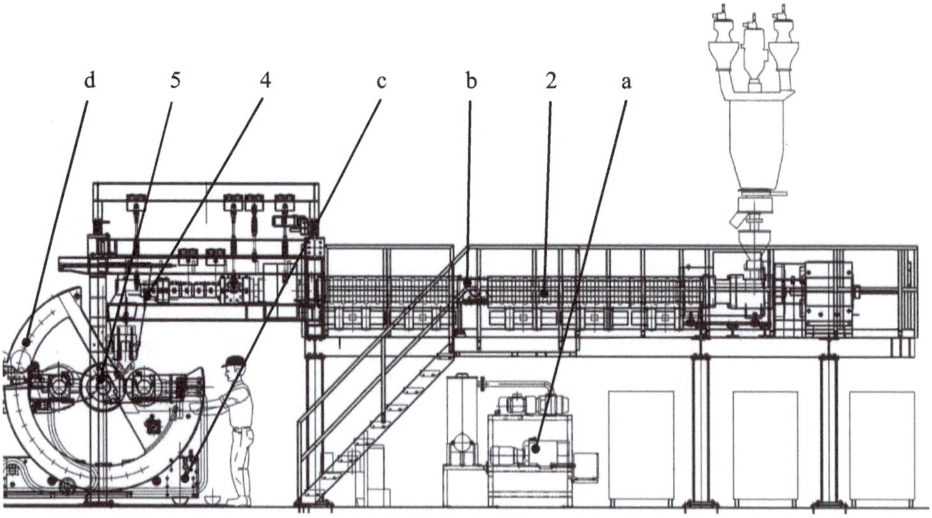

Bild 6.10 Plattenextrusionslinie für optische Qualität, (Module: Extrusion, Düsenportal und Glättwerk), schematisch [Quelle: Krauss Maffei Berstorff GmbH]

Modul 2: Einschneckenextruder
Modul 4: Düsenportal
Modul 5: Glättwerk

Detail a: Entgasungsstation
Detail b: Entgasungsdom
Detail c: Fahrwerk Planetcalander
Detail d: Rahmen Planetcalander

tail b). Bei hohen Qualitätsanforderungen an die Schmelzeeinheit wird diese häufig trotz Vortrocknung entgast, so dass der Schmelze weitere flüchtige Bestandteile (z. B. Monomere, Feuchtigkeit) entzogen werden können. Unter der Extruderbühne befindet sich die Entgasungsstation mit 2-stufigem, trocken laufendem Pumpensystem und Standfilter (Die Verrohrung zwischen Pumpenstand und Entgasungsdom wird nicht dargestellt).

Haupt- sowie Coextruder sind mit Siebwechslern (Flachschiebern) und Schmelzepumpen ausgestattet (In den Abschnitten 6.3.1 und 6.3.2 werden Siebwechsler und Schmelzepumpen detaillierter behandelt).

Ansonsten entspricht dieser Extruder technisch den Systemen, die in den bereits beschriebenen Extrusionslinien verwendet wurden.

Das Düsenportal in diesem Beispiel (**Modul 4**) dient nicht nur als Aufhängung für die Breitschlitzdüse und den Feedblock, sondern auch für den Siebwechsler, die Schmelzeleitung und die Schmelzepumpe. In Bild 6.9 wird eine vertikal positionierte Breitschlitzdüse dargestellt. Allerdings ist es dank des Düsenportals möglich, die Position der Breitschlitzdüse zu variieren, wenn die Schmelzeleitung dem Umlenkwinkel entsprechend adaptiert wird.

Das Glättwerk (**Modul 5**) ist ein so genannter Planetcalander® (siehe Bild 6.10). Er besteht im Wesentlichen aus den Komponenten Fahrwerk (Detail c in Bild 6.10), Rahmen (Detail d in Bild 6.10), Glättwalzen mit Drehdurchführungen, Hydraulik zum An- und Abschwenken der Walzen, Glättwalzenantriebe und -getriebe, Fahrwerkantriebe, Antriebe zum Schwenken des Rahmens und der 3. Walze im Rahmen.

Die Wassertemperiergeräte zur Temperierung der Glättwalzen sind unterhalb der Bühne neben der Vakuumstation platziert.

Grundsätzlich ist der Planetcalander wie ein herkömmliches Glättwerk aufgebaut. Im Vergleich zu einem Standard-Glättwerk ist dieses System verfahrenstechnisch flexibler. Dies begründet sich darin, dass der gesamte Rahmen geschwenkt werden kann (roter Doppelpfeil in Bild 6.11 und Bild 6.12). Ferner besteht die Möglichkeit, die Walze 3 im Rahmen zu positionieren (blauer Doppelpfeil in Bild 6.11).

Durch die Schwenkbewegung des Rahmens kann der Schmelzezulaufwinkel bzw. die Position der Breitschlitzdüse beeinflusst werden. Das Bild 6.12 zeigt links eine vertikale Breitschlitzdüse (90°-Position), die in der Regel für Folien und dünnere Platten eingesetzt wird, da so der Schmelzezulauf der relativ dünnen Schmelzefahne in den 1. Glättspalt sehr gut beeinflusst werden kann. Der Rahmen lässt sich soweit schwenken, dass die Düse nahezu waagerecht steht (20°-Position). Üblicherweise kommt diese Stellung bei der Plattenextrusion zum Einsatz, um einen Schmelzedurchhang bzw. ein Sagging an der Mittelwalze zu verhindern. Innerhalb dieses Bereichs lässt sich jede Winkelstellung realisieren, so dass ein breites Extrudatdickenspektrum auf der Anlage verarbeitbar ist.

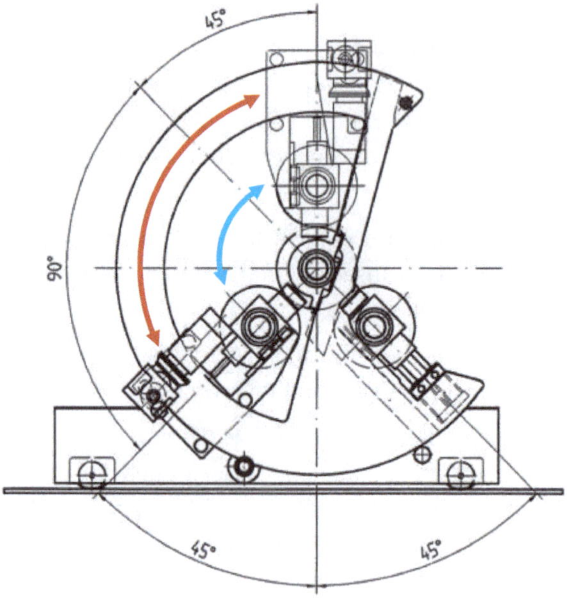

Bild 6.11 Planetcalander, Schwenkbewegungen, schematisch
[Quelle: Krauss Maffei Berstorff GmbH]

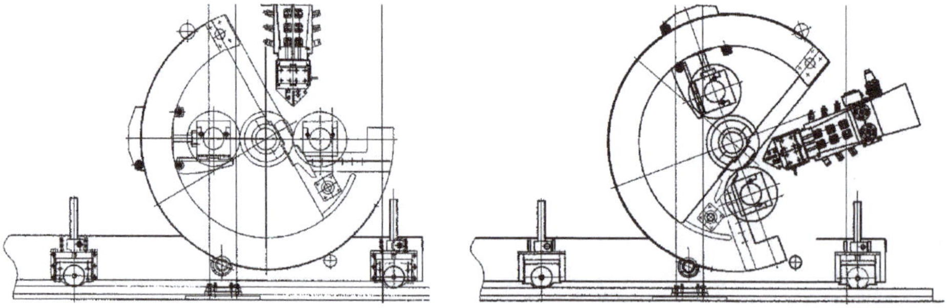

Bild 6.12 Planetcalander, Rahmenpositionen bzw. Schmelzezulaufwinkel, schematisch
[Quelle: Krauss Maffei Berstorff GmbH]

Von verfahrenstechnischem Interesse ist ebenfalls die Position der Walze 3 im Planetcalander-Rahmen. Mit ihr lässt sich die Extrudatumschlingung der Mittelwalze und somit der Abkühlprozess beeinflussen. Das folgende Bild 6.13 zeigt die minimale und die maximale Umschlingung der Mittelwalze.

Im Allgemeinen wird die Schmelzefahne aus der Breitschlitzdüse im Glättwerk vom 1. Walzenspalt zwischen der Walze 1 und der Mittelwalze aufgenommen. Danach umschlingt das Extrudat die Mittelwalze bis zum 2. Glättspalt zwischen der Mittelwalze und der Walze 3. Danach folgt die Umschlingung der Walze 3 bis zum Ablösepunkt von der Walze 3 am Übergang zur Rollenbahn.

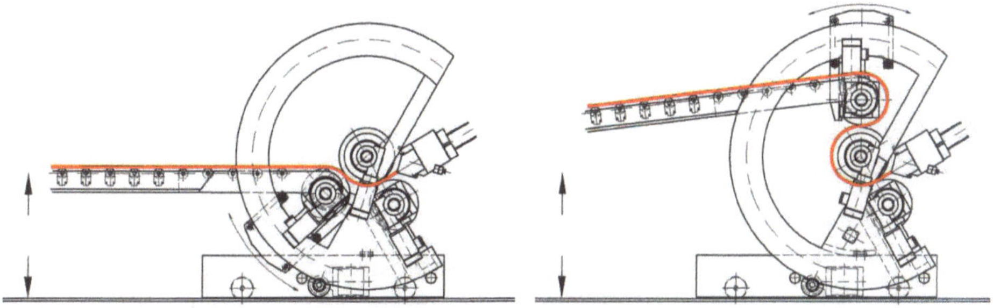

Bild 6.13 Planetcalander, Umschlingung der Mittelwalze, schematisch [Quelle: Krauss Maffei Berstorff GmbH]

Bei Standard-Glättwerken wird die Mittelwalze vom Extrudat in der Regel 180° umschlungen. Insbesondere bei dünnen Platten (im typischen Dickenbereich von 0,5 - 1,5 mm) ist dann häufig die Extrudatoberfläche im 2. Glättspalt zwischen der Mittelwalze und Walze 3 soweit eingefroren, dass eine weitere Glättung nicht mehr möglich ist. Je geringer die Umschlingung der Mittelwalze ist, desto höher fällt die Extrudattemperatur aus. Wird also in bestimmten Fällen die Walze 3 im Rahmen heruntergeschwenkt, kann der Glättprozess im 2. Glättspalt zwischen der Mittelwalze und Walze 3 deutlich verbessert werden. Besonders interessant ist dieser Sachverhalt bei der Verarbeitung von PC und APET.

PC weist eine hohe Glasübergangstemperatur je nach Typ im Bereich von 150 °C auf. Demnach wird PC im Vergleich zu anderen Materialien bei relativ hoher Temperatur glasartig spröde. APET hat eine vergleichsweise geringe Wärmekapazität und kühlt deshalb verhältnismäßig schnell ab bzw. erstarrt entsprechend rasch.

Aber auch die so genannte Symmetrie der Extrudatabkühlung lässt sich mit Hilfe der Walzenumschlingung beeinflussen. In der Regel kann davon ausgegangen werden, dass bei steigender Walzenumschlingung die Asymmetrie zunimmt, weil der Kunststoff über den Walzenkontakt einseitig abgekühlt wird. Abgesehen von der Dickplattenextrusion ist der Wärmestrom vom Kunststoff in die Walze größer als der Wärmestrom vom Extrudat in die Umgebungsluft. Je geringer also die Walzenumschlingung ausfällt, desto symmetrischer ist der Abkühlprozess. Dies begründet sich darin, dass die Plattenoberseite bei geringerer Umschlingung eine kürzere Zeit an der Mittelwalze verweilt und dadurch weniger einseitig abkühlt. Im Umkehrschluss erreicht die Plattenunterseite zu einem früheren Zeitpunkt die Walze 3 und kühlt infolge des Kontaktes zur Walzenoberfläche früher ab. Folglich kann die Symmetrie oder Homogenität der Extrudatabkühlung über die Dicke mit Hilfe der Position von Walze 3 verbessert werden. Im Abschnitt 6.4.3.1.1, Verfahrenstechnik wird auf den Abkühlprozess bei der Extrusion von Platten noch näher eingegangen.

Je homogener das Extrudat abkühlt, desto gleichmäßiger ist der Schrumpf bzw. die Planlage und bei teilkristallinen Materialien (wie PP und PE) die Kristallisation.

Die oben beschriebenen Faktoren Temperaturhomogenität in der Platte, Planlage und Glättung sind im Allgemeinen von Parametern wie Schmelzetemperatur, Walzentemperaturen und Liniengeschwindigkeit abhängig. Die Walzenumschlingung stellt aber einen weiteren verfahrenstechnischen Freiheitsgrad dar.

Im Folgenden soll nun auf weitere Merkmale der in Bild 6.9 dargestellten Plattenanlage eingegangen werden.

Die Rollenbahn (Modul 6) ist mit dem Glättwerk so gekoppelt, dass bei jeder Rahmen- und Walzenposition für die Platte ein optimaler Übergang von der Walze 3 zur Rollenbahn gegeben ist (siehe Bild 6.13). Folglich hebt und senkt sich die Rollenbahn mit der Walze 3.

In diesem Beispiel ist die Extrusionslinie mit einem sich auf der Rollenbahn befindlichen Dickemesssystem ausgestattet (siehe Bild 6.9, **Detail a**).

Die Kaschierstation (Modul 7 in Bild 6.9) ist analog zur oben beschriebenen Polyolefin-Plattenanlage aufgebaut und am 4-Walzen-Abzug befestigt. Allerdings können in diesem Beispiel beide Plattenseiten mit einer Schutzfolie belegt werden.

Die Sägen zur Längs- und Quertrennung sowie die Stapelung sind der Polyolefin-Plattenanlage entsprechend aufgebaut. Allerdings ist die Anlage in Bild 6.9 zusätzlich mit einer Guillotine (Modul 12), die zur Quertrennung dünner Platten eingesetzt werden kann, ausgestattet. Im Vergleich zum Sägeschnitt hat eine Guillotine den Vorteil, dass eine Verschmutzung der Plattenoberfläche durch Späne vermieden wird.

Im Zusammenhang mit der Oberflächenverschmutzung der Platten können so genannte kontaktfreie Bahnreinigungsanlagen eingesetzt werden (nicht dargestellt). Häufig werden diese Systeme in der Extrusionslinie vor dem Plattenstapler positioniert. Schmutzpartikel können mit Luftmessern aufgewirbelt, abgesaugt und gefiltert werden. Ionisierstäbe vermeiden eine elektrostatische Aufladung.

6.3 Anlagenkomponenten für Folien- und Plattenanlagen

Im vorherigen Abschnitt wurde auf den Aufbau und die Funktion von Extrusionsanlagen für Folien und Platten anhand konkreter Beispiele eingegangen. Nachfolgend sollen einige in diesem Zusammenhang bereits erwähnte Anlagenkomponenten noch näher beschrieben werden.

Im Vordergrund stehen hier Siebwechsler, Schmelzepumpen, Walzen und Wickler. Breitschlitzwerkzeuge werden aufgrund ihrer Komplexität und Bedeutung für den Extrusionsprozess im Abschnitt 3.1 „Breitschlitzwerkzeuge“ behandelt.

6.3.1 Siebwechsler

Wie bereits erwähnt, haben Siebwechsler die Aufgabe der Schmelzefiltration bzw. das Entfernen von Fremdpartikeln aus der Kunststoffschmelze mit dem Ziel, die Qualität des Produktes zu steigern.

Im Folgenden sollen die in der Folien- und Plattenextrusion geläufigsten Systeme vorgestellt werden. Siebwechsler lassen sich grob in kontinuierlich und diskontinuierlich arbeitende Systeme einteilen. Folglich ist ein wichtiges Auswahlkriterium, ob der Siebwechselvorgang während der Produktion (kontinuierlich) oder im Stillstand des Extruders (diskontinuierlich) erfolgt. Bei den kontinuierlichen Systemen wird noch unterschieden, ob während des Siebwechselvorgangs der Extrusionsprozess konstant bleibt oder es zu Druck- und Temperaturschwankungen kommt. Diese Faktoren sind wiederum stark vom verarbeiteten Material abhängig. Wenn z. B. Neuware verarbeitet wird, ist die Standzeit des Siebes deutlich höher als wenn ein hoher Recyclatanteil gegeben ist.

Der Verschmutzungsgrad der Siebe wird mit Hilfe einer Druckmessung vor dem Siebwechslereinlauf ermittelt.

Die beiden in der Folien- und Plattenextrusion vielfach eingesetzten Systeme sind Platten- und Bolzensiebwechsler. Hier werden einfache und doppelte Ausführungen (z. B. Doppelbolzensiebwechsler) unterschieden.

Zunächst soll der grundsätzliche Aufbau anhand eines einfachen Handsiebwechslers erläutert werden.

Das Bild 6.14 zeigt einen diskontinuierlich arbeitenden, handbetriebenen Schwenkplattensiebwechsler. In der Schwenkplatte befindet sich eine Siebplatte bzw. Loch-

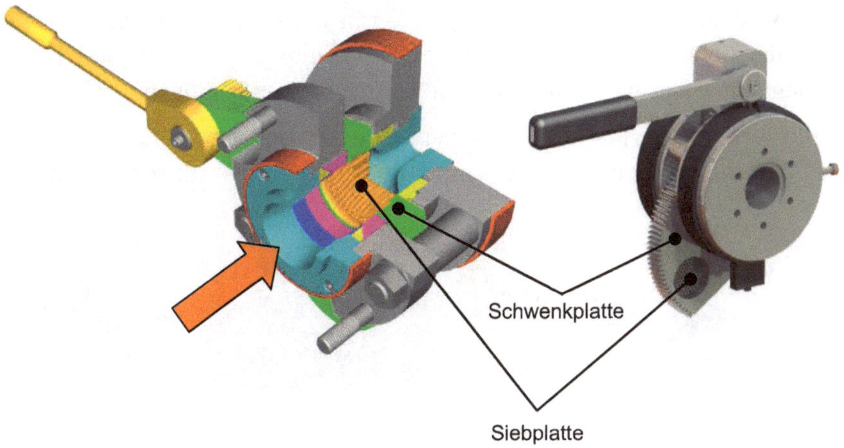

Bild 6.14 Schwenkplattensiebwechsler, handbetrieben und diskontinuierlich [Quelle: Maag Pump Systems GmbH]

platte, die als Träger des Siebpaketes dient. Das hier nicht dargestellte Siebpaket liegt in Strömungsrichtung der Schmelze (roter Pfeil) vor der Lochplatte. Die Schmelze strömt durch das Siebpaket und die Lochplatte. Zum Wechsel des verschmutzten Siebpaketes wird die Platte geschwenkt und das Siebpaket kann außerhalb des Siebwechslergehäuses gewechselt werden (im Bild rechts dargestellt). Der Siebwechsel kann nur erfolgen, wenn die Produktion unterbrochen wird (diskontinuierlich).

In der Regel werden Drahtgewebe als Filtermittel eingesetzt. Die Siebpakete bestehen aus einer Kombination verschiedener Drahtgewebe unterschiedlicher Maschenanzahl (engl.: mesh), die individuell auf den Prozess abgestimmt werden.

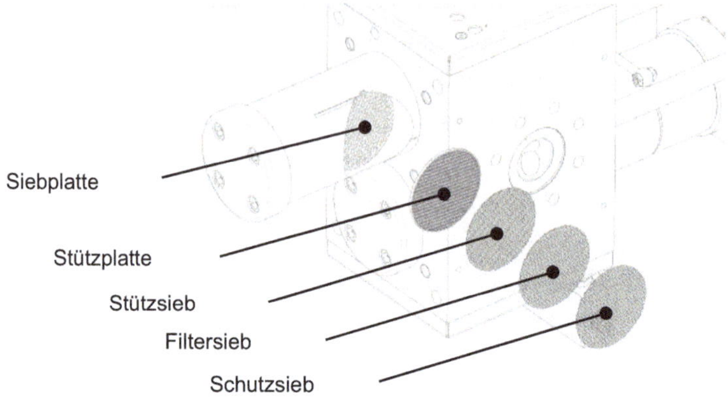

Bild 6.15 Beispiel einer Siebkonfiguration [Quelle: Maag Pump Systems GmbH]

Das Bild 6.15 zeigt das Beispiel einer einfachen Siebkonfiguration. Das eigentliche Filtersieb sollte zwischen stärkeren Schutzsieben (Schutzsieb und Stützsieb) positioniert werden. Das Schutzsieb soll eine Verformung des Filtersiebes infolge der zulaufenden Schmelze verhindern. Das Stützsieb und die optionale Stützplatte unterbinden eine Deformation des Filtersiebes durch die Bohrungen der Lochplatte.

Das Bild 6.16 zeigt typische Einfachsiebwechsler als Bolzen- und Plattensystem. Die Hubbewegung des Bolzen bzw. der Platte wird hier hydraulisch vorgenommen.

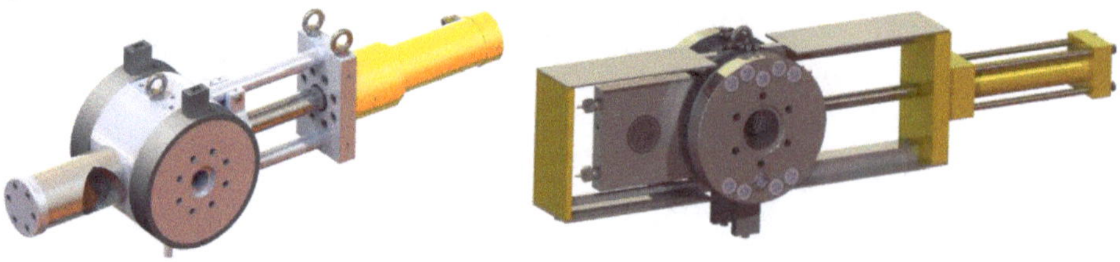

Bild 6.16 Einbolzensiebwechsler (links) und Einplattensiebwechsler (rechts) [Quelle: Maag Pump Systems GmbH]

Wenn die Systeme lediglich eine Siebkavität aufweisen, werden diese diskontinuierlich betrieben.

Es existieren aber auch Einfachsysteme, bei denen der Siebwechsel während der Produktion mit Beeinflussung der Prozesskonstanz erfolgen kann. Ein typisches Beispiel hierfür ist ein Plattensiebwechsler mit zwei Siebkavitäten und einer so genannten Schnellschusshydraulik. Hier erfolgt die Hubbewegung der Siebplatte innerhalb eines Bruchteils einer Sekunde.

Siebwechsler in Doppelausführung sind der Doppelplattensiebwechsler und der Doppelbolzensiebwechsler. Beide Systeme arbeiten zwar kontinuierlich, beeinflussen jedoch die Prozesskonstanz, so dass es während des Siebwechsels zu einem Druckanstieg kommt. Wie ausgeprägt die Prozessschwankungen sind, hängt unter anderem von der Materialviskosität und der Filterfeinheit ab. Hier soll beispielhaft auf den Doppelbolzensiebwechsler eingegangen werden.

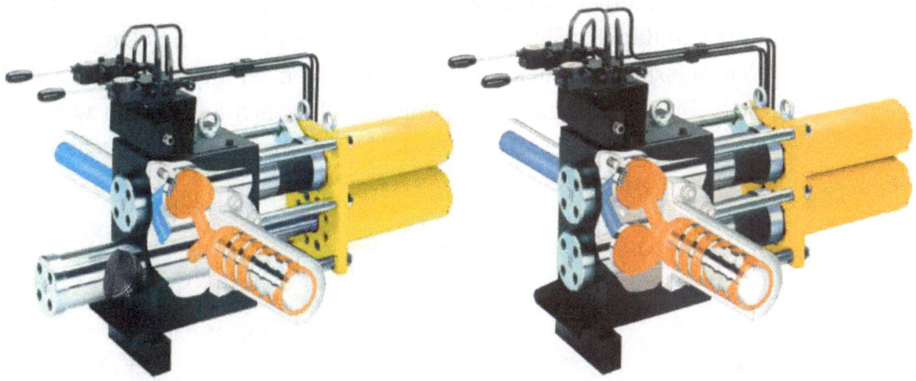

Bild 6.17 Doppelbolzensiebwechsler in Siebwechselposition (links) und Arbeitsposition (rechts) [Quelle: Maag Pump Systems GmbH]

Während des Siebwechselvorgangs des unteren Siebes (im Bild links), ist lediglich das obere Sieb im Einsatz. In der Regel steht dann nur 50 % der Siebfläche zur Verfügung. Daraus resultiert ein größerer Druckabfall infolge des geringeren Strömungsquerschnitts. In der Arbeitsposition sind beide Siebe gleichzeitig im Einsatz.

Bei den bisher vorgestellten Systemen werden die Siebeinsätze ausgetauscht, um eine gute Filtrierung der Schmelze zu gewährleisten. Es existieren aber auch Siebwechsler mit einer so genannten Rückspülfunktion.

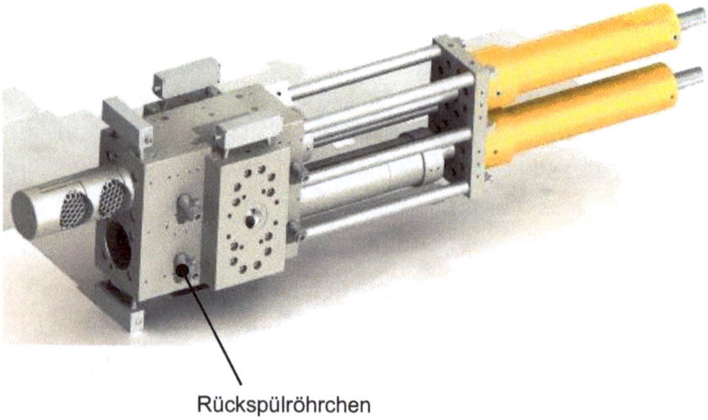

Bild 6.18 Doppelbolzensiebwechsler mit Rückspülfunktion [Quelle: Maag Pump Systems GmbH]

Bei Siebwechslern mit einer Rückspülfunktion wird ein Teil der Kunststoffschmelze zum Rückspülen der Siebe genutzt. Hierbei wird die Schmelze gegen die eigentliche Strömungsrichtung rückwärts durch das Sieb geleitet, um die Kontaminationen aus dem Sieb zu spülen. Dieser verschmutzte Schmelzestrom wird aus dem Siebwechsler herausgeleitet und tritt aus beheizten Rückspülröhrchen aus. Die gespülten Siebelemente können wieder verwendet werden.

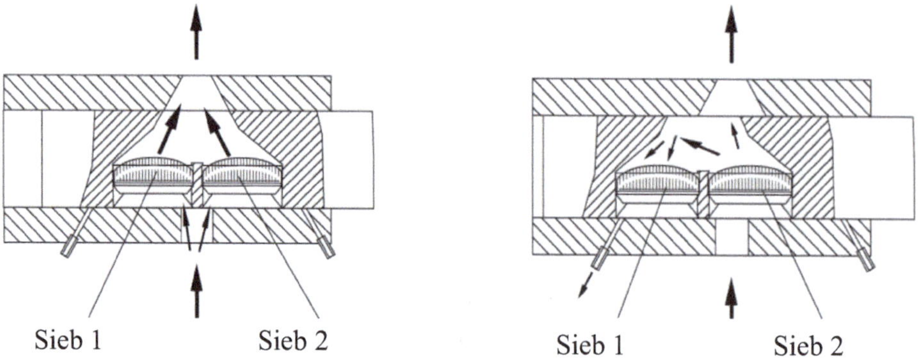

Bild 6.19 Rückspülfunktion [Quelle: Maag Pump Systems GmbH]

Die im engeren Sinne als kontinuierlich zu betrachtenden Systeme sind Band- und Drehscheibensiebwechsler.

Beim Bandsiebwechsler wird ein Siebband während des Produktionsprozesses in Abhängigkeit des Verschmutzungsgrades durch den Schmelzestrom bewegt.

Im Folgenden soll näher auf den Drehscheibensiebwechsler bzw. das Rotary Filtriersystem eingegangen werden.

Das folgende Bild 6.20 zeigt den Aufbau und die wichtigsten Komponenten eines Rotary Filtriersystems mit Rückspülfunktion.

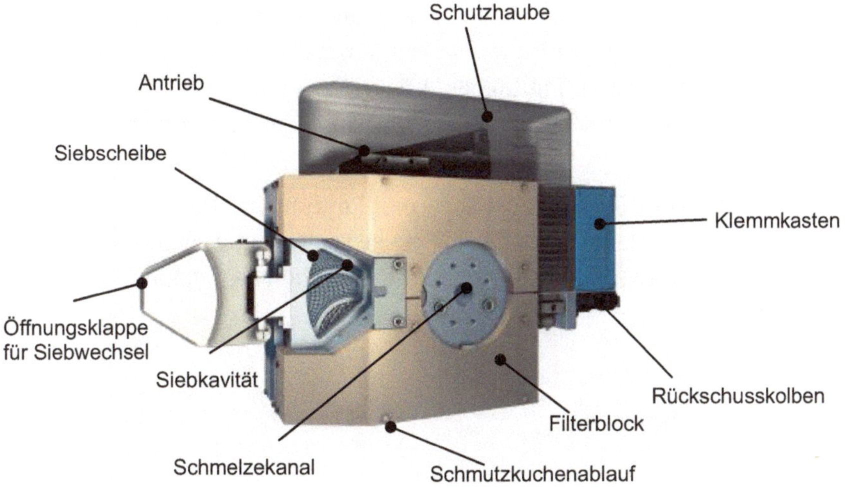

Bild 6.20 Aufbau eines Rotary Filtriersystems mit Rückspülfunktion [Quelle: Gneuß Kunststofftechnik GmbH]

Zwischen dem Ein- und Auslaufblock befindet sich die mit einem Antrieb versehene Siebscheibe mit ihren Siebkavitäten. Eine Öffnungsklappe gibt die Siebe für einen Siebwechsel frei. Der notwendige Rückspüldruck wird über einen Rückschusskolben aufgebracht. Die rückgespülte, kontaminierte Schmelze tritt über den Schmutzkuchenauslauf aus.

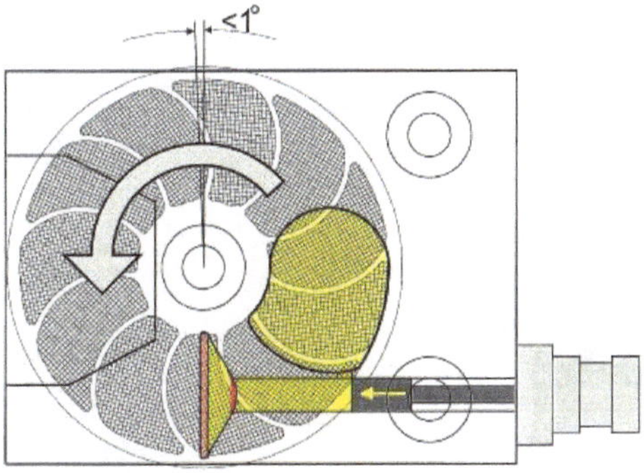

Bild 6.21 Funktionsprinzip eines Rotary Filtriersystems mit Rückspülfunktion [Quelle: Gneuß Kunststofftechnik GmbH]

Das Funktionsprinzip zeigt ein kontinuierlich arbeitendes Rotary Filtriersystem mit einer Rückspülfunktion. In einem Gehäuse bewegt sich eine Siebscheibe, auf der die Siebelemente ringförmig angeordnet sind. Infolge der Rotationsbewegung der Siebscheibe können die Siebelemente während des Prozesses durch den

Schmelzestrom bewegt werden. Die Siebscheibe rotiert nicht kontinuierlich, sondern wird taktmäßig um einen Winkel von ca. 1° weiterbewegt, wenn infolge der Siebverschmutzung der Schmelzedruck auf einen definierten Wert ansteigt.

In diesem Beispiel verfügt der Siebwechsler zur Reinigung der Siebe über eine Rückspülfunktion. Hierzu wird filtrierte Schmelze abgezweigt und in einen so genannten Schusstopf geleitet. Ein Kolben drückt die Schmelze von hinten durch die Siebscheibe. Die kontaminierte Schmelze wird aus dem System nach außen geleitet.

Auf diese Weise wird eine automatische und kontinuierliche Filtration ohne Beeinflussung der Prozess- und Druckkonstanz gewährleistet. Produktdickenschwankungen können somit vermieden werden. Die gespülten Siebelemente können wieder verwendet werden.

6.3.2 Schmelzepumpen

Wie bereits erwähnt, kommen in Folien- und Plattenextrusionslinien häufig Schmelzepumpen zum Einsatz. In diesem Abschnitt soll auf den Aufbau, die Funktionsweise und die Prozesseigenschaften näher eingegangen werden.

6.3.2.1 Aufbau von Schmelzepumpen

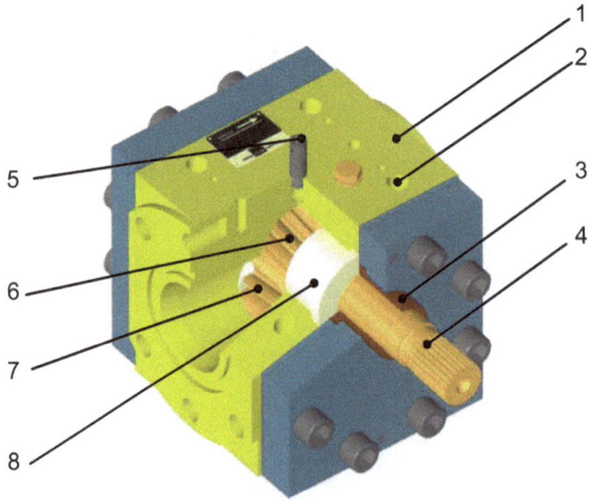

Bild 6.22 Schnittzeichnung einer Schmelzepumpe, schematisch [Quelle: Maag Pump Systems GmbH]

1: Gehäuse mit Seitenplatten
2: Heizpatronen
3: Wellendichtungen
4: Zahnradwelle mit Schaft
5: Bajonettnippel
6: angetriebene Zahnradwelle
7: Zahnradwelle
8: Gleitlager

Das Bild 6.22 zeigt den typischen Aufbau einer Schmelzepumpe. Sie besteht im Wesentlichen aus einem Gehäuse mit Seitenplatten (1), einer angetriebenen Zahnradwelle (6) mit Schaft (4), einer getriebenen Zahnradwelle (7), Gleitlagern (8), Wellendichtungen (3). In der Regel werden Zahnradpumpen elektrisch beheizt. Die dafür notwendigen Heizpatronen (2) werden so im Gehäuse positioniert, dass die Temperaturverteilung in der Pumpe möglichst homogen ist. Es kann aber auch vorkommen, dass eine Temperierung der Schmelzepumpen z. B. mit Thermalöl erfolgt. Dann wird das Gehäuse mit Temperierbohrungen versehen.

Das Bild 6.22 zeigt einen Bajonettnippel (5), der das Thermoelement zur Temperaturüberwachung aufnimmt.

Die Kopplung zwischen der angetriebenen Zahnradwelle (6) und den Antrieben erfolgt in der Regel mit Hilfe von Kardanwellen.

Die Schmierung der Gleitlager (8) wird über einen dünnen Kunststoffschmelzefilm vorgenommen.

6.3.2.2 Funktionsweise und Ausführungen von Schmelzepumpen

Schmelzepumpen funktionieren wie klassische Zahnradpumpen. Das treibende Zahnrad treibt das getriebene Zahnrad infolge des Zahneingriffs an.

Zwischen den Zähnen entstehen Volumina, in denen die einströmende Schmelze durch die Zahnraddrehung gefördert wird (Volumenförderung). Durch den Zahneingriff kommt es zum Verdrängen der Schmelze aus den Zahnzwischenräumen an der Auslaufseite der Pumpe.

Auf diese Weise wird die Kunststoffschmelze vom Einlauf zum Auslauf gefördert. In Bild 6.23 sind die Drücke, die an einer Zahnradpumpe entstehen, dargestellt.

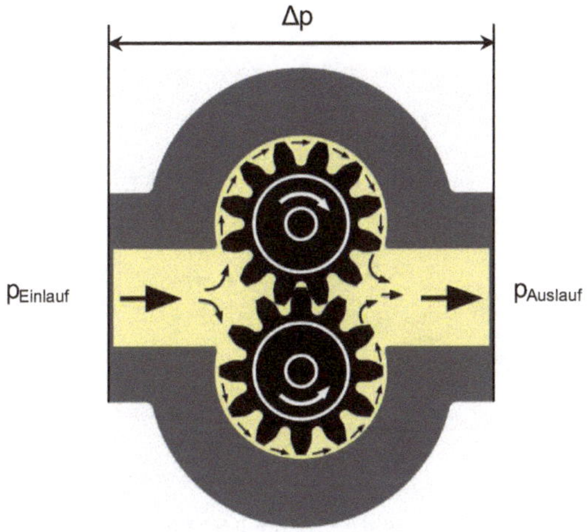

Bild 6.23 Funktionsprinzip einer Schmelzepumpe, schematisch [Quelle: Maag Pump Systems GmbH]

Aus der volumetrischen Schmelzeförderung resultiert eine Druckdifferenz Δp zwischen dem Einlaufdruck $p_{Einlauf}$ und dem Auslaufdruck $p_{Auslauf}$. Aufgrund der Tatsache, dass die Pumpe in Extrusionsrichtung einen Druck erzeugen soll, muss der Druckgradient in Förderrichtung immer positiv sein. Demnach gilt im Allgemeinen: $\Delta p > 0$ und $p_{Auslauf} > p_{Einlauf}$.

Der Auslaufdruck ist abhängig von dem Massedurchsatz, der Schmelzeviskosität und der Geometrie nachfolgender Komponenten, wie z. B. Schmelzeleitungen und Werkzeuge. Daraus ergeben sich entlang der Strecke vom Schmelzepumpenaustritt bis zum Werkzeugaustritt unterschiedliche Strömungsquerschnitte und -längen, woraus wiederum der Gesamtdruckabfall nach der Schmelzepumpe $p_{Auslauf}$ resultiert. Dieser Wert kann je nach Prozess deutlich über 100 bar liegen.

Der Einlaufdruck $p_{Einlauf}$ ist vom Druck vor der Schneckenspitze des Extruders abhängig und kann mit Hilfe einer so genannten Druckregelung, die im Folgenden noch erläutert wird, eingestellt werden.

Für die oben genannten Drücke werden häufig Einsatzgrenzen angegeben. Typische in der Folien- und Plattenextrusion zulässige Werte sind z. B. $p_{Einlauf\text{-}zul.}$ = 10 – 120 bar, $p_{Auslauf\text{-}max.}$ = 350 bar und $\Delta p_{max.}$ = 250 bar.

Für alle Schmelze führenden Komponenten in einer Extrusionsanlage gilt, dass so genannte Totzonen, in denen die Schmelze stagnieren kann, vermieden werden müssen. Dies gilt insbesondere für Schmelzepumpen. Aus diesem Grund werden häufig auch die Ein- und Auslaufkanäle bei der Verarbeitung von mittelmäßig temperatursensitiven Materialien (z. B. PC und PMMA) und stark temperatursensitiven Kunststoffen (z. B. PVC) rheologisch optimiert. Hierzu wird z. B. der kreisförmige Zulaufkanal in einen Schlitzquerschnitt (Bild 6.16 rechts) überführt. In Bild 6.24 ist auf der linken Seite der Standard-Zulaufkanal mit durchgängigem Kreisquerschnitt zu erkennen.

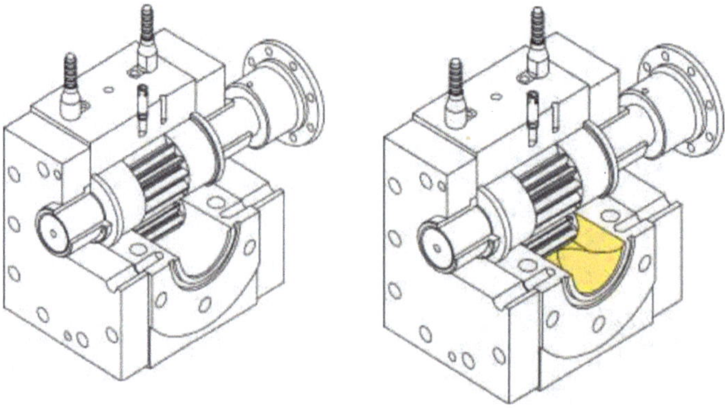

Bild 6.24 Schmelzepumpe ohne und mit rheologisch optimiertem Zulauf, schematisch [Quelle: Maag Pump Systems GmbH]

Bei der Verarbeitung temperaturunempfindlicher Materialien für Standard-Anwendungen wie PP und PE wird häufig der zur Lagerschmierung verwendete Kunststoff wieder zurück in den Schmelzehauptstrom gefördert. Bei temperatur- und schersensitiven Kunststoffen (z. B. PVC) ist es zwingend erforderlich, die zur Lagerschmierung verwendete Kunststoffschmelze z. B. über die Wellendichtungen nach außen zu führen.

Allerdings wird diese Ausführung auch häufig bei der Verarbeitung nicht so sensibler Kunststoffe eingesetzt, weil einerseits der Lagerleckstrom relativ gering ist und andererseits dadurch gewährleistet ist, dass mit Scherung und zusätzlicher Temperatur belastete Schmelze aus dem Prozess herausgeschleust wird. Besonders interessant ist dieser Sachverhalt auch bei der Herstellung optisch klarer Folien und Platten mit hohen Qualitätsanforderungen.

Häufig werden Schmelzepumpenzahnräder schrägverzahnt ausgeführt, um hierdurch einen kontinuierlichen Zahneingriff zu realisieren. Die infolge der Schmelzeverdrängung durch den Zahneingriff verursachte Druckpulsationen werden verringert [BAR90].

Wie bereits erläutert, wird in der Regel die Schmelzepumpe nach dem Siebwechsler positioniert, um durch die Siebe einen Schutz für die Pumpe gegen Feststoffe in der Schmelze zu gewährleisten.

Steuerungstechnisch ist die Schmelzepumpe in der Regel so integriert, dass die Extrusionslinie mit einer so genannten Druckregelung betrieben werden kann. Die Schmelzepumpendrehzahl wird gemäß erforderlichem Anlagendurchsatz vorgegeben. Ferner wird ein Schmelzepumpeneinlaufdruck in der Steuerung eingestellt. Bei konstanter Pumpendrehzahl wird die Schneckendrehzahl des Extruders variiert, um den definierten Pumpenvordruck möglichst konstant zu halten.

6.3.2.3 Prozesseigenschaften von Schmelzepumpen

Der Schmelzepumpendurchsatz ist von der Schmelzepumpendrehzahl abhängig. Wie bereits erwähnt, ist die Schmelzepumpe ein volumetrisches Förderorgan, so dass ganz allgemein ein spezifische Fördervolumen [cm^3/min^{-1}] angegeben wird. Das Fördervolumen kann aus den Verzahnungen exakt bestimmt werden. Allerdings muss der Pumpeneinlaufdruck groß genug sein, um diese vollständig zu füllen [MAA85]. Aufgrund der Volumenförderung wird der Durchsatz nicht nur von der Pumpendrehzahl, sondern auch von der Schmelzedichte [g/cm^3] beeinflusst.

Die Förderkennlinie von Extrudern ist in der Regel nicht linear, sondern degressiv. Auch der Einsatz genuteter Einzugssysteme, die ein wesentlich steiferes Förderverhalten aufweisen, führt in der Regel nicht zu der Linearität einer Schmelzepumpe.

Die Förderkennlinie einer Schmelzepumpe kann idealisiert als linear angenommen werden [MAA85]. Folglich verfügen Schmelzepumpen über ein sehr gutes Druckaufbauvermögen und eine hohe Fördersteifigkeit. Durch den Extruder verursachte Druckpulsationen können gedämpft werden.

Insbesondere beim Einsatz von Einschneckenextrudern mit einer Entgasung ist es von großem Vorteil, dass die Schmelzepumpe den Druckaufbau und konstante Schmelzeförderung leistet.

Entgasungsschnecken können in der Regel grob in zwei Stufen eingeteilt werden. Die 1. Stufe übernimmt im Wesentlichen die Prozessschritte Einziehen und Plastifizieren. Zu Beginn der 2. Stufe soll die in der 1. Stufe plastifizierte Schmelze entgasen. In diesem Bereich befindet sich auch die Entgasungsöffnung des Einschneckenextruders. Zum Entgasen ist es zwingend erforderlich, dass keine Schmelze in die Entgasungsöffnung gelangt, da sie ansonsten von der Vakuumpumpe angesaugt wird. Hierzu muss die Schnecke so ausgelegt werden, dass der Schmelzedruck entsprechend gering ist.

Nach der Entgasung folgt in der 2. Stufe ein Druckaufbau und ggf. eine Nachhomogenisierung der Schmelze in Form eines Mischteils. Der Füllgrad der 2. Stufe ist vom Druck an der Schneckenspitze abhängig. Ist der Druck vor der Schneckenspitze zu gering, kommt es aufgrund des zu geringen Füllgrades zu einer pulsierenden Förderung bzw. zu Druckschwankungen. Bei zu großem Druck vor der Schneckenspitze ist der Füllgrad möglicherweise so hoch, dass die Entgasungsöffnung geflutet wird.

Der Druck vor der Schneckenspitze ist nicht nur betriebspunkt- sondern auch materialanhängig. Häufig werden mit einer Schnecke Materialien mit unterschiedlichen Viskositäten verarbeitet.

Es ist also wünschenswert, immer einen optimalen Druck vor der Schneckenspitze zu erreichen, der einerseits minimale Pulsationen ermöglicht und andererseits eine optimale Entgasung gewährleistet.

Entgasungsextruder werden häufig in Kombination mit Schmelzepumpen betrieben, weil so über die bereits erläuterte Druckregelung der Schneckenspitzendruck bzw. der Pumpeneinlaufdruck sehr genau beeinflusst werden kann.

6.3.3 Walzen

Bei geglätteten Folien stellt das Glättwerk die zentrale Komponente einer Extrusionsanlage dar. Wie bereits erwähnt, wird die Folie bzw. Platte dort über Glättwalzen kalibriert, geglättet und gekühlt. Entsprechend hoch und vielfältig sind die Anforderungen an die Walzen. Folgende Faktoren stehen daher im Vordergrund:

- Exakte geometrische Abmessungen, wie Rundlauf, Zylinderform
- Hohe Festigkeit bei geringer Verformbarkeit
- Definierte Oberflächenbeschaffenheit
- Exakte Temperaturverteilung
- Gute Wärmeleitung

Infolge des Glättprozesses im Walzenspalt entsteht eine Linienlast. Glättwerke sind in der Regel daher für relativ hohe Linienlasten von 800 - 1000 N/cm ausgelegt [ISR96]. Ferner sollen Walzen eine gute Heiz- und Kühlleistung aufweisen. Ergo stehen die Anforderungen hohe Festigkeit und gute Wärmeleitung in einem Widerspruch. Einerseits soll die Walze mechanisch beanspruchbar bzw. massiv ausgeführt werden und andererseits thermisch flink bzw. dünnwandig gestaltet werden, um gute Heiz- bzw. Kühleigenschaften zu realisieren.

In Folien- und Plattenanlagen werden in der Regel doppelwandige Walzen mit einer Stahlspirale und einem auf diese Spirale aufgeschrumpften Mantel verwendet. So entsteht ein Verbund von Mantel, Spirale und Innenkörper, so dass der Außenmantel für eine gute Wärmeleitung relativ dünn gestaltet werden kann und der Innenkörper für die benötigte Festigkeit massiver ausgeführt wird.

In der Regel werden Glättwalzen mit mehrgängigen degressiven Spiralen ausgeführt. Durch die degressive Steigung nimmt der Spiralabstand kontinuierlich ab. Hierdurch wird die Fließgeschwindigkeit des Temperiermediums gesteigert, so dass die über die Strömungskanallänge verringerte Heiz- bzw. Kühlleistung des Mediums kompensiert wird.

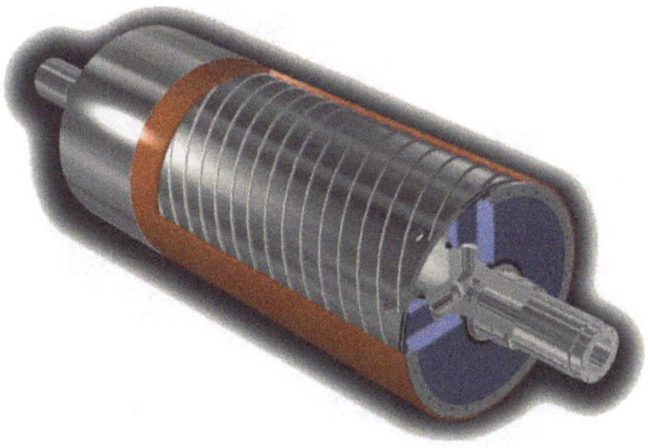

Bild 6.25 Verchromte Walze in doppelwandiger Ausführung mit mehrgängiger degressiver Spirale [Quelle: J. van Baal GmbH]

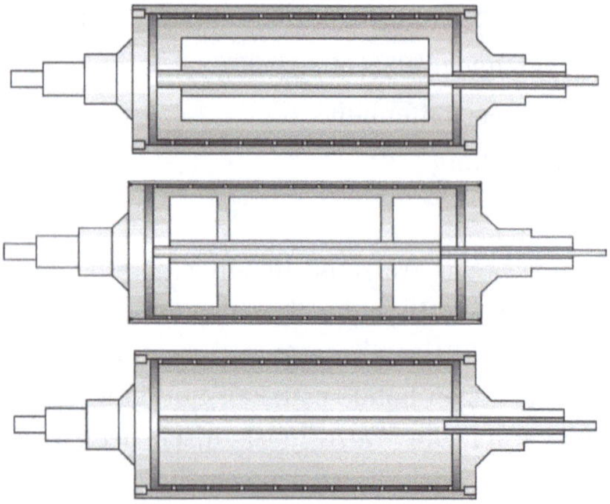

Bild 6.26 Ausführungen von Glättwalzen [Quelle: J. van Baal GmbH]

Das Bild zeigt unterschiedliche Glättwalzenausführungen: doppelwandige geschrumpfte Ausführung mit Leitspiralen, doppelwandige Ausführung mit Leitspiralen und zusätzlichen Stützscheiben, Vollmaterial-Ausführung mit Leitspiralen und geschrumpftem Walzenmantel.

Bei diesen Konstruktionen spielt neben den bereits genannten Faktoren die Steifigkeit und das Eigengewicht eine große Rolle.

Glättwalzen werden aufgrund ihres Eigengewichtes und insbesondere infolge der bereits erwähnten Linienlasten im Walzenspalt verformt. Die Verformung setzt sich aus einem Biege- und einem elastischen Beulungsanteil zusammen.

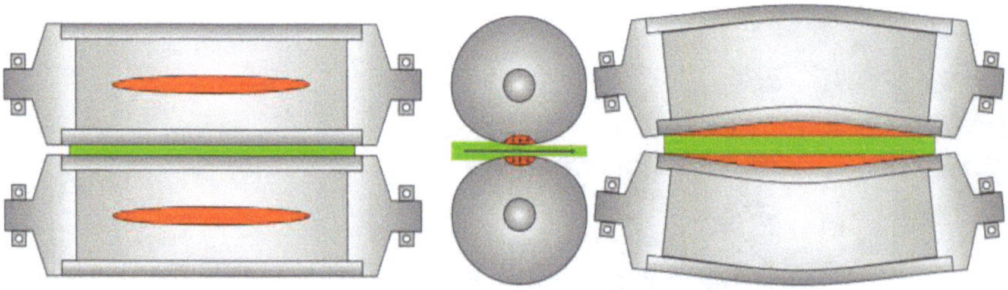

Bild 6.27 Elastische Einbeulung und Biegung infolge der Linienlast [Quelle: J. van Baal GmbH]

Das Bild 6.27 zeigt links die elastische Beulung zweier Glättwalzen. Die Walzenmaterialien sind elastisch, so dass sich diese infolge des Linienkontaktes im Glättspalt abplatten und eine Kontaktfläche bilden, in der die maximale Spannung in der Flächenmitte liegt (Hertz'sche Pressung). Im Bild rechts ist die Biegung zweier Walzen schematisch dargestellt.

Der Biegeanteil kann durch eine verstärkte Bauweise oder durch typische Maßnahmen, wie Bombage, Axis-Crossing oder Roll-Bending minimiert werden.

Bei einer **Bombage** handelt es sich um einen balligen Kurvenschliff der Walzenoberfläche, um die Biegelinie der Walze auszugleichen. **Axis-Crossing** steht für eine Verschränkung der Walzenachsen, so dass diese nicht mehr parallel sind. Das **Roll-Bending** ist ein Gegenbiegen der Walzen, indem an den Walzenzapfen eine der Biegekraft entgegenwirkende Kraft eingeleitet wird.

Am Markt existieren weitere Walzenkonstruktionen, die eine Verbesserung der Produktdickentoleranzen über die Walzenbreite gewährleisten sollen.

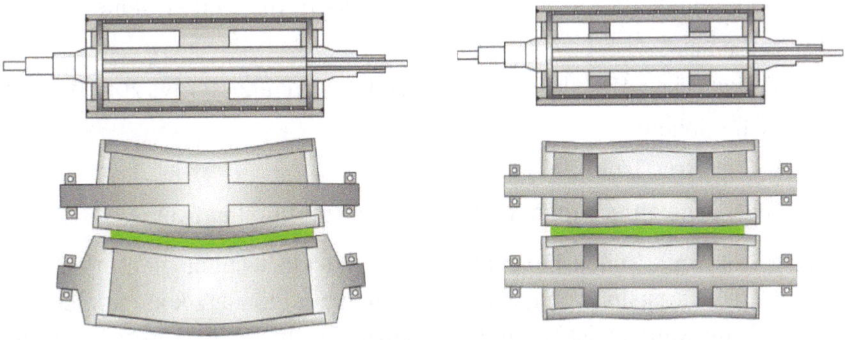

Bild 6.28 Biegelinienkompensation und biegsteife Ausführung [Quelle: J. van Baal GmbH]

Beispiele für eingesetzte Sonderbauformen sind Walzen mit einer Biegelinienkompensation und biegesteife Walzen.

Im Bild links wird eine Walzenpaarung gezeigt, bei der sich die obere Walze bei wechselnden Linienlasten den Biegelinien der unteren Walze anpasst. Diese Walze ist biegeweich und schmiegt sich der Biegelinie entsprechend an die untere Glättwalze an. Walzenmantel und Innenkörper werden in diesem Fall lediglich in der Walzenmitte abgestützt. Die Verformung der Walzen spielt hier für das Querdickenprofil der Folie eine untergeordnete Rolle, weil der Spalt zwischen den Walzen über die Breite im Idealfall konstant bleibt.

Im Bild rechts wird schematisch eine Walzenpaarung mit biegesteifer Ausführung dargestellt. Mantel und Innenkörper werden in der Regel doppelt auf einer gemeinsamen Achse abgestützt. Durch diese Konstruktion verkürzt sich der Abstand zwischen den Stützstellen. Die Walzendruchbiegung wird dadurch verringert, aber nicht vollkommen kompensiert.

Ferner können Walzen mit einer Druckkammer ausgeführt werden, um über einen hydraulischen Innendruck eine definierte Balligkeit (Bombage) einzustellen. Diese Konstruktion ist technisch relativ aufwändig und kann demnach nicht als Standard-Lösung betrachtet werden.

Häufig werden aufgrund der hohen Spaltlasten die Walzenmanteloberflächen gehärtet ausgeführt. In der Regel werden die Walzenoberflächen verchromt, geschliffen und poliert.

Ferner können Walzenoberflächen unterschiedlichste Gravuren aufweisen, um der Produktoberfläche ein definiertes Prägemuster zu verleihen.

6.3.4 Wickler

Im Abschnitt 6.2.1.1 wurde im Kontext mit dem allgemeinen Aufbau von Folienextrusionslinien auf das Thema Wickeltechnik bereits eingegangen.

Folgende Qualitätsfaktoren sind beim Aufwickeln von Folien generell relevant [WIR06]:

- gleichmäßige Härte der Wickelrolle vom Außendurchmesser bis zum Wickelkern
- zylindrische Rollenform
- plane Wickelstirnflächen
- Wickeloberfläche ohne Falten, Lufteinschlüsse und Kolbenringe

In diesem Abschnitt sollen beispielhaft zwei Wicklertechnologien erläutert werden, die bei der Extrusion von geglätteten Folien zum Einsatz kommen. Es handelt sich hierbei um Kaulenwickler und Wendewickler. In [HEI97] werden diese Systeme im Zusammenhang mit Herstellung von Thermoformfolien gegenübergestellt.

Das Bild 6.29 zeigt einen 4-Stellen-Kaulenwickler mit einem Folienspeicher. Mit diesem System können große Rollen mit einem Durchmesser von 2200 mm gewickelt werden. Kaulenwagen mit Expansionswickelwellen und Klapplagern nehmen die Rollen auf. Der innerbetriebliche Rollentransport kann ohne zusätzliche Hebezeuge erfolgen.

Bild 6.29 Kaulenwickler mit 4 Wickelstellen und Folienspeicher [Quelle: TNT Maschinenbau GmbH]

Bild 6.30 Kaulenwickler mit zwei Wickelstellen und Folienspeicher [Quelle: TNT Maschinenbau GmbH]

In diesem Beispiel werden aus der Folie zwei Nutzen geschnitten. Pro Nutzen sind zwei Wickelwagen erforderlich. In der Regel werden diese Systeme mit bis zu sechs Wickelstellen (drei Nutzen) ausgeführt.

Die Folie wird durch den Folienspeicher (rechts im Bild) hindurchgeführt. Nach dem Speicher erfolgt der Rand- und Nutzenschnitt in einer Ebene. Der Randbeschnitt kann entweder mit Hilfe von Randstreifenwicklern gewickelt oder in einer Mühle zerkleinert werden. Es ist möglich, das Randstreifenregenerat direkt in den Extrusionsprozess (inline) zurückzuführen, oder das Mahlgut z.B. in Silos oder Bigbags zwischenzulagern. Die als Folie verwendbaren Nutzen werden den Wickelstellen zugeführt und gewickelt.

Wenn der definierte Wickeldurchmesser erreicht ist, erfolgt das Quertrennen und Anlegen der Folienbahn im Stillstand, so dass die Folie während dieser Vorgänge im Folienspeicher gepuffert wird.

Die Quertrennung kann z.B. automatisiert mit Hilfe einer pneumatisch bewegten Klinge oder von Hand erfolgen. Auch das Anlegen an die leere Wickelstelle kann manuell oder automatisiert stattfinden.

Es ist möglich, die fertige Rolle zu entnehmen, während der andere Wickel erzeugt wird. Das folgende Bild zeigt einen 2-Stellen-Kaulenwickler. Der Anlagenbediener bereitet die fertige Rolle (rechts) auf den Abtransport vor, während die linke Rolle gewickelt wird.

Das Bild 6.31 zeigt einen Wendewickler. Im Vergleich zum Kaulenwickler sind die typischen Rollendurchmesser mit 800 - 1000 mm deutlich kleiner.

Im Bild stellt der weiße Pfeil die Warenlaufrichtung (WLR) dar.

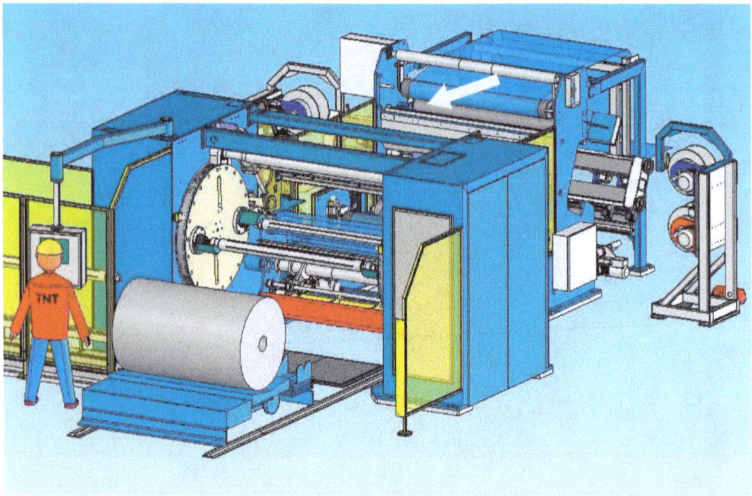

Bild 6.31 Wendewickler [Quelle: TNT Maschinenbau GmbH]

Das Wendekreuz mit den beiden separat angetriebenen Wickelwellen bildet das Herzstück des Systems. Die wesentlichen, in WLR dem Wendekreuz bzw. der Wickelwelle vorgelagerten Komponenten sind Changierung, Rand- und Nutzenschnitt, Randstreifenwickler, Zugwerk, Anlegehilfe und Quertrenneinrichtung (nur teilweise im Bild 6.31 dargestellt).

Die Changierung hat die Aufgabe, den Bahnverlauf über dessen Mittelachse gemäß einem definierten Hub quer zur Extrusionsrichtung wechselseitig zu verschieben. Ohne Changierung können sich Dickstellen in der Folie auf dem Wickel z. B. zu Kolbenringen kumulieren. Beispielsweise wird hierzu die Bahn über einen Schwenkrahmen geführt.

Wie bereits erläutert, erfolgt der Rand- und Nutzenschnitt häufig über angetriebene Kreismesser, die über die Folienbreite positioniert werden können. Ein 2-Stellen-Randstreifenwickler (rechter Bildrand) nimmt in diesem Beispiel den Randstreifen auf.

In der Regel erfolgt der Wickelwechsel bei Wendewicklern automatisch mit laufender Folienbahn ohne Pufferung der Folie in einem Speicher.

Im Folgenden sollen die wichtigsten Schritte eines Wickelwechsels erläutert werden. Während die Wickelstelle 1 wickelt, wird die 2. Wickelwelle mit einer neuen Hülse bestückt. Kurz bevor der Soll-Durchmesser der momentan gewickelten Rolle erreicht ist, wird der Wendevorgang des Wendekreuzes eingeleitet. Nach Beendigung des Wendevorgangs befindet sich die volle Rolle in der Entnahmeposition (vordere Position im Bild) und die leere Hülse in Wickelposition. Das Schneidsystem (z. B. ein vollautomatisches Hackmesser) wird in die Arbeitsstellung bewegt. Die Folie wird geschnitten (das Hackmesser schlägt in die laufende Folienbahn)

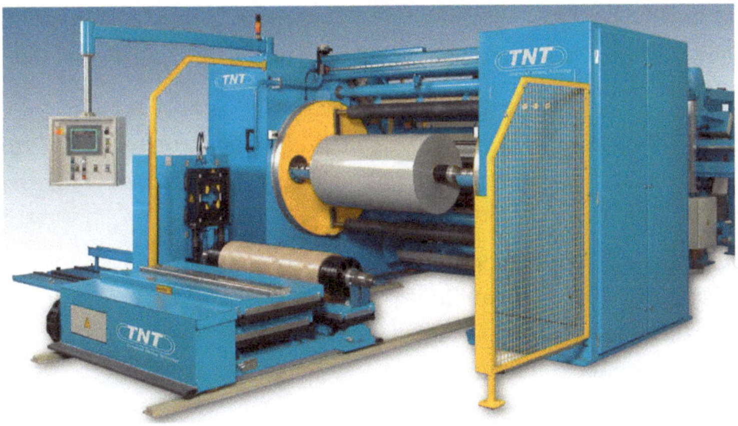

Bild 6.32 Wendewickler [Quelle: TNT Maschinenbau GmbH]

und sofort an die neue Hülse angelegt. Der volle Wickel stoppt und kann entnommen werden (siehe Bild 6.32).

Wendewickler können aber auch manuell betrieben werden, wenn das Schneiden und/oder das Anlegen von Hand geschehen soll. Während des daraus resultierenden Stillstands muss dem Wendewickler dann ein Folienspeicher vorgeschaltet werden.

Beispielsweise kann bei manchen spröden Kunststoffen (z.B. PMMA), die zum Splittern neigen, kein Hackmesser eingesetzt werden, da hier die Gefahr besteht, dass die Splitter in die Rolle gewickelt werden. Hier sollte die Quertrennung der Warenbahn (im Stillstand) mit Hilfe eines Kreismessers erfolgen.

6.4 Verfahrenstechnik in Folien- und Plattenextrusionslinien

Eine Kunststoffverarbeitungsmaschine wird mit dem Ziel betrieben, das Produkt bzw. die Folie oder Platte mit einer definierten Qualität und Menge herzustellen.

Die Faktoren Produktivität und Qualität sind direkt von der Verfahrenstechnik der Extrusionsanlage abhängig. Es existieren eine Reihe quantitativer und qualitativer Qualitätsmerkmale, wie:

- Durchsatzleistung bzw. zeitbezogene Laufmeter der Folie und Anzahl der Platten
- geometrische Produktabmessungen mit definierten Toleranzen, z.B. Breiten, (Schicht-) Dicken, Längen, Planlage, Rollneigung, Wellenbildung
- mechanische Eigenschaften, z.B. Zugfestigkeit, Durchstoßfestigkeit, Weiterreißwiderstand

- optische Eigenschaften, z. B. Glanz, Transparenz, Trübung, Anzahl der Stippen
- Eigenschaften bei der Weiterverarbeitung, wie z. B. Thermoformbarkeit, Bedruckbarkeit

Die Verfahrenstechnik oder auch Prozesstechnik umfasst die gesamte Prozesskette vom Rohstoff bis zum Endprodukt. Das schwächste Glied der Prozesskette bestimmt die Qualität des Produktes.

Im Folgenden soll die Extrusions-Prozesskette kurz dargestellt und erläutert werden. Hier ist es von Interesse, anhand von Beispielen aus der Praxis zu zeigen, wie sich die Prozesse in den einzelnen Gliedern auf das gesamte Verfahren bzw. die Produktqualität auswirken können.

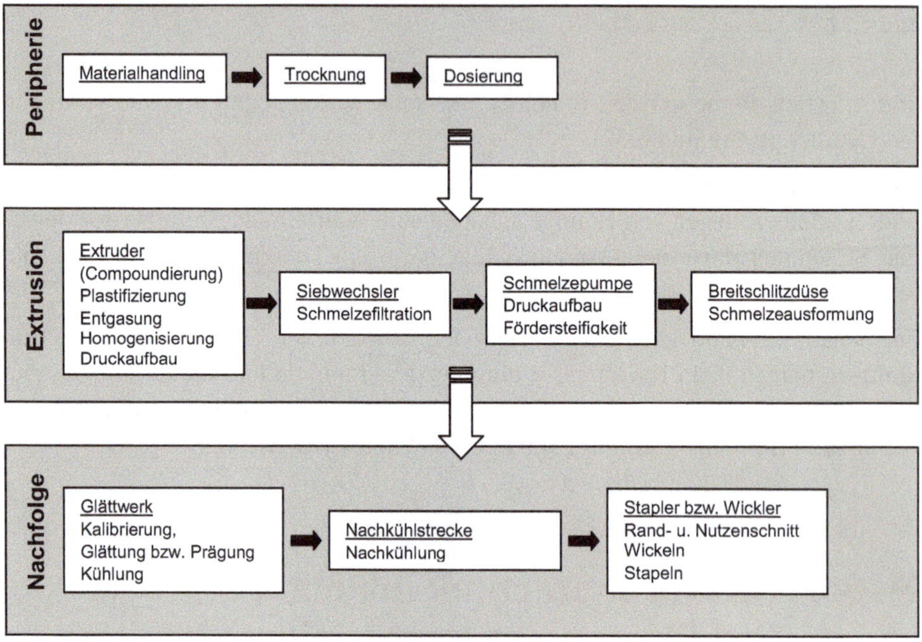

Bild 6.33 Prozesskette bei der Folien- und Plattenextrusion

Das Bild 6.33 zeigt die wichtigsten Glieder einer Prozesskette bei der Folien- und Plattenextrusion.

6.4.1 Verfahrenstechnik – Peripherie

Die Peripherie des Gesamtsystems spielt verfahrenstechnisch eine sehr wichtige Rolle. Das Materialhandling übernimmt im Wesentlichen die Aufgabe des Materialtransports. Beispielsweise vom Materiallagerort (z. B. Silo, Oktabin oder Bigbag) zum Trockner und vom Trockner zur Dosierung. In der Praxis führen häufig Probleme, die an dieser Stelle auftreten, zum Ausfall der Gesamtanlage.

Die Vortrocknung des Kunststoffs (z. B. bei der Verarbeitung von APET auf einem Einschneckenextruder zwingend erforderlich) wirkt sich direkt auf den Extrusionsprozess aus. Restfeuchte in der Schmelze kann z. B. zur Bläschenbildung in der Schmelzefahne am Austritt der Breitschlitzdüse führen. Bei APET kommt es beispielsweise zu einem Kettenabbau bzw. zu einer Verringerung der Viskosität (IV-Drop). Ganz allgemein führen Probleme mit der Vortrocknung häufig zu einer Verringerung der mechanischen und optischen Qualität des Produktes.

Die Dosierung stellt die einzelnen Materialkomponenten gravimetrisch oder volumetrisch nach definierten Rezepturen zusammen. Diese können neben der Hauptkomponente Farbstoffe (z. B. Farbmasterbatch), Füllstoffe, Additive (z. B. Antistatika, oder Antiblockmittel) oder zurückgeführte Schnitzel aus der Randsteifenmühle sein. Eine Variation der Materialkomponenten und folglich eine ungewollte Änderung der Rezeptur kann Auswirkungen auf die Produktqualität und den Verarbeitungsprozess haben. Ferner spielen in der Regel Kostenaspekte eine große Rolle. Eine Schwankung in der Dosiergenauigkeit teurer Komponenten kann sich hier negativ auswirken.

6.4.2 Verfahrenstechnik – Extrusion

Die Extrusion stellt das Herzstück des Gesamtsystems dar. In der Platten- und Folienextrusion werden häufig granulatbeschickte Einschneckensysteme eingesetzt. Die wesentlichen Prozessschritte im Einschneckenextruder lauten bei der Verarbeitung wie folgt:

- Einziehen und Fördern des Rohstoffs
- Plastifizierung des Rohstoffs zu einer Kunststoffschmelze
- Gegebenenfalls Entgasung
- Homogenisierung der Schmelze
- Druckaufbau zur Überwindung von Komponenten wie: Siebwechslern, Schmelzeleitungen, statischen Mischern und Extrusionswerkzeugen (je nachdem, ob eine Schmelzepumpe zum Einsatz kommt)

Verfahrenstechnisch werden an den Extruder hohe Anforderungen gestellt. Eine Schmelze mit moderater Temperatur soll homogen, ggf. gut entgast und bei möglichst hohem Durchsatz zur Verfügung stehen. Ferner besteht oft die Notwendigkeit, mit einer Schnecke bzw. einer einzigen Schneckengeometrie mehrere Materialien verarbeiten zu können, da ein Schneckenwechsel für den Verarbeiter mit Aufwand verbunden ist. Aufgrund der Tatsache, dass Einschnecken in der Regel nicht modular, sondern aus einem Stück aufgebaut sind, kann die Schnecke nicht so einfach modifiziert werden, um diese ggf. bei bestehenden Problemen an den realen Prozess anzupassen. Änderungen der vorhandenen Schneckengeometrie sind folglich nur begrenzt möglich. In der Praxis werden Schnecken aufgrund von Erfahrungswerten und mit Hilfe von Simulationsprogrammen ausgelegt (siehe Kapitel 1 „Einschneckenextruder").

In Bild 6.33 ist der Begriff Compoundierung in Klammern dargestellt. Dies ist dann der Fall, wenn anstelle des Einschneckenextruders z. B. ein gleichsinnig drehendes Zweischneckensystem zum Einsatz kommt (siehe Kapitel 2 „Mehrschneckenextruder"). Hiermit ist eine Direktverarbeitung in einer Folien- oder Plattenanlage möglich. Direktverarbeitung bedeutet in diesem Zusammenhang, dass die Schritte der Compoundierung und Verarbeitung zusammengefasst werden. Im Zweischneckenextruder werden also erstens dem Rohstoff noch Füllstoffe und Additive beigemischt (Compoundierung) und zweitens direkt zu einem Produkt verarbeitet. Der Zwischenschritt der Granulierung der compoundierten Schmelze entfällt.

Ein typisches Beispiel für den Einsatz eines gleichsinnig drehenden Zweischneckenextruders in der Folienextrusion ist z. B. die Herstellung einer mineralisch gefüllten Tiefziehfolie. Die Füllstoffe (z. B. Kreide oder Talkum) liegen meistens als Pulver vor und können demnach sehr gut von einem gleichsinnig drehenden Zweischneckenextruder in die Polymermatrix eingearbeitet werden. Ein Einschecken-extruder kann diese Compoundieraufgabe häufig nicht in der erforderlichen Qualität leisten.

Ferner kann das in der Folienextrusion vielfach verarbeitete Material PET ohne Vortrocknung auf einem gleichsinnig drehenden Zweischneckenextruder verarbeitet werden (siehe Kapitel 2 „Mehrschneckenextruder").

Das modular aufgebaute Zweischneckensystem kann individuell modifiziert werden, indem angepasste Schneckenelemente zum Einsatz kommen. Verfahrenstechnisch ist dies ein großer Vorteil gegenüber Einschneckensystemen (siehe Kapitel 2 „Mehrschneckenextruder").

Im Zusammenhang mit der gesamten Prozesskette kommt dem Extruder eine zentrale Bedeutung zu. Die oben genannten Faktoren Schmelzetemperatur, Schmelzehomogenität, Entgasungsleistung wirken sich direkt auf die Produktqualität aus.

Eine zu hohe Schmelzetemperatur infolge einer zu „scharfen" Schnecke bzw. zu hoher Energieeinbringung führt in der Regel zur Verringerung der Viskosität bzw. je nach Ausprägung zu einem thermischen Polymerkettenabbau. Dies kann zu einer Verschlechterung der mechanischen und optischen Eigenschaften des Produktes führen.

Aber auch bzgl. des Glättprozesses spielt die Schmelzetemperatur eine Rolle. Beispielsweise werden für die Plattenextrusion höherviskose Materialien eingesetzt, da diese sich im Glättwerk aufgrund der Schmelzefestigkeit gut zu Platten verarbeiten lassen. Aufgrund zu geringer Schmelzeviskosität infolge einer zu hohen Schmelzetemperatur ist die notwendige Schmelzefestigkeit nicht mehr gegeben. Es kann zum so genannten Sagging (Durchhang an der Umschlingung der 2. Walze) kommen.

Die Schmelzehomogenität ist ebenfalls ein wichtiger Faktor. Restfeststoffe in der Schmelze können zu Stippen im Produkt führen. Aus diesem Grund werden Schnecken in der Regel mit Scherteilen (z. B. Maddock-Scherteil) versehen, um Restfeststoffe zu zerteilen (dispersives Mischen).

Aber auch die thermische Schmelzehomogenität muss für einen stabilen Prozess gegeben sein. Dynamische Mischelemente (z. B. Rautenmischteile) vergleichmäßigen durch distributives Mischen die Schmelzetemperatur (siehe Kapitel 1 „Einschneckenextruder“).

Häufig werden in der Kunststoffverarbeitung zur thermischen Homogenisierung der Schmelze statische Mischer eingesetzt. Die in das Schmelzerohr integrierten Mischeinsätze können z. B. aus Geflechten und wendelförmigen Elementen bestehen. Statische Mischer sind distributive Mischer, die den Schmelzestrom in laminare Teilströme auftrennen, verschieben und die Teilströme in einer anderen Anordnung wieder zusammenführen [KRA04].

Verfahrenstechnisch relevante Faktoren sind nicht nur eine gute Mischwirkung sondern auch eine möglichst geringe Verweilzeit und ein geringes Druckaufbauvermögen.

Thermische Inhomogenitäten können den Verarbeitungsprozess in der Weise beeinflussen, dass die Viskosität des Kunststoffs nicht konstant ist. Dieser Umstand kann im Extrusionswerkzeug zu einem instabilen, nicht stationären Schmelzefluss führen, so dass die Schmelzeverteilung über die Schlitzbreite nicht ausreichend gleichmäßig und konstant ist. Dieser Sachverhalt kann sich je nach Ausprägung der Inhomogenität auf die Produktdickenverteilung negativ auswirken.

In Bild 6.33 fasst die Extrusion die Komponenten Extruder, Siebwechsler, Schmelzepumpe und Breitschlitzwerkzeug zusammen.

Siebwechsler (siehe Abschnitt 6.3.1) filtrieren die Schmelze und entfernen Kontaminationen, so dass die Produktqualität gesteigert wird. Infolge des Durchströmens der Siebe wird die Schmelze nachhomogenisiert. Allerdings entsteht in Abhängigkeit des Durchsatzes, der Schmelzeviskosität und der Siebfeinheit bzw. der Kombination von unterschiedlichen Sieben zu einem Siebpaket ein Druckabfall, der mit steigender Siebverschmutzung zunimmt. Dieser Umstand muss bei der Auslegung des Extrusionssystems berücksichtigt werden. Außerdem muss betrachtet werden, ob es durch einen Siebwechsel zu Prozessschwankungen oder gar zur Unterbrechung der Produktion kommt (diskontinuierliche Filtrierung) oder der Extrusionsprozess nicht unterbrochen wird (kontinuierliche Filtrierung). Das Siebwechslersystem wird in Abhängigkeit der Extrusionsaufgabe ausgewählt.

Ferner sollten im Siebwechsler die schmelzedurchströmten Bereiche rheologisch so gestaltet sein, dass die Verweilzeit des Kunststoffs möglichst gering ist.

Schmelzepumpen zeichnen sich, wie bereits erwähnt, durch gutes Druckaufbauvermögen und Fördersteifigkeit aus. Der Extruder wird „entlastet" und muss in der Regel lediglich den Druckaufbau zur Überwindung des Siebes und zur Füllung der Pumpe leisten. Ferner wirkt eine Schmelzepumpe glättend und dämpft durch den Extruder eingebrachte Druckpulsationen (siehe auch Abschnitt 6.3.2).

Die Breitschlitzdüse ist ebenfalls eine Kernkomponente des Extrusionssystems (in Abschnitt 3.1 „Breitschlitzwerkzeuge" wird das Thema intensiver erläutert). Die verfahrenstechnisch relevanten Faktoren lauten wie folgt:

- Homogene Schmelzeverteilung am Werkzeugaustritt
- Druckabfall
- Prozessstabilität
- Thermische Schmelzehomogenität
- Verweilzeit
- Geometrisch an den Glättspalt angepasste Form der Lippen

In der Breitschlitzdüse wird der Kunststoff zu einem flächigen Schmelzevorhang ausgeformt und dem Glättwerk zugeführt. Die Homogenität der Schmelzeverteilung über die Breite des Austrittsquerschnitts hat immensen Einfluss auf den gesamten Prozess. Das Dickenprofil der Folie bzw. Platte wird hierdurch stark beeinflusst.

Breitschlitzwerkzeuge werden auf der Basis rheologischer, thermischer und mechanischer Gesichtspunkte ausgelegt.

Die Schmelzeverteilung in Breitschlitzdüsen hängt einerseits von der inneren Geometrie des Werkzeugs (Verteilerkanal, Inselfeld und Lippenbereich) und andererseits vom strukturviskosem Fließverhalten der Schmelze ab [LIM06]. Besser gesagt, die Werkzeuggeometrie wird auf der Grundlage von Materialdaten wie der Viskositätsfunktion (in Abhängigkeit der Schergeschwindigkeit und der Schmelzetemperatur) und der Dichtefunktion bestimmt. Ferner liegt einer solchen rheologischen Auslegung ein definierter Betriebspunkt (Massedurchsatz und Schmelzetemperatur) zugrunde.

Aufgrund der Tatsache, dass in der Praxis infolge unterschiedlicher Durchsätze und Schmelzetemperaturen eine Bandbreite von Betriebspunkten vorkommt, muss der Schmelzefluss korrigiert werden. Dies geschieht bei der Folienextrusion mit Hilfe von flexiblen Lippen. Bei der Plattenextrusion kann der Schmelzefluss zusätzlich über Staubalken korrigiert werden, da mit steigender Produktdicke die Wirkung der Lippenverstellung abnimmt.

Bei der rheologischen Auslegung von Breitschlitzdüsen stehen aber nicht nur die Schmelzeverteilung im Vordergrund, sondern auch der Druckabfall und die Verweilzeit.

Um einerseits eine gleichmäßige Volumenstromverteilung und andererseits stabile Prozessbedingungen zu erreichen, muss die Breitschlitzdüse einen gewissen Druck aufbauen. Dieser Druckabfall darf aber nicht zu hoch sein, da mit steigendem Schmelzedruck ebenfalls die Schmelzetemperatur steigt. Ferner muss der zusätzliche Druck neben anderen möglichen Druckverbrauchern, wie Schmelzeleitung, statische Mischer, Feedblock, Siebwechsler vom Extruder bzw. der Schmelzepumpe aufgebaut werden können.

Eine weitere Forderung an Breitschlitzdüsen besteht darin, dass die Verweilzeit der Schmelze im Werkzeug gering bzw. die Verweilzeitverteilung eng ist. Folglich sind die Fließkanäle rheologisch optimal gestaltet. Ferner werden häufig die Schmelze führenden Bereiche beschichtet ausgeführt (siehe Kapitel „Breitschlitzdüsen“).

Wie bereits erwähnt, wirken sich in der Praxis thermische Inhomogenitäten (ggf. aus dem Extruder, der Schmelzeleitung etc.) auf die Schmelzeverteilung im Extrusionswerkzeug negativ aus. Hieraus resultiert, dass die Breitschlitzdüse selbst eine gute Temperaturführung aufweisen sollte. Dieser wichtige Faktor wird durch die Lage und Anzahl von Heizelementen im Düsenkörper [MIC91] und ggf. durch Isolierung des Breitschlitzdüsenkörpers beeinflusst. Gerade im Breitschlitzwerkzeug ist die mit dem Kunststoff in Kontakt stehende Oberfläche relativ groß. Aufgrund dieser Tatsache wird der Schmelzefluss durch das eingestellte bzw. aus dem Prozess resultierende Temperaturprofil in der Breitschlitzdüse beeinflusst.

Außer der rheologischen und thermischen Auslegung spielt die Mechanik bei Breitschlitzdüsen eine wichtige Rolle. Mit steigendem Werkzeuginnendruck kann es zur Aufweitung des Lippenspalts und somit zu einer Beeinflussung der Produktdickenverteilung über die Werkzeugbreite kommen. Dieser Faktor hängt sehr stark von der mechanischen Auslegung des Werkzeugs ab.

Verfahrenstechnisch von Bedeutung ist insbesondere in der Folienextrusion die Gestaltung der Breitschlitzdüsenlippen.

Das Bild 6.34 zeigt eine Breitschlitzdüse (Seitenansicht), die nahe am Walzenspalt positioniert werden kann. Diese Lippenform kommt häufig bei der Verarbeitung niedrigviskoser Kunststoffe zum Einsatz. Ein typisches Beispiel hierfür ist die Extrusion von Folien aus APET. Aufgrund der geringen Viskosität bzw. des starken Neck-In (Einsprung der Folienränder) sollte die Breitschlitzdüse möglichst weit in den Glättspalt ragen.

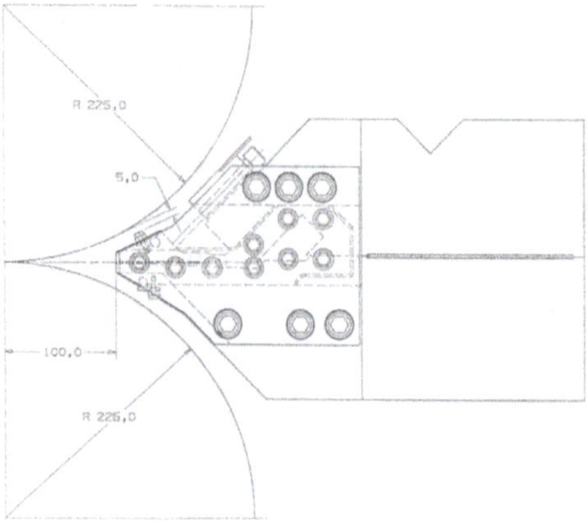

Bild 6.34 Schlankes Lippendesign [Quelle: Verbruggen NV]

6.4.3 Verfahrenstechnik – Nachfolge

Wie oben bereits ausführlich beschrieben besteht die Extrusionsnachfolge im Wesentlichen aus den Modulen Glättwerk, Nachkühlstrecke und Wickler bzw. Stapler (inklusive Längs- und Quertrennung).

6.4.3.1 Verfahrenstechnik – Glättwerk und Nachkühlstrecke

Wie im Bild 6.33 beschrieben, soll im Glättwerk das Extrudat kalibriert, geglättet und gekühlt werden. Die verfahrenstechnisch wichtigsten Faktoren für Glättwerke lauten wie folgt:

- Anzahl der Walzen
- Walzendurchmesser
- Walzenoberflächenbreite
- Walzenanordnung
- Schmelzezulaufbedingungen

Eine grundsätzliche Voraussetzung für den Glättprozess ist eine sehr gute Extrudatdickenverteilung am Austritt der Breitschlitzdüse. Die Dickenverteilung im Produkt wird im Wesentlichen dadurch bestimmt.

Das 3-Walzen-Glättwerk ist der am weitesten verbreitete Glättwerktyp. In der Plattenextrusion kommen ebenfalls 4-Walzen-Systeme zum Einsatz [GRO97].

Im Folgenden sollen Glättwerke mit drei Walzen näher betrachtet werden.

In der Praxis wird zwischen drei grundsätzlichen Walzenanordnungen unterschieden.

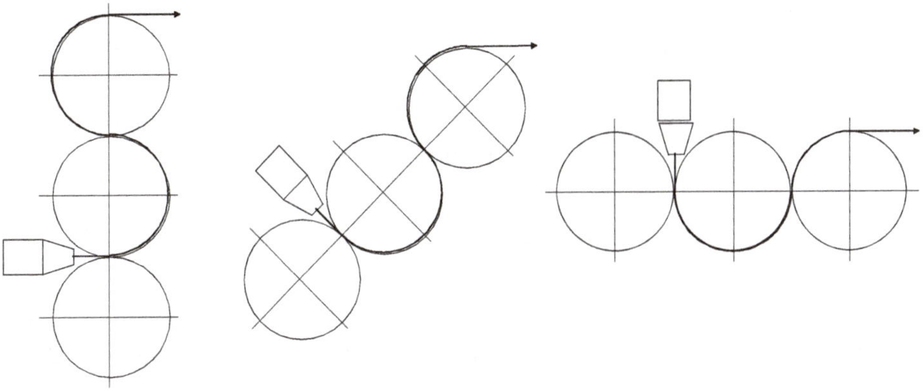

Bild 6.35 Glättwerk mit vertikaler, schräger und horizontaler Anordnung

In [GRO97] und [WEF08] werden die Vor- und Nachteile von vertikalen und horizontalen Glättwerken gegenübergestellt.

Konstruktiv hat ein vertikales Glättwerk den Vorteil, dass, aufgrund der niedrigen Einspritzhöhe, der Extruder auf den Boden gestellt werden kann. Eine aufwändige Bühnenkonstruktion für den Extruder, eine Aufhängung des Breitschlitzwerkzeuges und eine Anpassung der Schmelzeleitung mit Umlenkstücken, wie es beim horizontalen und schrägen Glättwerk notwendig ist, entfallen.

Verfahrenstechnisch ergibt sich der Vorteil, dass die Schmelzeleitung vom Extruder zum Werkzeug gerade ausgeführt werden kann. Umlenkungen, die im Vergleich zum geraden Schmelzerohr ein asymmetrischeres Fließprofil aufweisen, sind hier nicht notwendig. [NIE06] und [STI01] haben Strömungsverhältnisse in Umlenkungen näher betrachtet.

Bei horizontalen und vertikalen Glättwerken müssen in der Regel die Schmelzeleitungen aufgrund der Konstruktion länger ausgeführt werden. Daraus resultieren eine längere Verweilzeit und ein höherer Druckabfall.

Bei vertikalen Glättwerken neigt die Schmelze infolge der Gravitation zum Durchhängen. Um den Durchhang zu kompensieren, ist es notwendig, die Schmelze aus der Breitschlitzdüse herauszuziehen. Dafür muss die Walzenumfangsgeschwindigkeit deutlich größer als die Schmelzeaustrittsgeschwindigkeit sein. Da der Durchhang selbst bei großen Verhältnissen zwischen Walzenumfangsgeschwindigkeit und Schmelzeaustrittsgeschwindigkeit nicht vollständig beseitigt werden kann, wird die Schmelze in der Regel über die Unterlippe des Werkzeugs abgezogen. Es besteht die Gefahr der Streifenbildung.

Im mittleren Bereich der Schmelzefahne kommt es immer zu einem Schmelzedurchhang, so dass die Schmelzefahnenmitte zuerst mit der unteren gekühlten Glättwalze in Kontakt kommt. Infolge des ungleichmäßigen Kontaktes kommt es zu einer inhomogenen Abkühlung des Extrudates über die Breite und somit zu einer ungleichmäßigen Temperatur- und Viskositätsverteilung. Eine Variation der Viskosität kann mit einer Änderung der Spaltkraft bzw. den Glättbedingungen gleichgesetzt werden [GRO97]. Ferner führt die ungleichmäßige Temperaturverteilung zu Schrumpfdifferenzen zwischen der kühleren Extrudatmitte und den wärmeren Extrudaträndern und folglich zu Spannungen.

Aus der Verstreckung und der inhomogenen Temperaturverteilung resultiert eine Anisotropie im Material, und es kann bei der Weiterverarbeitung (z.B. Thermoformen) zu erhöhtem Schrumpf bzw. Verzug kommen.

Bei horizontalen Glättwerken wirkt die Gravitation in Schmelzeabzugsrichtung. Daraus resultiert ein gleichmäßiges Ablöseverhalten von den Lippen des Breitschlitzwerkzeugs. Das Extrudat muss nicht aus der Düse herausgezogen werden, weil es hier nicht zu einem Schmelzedurchhang kommt. Im Vergleich zum vertikalen Glättwerk werden aufgrund der geringen Verstreckung weniger Orientierungen in die Molekülstruktur eingebracht. Der Neck-In bzw. die Breitereduktion ist ebenfalls geringer. Die sich aus dem Neck-In ergebenen dickeren Ränder sind ebenfalls nicht so ausgeprägt. Gerade für dünne Folie ist dieser Sachverhalt von Interesse.

Der Schmelzezulauf ist bei horizontalen Glättwerken im Vergleich zu vertikalen Systemen deutlich definierter. Ein gleichmäßiger Kontakt zwischen der Schmelzefahne und der Walze ist hier, vom Aspekt des Neck-In am Rand abgesehen, gegeben. Die Abkühl- und Glättbedingungen sind wesentlich homogener.

Ferner kann gezielt auf die Lage des Wulstes im Walzenspalt Einfluss genommen werden, indem die Position der Breitschlitzdüse im Walzenspalt geringfügig außermittig liegt. Aufgrund der Tatsache, dass die niedrigviskosere Schmelze immer der höherviskosen ausweicht, liegt der Wulst an der Walze, auf die nicht aufgegossen wird.

Schräge Walzenanordnungen stellen verfahrenstechnisch einen Kompromiss zwischen der vertikalen und horizontalen Bauform dar. Häufig weisen diese Glättwerke eine Neigung von 30 ° und 45 ° auf.

Der konstruktive Aufwand ist im Vergleich zur horizontalen Anordnung geringer. Die Bauhöhe ist niedriger und das Breitschlitzwerkzeug wird auf einem Gestell montiert, welches auf dem Boden steht. Ein relativ aufwändiges Düsenportal, wie es aufgrund der benötigten Bauhöhe bei horizontalen Glättwerken verwendet werden muss, ist für schräge Glättwerke nicht erforderlich.

Verfahrenstechnisch von großer Bedeutung ist die Ausführung der Walzen in einem Glättwerk (siehe Abschnitt 6.3.3). Wie bereits erwähnt, kommt es infolge des Spaltdrucks zur Walzendurchbiegung, die sich mit abnehmendem Walzendurchmesser und zunehmender Walzenoberflächenbreite vergrößert. Die zur Kompensation der Walzendurchbiegung möglichen Maßnahmen, wie Bombage, Axis-Crossing etc. wurden in Abschnitt 6.3.3 bereits ausführlich erläutert.

Die benötigte Walzenoberflächenbreite hängt von den Faktoren Produktbreite, Randbeschnitt und Neck-In ab.

Der Walzendurchmesser ist nicht nur bzgl. der Walzendurchbiegung von Interesse, sondern auch bzgl. der Abkühlbedingungen und der Geometrie des Walzenspaltes selbst. Mit zunehmendem Walzendurchmesser steigt die Länge der Kühlstrecke und somit die Kühlkapazität des Glättwerks.

Die Distanz zwischen dem Lippenspalt des Breitschlitzwerkzeugs und dem Walzenspalt wird bei steigendem Walzendurchmesser länger, weil die Lippe des Breitschlitzwerkzeugs dann weniger tief in den Walzenspalt hineinragen kann.

Es muss demnach ein Walzendurchmesser ermittelt werden, der einen akzeptablen Kompromiss zwischen der Walzendurchbiegung, der Lippenposition im Walzenspalt und der Kühlkapazität des Glättwerks darstellt.

Für den Glättprozess sind die Temperatur und die Temperaturhomogenität der Walzen von großer Bedeutung. Dabei spielen der innere Aufbau der Walzen (siehe Abschnitt 6.3.3) und die richtige Auslegung der Temperiergeräte eine wichtige Rolle.

Zur Temperierung der Glättwalzen wird häufig Wasser als Temperiermedium verwendet. Das Prozesswasser wird in der Regel indirekt über einen mit Frischwasser gekühlten Wärmetauscher gekühlt bzw. elektrisch beheizt. Demzufolge existieren ein geschlossener Kreislauf mit Prozesswasser definierter Temperatur und ein Kühlwasserkreislauf.

Die Temperaturhomogenität über die Walzenbreite wird über den Prozesswasservolumenstrom bzw. die Pumpenleistung stark beeinflusst. Es muss sichergestellt sein, dass ausreichend Kühlwasser zur Verfügung steht. Ferner hängt die Kühlleistung des Temperiergerätes nicht nur von der Kühlwassermenge, sondern auch von der Kühlwassertemperatur ab. Häufig wird ein so genannter Chiller (Kühlaggregat) eingesetzt, um eine ausreichend niedrige Kühlwassertemperatur zu gewährleisten.

Die Auslegung von Temperiergeräten (Kühl-, Heiz- und Pumpenleistung) geschieht im Wesentlichen auf Basis thermodynamischer Stoffdaten des verarbeiteten Kunststoffs und des Betriebspunktes. Es kann für jeden Prozess mit Hilfe von Abkühlberechnungen [WEF08] relativ genau ermittelt werden, wie viel Wärme dem Kunststoff über das Glättwerk und folglich über die Walzen entzogen wird. Aber auch ohne Simulationsrechnungen lassen sich Temperiergeräte überschlägig mit Hilfe einfacher Energiebilanzen und Erfahrungswerten ausreichend exakt auslegen.

Die in der Praxis im Zusammenhang mit Temperiergeräten auftretenden Probleme hängen häufig mit den Randbedingungen in der Produktion zusammen. Es kann vorkommen, dass eine Belastung des Kühlwasserkreislaufs durch andere Verbraucher und/oder zu warmes Kühlwasser aufgrund hoher Umgebungstemperaturen vorliegt. In diesem Fall kann das Temperiergerät trotz korrekter Auslegung die benötigte Kühlleistung nicht aufbringen.

Ist die Walzenoberflächentemperatur zu hoch, kann es beispielsweise zum Kleben des Extrudates an der Walzenoberfläche kommen. Folglich wird dadurch die Oberflächenqualität verringert.

Aber auch die morphologische Struktur und die optischen Eigenschaften des Kunststoffs können durch zu hohe Walzentemperaturen negativ beeinflusst werden. Ein typisches Beispiel hierfür ist die Extrusion transparenter PP-Folie. Aufgrund der Tatsache, dass PP ein teilkristallines Material ist, hängt die Transparenz vom Kristallisationsgrad ab [WEF08]. Je schneller das Extrudat abgekühlt wird, desto geringer ist der Kristallisationsgrad und desto höher die Transparenz. Steht also die hierfür benötigte Kühlleistung nicht zur Verfügung, wird anstelle des gewünschten transparenten Produktes eine infolge des zu hohen Kristallisationsgrades eingetrübte Folie hergestellt.

6.4.3.2 Simulation des Temperaturverlaufs

Die oben genannten Beispiele verdeutlichen, dass dem Abkühlprozess bei der Folien- und Plattenextrusion eine zentrale Bedeutung zukommt. Im Folgenden soll der Temperaturverlauf im Glättwerk anhand eines Praxisbeispiels mit Hilfe von Simulationen analysiert werden. Diese Berechnungen basieren auf der Finiten Differenzen Methode [WEF08].

Für die Simulationsrechnungen sind Stammdaten erforderlich. Sie setzen sich aus den Materialparametern (Dichte, Wärmeleitfähigkeit und spezifische Wärmekapazität), der Extrudatdicke und den Randbedingungen (Walzentemperaturen, Umgebungstemperatur, Phasen der Kühlstrecke, Wärmeübergangsbedingungen und Liniengeschwindigkeit) zusammen.

Aufgrund der Tatsache, dass entlang der Nachfolge die Randbedingungen nicht konstant sind, muss die Kühlstrecke in Phasen aufgeteilt werden.

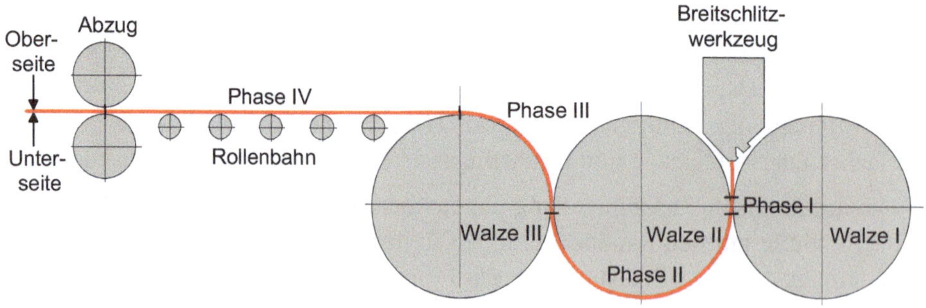

Bild 6.36 Einteilung der Kühlstrecke in Phasen [WEF08]

Das Bild 6.36 zeigt schematisch die Phasen vom Glättwerk bis zum Abzug:

- Phase I: Walzenspalt zwischen Walze I und Walze II
- Phase II: Umschlingung der Walze II nach dem Walzenspalt
- Phase III: Umschlingung der Walze III

Im Folgenden soll ein realer Prozess analysiert werden. Es handelt sich um die Extrusion einer 1 mm dicken Polycarbonat-Platte mit folgenden typischen Prozessparametern:

- Temperatur der Walze 1 = 130 °C
- Temperatur der Walze 2 = 140 °C
- Temperatur der Walze 3 = 150 °C
- Liniengeschwindigkeit = 3,6 m/min

Die Maschinenkonfiguration entspricht der Darstellung in Bild 6.20 mit senkrechtem Schmelzezulauf bzw. waagerechter Walzenanordnung und eine dem Glättwerk nachgeschalteten Rollenkühlbahn als Nachkühlstrecke. Ferner ist es möglich, die Position der Walze 3 bzw. die Umschlingung der Walze 2 zu variieren.

Die Glasübergangstemperatur bei Polycarbonat ist mit $T_G \approx 150\,°C$ relativ hoch. Unterhalb des T_G wird das Material glasartig spröde und steif. Im Zusammenhang mit dem Abkühlprozess resultiert hieraus, dass infolge des Kontaktes zwischen den Walzenoberflächen und dem Polycarbonat insbesondere die Extrudatoberfläche verhältnismäßig früh einfriert. Dieser Umstand hat Einfluss auf den Glättprozess im 2. Spalt. Neben der Allgemeinen Betrachtung des typischen Temperaturverlaufs in Extrudaten bei der Glättwerkextrusion wird dieser Aspekt näher analysiert.

Das Bild 6.37 zeigt den Temperaturverlauf der Polycarbonat-Platte vom Glättwerkeinlauf bis zum Ablösepunkt des Extrudates von der Walze 3. Die Walzen liegen alle auf einer Symmetrieachse, so dass die Walze 2 um 180° und die Walze 3 um 90° umschlungen werden.

Im Diagramm wird die Temperatur über die Zeit bzw. die Phasen I - III für die Oberseite, die Unterseite und die Mitte des Extrudates dargestellt.

Die Schmelze wird dem Glättwerk mit einer Temperatur von 300 °C zugeführt. In der Phase I bzw. im 1. Walzenspalt zwischen der Walze 1 und der Walze 2 ist der Kunststoff noch schmelzeförmig und weist aufgrund des Spaltdrucks und der Weichheit des Materials einen sehr guten Wärmeübergang zwischen der Schmelze und den Walzenoberflächen auf. Die Oberflächen des Extrudates kühlen in der Phase I entsprechend steil ab. Infolge der relativ geringen Wärmeleitfähigkeit des Kunststoffs ist die Plattenmitte noch wesentlich heißer als die Oberflächen.

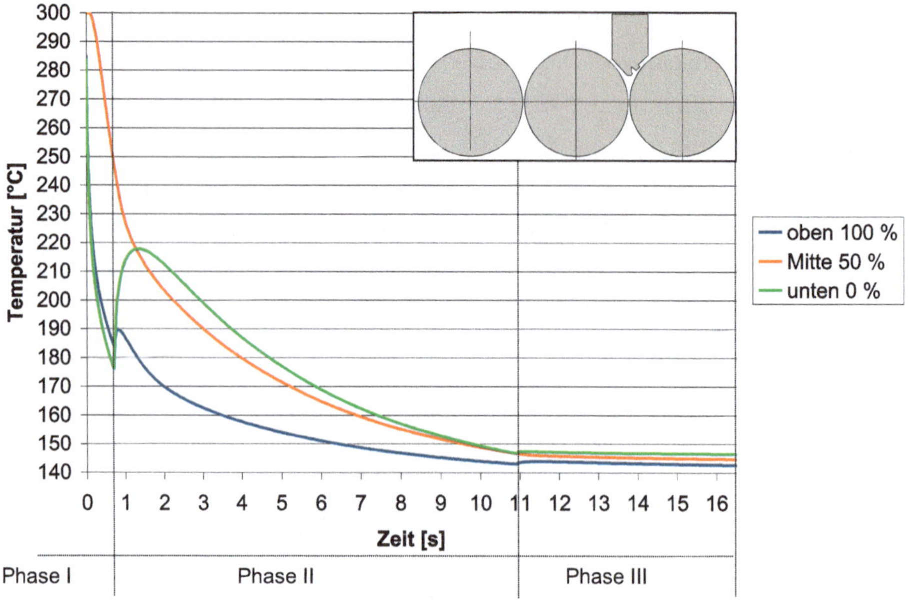

Bild 6.37 Simulation des Temperaturverlaufs im Glättwerk mit 180°-Umschlingung auf Walze 2

Während der Umschlingung der Walze 2 bzw. der Phase II liegt die Plattenoberseite an der 2. Walze an und die Plattenunterseite ist der Umgebungsluft zugewandt. Es kommt zu einer für Glättwerke typischen asymmetrischen Abkühlung, so dass der Wärmestrom in die Walze größer als der Wärmestrom an die Umgebung ist. Die Oberseite kühlt stärker als die Unterseite ab. Es ist zu erkennen, dass die Platte bereits am Ende der Phase II über die gesamte Dicke deutlich unterhalb einer Temperatur von 150 °C bzw. des T_G liegt. Daraus folgt, dass die Plattenoberflächen bereits eingefroren sind und eine Glättung der Plattenunterseite im 2. Spalt zu Beginn der Phase III nicht mehr möglich ist. Die zu glättende Plattenunterseite hat am Ende der Phase II eine Temperatur von 146 °C und wird während der Umschlingung mit der 150 °C heißen Walze 3 sogar noch etwas erwärmt. Die Plattenprobe weist eine gut geglättete Oberseite und eine schlechtere Unterseite mit einem geringeren Glanz auf.

Für eine gute Glättung der Plattenunterseite im 2. Glättspalt müsste diese am Ende der Phase II deutlich wärmer als 150 °C bzw. des T_G sein. Da eine Steigerung der Walzentemperatur die Klebneigung zwischen Kunststoff und Walzenoberfläche erhöht, ist die beste Maßnahme hier das Herunterschwenken der Walze 3. Die Umschlingungen der Walzen 2 und 3 werden auf 135° bzw. 45° verringert. Diese Maßnahme führt zu folgendem Temperaturverlauf.

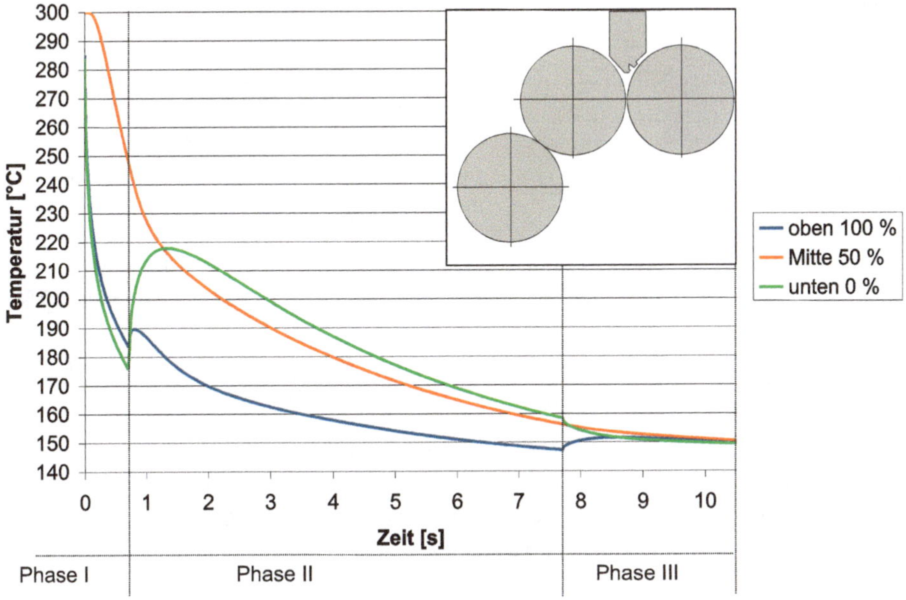

Bild 6.38 Simulation des Temperaturverlaufs im Glättwerk mit 135°-Umschlingung auf Walze 2

Die Simulation des Temperaturverlaufs zeigt, dass am Ende der Phase II die Plattenunterseite mit 158,6 °C deutlich oberhalb der Glasübergangstemperatur liegt und somit eine Glättung der Unterseite im 2. Glättspalt möglich ist. Während der Phase 3 erfolgt eine weitere Abkühlung des Extrudats aufgrund der Temperaturdifferenz zwischen der Walze 3 und dem Kunststoff. Infolge der geringeren Umschlingung ist am Ablaufpunkt von Walze 3 die Plattentemperatur im Vergleich zu Bild 6.37 etwas höher. Bis zum Ende der Rollenkühlbahn relativiert sich diese leichte Temperaturdifferenz aber wieder. Hierzu sollen die beiden folgenden Diagramme die Temperaturverläufe bis zum Abzug für beide Prozesse gegenüberstellen.

Die Bilder 6.39 und 6.40 zeigen, dass sich die Platte auf der Rollenbahn an der Umgebungsluft weiter abkühlt. In beiden Fällen betrug am Ende der Rollenbahn die simulierte Temperatur 44 °C. Dies hat sich auch in der Praxis bestätigt.

Im obigen Beispiel liegen am Ende der Rollenbahn die Temperaturverläufe der Oberflächen und der Mitte übereinander, so dass die Platte über die Dicke eine gleichmäßige Temperatur aufweist.

Eine gleichmäßige Abkühlung an der Umgebungsluft ist für Platten generell von großer Bedeutung. Der warme Kern kühlt infolge der geringen Wärmeleitfähigkeit im Vergleich zu den Oberflächen erst zeitverzögert ab. Dieser Sachverhalt ist mit steigender Plattendicke immer ausgeprägter. Entsprechend lang muss die Rollenbahn gestaltet werden.

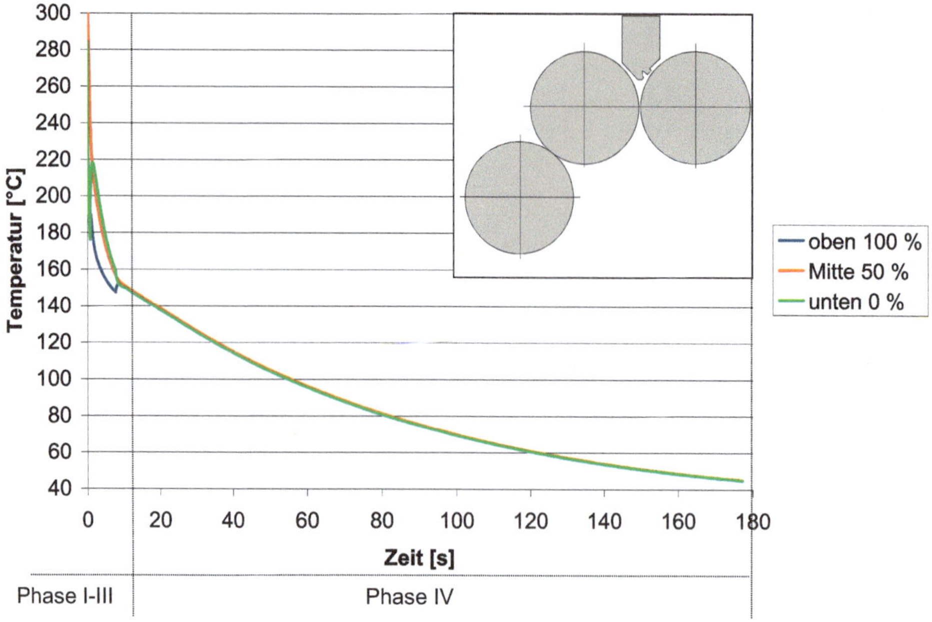

Bild 6.39 Simulation des Temperaturverlaufs im Glättwerk und Rollenbahn mit 180°-Umschlingung auf Walze 2

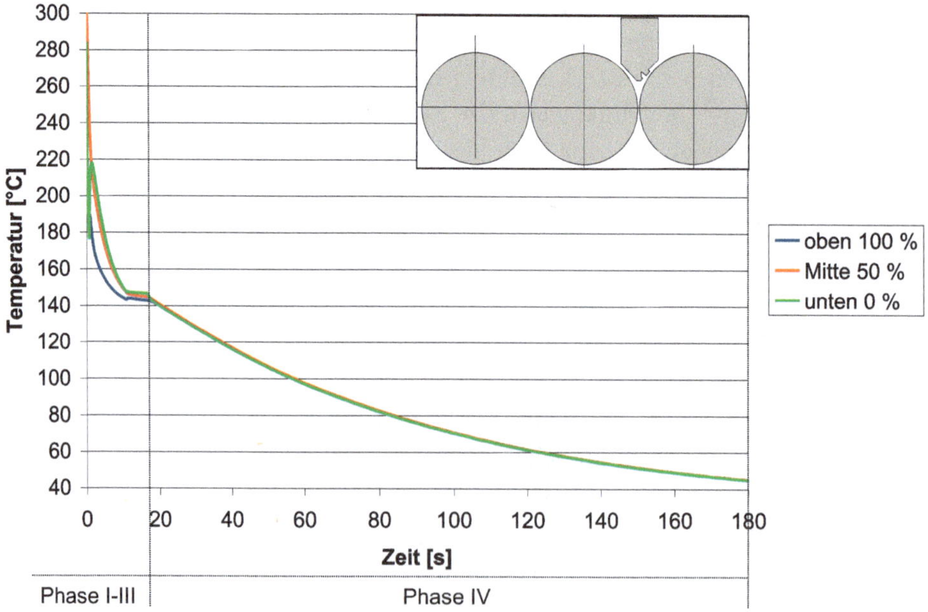

Bild 6.40 Simulation des Temperaturverlaufs im Glättwerk und Rollenbahn mit 135°-Umschlingung auf Walze 2

Wie in Abschnitt 6.2.1.1 erläutert, werden in der Folienextrusion anstatt einer Rollenkühlbahn Nachkühlwalzen als Nachkühlstrecke eingesetzt. Die Abkühlcharakteristik der Folie ist hier aufgrund des einseitigen Kontaktes zur umschlungenen Walze analog zum Glättwerk asymmetrisch. Die Kühlkapazität von Nachkühlwalzen ist im Vergleich zu einer Rollenkühlbahn höher, weil der Wärmeübergang zwischen den Nachkühlwalzenoberflächen und der Folienoberfläche relativ gut ist. Der Wärmeübergang zwischen der Folienoberfläche und der Umgebungsluft entlang der Rollenkühlbahn beträgt lediglich 1 - 3 % vom Kontaktwärmeübergang zwischen den Nachkühlwalzen und der Folienoberfläche [WEF08].

Nachkühlwalzen können dann eingesetzt werden, wenn das Extrudat flexibel genug ist, um diese zu umschlingen. Demnach ist der Einsatz von Nachkühlwalzen von den Faktoren Extrudatdicke und -temperatur, Typ des Kunststoffs sowie Nachkühlwalzendurchmesser bzw. Nachkühlwalzenkrümmung anhängig.

Im dargestellten Beispiel wird lediglich ein Teilaspekt der komplexen Themas „Extrudattemperatur entlang der Nachfolge“ betrachtet. Dennoch zeigen die Bilder die grundsätzliche asymmetrische Temperaturcharakteristik in Glättwerken. Dies hat nicht nur Einfluss auf den Glättprozess, sondern z. B. auch auf die Planlage bei Platten oder die Morphologie (z. B. Kristallisation bei PP-Folien). Es existiert umfangreiche Literatur, die sich seit längerem mit diesen Fragestellungen beschäftigt [WEF08], [DÜC03], [MEN80], [MIC78].

6.4.3.3 Verfahrenstechnik – Schneiden und Wickeln bzw. Stapeln

Im Zusammenhang mit der Verfahrenstechnik liegt in diesem Kapitel der Fokus auf dem eigentlichen Herstellprozess von Folien und Platten (Extrusion, Glättung und Nachkühlung). Die weitere Nachfolge bzw. das Wickeln bzw. Stapeln ist jedoch für den gesamten Prozessablauf und die Qualität des Produktes ebenfalls von entscheidender Bedeutung. Aus diesem Grund sollen hier die wichtigsten prozesstechnischen Aspekte kurz dargestellt werden.

Typische Wicklertechnologien, die in der Glättwerkfolienextrusion zum Einsatz kommen, werden in Abschnitt 6.3.4 erläutert. Die Qualität eines Folienwickels ist unter anderem von folgenden Faktoren abhängig:

- Temperatur der Folie am Wickler
- Planlage der Folie
- Oberflächenbeschaffenheit der Folie
- Anwicklung
- Dickenverteilung der Folie längs und quer
- Führung der Folienbahn bis zum Wickler und im Wickler
- Breitstreckung der Folie
- Zugmessung und Zugregelung

Die Folie sollte nicht zu heiß gewickelt werden, da sie sonst zum Nachschrumpfen neigt. Ferner sollte sie eine gute Planlage aufweisen. Diese beiden Faktoren zeigen, dass die Abkühlbedingungen nicht nur für die Folie selbst, sondern auch für die Nachfolgeprozesse von immenser Bedeutung sind.

Der Wickelanfang bzw. die Anwicklung sollte möglichste gleichmäßig sein. Ferner addieren sich Dickstellen in der Folie auf dem Wickel, die zu einer schlechten Zylindrizität der Wickel führen. Die Führung der Folienbahn beeinflusst die Qualität der Stirnflächen. Die Härte des Wickels wird durch den Wickelzug beeinflusst. Aus einem zu starken Wickelzug resultiert eine überhöhte, unerwünschte Wickelhärte. Auch die Oberflächenbeschaffenheit der Folie beeinflusst den Wickelprozess, so dass sich Folien mit sehr glatten Oberflächen relativ schwierig wickeln lassen [NEN00].

Die Anforderungen an eine Plattennachfolge sind nicht weniger hoch. Die Qualität des Plattenstapels ist von folgenden Faktoren abhängig:

- Plattentemperatur am Stapler
- Dickenverteilung der Platte längs und quer
- Planlage der Platte
- Qualität des Säge- bzw. Guillotinenschnitts (Vermeidung von Gratbildung)
- Oberflächenqualität der Platte (Sauberkeit, ggf. Qualität der Schutzfolienlaminierung)
- Positionierung der Platte auf dem Stapler

Analog zur Folie sollte der Plattenstapel sehr gleichmäßig sein und ebene Stirnflächen aufweisen.

Bei Platten spielt die Temperaturhistorie des Prozesses eine wichtige Rolle. Die innere Energie von Platten ist im Vergleich zu Folie aufgrund der größeren Dicke deutlich höher. Die Plattentemperatur muss deshalb niedrig genug sein, um ein nachträgliches Schrumpfen gering zu halten. Eine gute Planlage sollte somit gegeben sein.

Die Schnittkanten müssen gratfrei sein, damit auch die Plattenkanten plan aufeinander liegen.

Faltenfreie und saubere Schutzfolien und eine gut geglättete Plattenoberfläche müssen vorausgesetzt werden.

Literatur zu Kapitel 6

[BAR90] Bartilla, T.: Zahnradpumpen im Extrusionsprozess; Sonderdruck Kunststofftechnik B4141, VDI-Gesellschaft Kunststofftechnik 1990, S. 201/40

[DÜC03] Düchting, R.: Untersuchung der Folieneigenschaften beim Glättwalzenverfahren im Vergleich zur Glättbandtechnologie, unter Berücksichtigung der Prozessparameter; Unveröffentlichte Diplomarbeit am Institut für Kunststofftechnik (KTP), Universität Paderborn 2003

[GRO97] Groß, H.: Wie sieht die günstigste Walzenanordnung aus?; Kunststoffe 5/1997, Carl Hanser Verlag, München

[HEI97] Heinrich, W.: Wicklerkonzepte für die Extrusion von Thermoformfolien; Kunststoffe 10/1997, Carl Hanser Verlag, München

[HIS03] Hissmann, O.: Big Brother für Folien; Kunststoffe 10/2003, Carl Hanser Verlag, München, S. 173 - 175

[ISR96] Israel, I.: Einstellstrategie bei der Fertigung von Dickfolien und Platten; Kunststoffberater 10/1996, Giesel Verlag, Isernhagen, S. 24 - 29

[KRA04] Kraume, M.: Transportvorgänge in der Verfahrenstechnik; Grundlagen und apparative Umsetzungen; VDI-Buch, Springer Verlag, Berlin, Heidelberg 2004, S. 529 - 533

[LIM06] Limper, A.; Wefelmeier, C.-J.; Seibel, S.: Simulation von Extrusionswerkzeugen; Kunststoffe 2/2006, Carl Hanser Verlag, München, S. 104 - 109

[MAA85] Maag Taschenbuch, 2. und ergänzte Auflage, Zahnradpumpen; Maag Zahnräder AG, Zürich 1985, S. 279 - 308

[MEN80] Menges, G. Haberstroh, E.: Heat transfer in the cooling of extruded flat film an sheet; ANTEC, S. 72 - 73, New York 1980

[MIC78] Michaeli, W.: Berechnen von Kühlprozessen in der Extrusion. In: Kühlen von Extrudaten; VDI-Gesellschaft Kunststofftechnik, Düsseldorf 1978

[MIC91] Michaeli, W.: Extrusionswerkzeuge, 2. Auflage; Carl Hanser Verlag, München, 1991

[NEN00] Nentwig, J.: Kunststoff Folien, Herstellung - Eigenschaften - Anwendung, Carl Hanser Verlag: München, Wien, 2000

[NIE06] Niemeier, H.: Analyse und Optimierung wandnaher Schmelzeströmungen in Extrusionswerkzeugen für die Kunststoffverarbeitung; Dissertation Universität Duisburg-Essen 2006

[STI01] Stieglitz, H.: Ganzheitliche Betrachtung der Fließvorgänge in Breitschlitz- und Wendelverteilerwerkzeugen. Dissertation Universität Paderborn 2001

[WEF08] Wefelmeier, C.-J.: Beschreibung und Analyse des Glättbandprozesses bei der Herstellung von Kunststofffolien im Vergleich zum konventionellen Glättwerkverfahren; Dissertation Universität Paderborn 2008

[WIR06] Wirtz, I.; Putsch, I.: Qualität von der Rolle; Kunststoffe 9/2006, Carl Hanser Verlag, München, S. 104 - 108

7 Gießfolienextrusion

Dr.-Ing. Torsten Schmitz

7.1 Einleitung

Gießfolien werden unter anderem als Büro-, Hygiene-, Stretch-, Oberflächenschutz-, Kaschier-, Barriere- oder Verpackungsfolien eingesetzt. Sie weisen eine Dicke von bis zu 400 µm sowie gute Werte hinsichtlich Glanz, Transparenz, Steifigkeit, Dickentoleranz und Maschinengängigkeit bei der Weiterverarbeitung auf. Das Verfahren bietet eine hohe Flexibilität bei der Rohstoffauswahl, hohen Durchsatz und eine entsprechende Wirtschaftlichkeit. Bei der Herstellung von Gießfolien wird eine meist mehrschichtige Schmelze durch eine Flachfoliendüse extrudiert, verstreckt und auf einer Kühlwalze abgelegt. Durch die Kombination verschiedener Rohstoffe können die vielfältigen spezifischen Anforderungen an die Folien erfüllt werden. [ROT07][BON86][FEI95]

7.2 Anlagen- und Verfahrenstechnik zur Herstellung von Gießfolien

Anlagen zur Herstellung von Gießfolien bestehen aus Materialzuführung mit entsprechender Dosiertechnik und Randstreifenrückführung, mehreren Einschneckenextrudern, Foliendüse mit Coextrusionsadapter, Gießwalzeneinheit, verschiedenen Nachfolgeeinrichtungen und Folienwickler (siehe Bild 7.1 und 7.2). Zur Herstellung qualitativ hochwertiger Gießfolie sind neben der Prozessführung die Homogenität der Schmelze, die Auslegung und das Zusammenspiel der Einzelkomponenten sowie die eingesetzte Antriebs- und Steuerungstechnik entscheidend. Mechanische Schwingungen im Bereich der Extruder, der Düse sowie des Wicklers müssen weitestgehend vermieden werden. [ROT07][HAI03]

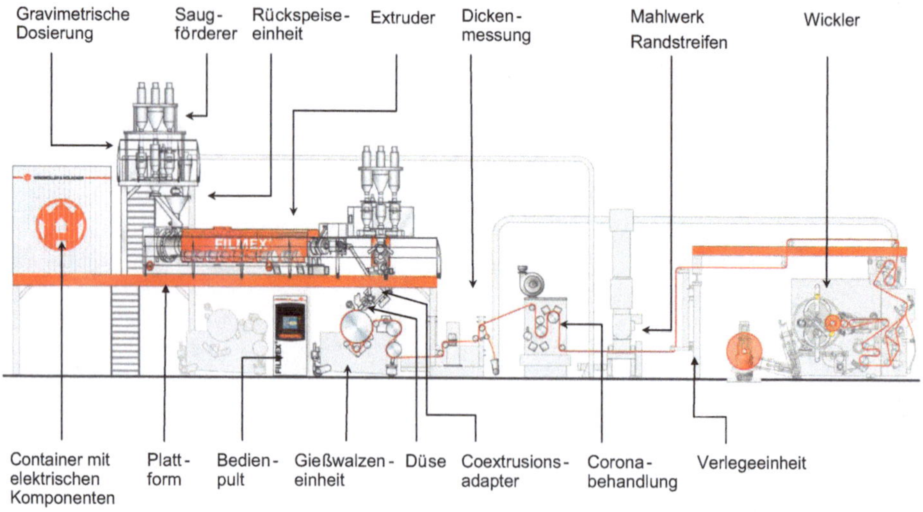

Bild 7.1 Gießfolienanlage „Filmex" schematisch [Quelle: Windmöller und Hölscher]

Bild 7.2 Gießfolienanlage Filmex [Quelle: Windmöller und Hölscher]

7.2.1 Materialzuführung und Dosierung

Die Materialzuführung erfolgt über Saugförderer, die entweder mit einzelnen oder mit zentralem Gebläse betrieben werden. Zur Gewährleistung einer hohen Durchsatzkonstanz bietet sich eine kontinuierlich arbeitende gravimetrische Dosierung an, bei der bis zu sechs Nebenkomponenten über Schnecken in die frei fließende Hauptkomponente eindosiert werden. Ziele sind hohe Dosiergenauigkeit, gute Durchmischung der Komponenten sowie kurze Materialwechselzeiten. Optional können in die Systeme Magnetabscheider zum Schutz des Extruders sowie eine Stickstoffspülung bei der Verarbeitung sauerstoff- oder hydrolyseempfindlicher Materialien integriert werden. [SCH06][BOL07]

7.2.2 Extrudertechnik und Schneckenauslegung

Zur Plastifizierung werden üblicherweise Extruder einer Länge von etwa 30 D mit glatter Einzugszone eingesetzt, da durch die Verwendung von niederviskosen Rohstoffen ein relativ geringer Druckbedarf besteht. Ziele der Schneckenauslegung sind neben einer hohen Plastifizierleistung auch die Verarbeitbarkeit der verschiedenen gängigen Rohstofftypen über einen großen Durchsatzbereich und die Gewährleistung einer guten Schmelzehomogenität bei geringen Schmelzetemperaturen. Zudem muss die Verarbeitbarkeit der zurück geführten Randstreifen problemlos möglich sein. Nach dem Extruder durchläuft die Schmelze einen Filter und je nach Anwendung auch eine Zahnradschmelzepumpe zum weiteren Druckaufbau. [ROT07]

7.2.3 Coextrusionsadapter, Foliendüse und Schmelzebahn

Zur Herstellung mehrschichtiger Folien werden im Bereich Gießfolie vornehmlich Coextrusionsadapter eingesetzt, welche die Schmelzeströme der einzelnen Extruder zusammenbringen und eine zumeist schlitzförmig vorverteilte Mehrkomponentenströmung an die Foliendüse übergeben. Zwischen drei und elf Schichten werden entweder mit Hilfe einer festen Geometrie oder über ein flexibles System verteilt. Eine feste Geometrie bietet die höchste Sicherheit gegenüber möglichen Leckagen, die flexiblen Systeme ermöglichen hingegen eine einfache Veränderung der Schichtanordnung durch Austausch des verteilenden Elementes. Im Adapter besteht die Möglichkeit, den Schmelzestrom einzelner Extruder in mehrere Teilströme aufzuteilen, so dass die Anzahl der verwendeten Extruder häufig geringer ist als die Anzahl der Schichten im Endprodukt.

Über bewegliche Elemente im Fließkanal kann eine automatische Anpassung der Fließkanalgeometrie an Durchsatz und Viskosität der einzelnen Schmelzeströme erfolgen. Alternativ ist durch eine gezielte Einstellung der Elemente auch eine Anpassung der einzelnen Volumenströme möglich. Teilweise bieten die Systeme auch eine Beeinflussung der Strömung quer zur Extrusionsrichtung, um eine homogene Einzelschichtdickenverteilung in der Folie zu realisieren. Dies ist insbesondere bei stark unterschiedlichem Fließverhalten der Einzelkomponenten erforderlich.

Zur Verbesserung der mechanischen Eigenschaften, zur Erhöhung der Barrierewirkung oder zur Erzielung besonderer optischer Effekte können durch Einsatz der so genannten Microlayer-Technik gezielt Orientierungen in die Schmelze eingebracht werden. Hierbei wird die Anzahl der Folienschichten in einem zwischen Coextrusionsadapter und Foliendüse angeordneten Modul stufenweise erhöht. [EXT06]

Zur Ausformung der Schmelze werden Foliendüsen eingesetzt, die aus einem Verteilerkanal und einem anschließenden Drosselfeld bestehen. Durch eine materialspezifische Auslegung kann bei kleiderbügelförmigen Verteilerkanälen eine optimale Verteilwirkung und eine enge Verweilzeitverteilung erzielt werden, sie sind jedoch fertigungstechnisch deutlich aufwändiger und weniger flexibel einsetzbar als T-förmige Verteilerkanäle. Mit T-Verteilern ist der Einsatz einer internen Randabdeckung (Deckling) möglich, bei dem die Düsenbreite über bewegliche Verdrängerkörper von den Seiten her reduziert werden kann. So ist eine einfache Anpassung an die vom Kunden gewünschte Folienbreite möglich. Über die lokale Beeinflussung der Schmelzeströmung am Düsenaustritt mit Hilfe einer flexiblen Düsenlippe und die Signale der Dickenmessung wird die Foliendicke kontinuierlich geregelt. Die Verstellung der Düsenlippe erfolgt über Wärmedehnbolzen oder andere Aktuatoren. [KRE06]

Während der Produktion auftretende Ablagerungen in der Foliendüse können zu Qualitätsverlusten der Folie in Form von Längsstreifen oder mitgerissenen Partikeln führen, so dass in bestimmten Intervallen eine Reinigung der Düse notwendig ist. Über entsprechende Vorrichtungen ist ein Öffnen und Reinigen der Düsenhälften unmittelbar in der Folienlinie möglich. Geeignete Düsenbeschichtungen können die Reinigungsintervalle verlängern [KAY05].

Zwischen dem Austritt aus der Foliendüse und dem Kontakt mit der Gießwalze wird die Schmelzebahn uniaxial verstreckt. Ein hohes Verstreckverhältnis führt zu einer Orientierung der Moleküle in Maschinenrichtung, einer Zunahme der Einschnürung (Neck-in) und einer Reduzierung der Foliendicke. Die durch das Verstrecken bedingten Spannungen am Folienrand sind neben Oberflächenspannungs- und Schwelleffekten verantwortlich für die dort zu findenden Materialanhäufungen, die als Randbeschnitt anfallen. Bei hohen Verstreckverhältnissen kann es zu Resonanzschwingungen kommen, die zusätzlich von der Düsenbreite, dem Abstand zwischen Düsenaustritt und Gießwalze sowie den viskoelastischen Eigenschaften der Schmelze beeinflusst werden. Ein großer Abstand zwischen Düsenaustritt und Gießwalze verringert die in der Schmelze vorliegende Dehngeschwindigkeit und führt zu einer größeren Einschnürung. Die Einschnürung kann durch eine elektrostatische Randfixierung reduziert werden. [LBT02][LAB02][CAN00][CAN01][DOB86][ANI05][ANI06][LEE03][JUN99][HYU99][MIE96]

Da sich der Anteil des wieder verwertbaren Randbeschnittes entscheidend auf die Wirtschaftlichkeit auswirkt, kann in der Foliendüse optional eine Randeinkapselung der Mehrkomponentenströmung erfolgen. Hierbei wird an den Außenseiten der Düse sortenreines Material eingebracht und der Randbeschnitt nachfolgend in eine reine und eine gemischte Fraktion aufgeteilt. Hierdurch wird der wieder verwertbare Anteil erhöht, so dass die Systeme sich schnell amortisieren. Wird bei der Randeinkapselung Material mit hoher Schmelzefestigkeit eingesetzt, führt dies auch zu einer Stabilisierung der Folienränder bei hohen Liniengeschwindigkeiten. [HÖL07]

7.2.4 Gießwalzeneinheit

Nach dem Verstrecken wird die Schmelze durch Kontakt mit der Gießwalze abgekühlt. Die Temperaturdifferenz zwischen Schmelze und Gießwalze sowie der Wärmeübergangskoeffizient zwischen Kunststoff und Walze bestimmen die resultierende Abkühlgeschwindigkeit. Diese beeinflusst insbesondere im Kristallisationsbereich die resultierenden mechanischen und optischen Folieneigenschaften. Eine niedrige Walzentemperatur führt bei teilkristallinen Werkstoffen zu einem feinkristallinen Gefüge und infolge dessen zu hoher Transparenz. Dagegen bieten hohe Walzentemperaturen günstigere Bedingungen für Maschinengängigkeit, Gleitverhalten und Thermostabilität. [BON86][GOI91]

Für einen guten Wärmeübergang zwischen Kunststoff und Walze muss diese frei von Ablagerungen sein und ein guter Kontakt über den Einsatz von Luftmesser, Luftdusche (Softbox), Doppelkammer-Saugrakel bzw. elektrostatischen Anlegehilfen sichergestellt werden. Die Durchflussmenge des Walzenkühlmediums sollte so gewählt werden, dass die Temperaturdifferenz zwischen Ein- und Austritt weniger als 1 K beträgt. Wird der Walzenmantel aus Werkstoffen mit hoher Wärmeleitfähigkeit gefertigt, kann die Vorlauftemperatur des Kühlmediums entsprechend erhöht werden. Die Oberfläche der Gießwalze kann je nach Anwendung auf Hochglanz poliert, mattiert oder mit Prägestruktur ausgeführt werden. Der Einsatz von Nachkühlwalzen erhöht die Flexibilität bei der Temperaturführung, um beispielsweise die Rollneigung der Folie zu steuern. [PFE92][PFE94]

Hochwertige Gießwalzeneinheiten zeichnen sich unter anderem durch hohe Temperatur- und Drehzahlgenauigkeit verbunden mit hoher Laufruhe, eine einstellbare Geschwindigkeitsdifferenz zwischen Gieß- und Nachkühlwalzen, eine sichere Entfernung der flüchtigen Schmelzebestandteile, ein effektives Putzwalzensystem

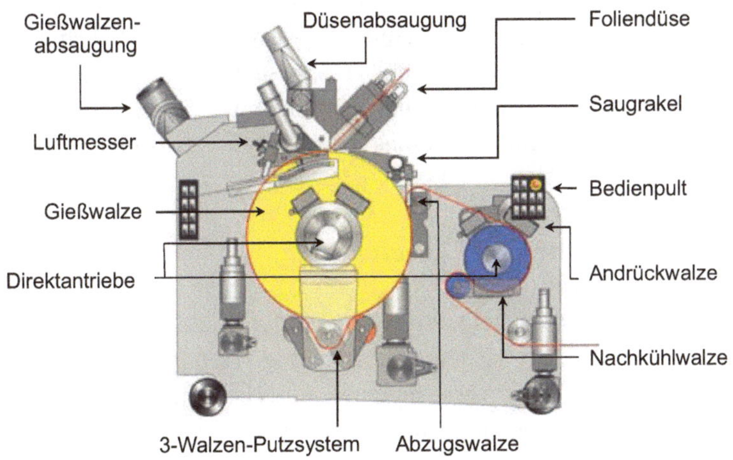

Bild 7.3 Gießwalzeneinheit [Quelle: Windmöller und Hölscher]

sowie eine Integration aller Komponenten in die Anlagensteuerung aus. Längsverfahrbarkeit und Höhenverstellung der Gießwalzeneinheit ermöglichen eine optimale Wahl des Angießpunktes. [BON86][FEI95][BEC07]

7.2.5 Peripherie, Materialrückführung und Wicklung

Nach der Gießwalzeneinheit durchläuft die Folie bis zum Wickler Führungselemente wie Umlenk- und Breitstreckwalzen, wobei die Bahnspannung exakt geregelt wird. Als Dickenmessung kommen meist berührungslose Systeme auf Basis von Beta-, Röntgen- oder Infrarotstrahlung zum Einsatz. Spezielle Infrarot-Messköpfe erlauben auch die Bestimmung von Einzelschichtdicken. Eine Berechnung der Einschnürung ist erforderlich, um die Einflussbereiche der Düsen-Stellelemente exakt den korrespondierenden Positionen bei der Dickenmessung zuordnen zu können. Anschließend erfolgt in den meisten Anwendungen eine ein- oder beidseitige Erhöhung der Oberflächenspannung mittels Corona-Entladung, seltener auch durch Beflammen oder Atmosphärenplasma, um eine gute Haftung von Kleber oder Druckfarbe auf der Folie zu erreichen. Zur Gewährleistung eines homogenen Wickelaufbaus wird eine Einheit zur Verlegung der Folie quer zur Extrusionsrichtung eingesetzt. Die Oszillationsbewegung einer solchen Verlegeeinheit kann in Hub und Frequenz stufenlos eingestellt werden. Anschließend wird der entsprechende Längsbeschnitt der Folie durchgeführt. Die Wicklung erfolgt in individuell angepasster Nutzbreite unter Berücksichtigung der spezifischen Eigenschaften der Folie und der jeweiligen Kundenanforderungen. [BEC07][HOF06][BRI03][PRE97][LOU89][RAM06][KNÜ08]

Je nach Folienbreite, Anzahl der Nutzen und Materialkombination kann dem Prozess ein Teil an Abfallmaterial wieder zugeführt werden. Bei Mehrschichtfolien mit thermisch sensiblen Rohstoffen ist dies jedoch nicht ohne Qualitätseinbußen möglich. Zum Abfall gehören neben Rand- und Nutzenbeschnitt auch Anfahrrollen oder Abfälle aus der Weiterverarbeitung. Hier besteht je nach Anwendungsfall die Möglichkeit zur Schnitzel- oder Streifenrückführung bzw. zur Herstellung eines rieselfähigen Regranulats mit Hilfe eines zusätzlichen Extrusionsschrittes. [FEI93]

7.2.6 Anlagensteuerung und Automation

Anlagensteuerungen bieten heutzutage eine einfache und intuitive Benutzerführung mit Touch-Screen, grafischer Unterstützung, Trendgrafiken, Informationen zum Energieverbrauch sowie verschiedenen Autorisierungsebenen. Idealerweise sind alle Maschinenkomponenten sowie die Peripherie voll in die Steuerung integriert. Den Bediener unterstützende Module, beispielsweise zur Rezepturverwaltung, zur schnelleren Einregelung des Foliendickenprofils oder zum automatischen

Spülen bei Materialwechsel, tragen erheblich zur Wirtschaftlichkeit der Anlage bei. Die Anlagensteuerung lässt sich in der Regel voll in das Firmennetzwerk integrieren und bietet die Möglichkeit zur Fernwartung.

7.3 Eigenschaften, Anwendungen und Einsatzgebiete von Gießfolien

Die genaue Ausführung einer Gießfolienanlage richtet sich nach dem Einsatzgebiet und der Breite des darauf herstellbaren Produktspektrums, welches grob in die Bereiche Polypropylen-Gießfolie (cast PP, CPP), Stretch- und Barrierefolie aufgeteilt werden kann.

In einer begrenzten Anzahl von Folienanwendungen, insbesondere auf Basis von Polyethylen, steht das Gießfolienverfahren in Konkurrenz zur Blasfolie, so dass hier eine genaue produkt-, material- und unternehmensspezifische Abwägung der Wirtschaftlichkeit vorgenommen werden muss. [ROT07][JUS03][HER98][WIN07]

7.3.1 Polypropylen-Gießfolie

Flexible Folien sind nach den Polymerfasern die wichtigste Anwendung von Polypropylen (PP). Hierbei unterscheidet man zwischen biaxial orientiertem PP (BOPP) und CPP. Die bedeutendsten Einsatzgebiete von CPP sind Lebensmittelverpackungen sowie Büro-/Organisationsfolien. Je nach Anwendungsfall können unterschiedliche Polymertypen eingesetzt werden, die hinsichtlich Steifigkeit, Transparenz, Siegel- oder Peelfähigkeit optimiert sind. Ein drei- bis fünfschichtiger Folienaufbau ermöglicht die individuelle Anpassung des Produkts an spezifische Anforderungen. [WOL03][SCH99]

7.3.2 Stretchfolie

Stretchfolien werden sowohl im Gieß- als auch im Schlauchfolienverfahren hergestellt, man unterscheidet zwischen der Herstellung von Hand- und Automatenrollen. Kennzeichnend für das Gießfolienverfahren sind höchste Ausstoßleistungen mit Liniengeschwindigkeiten von bis zu 600 m/min und Netto-Folienbreiten bis 4 m. Die bis zu neunschichtigen Coextrusionsverbunde bestehen aus PE-LLD, teilweise in Kombination mit Metallocen-katalysierten PE-Typen (m-PE) und PE-Typen unterschiedlicher Dichtebereiche (VLDPE, LDPE, MDPE, HDPE). Anforderungen an die Folie sind unter anderem hohe Dehnfähigkeit bei geringer Einschnürung, hohe

Reiß- und Durchstoßfestigkeit, hohe Elastizität und Spannkraft, geringe Ermüdungstendenz und eine definierte Haftung (engl.: cling) zwischen den Folienoberflächen. Die Folien werden vielfach zur Verpackung von Palettenware eingesetzt. [ROT07][AHL97][MCN05][WAI02][SIM01]

7.3.3 Barrierefolie

Coextrudierte Barrierefolien bestehen aus bis zu elf Schichten und werden überwiegend bei der Verpackung von Lebensmitteln eingesetzt, wo sie die Permeation bestimmter Stoffe wie Sauerstoff oder Wasserdampf reduzieren. Je nach Anforderungsprofil bestehen sie aus einer siegelfähigen Schicht (PE- oder PP-Copolymere), einer Trägerschicht (PE, PP oder PET), einer oder mehrerer Barriereschichten (EVOH, PA) sowie den entsprechenden Haftvermittlern. Insbesondere beim Einsatz teurer Barriererohstoffe werden an die Anlagentechnik hohe Anforderungen in Bezug auf eine homogene Einzelschichtdickenverteilung und die Minimierung von gemischten Abfällen gestellt, um eine wirtschaftliche Produktion zu gewährleisten. [KAM00][LAN00][PAC08][JAR08][LAN03][WIN03]

Literatur zu Kapitel 7

[ROT07] Rotter, B.: Flachfolienextrusion. Tagungsumdruck zu Extrusion thermoplastischer Kunststoffe, VDI Wissensforum, Düsseldorf, 2007

[BON86] Bongaerts, H.: Extrusion von Flachfolien nach dem Kühlwalzenverfahren. Handbuch der Kunststoff-Extrusionstechnik, Band2. Extrusionsanlagen. München, Wien: Hanser, 1986

[FEI95] Feistkorn, W.; Herschbach, C.: Folienextrusion: Stand der Technik. Kunststoffe 85 (1995) 10, S. 1707 - 1716

[HAI03] Haider, B.: Produktion von atmungsaktiven Folien und Laminaten. Folienextrusion. Düsseldorf: VDI Verlag, 2003, S. 209 - 235

[SCH06] Schroer, T.: Materialversorgung in der Extrusion. Tagungsumdruck zu Extrusion thermoplastischer Kunststoffe, VDI Wissensforum, Stuttgart, 2006

[BOL07] Bolder, G.: Materialdosierung - Anwendungskriterien und Gerätetechnik im Vergleich. Tagungsumdruck zu Innovative Compoundieraufgaben: Herausforderungen, Perspektiven, Lösungen, Institut für Kunststoffverarbeitung, Aachen, 2007

[EXT06] N.N.: Schichtenvervielfacher für komplexe Strukturen mit vielen Mikroschichten. Extrusion 12 (2006) 5, S. 50 - 54

[KRE06] Kreft, T.: Entwicklungen in Düsen- und Coexsystemen. Tagungsumdruck zu Folienextrusion - Rohstoffe, Verarbeitung, Anwendungen, Institut für Kunststoffverarbeitung, Aachen, 2006

[KAY05] Kayser, O.: Möglichkeiten und Wirkmechanismen moderner Hartstoffbeschichtungen. Tagungsumdruck zu 2. Duisburger Extrusionstagung, Duisburg, 2005

[LBT02]! Lamberti, G.; Brucato, V.; Titomanlio, G.: Orientation and Crystallinity in Film Casting of Polypropylene. Applied Polymer Science 84 (2002), S. 1981 - 1992

[LAB02]! Lamberti, G.; Brucato, V.: Real-Time Orientation and Cyrtallinity Measurements during the Isotactic Polypropylene Film-Casting Process. Polymer Science: Part B: Polymer Physics 41 (2002), S. 998 - 1008

[CAN00] Canning, K.; Co, A.: Edge effects in film casting of molten polymers. Plastic Film and Sheeting 16 (2000), S. 188 - 203

[CAN01] Canning, K.; Bian, B.; Co, A.: Film Casting of a Low Density Polyethylene Melt. Reinforced Plastics and Composites 20 (2001) 5, S. 366 - 376

[DOB86] Dobroth, T.; Erwin, L.: Causes of Edge Beads in Cast Films. Polymer Engineering and Science 26 (1986) 7, S. 462 - 467

[ANI05] Aniunoh, K.K.; Harrison, G.M.: Experimental Investigation of PET and PP film casting. ANTEC (2005), S. 1222 - 1226

[ANI06] Aniunoh, K.K.; Harrison, G.M.: Experimental Investigation of Film Formation: Film Casting. Plastic Film and Sheeting 22 (2006) 3, S. 177 - 192

[LEE03] Lee, J.S.; Jung, H.W.; Hyun, J.C.: Frequency response of film casting process. Korea-Australia Rheology Journal 15 (2003) 2, S. 91 - 96

[JUN99] Jung, H.W.; Choi, S.M.; Hyun, J.C.: Approximate Method for Determining the Stability of the Film-Casting Process. AIChE Journal 45 (1999) 5, S. 1157 - 1160

[HYU99] Hyun, J.C.: Draw resonance in polymer processing: a short chronology and a new approach. Korea-Australia Rheology Journal 11 (1999) 4, S. 279 - 285

[MIE96] Miethlinger, J.: Extrusion von Castfolien - Anlagentechnik und Beeinflussung der Produkteigenschaften. Tagungsumdruck zu 14. Leobener Kunststoffkolloquium, S. 1 - 39, 1996

[GOI91] Goins, M.J.; Sun, L.; Miller, M.: Investigation of cast film machine process conditions and physical properties of several homopolymer and copolymer polypropylene film grades. Plastic Film and Sheeting 7 (1991), S. 157 - 169

[PFE92] Pfeiffer, H.; Dietz, W.: Optimal abgekühlte Vorfolien ermöglichen PP-Folien hoher Qualität. Kunststoffe 82 (1992) 8, S. 693 - 696

[PFE94] Pfeiffer, H.; Dietz, W.: Effect of the cast film production process on the properties of oriented polypropylene film. International Polymer Processing 9 (1994) 2, S. 159 - 167

[BEC07] Beckhoff, M.; Meyer, H.: Präzise und flexibel - Schicht für Schicht. Kunststoffe 97 (2007) 5, S. 42 - 44

[HÖL07] Hölscher, O.: Abfall sparen zahlt sich aus. Plastverarbeiter 58 (2007) 5, S. 20 - 22

[HOF06] Hoffmann, S.: Wickeln mit System - Kundenorientierte Wickeltechnik. Tagungsumdruck zu Folienextrusion - Rohstoffe, Verarbeitung, Anwendung, Institut für Kunststoffverarbeitung, Aachen, 2006

[BRI03] Brinkmann, C.: Wickler Technologie. Folienextrusion. Düsseldorf: VDI-Verlag, 2003, S. 91 - 109

[PRE97] Preuner, R.: Wickeltechnologie für Folien. Coating 30 (1997) 6, S. 204 - 208

[LOU89] Lounsbury, D. C.: Plastic film winding technology as praticed in north america. Plastic Film and Sheeting 5 (1989) 1, S. 32 - 55

[RAM06] Rammrath, F.: Optische Messsensoren. Tagungsumdruck zu Folienextrusion - Rohstoffe, Verarbeitung, Anwendung, Institut für Kunststoffverarbeitung, Aachen, 2006

[KNÜ08] Knüttel, A.: Optische Sensoren für die kontaktlose Schichtdickenmessung. Tagungsumdruck zu 5. Duisburger Extrusionstagung, Duisburg, 2008

[FEI93] Feistkorn, W.; Winkler, G.: Sparsam mit Rohstoffen. Schweizer Maschinenmarkt (1993) 15, S. 108 - 113

[JUS03] Justus, C.: Blasfolien und Gießfolien im Vergleich - Eine aktuelle Gegenüberstellung aus der Sicht eines Polyolefinherstellers. Folienextrusion. Düsseldorf: VDI Verlag, 2003, S. 69 - 89

[HER98] Herschbach, C.: Blasfolie oder Gießfolie - ein Vergleich der Produktionsverfahren. Tagungsumdruck zu Folienextrusion. Materialcharakterisierung - Prozessoptimierung - Qualitätssicherung, Institut für Kunststoffverarbeitung, Aachen, 1998

[WIN07] Winkler, G.: 9 - Layer Barrier Film with PA and EVOH: Comparison between Blown Film and Cast Film. Tagungsumdruck zu 11th TAPPI European PLACE Conference, Athen, 2007

[WOL03] Wolfsberger, A.: PP Innovationen für flexible Folien- und Verpackungsanwendungen - Sind die Entwicklungsgrenzen erreicht? Folienextrusion. Düsseldorf: VDI Verlag, 2003, S. 17 - 44

[SCH99] Schoene, W.: Polypropylen - Ein Star ohne Midlifekrise. Wertschöpfung bei der Folienextrusion. Düsseldorf: VDI Verlag, 1999

[AHL97] Ahlhaus, O. E.; Goldham, G.; Sperber, V. E.: Verpacken mit Kunststoffen. Hanser Verlag, 1997. ISBN 3-446-17711-6

[MCN05] McNally, G. M.; Small, C. M.; Murphy, W. R.; Garrett, G.: The effect of polymer properties on the mechanical behaviour and morphological characteristics of cast and polyethylene film for stretch and cling film applications. Plastic Film and Sheeting 21 (2005) 1, S. 39 - 54

[WAI02] Wainer, M. V.: Stretch film properties - effect of equipment and process variables. Plastic Film and Sheeting 18 (2002) 10, S. 279 - 286

[KAM00] Kamykowski, G. W.: Factors affecting adhension of tie layers between Polypropylene and polyamids. Plastic Film and Sheeting 16 (2000) 7, S. 237 - 246

[LAN00] Langowski, H.-C.: Barrierematerialien: Grundlagen und Herstellungstechnologie. Tagungsumdruck zu Barrierematerialien und flexible Verpackungen - Neuentwicklungen und Trends, S. 24, Fraunhofer-Institut für Verfahrenstechnik und Verpackung, Freising, 2000

[PAC08] N. N.: Flexibles Material mit Gestaltungsmöglichkeiten. Packmittel 43 (2008) 1, S. 37 - 39

[JAR08] Jaroszewski, R.: Haftvermittler in Mehrschichtstrukturen: Funktionsweise, Verarbeitung, aktuelle Entwicklungen. Tagungsumdruck zu 5. Duisburger Extrusionstagung, Duisburg, 2008

[LAN03] Lange, J.; Wyser, Y.: Recent Innovations in Barrier Technologies for Plastic Packaging - a Review. Packaging Technology and Science 16 (2003), S. 149 - 158

[WIN03] Winkler, G.: Cast film lines for barrier film. Tagungsumdruck zu 9th TAPPI European PLACE Conference, Rom, 2003

[SIM01] Simpson, D.; Jones, T.: Multilayer Stretch Cling Film. US Patent Nr. 6265055B1, 2001

8 Blasfolienextrusion

Martin Backmann, Dr.-Ing. Ingo Rübbelke

8.1 Einleitung

Bei der Blasfolienextrusion handelt es sich um ein Verfahren zur Herstellung von Kunststofffolien aus einem oder einer Kombination verschiedener Polymerrohstoffe. Zunächst wird das granulat- oder pulverförmige Polymer in einem Extruder plastifiziert und anschließend in einem Extrusionswerkzeug zu einem Schlauch mit einer Wandstärke von 1-2 mm ausgeformt. Nach dem Austritt aus dem Werkzeugspalt wird der Schmelzeschlauch typischerweise vertikal aufwärts abgezogen und durch von innen zugeführte Luft aufgeblasen. Durch die zunehmende Abzugsgeschwindigkeit in vertikaler Richtung und die Vergrößerung des Blasendurch-

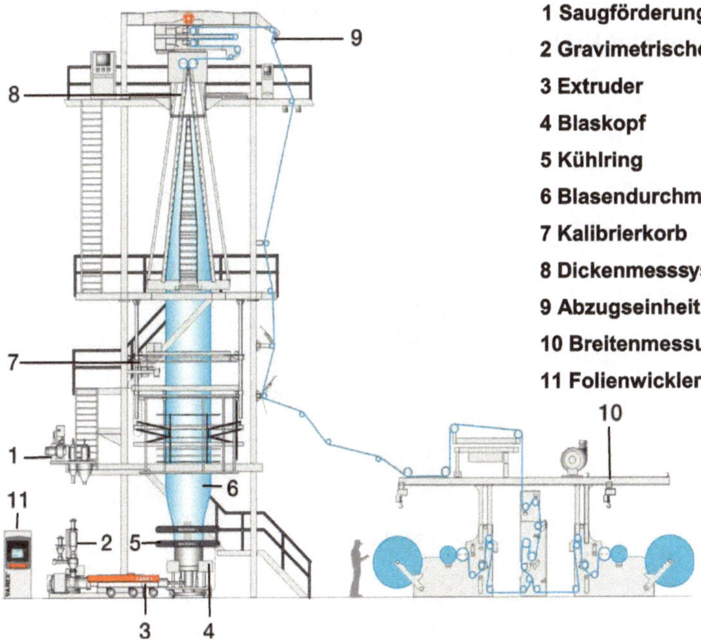

Bild 8.1 Prinzip Blasfolienanlage [Quelle: Windmöller und Hölscher]

messers wird die Schmelze biaxial verstreckt und ändert ihre Wanddicke auf typische 15 bis 200 µm. Durch Kühlluft von außen und innen wird die Schmelze gleichzeitig in den festen Zustand überführt. Anschließend wird der Schlauch flachgelegt und einer Aufwicklung zugeführt, welche als Monowickler für Schlauchfolien oder nach beidseitigem Auftrennen des Schlauches als Doppelwickler für zwei Flachbahnen ausgeführt sein kann, siehe Bild 8.1.

Die Ausprägung der mechanischen und optischen Folieneigenschaften, des Schlauchdurchmessers und der Foliendicke wird im Wesentlichen in dem Bereich zwischen Düsenaustritt und dem Erstarrungspunkt der Schmelze, der so genannten Frostlinie definiert. In diesem, auch als Schlauchbildungszone bezeichneten Bereich, wird der noch schmelzeförmige Schlauch ausschließlich durch von außen und innen aufgeprägte Kühlluftströmungen geführt und abgezogen. Folgende Kräfte wirken dabei auf die sich kontinuierlich in Längs- und Querrichtung aufweitende Folienblase:

- Die Gravitationskraft.
- Die Abzugskraft.
- Durch die Kühlluftanströmung hervorgerufene dynamische äußere Kräfte.
- Der Überdruck innerhalb der Blase, der zur Aufweitung des Schlauches nach dem Düsenaustritt führt.
- Die viskositätsbedingten, inneren Schmelzekräfte der Folienblase, welche im Gleichgewicht zu den vorher genannten Kräften stehen.

Aufgrund der Verfahrenseigenschaft, dass die Schmelze bis zum Erstarren dem freien Spiel oben genannter Kräfte ausgesetzt ist, erfordert die Blasfolienextrusion

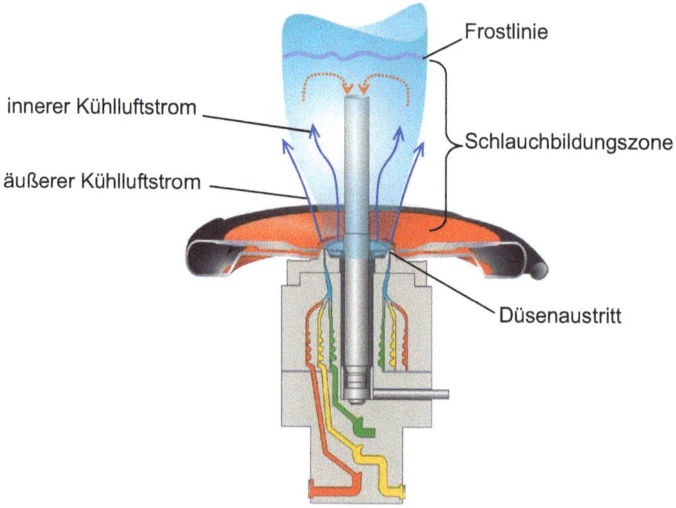

Bild 8.2 Bereich der Schlauchbildungszone [Quelle: Windmöller und Hölscher]

Polymerrohstoffe, welche eine genügende Schmelzestabilität für die Schlauchbildung aufweisen. Im Vergleich zur Gießfolie, wo der Schmelzefilm direkt abwärts auf eine Gießwalze extrudiert wird, bestimmt diese charakteristische Eigenschaft des Verfahrens die Rohstoffauswahl als auch die Anlagentechnik wesentlich.

Vorteile des Verfahrens im Vergleich zur Gießfolie liegen in der vergleichsweise einfachen Variation von Folienbreiten und Dicken durch das Verändern des Aufblasdurchmessers und der Abzugsgeschwindigkeit sowie den verbesserten mechanischen Eigenschaften durch das biaxiale Verstrecken der Schmelze. Ein Nachteil ist die Abkühlung mit Luft, welche im Vergleich zu einer gekühlten Walze oder einem Wasserbad verhältnismäßig ineffektiv kühlt.

8.2 Granulatversorgung

Historisch gesehen waren die ersten Blasfolienanlagen mit einem Extruder ausgestattete Monoanlagen. Aufgrund steigender Anforderungen an die Folien wurden schon bald unterschiedliche Rohstoffe in dem einen Extruder zu einer homogenen Folie verarbeitet. Um die Folieneigenschaften noch flexibler einstellen zu können wurden Drei-Schicht Anlagen entwickelt, bei denen drei unterschiedliche Extruder jeweils einen eigenen Schmelzestrom erzeugten, die dann in dem so genannten Blaskopf übereinandergelegt werden. Drei-Schicht Anlagen, bei denen jeder einzelne Extruder bis zu drei verschiedene Materialien individuell abmischt (in Summe also neun verschiedene Komponenten), sind heutiger Stand der Technik. Dementsprechend sind die Anforderungen an die störungsfreie Granulatversorgung. Im extremen Fall von z.B. einer Neun-Schicht-Anlage kann es notwendig sein, in Summe bis zu fünf Komponenten je Extruder also 45 unterschiedliche Rohstoffe zudosieren zu können. Hierzu wurden Dosiersysteme entwickelt, die kontinuierlich online jede einzelne Komponente verwiegen und nachregeln können. Diese Dosierstationen sind mit einer Vielzahl von gravimetrischen Verwiegesystemen ausgerüstet.

Die Materialversorgung von Dosierstationen kompletter Extrusionslinien und/ oder Produktionshallen geschieht häufig über ein komplexes Saugfördersystem (siehe Bild 8.3). Dieses wird über redundant geschaltete Vakuumerzeuger (1) mit Vakuum versorgt. Oberhalb der Dosierstationen ist jeweils ein Materialabscheider (2) angeordnet, welcher über ein auf die Dosiereinheit angepasstes Saugventil bei Materialbedarf mit Vakuum beaufschlagt wird.

Von diesem Materialabscheider wird chargenweise das Granulat in einen Wägebehälter (3) befüllt. Durch den Wägebehälter kann die einzelne Komponente verwogen werden und anschließend mit anderen Komponenten zusammen in den Extrudertrichter abgelassen werden. Dieser Vorgang kann periodisch bei einem Batchdosierer oder aber kontinuierlich mit einem Schneckenförderer oder über eine Rüttelrinne erfolgen. Somit ist genau bekannt, welche Rohstoffmenge von welcher Rohstoffgruppe in den Extrudertrichter eingefüllt wurde. Die Drehzahl der Plastifizierschnecke wird nun so angepasst, das die Soll-Fördermenge des Extruders mit der gemessenen Gewichtabnahme übereinstimmt, siehe Bild 8.3.

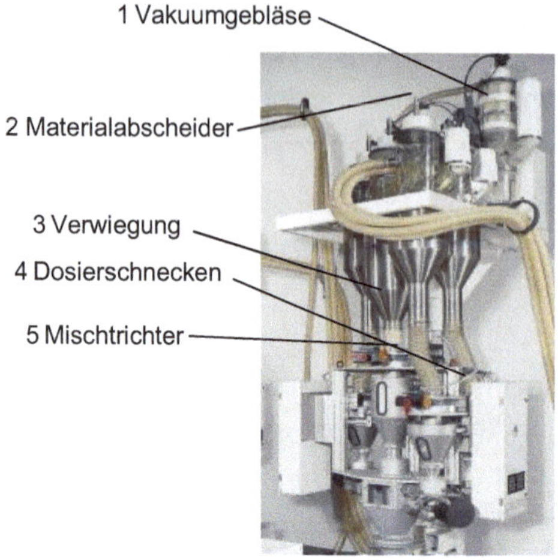

Bild 8.3 Einheit zur Granulatversorgung [Quelle: Windmöller und Hölscher]

Ein wesentlicher Vorteil des Einsatzes von Verwiege- und Dosiersystemen ist in der Synchronisierung zwischen Schneckendrehzahl und Messwerteerfassung zu sehen. Der Extruder ist an sich ein volumetrisches Fördergerät. Durch Chargenschwankungen, Änderungen bei der Granulatkorngröße oder Form sowie durch andere Einflussgrößen können Einzugsschwankungen der Förderschnecke entstehen. Durch das dynamische Anheben und Absenken der Schneckendrehzahl in

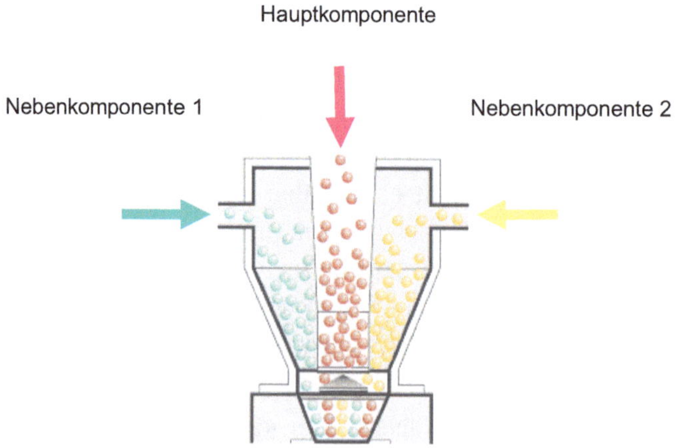

Bild 8.4 Mischtrichter

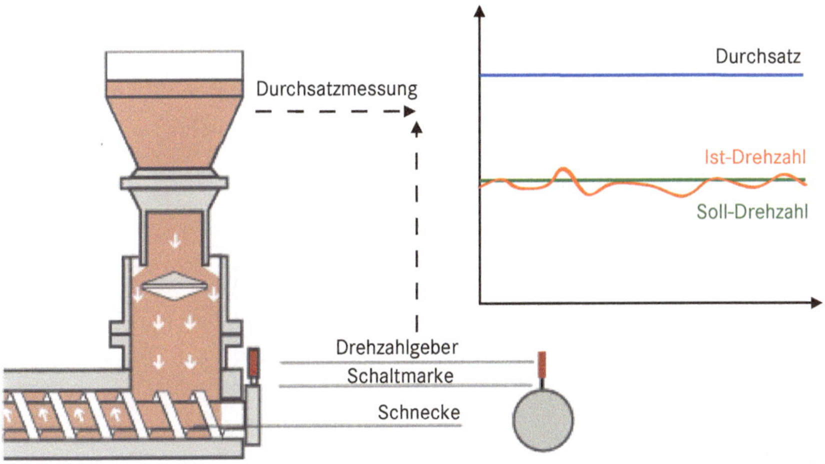

Bild 8.5 Durchsatzregelung durch Kopplung Extruderdrehzahl/Durchsatzmessung

Abhängigkeit der Messwerte der gravimetrischen Materialzudosierung können diese Schwankungen kontinuierlich ausgeglichen und somit deren negative Auswirkungen auf die Foliendickentoleranzen in Extrusionsrichtung reduziert bzw. ganz vermieden werden, vgl. dem Prinzipschaltbild 8.5.

8.3 Extruder für die Blasfolienextrusion

Bei der Verarbeitung der zur Blasfolienextrusion üblicherweise hochviskosen Kunststoffschmelzen kommen heute überwiegend Einschneckenextruder mit förderwirksamer, genuteter Einzugszone zum Einsatz, wie in Bild 8.6 dargestellt. Diese eignen sich aufgrund ihrer über einen großen Durchsatzbereich nahezu gegendruckunabhängigen Fördercharakteristik hervorragend für die Plastifizierung von Blasfolienrohstoffen. Die Auslegungsgrundlagen (Förder- und Druckaufbauverhalten des Einschneckenextruders mit genuteter Einzugszone) siehe auch Kapitel 1 „Einschneckenextruder“.

Bedingt durch die Forderung nach universell einsetzbaren Werkzeugkonzepten können durch das Extrusionswerkzeug bei der Ausformung besonders hochviskoser Kunststoffschmelzen Gegendrücke von bis zu 600 bar induziert werden.

Bei der Auslegung von Extrudern für die Blasfolienextrusion sind folgende Kriterien besonders zu berücksichtigen:

- Niedrige Schmelzetemperaturen als Voraussetzung für eine gute Blasenstabilität und maximale Ausstoßleistungen.
- Gute Schmelzehomogenitäten zu Erzielung optimaler Folienqualitäten.

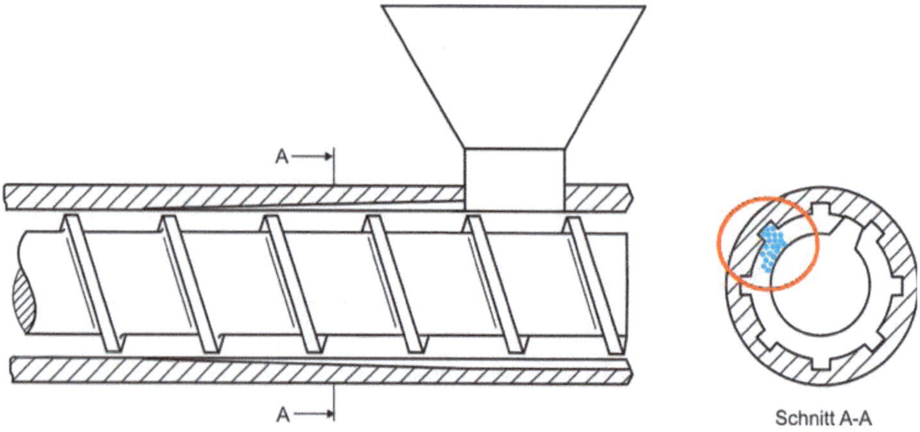

Bild 8.6 Genutete Einzugszone für die Blasfolienextrusion

- Universalität des Schneckenkonzeptes für den gesamten Bereich der Blasfolienmaterialien.

Als optimaler Kompromiss aus hoher Aufschmelzleistung, guter Homogenisierleistung bei niedriger Schmelzetemperatur und maximaler Universalität haben sich Schneckenkonzepte in der Praxis durchgesetzt, bei denen im Bereich des Plastifizierens eine Trennung zwischen Feststoff und Schmelze vorliegt [BAC06].

Neben der oben aufgeführten „Barr"-Barriere werden bei der Blasfolienextrusion weitere Barrierekonzepte wie z. B. das Barrierekonzept nach „Maillefer" Bauart erfolgreich eingesetzt.

Wie aus Bild 8.7 hervorgeht, werden zur Verbesserung der Schmelzehomogenität hinter dem Barrierebereich zusätzlich Scher- und Mischteile eingesetzt. Auch hier kann auf eine Vielzahl von unterschiedlichen Konzepten zurückgegriffen werden, im Beispiel sind hier das Wendelscherteil und ein Rautenmischteil aufgeführt. Einige weitere Ausführungsformen sind in Kapitel 1 „Einschneckenextruder" aufgeführt.

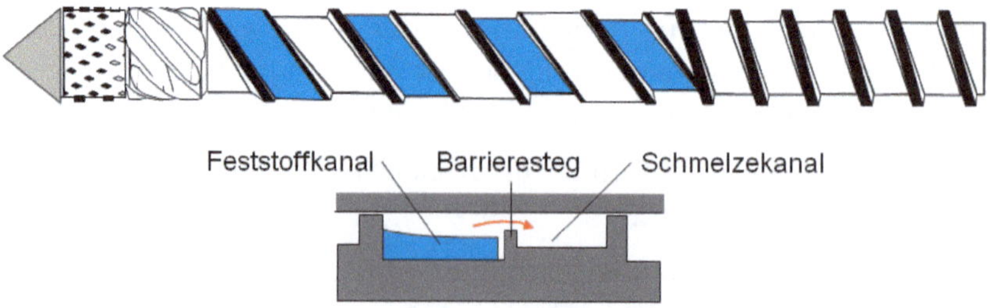

Bild 8.7 Barriereschneckenprinzip [nach Barr] Bauart mit Scher- und Mischteil

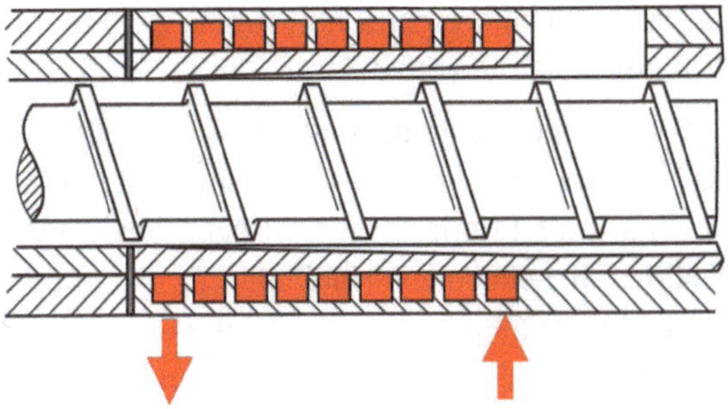

Bild 8.8 Genutete Einzugszone mit Temperierung

In der Vergangenheit galt es als schwierig, neben den klassischen Blasfolienmaterialien aus PE auch PA oder EVOH auf Extrudern mit genuteter Einzugszone zu verarbeiten, da diese auf einem Nutbuchsenextruder aufgrund der hohen Härte der Granulatkörner extrem hohe Anfahrdrehmomente erfordern. Die Entwicklung von Nutbuchstemperierungen, welche Temperaturen bis zu 200 °C in der Nutbuchse erlauben, ermöglicht heute auch die Verarbeitung von PA und EVOH auf Nutbuchsextrudern, was somit die Universalität der förderwirksamen Extruder erheblich ausgeweitet hat [WOR97].

Die in Kapitel 1 aufgeführten Grundlagen zur Auslegung von Einschneckenextrudern sind ebenfalls für die Blasfolienextrusion anwendbar und werden daher in diesem Abschnitt nicht detailliert aufgeführt.

8.4 Werkzeugtechnik zur Blasfolienherstellung

Extrusionswerkzeuge haben einen entscheidenden Einfluss auf die Wirtschaftlichkeit von Produktionslinien für die Rohr- und Folienextrusion. Während von der Plastifiziereinheit ein zeitlich homogener Schmelzestrom erwartet wird, ist das Extrusionwerkzeug in entscheidendem Maße für die Formgenauigkeit des produzierten Halbzeuges verantwortlich. Weitere Anforderungen sind eine kurze Verweilzeit, ein enges Verweilzeitspektrum sowie ein geringer Druckverbrauch und hohe Universalität für die unterschiedlichen Rohstoffe. Aktuell werden für die Extrusion von Schmelzesträngen mit kreisringförmigem Querschnitt unterschiedlichste Konzepte verwendet, so z. B. Wendelverteilerwerkzeuge, Dornhalterwerkzeuge, Siebkorbwerkzeuge oder Pinolenwerkzeuge. Die durch z. B. Pinolen- und Dornhalterwerkzeuge eingebrachten Fließmarkierungen können durch axiale und radiale Strömungsüberlagerungen innerhalb des Wendelverteilerkonzeptes weitestgehend vermieden werden. Diese Verteilereigenschaft führte zur Etablierung des Wendelverteilerkonzeptes in der Blasfolienextrusion.

Da die Aufgabe des Werkzeuges darin besteht, die Kunststoffschmelze gleichmäßig und markierungsfrei auszuformen, ist am Werkzeugaustritt ein möglichst einheitliches Geschwindigkeits- und Temperaturprofil gefordert. Auch wenn die Foliendicke möglichst gleichmäßig sein soll, verbleiben minimal unterschiedliche Foliendicken über den Umfang der Folienblase. Eine lokale Dickstelle verursacht auf der Folienrolle durch die Aufsummierung vieler Lagen übereinander Dickstellen auf der Folienrolle, die eine Verminderung der Produktqualität bedeuten. Durch einen drehenden oder reversierenden Blaskopf können solche Dickstellen gleichmäßig verlegt werden. Allerdings ist die Abdichtung des drehenden Blaskopfes bei den hohen Drücken sehr aufwändig, so dass bei mehrschichtigen Blasköpfen heutzutage kaum noch drehende oder reversierende Blasköpfe verwendet werden.

Prinzipieller Aufbau und Funktionen eines Blasfolienwerkzeuges

Ein Wendelverteiler-Werkzeug besteht aus zwei verschiedenen Baugruppen. In der ersten Baugruppe, dem so genannten Primärverteiler, wird der vom Extruder angelieferte Schmelzestrom zunächst in mehrere Einzelströme aufgeteilt (siehe Bild 8.9 und 8.10). Neben üblichen Sternverteilern sind Ringkanäle oder Pinolen als Vorverteiler zu finden.

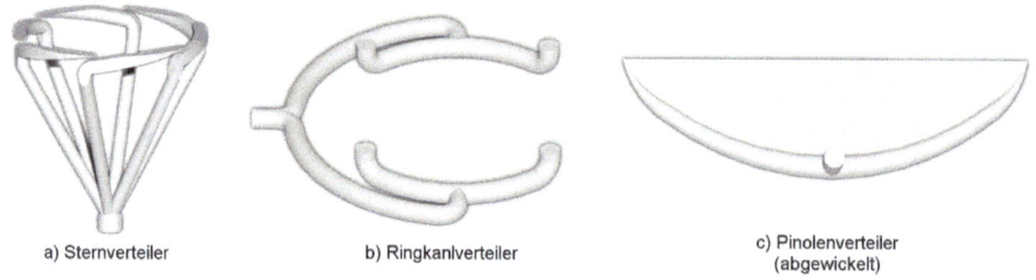

Bild 8.9 Primärverteilsysteme für Wendelverteiler

Neuere Entwicklungen zeigen in diesem Bereich Alternativen derart, dass die Schmelze zunächst mit Hilfe einer Mehrzahl Kleiderbügelverteilern in einem Ringspalt ausgebreitet wird, bevor sie in die Wendelverteilerkanäle strömt, siehe Bild 8.10.

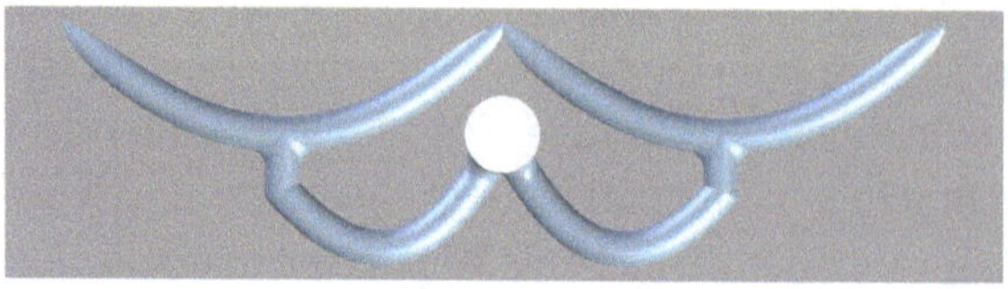

Bild 8.10 Primärverteilsysteme mit Kleiderbügelvorverteiler

Den o. a. Primärverteilern schließen sich die wendelförmigen Kanäle an, die in den Dorn eingearbeitet sind und diesen in Form eines Mehrfachgewindes umlaufen. Wie im folgenden Fließbild dargestellt, nimmt die Kanaltiefe ständig ab, wobei sich der Spalt zwischen Dorn und äußerem Werkzeugmantel in Extrusionsrichtung stetig vergrößert, so dass die zunächst vorliegende radiale Strömung mit zunehmender Bauhöhe in eine axiale Schmelzeströmung übergeht, siehe Bild 8.11. Die so hervorgerufene Schmelzschichtüberlagerung sorgt für eine gute thermische und mechanische Homogenität des austretenden Schmelzestromes.

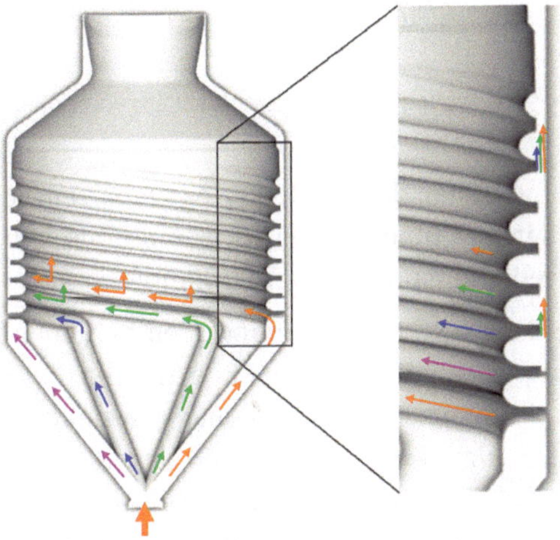

Bild 8.11 Fließkanalanordnung im Wendelverteiler

In Bild 8.11 wird der Vorteil der Wendelverteilerwerkzeuge durch das Aufteilen des Schmelzeflusses in mehrere Teilströme eine sich mehrfach überlagernde Radial- und Axialströmung verdeutlicht. Bindenähte, welche bei anderen Werkzeugkonzepten strukturell immer vorhanden sind, können somit vermieden werden. Hierdurch kann neben der gewünschten mechanischen auch eine hohe thermische Homogenität der Schmelze erreicht werden.

Neben dem zylindrisch angeordneten Wendelverteiler gibt es auch in der Ebene angeordnete Schmelzeverteiler mit radial angeordneten Wendeln, so genannte Stack Dies.

Aus dieser horizontalen Wendelanordnung resultiert ein grundsätzlicher Unterschied im konstruktiven Aufbau (siehe Bild 8.12). Der Schmelzeaustritt befindet sich bei den scheibenförmig aufgebauten Werkzeugen im Inneren des Verteilers. Die Einspeisung der Einzelschichten erfolgt von der Seite. Der einzelne Fließkanal ist in Form einer Spirale ausgebildet, durch welche ein Teilvolumenstrom nach innen fließen kann. Die Höhe des Fließkanals nimmt, ähnlich der des Wendelverteilers, kontinuierlich ab, während sich der Spalt zwischen unterer und oberer Platte mit abnehmenden Radius ständig vergrößert. Hierdurch wird der radiale

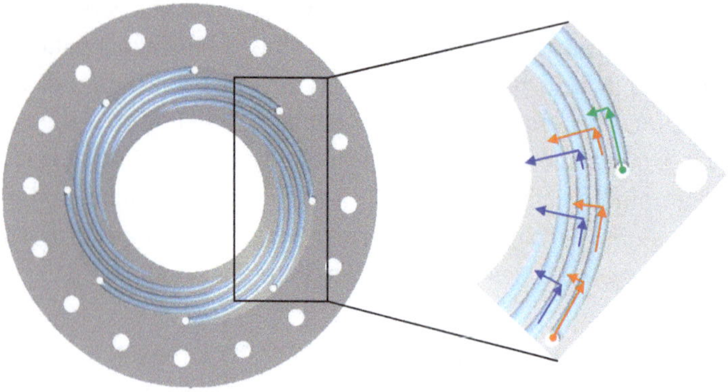

Bild 8.12 Prinzipskizze eines Wendelverteilers mit radial angeordnetem Wendel

Schmelzestrom in einen über dem Radius gleichmäßigen Schmelzestrom umgewandelt. Das Entstehen von Bindenähten wird somit durch die dem koaxial angeordneten Wendelverteiler entsprechenden Strömungsvorgänge vermieden.

Die Vorteile, welche dieses System gegenüber den herkömmlichen Wendelverteilern bietet, liegen hauptsächlich im Bereich Coextrusion. Bei Standardwerkzeugen sind die Wendelverteiler konzentrisch ineinander gestellte, zylindrische Bauteile mit unterschiedlichen Durchmessern, während „stack dies" aus einzelnen übereinander gestapelten Scheiben bestehen, die jeweils den gleichen Innendurchmesser des Schmelzekanals aufweisen. Weiterhin sind die rein sequentielle Zugabe der einzelnen Schichten und der Scheibenaufbau zu nennen, der sowohl eine Innenbeheizung einzelner Scheiben als auch eine wirksame thermische Trennung über Luftspalte zwischen den Scheiben ermöglicht [GRO96]. Nachteile ergeben sich aus der konstruktionsbedingt großen, mit Druck beaufschlagten Fläche. Um ein Aufbiegen des Werkzeuges und somit eine Veränderung der Spalthöhe bzw. Undichtigkeiten zu vermeiden, müssen hier über eine entsprechend große Zahl von Zugankern die erforderlichen Haltekräfte aufgebracht werden.

Eine Mischform aus Wendelverteiler und Stack-Die-Werkzeugen bietet sich mit der konischen Anordnung von Wendelkanälen. Die Einspeisung kann hierbei ebenfalls seitlich erfolgen. Über die bereits aufgeführten Vorverteilersysteme wird die Schmelze auf die einzelnen Kanäle verteilt. Die Wendelkanäle selbst befinden sich, wie in Bild 8.13 zu erkennen ist, auf einem Konus und umlaufen diesen spiralförmig. Durch diese Anordnung sind die entstehenden Auftriebskräfte im Vergleich zum Stack-Die-Werkzeug geringer und die konische Form bietet ein höheres Widerstandsmoment gegen eine druckbedingte Verformung. Gleichzeitig bleiben aber die Vorteile des radialen Wendelverteilers, seine Modularität sowie die kompakte Bauform, erhalten.

Voraussetzung einer guten Verteilungsgüte für möglichst viele Rohstoffe ist eine gut auf die Verarbeitungsrandbedingungen abgestimmte Wendelgeometrie. Spä-

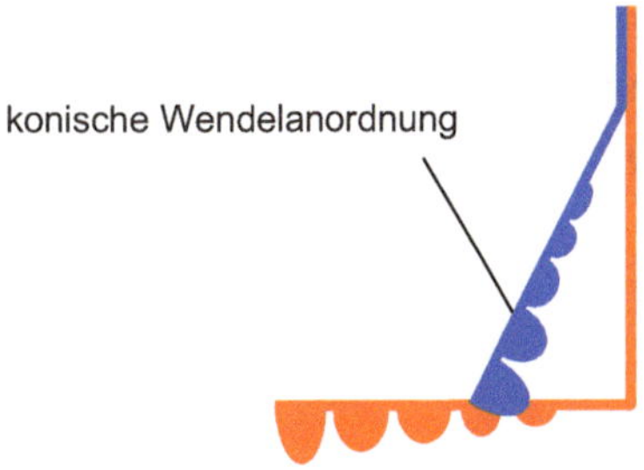

Bild 8.13 Prinzipskizze eines Wendelverteilers mit konisch angeordneten Wendeln

tere Fließkorrekturen in Form von Staubalken oder verstellbaren Düsenlippen, wie sie bei anderen Werkzeugkonzepten verwendet werden, sind beim Wendelverteiler nicht üblich.

Die entscheidenden geometrischen Größen sind die Anzahl der Wendelkanäle, der Umschlingungswinkel eines Kanals, der Steigungswinkel der Wendel, der Kanaltiefenverlauf, die Kanalbreite, die Stegbreite und der Spaltweitenverlauf. Diese Größen müssen für einen Wendelverteiler auf die geometrischen Grunddaten wie Durchmesser, Austrittsspaltweite, evtl. vorgegebene Baulängen sowie auf die Verfahrensparameter wie Massetemperatur, Durchsatz und Material abgestimmt werden.

Wesentliche rheologische Kriterien zur Auslegung und Optimierung eines Wendelverteilers sind:

- Geringe Druckverluste und kurze Verweilzeit
- Beachtung minimal und maximal zulässiger Wandschubspannungen (Ablagerungs- bzw. Schmelzebruchgefahr)
- Vermeidung von Schichtgrenzinstabilitäten bei der Coextrusion, insbesondere bei extremen Schichtdickenverhältnissen
- Vermeidung von Stagnationszonen
- Gleichmäßige Wanddickenverteilungen
- Große Verarbeitungsbandbreite bzw. Rohstoffkombinationsmöglichkeiten bei der Coextrusion

Weiterhin sind folgende thermodynamische Auslegungskriterien zu beachten:

- Beachtung der thermischen Symmetrie für Werkzeug und Schmelzestrom
- Maximal zulässige Schmelzetemperatur

Zusätzlich gelten betriebstechnische Kriterien wie:

- Steifigkeit und Verzugfreiheit
- Einfache (De)montage und Reinigung
- Dichtigkeit in den Trennebenen
- Kürzestmögliche Material- und Farbwechselzeiten

Da sich die Fertigung der geometrischen Ausprägung der verschiedenen Wendelverteilerkonzepte zum Teil sehr anspruchsvoll gestaltet, sollten bei der Wendelauslegung fertigungstechnische Gesichtspunkte nicht außer Acht gelassen werden, hierzu zählen insbesondere:

- Fertigungstechnische Realisierbarkeit
- Festlegung von Toleranzen
- Kostengünstige Fertigung
- Beschaffenheit der Fließkanaloberflächen (Polieren, verchromen etc.)
- Kurze, kompakte und modulare Bauweise

Erfahrungswerte zeigen für die Blasfolienextrusion, dass die Schergeschwindigkeiten im Auslegungsfall in der Regel nicht unter 5 s^{-1} und nicht wesentlich über 200 s^{-1} liegen sollten, so dass über der gesamten Fließkanaloberfläche noch ausreichende Wandschubspannungen für akzeptable Material- oder Farbwechsel vorherrschen [WOR98].

Da auf Grund des strukturviskosen Fließverhaltens der Kunststoffschmelzen sowie den im Wendelbereich 3-dimensional ausgeprägten Strömungsüberlagerungen für die Auslegung und Optimierung von Wendelverteilerwerkzeugen keine analytische Lösung zur Verfügung steht, werden zur Berechnung bzw. Simulation der Strömungsverhältnisse im Wendelverteiler prinzipiell zwei verschiedene Methoden angewendet:

- Dreidimensionale FEM-Berechnungen
- Zerlegung des Gesamtsystems in Segmente und numerische Strömungsanalyse

Dreidimensionale FEM-Berechnungen werden aufgrund des hohen Zeitaufwandes bei der Strukturierung der Werkzeuggeometrie (Netzgenerierung) und zum Teil fehlender Materialparameter in der Praxis oft nicht durchgehend eingesetzt.

Eine Alternative stellt daher die Unterteilung des Fließkanales in Segmente dar. Die einzelnen Segmente können mit Hilfe bereits bestehender analytischer Gleichungen beschrieben werden [LIM98].

8.4.1 Werkzeugkonzepte zur Herstellung von Mehrschichtfolien

Aufgrund der Vielzahl an Anwendungen und Rohstoffen hat sich in den letzten 15 - 20 Jahren die Coextrusion in der Blasfolie trotz des vergleichsweise hohen maschinentechnischen Aufwandes für die Werkzeugfertigung durchgesetzt. Hierbei werden unterschiedliche Rohstoffe in mehreren Extrudern plastifiziert und einem Werkzeug zugeführt, in dem für jede Schicht ein eigenes Verteilersystem vorhanden ist, das die Schmelze zu einem Ring ausformt. Die verschiedenen Schmelzeringe werden dann im Werkzeug zusammengeführt und als dünnwandiger, coextrudierter Schlauch ausgeformt.

Die Auswahl des Werkzeugtyps und die Anzahl der Schichten hängen stark von der gewünschten Anwendung ab. Folien für einfache Verpackungsanwendungen, in denen keine spezielle Barriere gefordert wird, sind üblicherweise aus drei Schichten aufgebaut. Ein besonderer Vorteil ist die Möglichkeit der Anordnung unterschiedlicher Funktionsschichten. Sobald jedoch eine Barriereschicht gewünscht wird, ist typischerweise ein mindestens fünfschichtiger Aufbau erforderlich.

Als Schmelzeverteiler für die Extrusion von Mehrschichtfolien haben sich in der Praxis im Wesentlichen die oben erläuterten Prinzipien durchgesetzt. Zielsetzung der Auslegung ist in jedem Fall in der Optimierung der Schmelzeverteilung und einer Minimierung der Verweilzeit im Extrusionswerkzeug zu sehen, um so die thermische Belastung für die Schmelze möglichst gering halten zu können [BAC07].

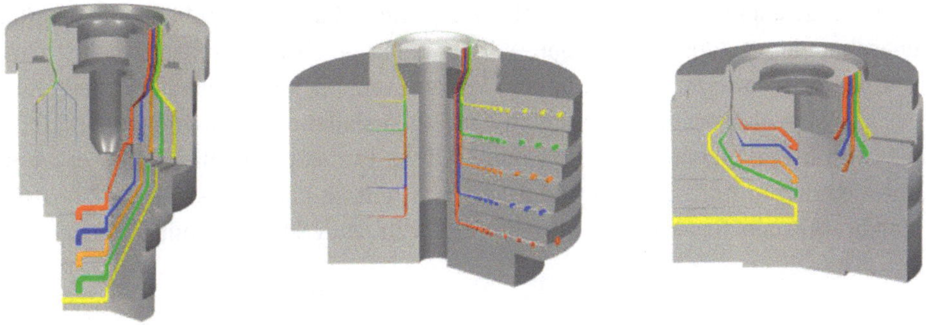

Bild 8.14 Verschiedene Mehrschichtblasköpfe (Prinzipdarstellung)

Bei Mehrschichtblasköpfen mit zylindrisch angeordneten Wendeln vergrößert sich der Außendurchmesser des Werkzeuges konstruktionsbedingt mit zunehmender Anzahl an Schichten. Dadurch entstehen relativ große schmelzebenetzte Flächen für die äußeren Schichten, was zwangsläufig zu einer ungünstigen langen Verweilzeit der Schmelze im Blaskopf führt.

Vorteilhaft bei dieser Bauform ist der relativ kurze Fließweg nach der Zusammenführung der Schichten bis zum Düsenaustritt, wodurch eine hohe Flexibilität hinsichtlich der zu verarbeitenden Rohstoffe ermöglicht wird.

Die Konstruktion eines Mehrschichtblaskopfes mit Radialverteilern sieht dagegen übereinander angeordnete Verteiler für die verschiedenen Schichten vor. So kann im günstigen Fall jede Einzelschicht die gleiche Oberfläche und Verweilzeit aufweisen. Als Vorteil sind weiterhin der relativ einfache Aufbau dieser Werkzeuge und die Tatsache zu nennen, dass die Anzahl der Schichten ohne großen konstruktiven Aufwand variiert werden kann,. Zusätzlich kann eine thermische Trennung einzelner Schichten durch Isolierspalte vorgesehen werden, um auf stark voneinander abweichende Verarbeitungstemperaturen der jeweils gegenüberliegenden Schmelzen zu reagieren. Mit diesem Bauprinzip sind bereits Coextrusionswerkzeuge mit bis zu elf Schichten realisiert worden [PLT07].

Den Vorteilen der Variabilität des „Stack-Die“-Konzeptes stehen zum Teil Einschränkungen durch die langen Schmelzewege nach der Schmelzezusammenführung und somit eine negative Einflussnahme auf mögliche Grenzschichtinstabilitäten gegenüber [WOR07]. Der unsymmetrische und relativ lange Fließweg nach der jeweiligen Zusammenführung macht oft eine rheologische Anpassung der Schmelzeschichten erforderlich.

Seit einigen Jahren hat sich auch die Variante der konisch angeordneten Wendelverteiler für den Einsatz in der Mehrschichtextrusion von Blasfolien etabliert. Bei diesem Coextrusionskonzept können die Schmelze ausformenden Wendeln jeweils auf gegenüberliegend kurzen Kegeln angeordnet werden. Dabei besteht das gesamte Extrusionswerkzeug ebenfalls aus einer Mehrzahl ähnlich aufgebauter, übereinander gestapelter Scheiben. Mit der konischen Ausführung, der seitlich angeordneten Schmelzeeinspeisung und Vorverzweigung bietet sich der Vorteil einer großen Wendelüberlappung bei relativ gering ausfallenden Werkzeugaußendurchmessern und Bauhöhen der einzelnen Module. Ein 5-Schicht Blasfolienwerkzeug mit modularem Aufbau ist in Bild 8.14 vorgestellt, in der Praxis werden Coextrusionswerkzeuge dieser Bauart aktuell mit bis zu neun Schichten ausgeführt.

8.4.2 Aufbau- und Funktionsmerkmale einer mehrschichtigen Blasfolie

Die Zusammenstellung verschiedener Polymere zu einem mehrschichtigen Folienverbund, einer so genannten Folienrezeptur, geschieht an Hand der Anforderungen durch das zu verpackende Gut sowie der gewünschten Verpackungsform und -funktion. Die Rezepturauswahl wird im Wesentlichen durch das Verarbeitungsverfahren, benötigte mechanische, optische, Schrumpf- und Siegeleigenschaften der Folie oder die geforderten Barriereeigenschaften beeinflusst.

So gilt die 3-Schichtfolie heute als Stand der Technik. Es werden beispielsweise Rohstoffe mit niedrigem Schmelzpunkt (m-LLDPE, EVA) als Siegelschichten auf der Außenseite der Folie verwendet, während in der Mitte ein höherdichtes Material zum Einsatz kommt, welches für die Zähigkeit und Steifigkeit der Folie verantwortlich ist. Als genereller Markttrend werden immer steifere Kunststoffe verwendet, um bei einer Dickenreduzierung immer noch eine ausreichende Maschinengängigkeit der Folien zu erhalten. So hatten Schwergutsäcke früher als Monofolie eine Dicke von 250 µm. Die Foliendicke wurde durch immer aufwändigere 3-Schichtaufbauten auf 120 µm und teilweise auf bis zu 100 µm Wanddicke reduziert.

Eine Anforderung an die Verpackung ist die Dichtigkeit. Bislang gibt es keine Polyolefine, die gegen alle Stoffe eine gleich gute Sperrwirkung aufweisen. Polyolefine hoher Dichte haben eine gute Sperrwirkung für Flüssigkeiten. Die Barriere gegen Gase ist jedoch deutlich schlechter. Es gibt weiterhin spezielle Polymere, die eine hohe Gasbarriere, jedoch nur eine geringe Flüssigkeitsbarriere aufweisen. Gleichzeitig sind die Anforderungen an die Verpackung als Werbefläche immer weiter gestiegen. Der Glanz und die Transparenz der Verpackung sind heute mit entscheidend für die Produktvermarktung.

Im Bereich der Lebensmittelverpackungen werden von der Verpackung nicht nur optische und mechanische Eigenschaften, sondern auch Barriereeigenschaften gegen bestimmte Gase oder Flüssigkeiten gefordert, welche die Lebensmittel verderben lassen.

Die im Folgenden diskutierten Phänomene [LAN99] beschreiben die Einflussfaktoren auf den Verfall von Lebensmitteln und können ausschließlich durch die spezielle Eigenschaftskombination innerhalb eines mehrschichtigen Folienverbundes unterbunden bzw. verzögert werden.

- Mikrobieller Befall findet vorzugsweise bei höheren Sauerstoffkonzentrationen statt.
- Die Oxidation von Lebensmitteln benötigt Sauerstoff, wird aber durch die Anwesenheit natürlicher Substanzen wie Chlorophyll oder Karotin durch Lichteinwirkung verstärkt. Somit wird die Kombination aus Sauerstoff- und Lichtsperrwirkung zum wichtigen Parameter für die Gestaltung einer Lebensmittelverpackung.
- Aromaverluste bzw. der Einfluss von Fremdaromen/Fehlgeschmack sind auf den Transport unterschiedlicher Substanzen in beide Richtungen durch die Verpackung zurückzuführen.
- Austrocknung oder Wasseraufnahme verbunden mit Konsistenzverlust (oft auch mit mikrobiellen Wachstum) werden durch ungenügende Wasserdampfsperreigenschaften verursacht.

In Bild 8.15 sind einige Wechselwirkungen des Systems Verpackung/Lebensmittel aufgeführt. Die Permeation innerhalb eines Materials setzt sich aus der Lösung der Stoffe im Material und dem eigentlichen Stofftransport, der Diffusion, zusammen. Diese Durchlässigkeitswerte sind keine „festen" Materialkonstanten. Sie beschreiben oftmals einen Wertebereich, der sehr stark von der Verarbeitung beeinflusst werden kann.

Ursächlich für die in Bild 8.16 aufgeführten, gravierenden Durchlässigkeitsunterschiede der Polymertypen ist die unterschiedlich stark ausgeprägte Wechselwirkung bzw. Löslichkeit zwischen permeierender Substanz und Kunststoff. Einfluss auf die Durchlässigkeit des Kunststoffes haben folgende Materialeigenschaften:

- **Die Polariät des Kunststoffes.**
  Auf der einen Seite löst sich der polare Wasserdampf wesentlich leichter in polaren Kunststoffen, die z. B. OH-Gruppen besitzen. In unpolaren Kunststoffen wie z. B. Polyethylen löst sich Wasserdampf wesentlich schlechter.

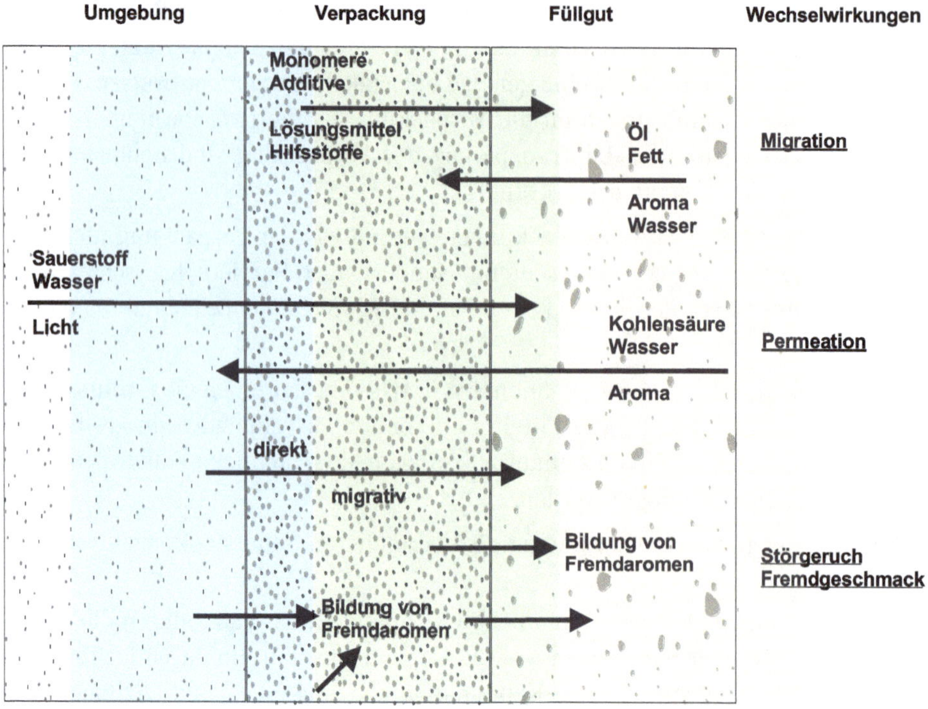

Bild 8.15 Wechselwirkungen im System Verpackung/Lebensmittel [LAN99]

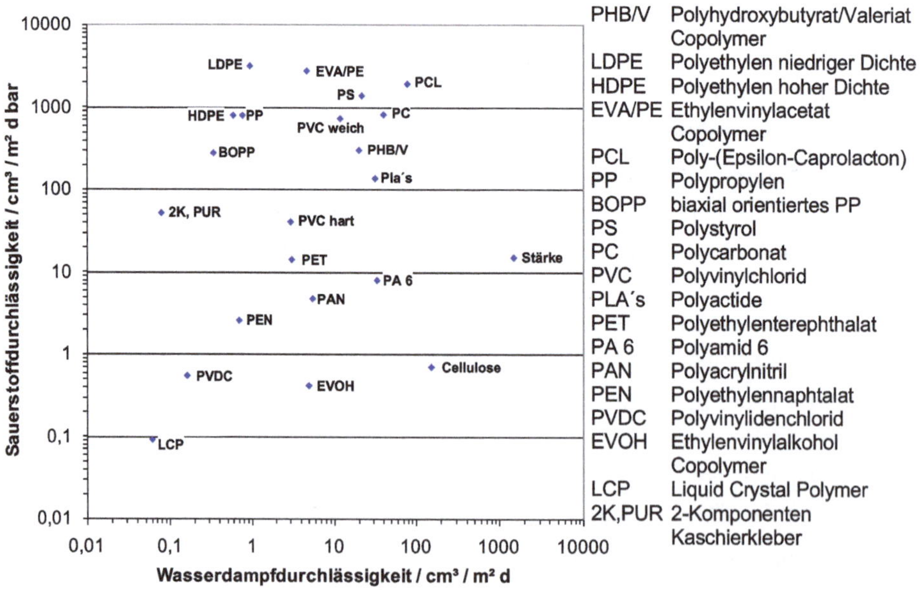

Bild 8.16 Übersicht der Sauerstoff- und Wasserdampfdurchlässigkeit ausgewählter Polymere für eine Materialstärke von 100 µm, bei 23 °C [LAN99]

Auf der andere Seite löst sich der unpolare Sauerstoff in unpolaren Kunststoffen, wie z.B. Polyethylen deutlich besser, dafür in polaren Kunststoffen, die z.B. EVOH-Gruppen besitzen, wesentlich schlechter.

- **Die Dichte des Kunststoffes.**
  Höherdichte Kunststoffe haben oft eine höhere Sperrwirkung als niederdichte Kunststoffe.
- **Die Kristallinität.**
  Unterschiedliche Diffusionsvorgänge werden durch die Polymerstruktur, d.h. Kristallinität und Dichte abgeleitet. Übliche Permeationsmodelle gehen davon aus, dass in den amorphen Bereichen der Kunststoffe der Hauptteil der Permeation stattfindet, während die kristallinen Bereiche wesentlich dichter sind.
- **Die Aktivität und Molekülgröße des permeierenden Mediums.**

Gerade bei der Polarität ist es schnell ersichtlich, dass es nicht eine einzelne Kunststoffgruppe gibt, die die gewünschte Sperrwirkung gegen mehrere Permeanden gleichzeitig hat. Durch die Extrusion von Verbundfolien ist es möglich, Polymere mit verschiedensten Eigenschaften schichtweise miteinander zu verbinden. Die Verbindung einzelner Schichten aus unterschiedlichen Kunststoffen erfordert jedoch häufig den Einsatz eines Haftvermittlers in Form einer zusätzlichen, dün-

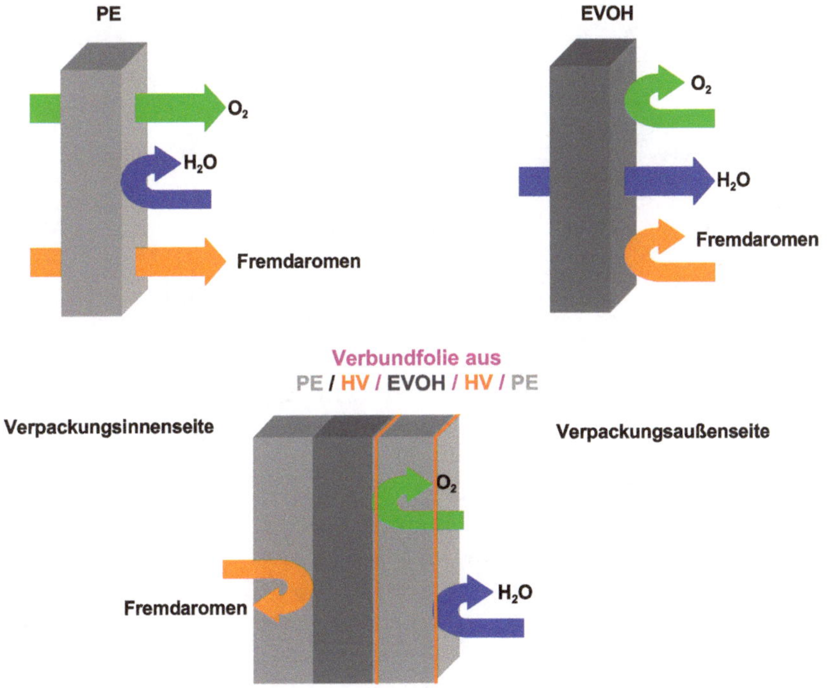

Bild 8.17 Optimierte Sauerstoffbarriereeigenschaften durch Kombination entsprechender Monoschichten [ISE90]

nen Klebeschicht. Diese Haftvermittlerschichten sorgen für eine ausreichende Haftung zwischen den einzelnen Funktionsschichten. Bei einem typischen Barriereverbund wird ein polarer Kunststoff wie z. B. EVOH von zwei unpolaren Kunststoffen eingebettet, um die Kernschicht vor Einflüssen durch Feuchtigkeit von außen zu schützen. Wegen der fehlenden Haftung der Schichten zueinander müssen zusätzlich zwei Haftvermittlerschichten extrudiert werden. Demnach hat eine Barrierefolie für solche Anwendungen wenigstens einen 5-schichtigen Aufbau (siehe Bild 8.17).

Aus der oben diskutierten Zusammensetzung und einer Vielzahl weiterer Kombinationsmöglichkeiten mehrschichtiger Folien bietet sich für die coextrudierte Blas-

Tabelle 8.1 Typische Anwendungen und Coextrusionsstrukturen

Anwendung	Schicht Anzahl	Prinzipieller Aufbau	Dickenbereich [µm]	BUR**
Kaschierfolie	1 - 3	PO*	20 - 100	1,5 : 1 bis 2,5 : 1
Tragetaschenfolie PE	1 - 3	PE-LD, PE-LLD, PE-HD	25 - 50	2 : 1 bis 3 : 1
Tragetaschenfolie PE-HD	1 - 3	PE-HD	6 - 20	3,5 : 1 bis 5 : 1
Thermoschrumpffolie	1 - 3	PE-LD und PE-LLD	100 - 140	3,6 : 1 bis 5,5 : 1
Stretchhaubenfolie	3	PE/EVA (VA 10 - 18 %)/PE	70 - 100	3,2 : 1 bis 4,2 : 1
Feinschrumpffolie	1 - 3	mLLDPE/PE-LD/mLLDPE	30 - 80	2,5 : 1 bis 3,5 : 1
Stretchfolien	1 - 5	mLLDPE, PE-LLD	12 - 40	2,5 : 1 bis 3,5 : 1
Schwersackfolie	1 - 3	PE-LD, PE-LLD und mLLDPE	80 - 150	1,8 : 1 bis 2,2 : 1
Oberflächenschutzfolie	1 - 3 3	PE-LD und PE-LLD EVA oder mLLDPE/PE-LD/PE-LD	40 - 80	1,5 : 1 bis 2,5 : 1
Cerealfilm	3 - 5 5 7	Ionomer/PE-HD/PE-HD Ionomer/HV/EVOH/HV/PE-HD Ionomer/HV/PA/EVOH/PA/HV/PE-HD	30 - 50	2,5 : 1 bis 3,5 : 1
Barrierefolie	3 5 7	PA/HV/PO PO/HV/PA oder EVOH/HV/PO PO/PO/HV/PA oder EVOH/HV/PO/PO	25 bis 250	1,3 : 1 bis 2,5 : 1
Hochbarrierefolie	7 9	PO/HV/PA/EVOH/PA/HV/PO PO/PO/HV/PA/EVOH/PA/HV/PO/PO	25 bis 250	1,3 : 1 bis 2,5 : 1

* PO: Polyolefin
** BUR: Aufblasverhältnis, siehe Abschnitt 8.5 Folienkühlung

folie ein breites Anwendungsspektrum. Je nach Anwendung kommen weitere Schichten, z. B. zur Erzielung einer Gasbarriere, hinzu. Folienstrukturen aus drei bis sieben Schichten sind die Regel. Einige Hersteller produzieren inzwischen Verbundfolien aus bis zu neun oder mehr Schichten.

8.5 Abkühl- und Kalibriereinheit

Folienkühlung

Innerhalb der Schlauchbildungszone wird die im Blaskopf ausgeformte Schmelze von 1 - 2 mm Wandstärke auf einem wesentlich größeren Schlauchdurchmesser mit 15 - 200 µm Wandstärke aufgeblasen, abgekühlt und anschließend als doppelte Folienbahn flachgelegt. Vom Werkzeugaustritt bis zum Erstarrungspunkt der Schmelze findet somit eine gravierende axiale und radiale Verstreckung des Schlauches statt, welche einen wesentlichen Einfluss auf die mechanischen Eigenschaften der Folie hat. Als wichtige Kenngröße hierfür ist das Aufblasverhältnis, das BUR-Verhältnis (Blow Up Ratio) definiert. Es beschreibt das Verhältnis des vollständig aufgeblasenen Schlauchdurchmessers zum Düsenaustrittsdurchmesser, siehe Bild 8.18.

In Tabelle 8.1 sind typische BUR-Werte für einige klassische Anwendungen für Blasfolien aufgeführt. Dabei gilt grundsätzlich: Mit steigendem BUR-Wert nimmt die Orientierung der Kunststoffmoleküle quer zur Extrusionsrichtung und somit die Festigkeit der Folie in dieser Richtung zu. In Extrusionsrichtung werden der Orientierungsgrad und damit die Festigkeit der Folie in Längsrichtung durch das Ausziehverhältnis festgelegt. Bei der Blasfolienextrusion erhält man also eine biaxiale Orientierung in der Folie, welche das Eigenschaftenprofil der Blasfolie im Wesentlichen bestimmt [OHL04].

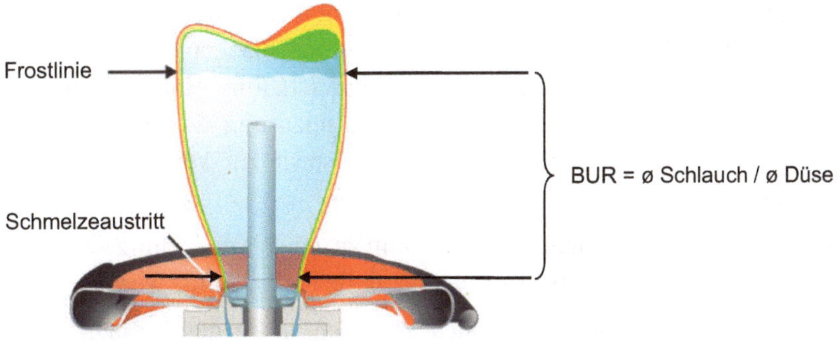

Bild 8.18 Definition des BUR [Quelle: Windmöller und Hölscher]

Folgende Eigenschaften der Folie werden durch die Art des Abkühlprozesses stark beeinflusst:

- Dickenabweichungen über den Umfang,
- Breitentoleranzen des Schlauches in Längsrichtung und
- optische Eigenschaften wie Transparenz und Glanz.
- Mechanische Eigenschaften
- Schrumpfeigenschaften

Um optimale Breiten- und Dickentoleranzen erzielen zu können, ist eine hohe Gleichmäßigkeit der Kühl- und Stützluftströme außerhalb und innerhalb der Folienblase gefordert. Ungleiche Temperaturen und/oder Luftströmungsverhältnisse führen zu unterschiedlichen Abkühlbedingungen an der Folienblase. Diese bewirken lokale Abweichungen im Aufblasverhalten des Folienschlauches und führen innerhalb der Schlauchbildungszone zu Dickenfehlern, als auch quer zur Extrusionsrichtung.

Bei modernen Hochleistungsanlagen wird die Folienblase sowohl von außen als auch von innen mit Luft gekühlt. Über leistungsstarke Gebläse wird Luft aus der Hallenumgebung oder außerhalb der Produktionshalle angesaugt und optional über Wärmetauscher heruntergekühlt. Der Wärmetauscher kann über kaltes Wasser oder aber auch mit einem direkt verdampfenden Kältemittel betrieben werden.

Für den Innenluftaustausch wird die vorgekühlte Luft über ein Gebläse durch den inneren Werkzeugdorn zu- und über ein zweites Gebläse die erwärmte Luft abgeführt, siehe Bild 8.19. Die Genauigkeit der Abstimmung von Zu- und Abluftmenge ist dabei entscheidend für einen konstanten Schlauchdurchmesser und somit der Breitengenauigkeit des flachgelegten Folienschlauches.

Während die Innenkühlung in einem starken Maße den Foliendurchmesser bestimmt, hat die Außenkühlung den größeren Einfluss auf die Anlagenleistung. Deshalb gibt es einige Optimierungen, durch die die Anlagenleistung wesentlich beeinflusst wurde. Neben dem in Bild 8.19 gezeigten Bespiel mit einfachem Außenkühlring bietet sich mit der Anordnung eines zweiten Kühlrings eine zusätzliche Möglichkeit, die Kühlleistung und damit den Ausstoß der Blasfolienanlage zu steigern. Das Bild 8.20 zeigt schematisch einen Blaskopf mit einem zweiten Kühlring, der oberhalb des ersten angeordnet ist. Eine Höhenverstellung des zusätzlichen Kühlrings dient zur optimalen Anpassung der dort austretenden Kühlluftströme an die zu kühlende Folienblase sowie zur Vereinfachung des Anfahrvorgangs.

Die dem Kühlring zugeführte Kühlluft kann je nach Anwendung entweder aus einem oder auch aus zwei Austrittsspalten an die Folie geführt werden.

Wie aus Bild 8.20 hervorgeht, lässt sich bei einem modernen Kühlringsystem sowohl die Geometrie als auch die Anzahl der Spalte einstellen, aus denen die Kühl-

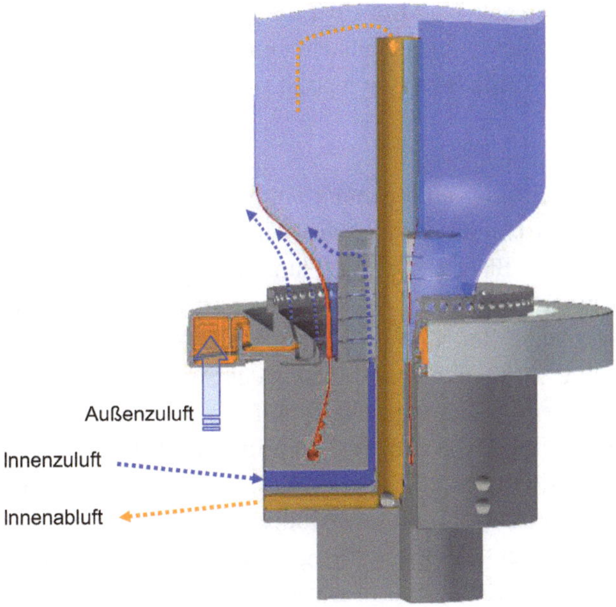

Bild 8.19 Prinzipschaubild Außen- und Innenkühlung der Folienblase

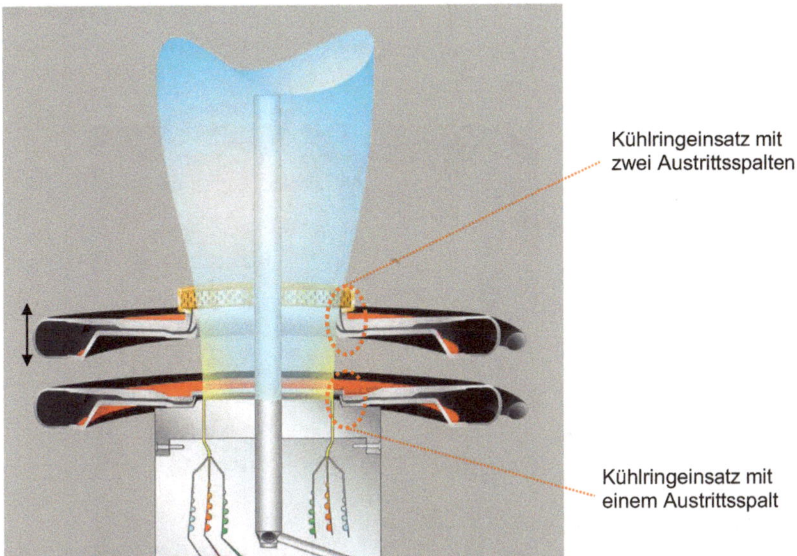

Bild 8.20 Zusätzlicher Kühlring zur Steigerung der Ausstoßleistungen [Quelle: Windmöller und Hölscher]

luft an die Folienblase geleitet wird. Über die verschiedenen Einsätze kann zusätzlich auf die verschiedenen Düsenaustrittsdurchmesser des Blaskopfes und verschieden große BUR-Verhältnisse angepasst werden.

Kalibrierkorb

Oberhalb der Frostlinie ist eine genaue Führung der Blase wichtig, um den gewünschten Blasendurchmesser möglichst genau einhalten zu können. Als Anforderung soll auch bei Blasen mit 2000 mm im Durchmesser die Durchmesserschwankung kleiner als 1 bis 2 mm sein. Diese Aufgabe erfüllt der Kalibrierkorb. Als Führungselemente dienen Röllchen, Walzen oder auch luftbeaufschlagte Segmente, welche eine berührungslose Führung des Schlauches ermöglichen. Mit den verschiedenen Führungselementen kann auf die unterschiedlichen Folieneigenschaften reagiert werden, wie z. B. eine klebrige oder sehr kratzempfindliche Folienaußenschicht. Die Führungselemente werden kreisförmig in mehreren Ebenen übereinander angeordnet. Um eine Flexibilität für unterschiedliche Folienbreiten zu erhalten sind heutige Kalibrierkörbe generell im Durchmesser einstellbar. Dabei ist ein Stellbereich von 1 zu 3 also von z. B. 500 mm bis 1500 mm im Durchmesser üblich.

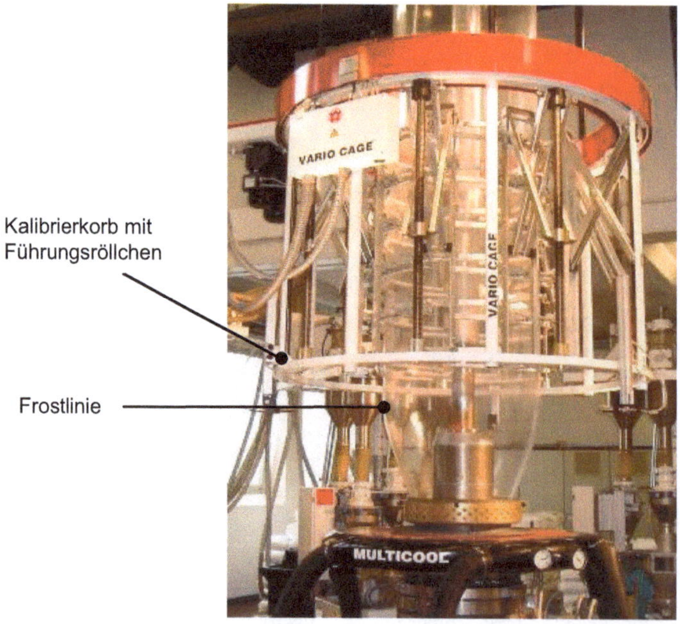

Bild 8.21 Kalibrierkorb mit Führungsröllchen [Quelle: Windmöller und Hölscher]

8.6 Nachfolge

8.6.1 Dickenmesssysteme

Durch eine optimale Ausformung der Schmelze im Blaskopf können heute schon relativ gute Folientoleranzen erreicht werden. Doch jede Fließungenauigkeit, Temperaturschwankung oder Homogenitätsschwankung innerhalb des Werkzeuges bzw. unterschiedliche Schmelzedehnung außerhalb des Werkzeuges beeinflussen die Folientoleranzen negativ. Unterschiedliche Foliendicken wirken sich negativ insbesondere auf die mechanischen Eigenschaften der Folie aus. Eine gleichmäßige Dicke der Blasfolie ist daher ein wichtiges Kriterium, um eine konstant gute Qualität in der Produktion von Blasfolie zu erhalten. Heutzutage sind präzise Dickenmesssysteme verfügbar, die eine Auflösung der Foliendicke bis auf 0,1 µm erzielen. Zum Einsatz kommen reversierende, oberhalb des Kalibierkorbes angeordnete Dickenmesssysteme oder aber traversierende Messbrücken, welche häufig direkt hinter dem Abzug platziert werden. Die Messsensoren können sowohl berührend als auch berührungslos ausgeführt werden.

Für die Blasfolienextrusion werden am häufigsten kapazitive Messverfahren eingesetzt.

Die Dicke von Kunststofffolien lässt sich kapazitiv messen, da die Kapazität eines Messkondensators, dessen elektrisches Feld von einer Folie durchdringt wird, durch die Dicke der Folie und der Dielektrizitätskonstanten des Folienmaterials beeinflusst wird. Da es bei Blasfolienanlagen schwierig wäre, eine der Kondensatorplatten des Messkondensators im Inneren der Folienblase anzuordnen, wird bei Messungen an der Folienblase lediglich das Randfeld des Kondensators ausgenutzt. In diesem Fall sind beide Kondensatorplatten des Messkondensators außerhalb der Folienblase angeordnet und rechtwinklig zur Folienebene orientiert.

Der Folienschlauch wird während der Messung mit dem Messkopf umfahren, siehe Bild 8.22.

An einer flach gelegten Folienbahn ist hingegen auch eine kapazitive Dickenmessung mit Hilfe eines Messkondensators als Durchstrahlmessverfahren möglich. Die Kondensatorplatten werden dann auf beiden Seiten der Folienbahn angeordnet. Der Messkopf verfährt kontinuierlich auf einer Traverse über der Folienbreite, während die Folienbahn durch die Kondensatorplatten geführt wird.

Neben kapazitiven Messverfahren werden auch radiometrische Messsensoren im Durchstrahl oder als Rückstreuverfahren eingesetzt. Diese Messverfahren sind besser als kapazitive Verfahren geeignet, eine absolute Foliendicke zu messen.

Infrarote Messsysteme können nicht nur die gesamte Foliendicke messen, sondern auch Einzelschichten detektieren, wenn die Folien aus Verbunden aufgebaut wurden, die unterschiedliche Wellenlängen absorbieren. Somit kann durch ein Infrarot-

Bild 8.22 Reversierendes Dickenmesssystem mit kapazitivem Messkopf

Verfahren in einem Schritt die gesamte Foliendicke als auch die Dickenverteilung der Sperrschicht gemessen werden. Allerdings haben schon leichte Variationen der Transparenz der Folie einen Einfluss auf den Messwert. Deshalb müssen solche Messverfahren oft auf die gewünschten Folientypen aufwändig kalibriert werden.

Als neueste Messverfahren gibt es optische Sensoren im Weißlichtbereich zur Bestimmung der Foliendicke. Einige Sensoren können sogar die unterschiedlichen Grenzschichten innerhalb der Folie erkennen und somit auch Einzelschichten messen.

8.6.2 Reversierende Abzugseinheit

Im Abzug wird der Schlauch zunächst über Holzroste oder Rollenbahnen flachgelegt und über ein Abquetschwalzenpaar nach oben gezogen, siehe Bild 8.23. Von entscheidender Bedeutung für die Rollenqualität ist das faltenfreie Überführen des Folienschlauches in eine ebene Bahn.

Für spezielle Anwendungen können in der Flachlegung Seitenfalten eingelegt werden, durch die die aufgewickelte Folienbreite gegenüber der produzierten Folienbreite deutlich reduziert werden kann. Typische Anwendungen sind Thermoschrumpfhauben, Stretchhaubenfolien und Agrarfolien mit großen Breiten.

Eine Kombination aus einer gummierten Walze mit einer polierten Stahlwalze verhindert Lufteinschlüsse in der flach gelegten Folienbahn und sorgt für die erforderlichen Abzugskräfte. Zur Vermeidung des Verblockens von zu heiß abgequetschter Folie ist die Stahlwalze mit einem Kühlkreislauf ausgestattet.

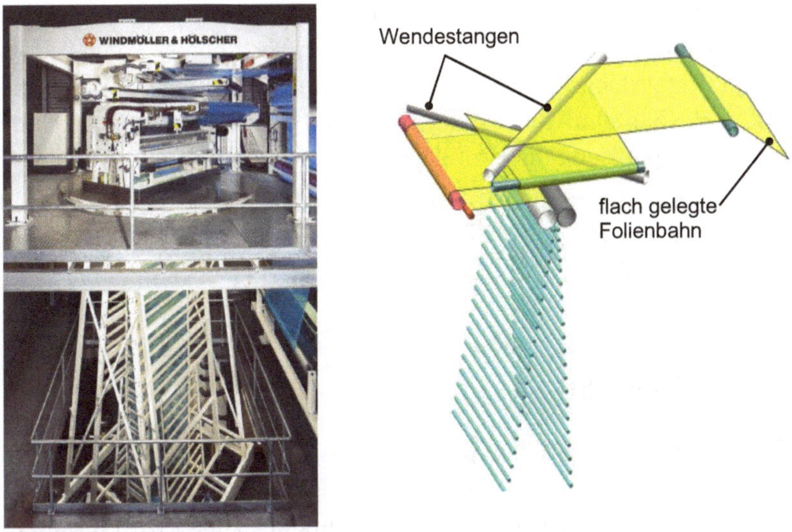

Bild 8.23 Reversierender Abzug mit Wendestangen [Quelle: Windmöller und Hölscher]

Heutzutage haben sich reversierende Abzüge bei Blasfolienanlagen durchgesetzt. Durch die Drehung des Abzuges um die Symmetrieachse der Folienblase werden vorhandene Profiltoleranzen immer versetzt aufeinander gelegt. Somit können durch die gleichmäßige Verteilung etwaiger Dick- und Dünnstellen der Folie nahezu zylindrische Rollen gewickelt werden. Da es sehr aufwändig ist, einen Folienwickler mit dem Abzug drehen zu lassen, haben sich reversierende Wendestangensysteme durchgesetzt, um trotz einer Drehung des Abzuges die Folienbahn immer an derselben Position aus dem Abzug herauszuführen. Für die schräge Führung der Folie über eine Wendestange darf die Wendestange nicht drehen. Da durch die Führung einer Folie über eine stehende Wendestange immer Kratzspuren entstehen können, werden die Wendestangen mit Luftauslassbohrungen versehen, um die Folie berührungslos über die stehende Wendestange zu führen.

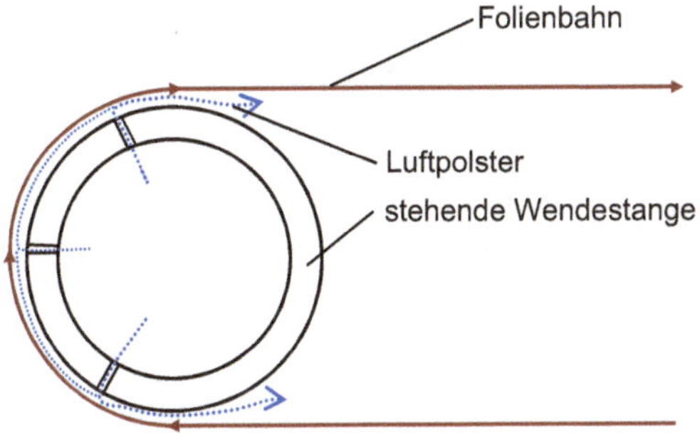

Bild 8.24 Wendestange mit Luftpolster

Zur Realisierung eines Luftpolsters werden in der Praxis Zylinder mit einer Vielzahl von Bohrungen versehen, alternativ werden auch poröse Wendestangen aus gesintertem Metall eingesetzt. Die Luftversorgung geschieht über Gebläse- bzw. Druckluft, welche in den Wendestangenzylinder geleitet wird und durch die Bohrungen oder den porösen Sinterwerkstoff zur Folie strömt.

Eine aufwändigere Alternative zum reversierenden Abzug, welche aus nahe liegenden Gründen nur bis zu Folienbreiten von ca. 1,5 m realisiert wurde, ist eine Abzugs-/Wicklerkombination auf drehender Plattform [WIN86].

8.6.3 Vorbehandlung

Die bei der Blasfolienextrusion verarbeiteten Polymere lassen sich häufig nur schwer oder teilweise gar nicht mit Beschichtungen wie Farbe, Klebstoffen etc. verbinden. Zur Erhöhung der Oberflächenspannung der Folien wird diese zwischen den Elektroden einer Vorbehandlungsstation durchgeführt, wie im folgenden Fließschema erkennbar (Bild 8.25).

Durch das Anlegen einer ausreichend hohen Wechselspannung bildet sich zwischen den Elektroden eine Gleitentladung aus. Diese ist so stark, dass die Umgebungsluft ionisiert wird und Plasma entsteht. Die Ionen in diesem Plasma bewegen

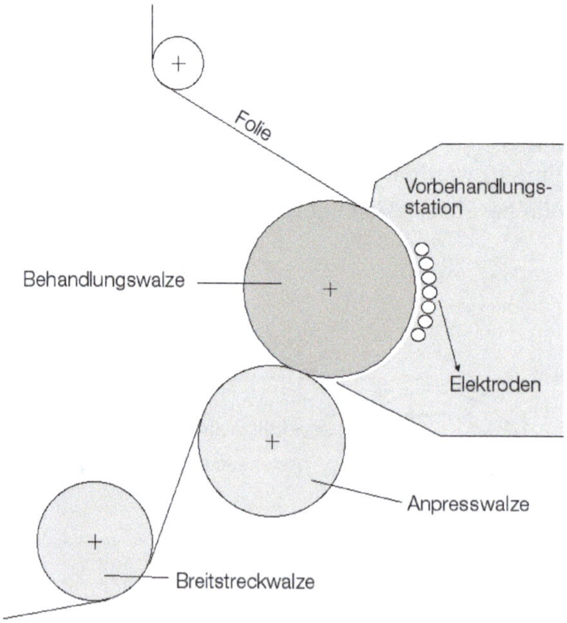

Bild 8.25 Schematischer Aufbau einer Vorbehandlungsstation

sich, abhängig von der Stromrichtung, zwischen den Elektroden hin und her. Treffen diese Ionen auf die vorzubehandelnde Folie, bewirken sie an der Oberfläche folgende Veränderungen [AFS09]:

- Es werden Krater in die Oberfläche eingeschmolzen, die so klein sind, dass sie nur unter dem Elektronenmikroskop sichtbar sind. Diese Krater bewirken eine Vergrößerung der Oberfläche und damit eine höhere Haftungsbereitschaft zu anderen Materialien.
- Durch das Auftreffen von energiereichen Teilchen auf die Oberfläche werden die langen Polymerketten an der Kunststoffoberfläche gecrackt (aufgespalten). Die so entstehenden ungesättigten Verbindungen sind bereit, mit anderen Materialien eine dauerhafte chemische Bindung einzugehen.

Corona-vorbehandelte Folien lassen sich nur schlecht oder gar nicht verschweißen. Deshalb ist es nötig, Aussparungen der Vorbehandlung in Längsrichtung zu ermöglichen. Diese lassen sich z. B. durch eine segmentierte Elektrodenschiene erzielen, die das Abklappen von Segmenten mit üblicherweise 5 mm Breite erlaubt (Bild 8.26).

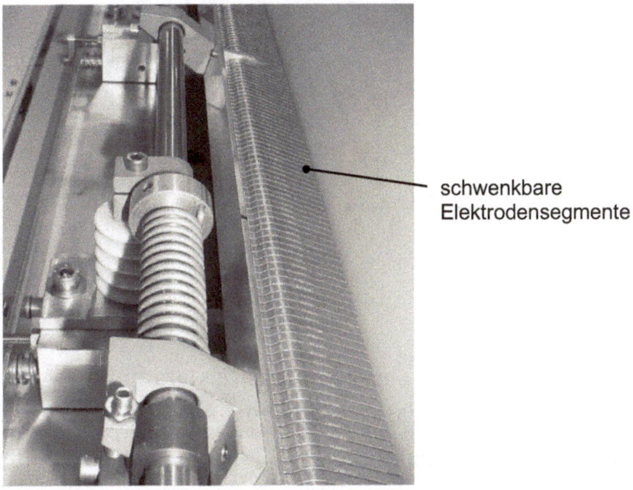

Bild 8.26 Segmentierte Vorbehandlungselektrode [Quelle: AFS GmbH, Horgau]

8.6.4 Wickler

Für die Blasfolienextrusion unterscheidet man je nach Antriebsart grundsätzlich zwei Wickelprinzipien:

- Kontaktwickeln
- Zentralwickeln

Dem Namen nach ist der Kontaktwickler mit einer gummierten Kontaktwalze ausgerüstet. Die mit einer Papier- oder Kunststoffhülse bestückte Wickelwelle wird pneumatisch oder mechanisch gegen die Kontaktwalze gepresst und somit über den Kontakt zur angetriebenen Gummiwalze in Rotation versetzt. Dieser einfache Aufbau ermöglicht konstante Umfangsgeschwindigkeiten am Folienwickel, ohne dass auf den stetig zunehmenden Wickeldurchmesser mit kontinuierlichen Drehzahlabsenkungen der Wickelwelle reagiert werden muss. Der Anpressdruck ist üblicherweise über Pneumatikzylinder mit einer Absenkfunktion einstellbar. Erhebliche Durchsatzsteigerungen und der Trend zu immer breiteren Folienbahnen mit stetig reduzierten Filmstärken haben die Anforderungen an die Wickeltechnik in den letzen Jahren wesentlich erhöht, so dass auch dass Prinzip des Kontaktwicklers heute oft mit zusätzlich mit einem geregelten Wickelwellenantrieb versehen wird.

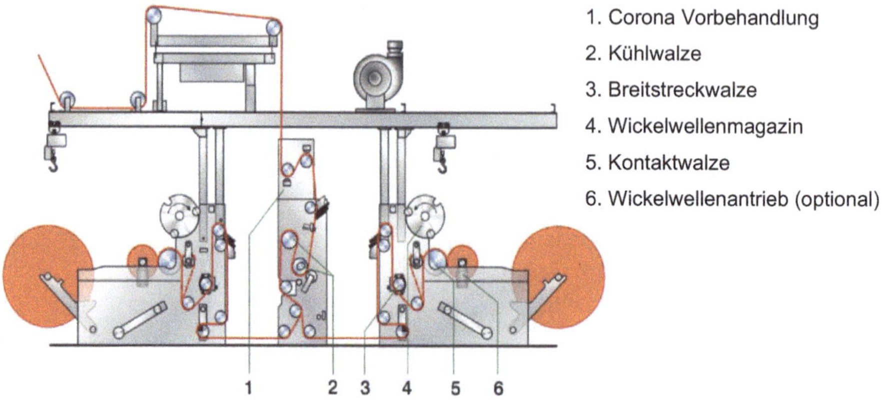

Bild 8.27 Kontaktwickler mit zwei Wickelstationen [Quelle: Windmöller und Hölscher]

Das Bild 8.27 zeigt den Aufbau eines Kontaktwicklers mit zwei Wickelstationen und integriertem Wickelwellenmagazin für den automatisierten Rollenwechsel.

Für das Aufwickeln von zugempfindlichen, dünnen oder klebrigen Folien werden überwiegend Zentralwickler oder eine Kombination von Zentral- und Kontaktwicklung eingesetzt. Beim angetriebenen Wickel wird die Drehzahl in der Regel so geführt, dass eine vorgegebene Zugspannung in der Folie eingehalten wird. Mit einer Bahnzugmesswalze (siehe Bild 8.28) wird die vorherrschende Bahnspannung direkt von der Wickelstelle erfasst und der Drehzahlregelung übermittelt.

Neben dem Wickelvorgang mit konstanter Zugkraft ist oft eine Wickelcharakteristik mit über dem Durchmesser abfallender Zugkraft erforderlich. Auf diese Weise besteht für das Wickeln stark nachkristallisierender Folien die Möglichkeit, einer Schwindung der Folie auf dem Wickel mit einem weichen Wickelaufbau Rechnung zu tragen.

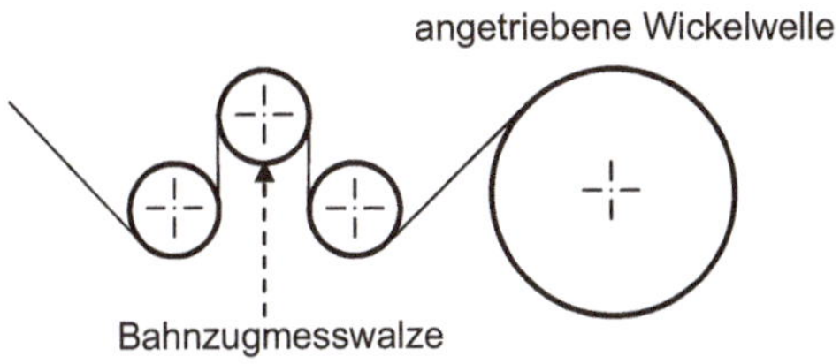

Bild 8.28 Bahnzugmesswalze für die Zugspannungsregelung

Die Veränderung der Bahnspannung erfolgt in Abhängigkeit vom Rollendurchmesser. Der Einstellbereich für die Bahnspannung liegt z.B. bei ca. 30 bis 350 N, kann aber auch für bestimmte Bedarfsfälle individuell angepasst sein. Neben einer reinen Absenkrate wird oft auch der Anfangs- und Endrollendurchmesser für die Bahnspannungsveränderung eingestellt. Diese Wickelparameter werden aktuell aufgrund der Vielzahl verschiedener Folienrezepturen und deren Kombinationsmöglichkeit mit den Verfahrensparametern während des Blasfolienprozesses maßgeblich an Hand der praktischen Erfahrungswerte des Bedienpersonals eingestellt.

Für die hohen Folienbahngeschwindigkeiten haben sich Wendewickler mit automatisiertem Rollenwechselmechanismus etabliert, wie in Bild 8.29 dargestellt.

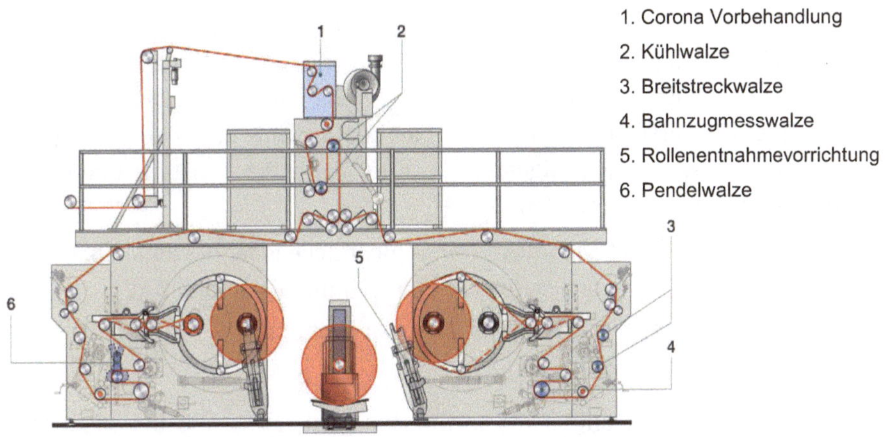

Bild 8.29 Wendewickler mit gegenüberliegenden Wickelstationen und Rollenentnahmestation [Quelle: Windmöller und Hölscher]

Neben der gegenüberliegenden Anordnung besteht zusätzlich die Möglichkeit, die Wickelstationen übereinander anzuordnen. Wie in Bild 8.30 erkennbar, ergibt sich so eine kompaktere Bauform, welche sich für kleinere Rollenabmessungen anbietet.

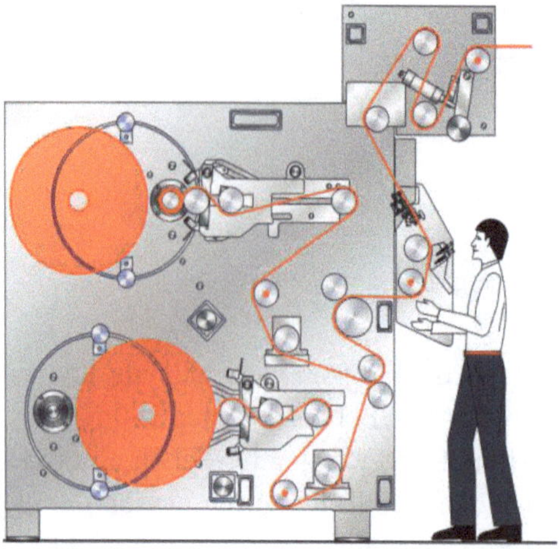

Bild 8.30 Kompaktere Wendewickler für kleinere Rollendurchmesser [Quelle: Windmöller und Hölscher]

8.7 Mess- und Regelkonzepte für die Blasfolienextrusion

Aufgrund hoher Abzugsgeschwindigkeiten und gleichzeitig immer dünner werdenden Folien erfordern Extrusionsanlagen zur Herstellung von Blasfolien eine hoch entwickelte Automatisierungstechnik, die den gesamten Prozess steuert und überwacht, sowie viele qualitätsbestimmende Parameter automatisch regelt. Neben einer fast unüberschaubaren Vielzahl an Temperatur- und Antriebsregelkreisen sind es im Wesentlichen folgende Regelkreise, die die Konstanz und Qualität der Folienproduktion sicherstellen:

- Regelung der mittleren Foliendicke, der Schichtdicke jeder einzelnen Schicht sowie der Zusammensetzung der Rohstoffabmischung je Extruder.
- Regelung des Dickenprofils der Folie über den Umfang.
- Regelung der Folienbreite.

Nachdem in der Vergangenheit die technische Realisierbarkeit der Steuerungs- und Regelungstechnik zur Einhaltung prozessrelevanter Parameter im Vordergrund stand, übernimmt die Automation heute zusätzlich die Aufgabe, Prozessdaten zu erfassen und zu speichern. Diese werden dann der Qualitätssicherung und SPC- Aufgaben zur Verfügung gestellt [BAC05].

Regelung der mittleren Foliendicke

Zur Ermittlung der durchgesetzten Polymermengen sind die einzelnen Granulattrichter an Wägezellen gekoppelt, welche die stetigen Gewichtsabnahmen der Extrudertrichter messen und die Messwerte der Anlagensteuerung übermitteln. Diese erfasst parallel Informationen über Folienbreite, Rohstoffdichten und Produktionsgeschwindigkeit. Nach Eingabe der Sollwerte errechnet die Steuerung die erforderlichen Extruderleistungen und regelt die Schneckendrehzahlen. Dabei werden die einzelnen Extruder unabhängig voneinander kontrolliert und nachgeregelt, vgl. Abschnitt 8.2 Bild 8.5.

Profilregelung

Als Ursache für Profildickenabweichungen können im Wesentlichen die folgenden Einflüsse herangezogen werden:

- Ungleichmäßiger Schmelzeaustritt über dem Düsenumfang: Dieser kann zum einen durch mechanische Fertigungs- und Montagefehler z. B. einer dezentriert montierten Werkzeugdüse hervorgerufen werden und zum anderen ein Resultat der rheologischen Wendelverteilerauslegung sein.
- Inhomogene Schmelzetemperaturen am Düsenaustritt: Lokale Temperaturspitzen bewirken eine geringere Dehnviskosität der Schmelze. Damit wird dieser Folienbereich stärker ausgezogen und dementsprechend im Vergleich des Restumfanges zur Dünnstelle.
- Ungleichmäßige Abkühlbedingungen: Unterschiede der Kühllufttemperatur oder lokal abweichende Strömungsbedingungen führen ebenfalls zu unterschiedlichem Ausziehen der Schmelze und damit zu Dickenfehlern.

Die genannten Effekte werden umgekehrt auch zur Regelung des Dickenprofils herangezogen. Dabei werden im Wesentlichen die thermischen Effekte als Stellgrößen benutzt. Als Stellglieder kommen segmentierte Düsen zum Einsatz, deren Segmente einzeln temperiert werden können oder segmentierte Kühlringe, bei denen Segmente mit unterschiedlichen Luftströmen oder mit unterschiedlichen Temperaturen eingestellt werden [NEN86].

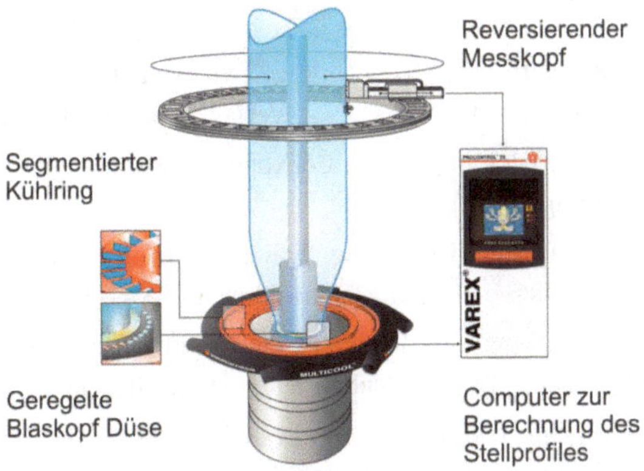

Bild 8. 31 Aufbauprinzip Foliendickenregelung [Quelle: Windmöller und Hölscher]

Für die Profilregelung wird in der Regel das Folienprofil durch einen reversierenden Messkopf oberhalb des Kalibrierkorbes erfasst und einem Computer zugeführt. Dieser errechnet anhand der Dick-/Dünnverteilung der Folie ein Stellgrößenprofil und führt die entsprechenden Steuerbefehle den Heizelementen in der Düse bzw. dem Kühlring oder den Stellklappen des Kühlringes zu (siehe Bild 8.31). Insbesondere geregelte Kühlringe haben sich als relativ preiswerte Lösung zur Nachrüstung von älteren Anlagen bewährt.

Breitenregelung

Die Breitentoleranz des Schlauches wird bestimmt von der Genauigkeit, mit der das eingeschlossene Luftvolumen in der Blase bzw. der Blaseninnendruck konstant gehalten wird. Bei modernen Hochleistungsanlagen mit Innenluftaustausch wird die Kühlluft über ein Gebläse zugeführt und über ein zweites Gebläse die erwärmte Luft abgesaugt. Die Genauigkeit der Abstimmung von Zu- und Abluftmenge ist dabei entscheidend für die Breitengenauigkeit des Schlauches. Um diese sicherzustellen, wird der Durchmesser der Blase mit Ultraschallsensoren an der Einfriergrenze (Frostlinie) erfasst und als Regelgröße auf die Gebläse aufgeschaltet [HEN03].

■ Literatur zu Kapitel 8

[AFS09] AFS GmbH: Firmenschrift 2009

[BAC05] Backmann M.: Beitrag zur VDI-Tagung „Prozess- und Kostenoptimierung in Extrusionsbetrieben“, Veröffentlicht in der Reihe „Kunststofftechnik“, VDI-Verlag, Düsseldorf, 2005

[BAC06] Backmann M.: Beitrag zur VDI-Tagung „Der Einschneckenextruder von Morgen“, Veröffentlicht in der Reihe „Kunststofftechnik“, VDI-Verlag, Düsseldorf, 2006, S. 21 - 29

[BAC07] Backmann M.: Beitrag zur VDI-Tagung „Extrusionstechnik 2007“, Veröffentlicht in der Reihe „Kunststofftechnik“, VDI-Verlag, Düsseldorf, 2007, S. 355 - 366

[GRO96] Gross H.: Neuentwicklungen bei Coextrusionswerkzeugen, in Coextrusion von Folien VDI-Verlag (1996)

[HEN03] Hennes J.: Beitrag zur VDI-Tagung „Folienextrusion“, Veröffentlicht in der Reihe „Kunststofftechnik“, VDI-Verlag, Düsseldorf, 2003, S. 145 - 168

[ISE90] van Iseghem T.: Qualitätssicherung für Mehrschichtfolien. In: Coextrudierte Folien und Platten, VDI-Gesellschaft Kunststoff, Düsseldorf, 1990

[LAN99] Langowski H.: Sperrschicht-Folien - ein Überblick, Fachtagung: Sperrschichtfolien in der Lebensmittelverpackung, SKZ 1999

[LIM98] Limper A.: Werkzeuge der Kunststofftechnologie, Skriptum zur Vorlesung SS98 (1998)

[NEN86] Nentwig J.: Kunststoff-Folien, 3. Auflage, Carl Hanser Verlag, München Wien, 1986, S. 124 - 125

[OHL04] Ohlendorf F.: „Vorhersage der mechanischen Folieneigenschaften bei der Schlauchfolienextrusion“, Dissertation 2004

[PLT07] N.N.: „First 11-Layer Blown Film Die-December 2007“, Plastics Technology, www.ptonline.com, http://www.ptonline.com/articles/kuw/29615.html, 12/2007

[WIN86] Winkler G.: Extrusion von Blasfolien, Handbuch der Kunststofftechnik II, Carl Hanser Verlag, 1986, S. 76 - 106

[WOR97] Wortberg J., Fischer P.: Beitrag zur VDI-Tagung „Der Einschneckenextruder - Grundlagen und Systemoptimierung“, Baden-Baden, 1997, Veröffentlicht in der Reihe „Kunststofftechnik“, VDI-Verlag, Düsseldorf, 1997, S. 387 - 410

[WOR98] Wortberg J.: Neue Wendelverteilerwerkzeuge, Kunststoffe 88, 175 - 180 (1998)2

[WOR07] Wortberg J.: Grundlagen und Strategie bei der Werkzeugauslegung, IKV-Seminar 2007

9 Berechnung von Extrusionswerkzeugen

Dipl.-Wirtsch.-Ing. Bianka Henke,
Prof. Dr.-Ing. Andreas Limper,
Prof. Dr.-Ing. Volker Schöppner

9.1 Einführung

Das Extrusionswerkzeug dient zur geometrischen Umformung der Kunststoffschmelze. Im meist kreisförmigen Einlaufquerschnitt wird es mit einer möglichst homogenen Schmelze gespeist, die vom Extruder oder einer Schmelzepumpe durch den Filter gefördert wurde. Am Austritt des Werkzeuges liegt ein dem Produkt ähnlicher Querschnitt vor, der z. B. bei der Profilextrusion in der anschließenden Kalibriervorrichtung unter Berücksichtigung von Schwell- und Schwindungsvorgängen in die endgültige Produktgeometrie umgeformt wird.

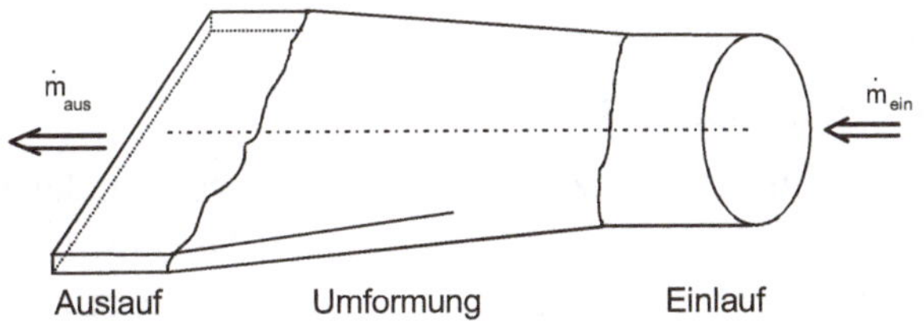

Bild 9.1 Umformung im Werkzeug

Der grundsätzliche Aufbau von Extrusionswerkzeugen ist dabei in allen gezeigten Werkzeugen gleich:

- Ein kreisrunder Einlaufquerschnitt, der sich gegebenenfalls in Richtung der Produktgeometrie verändert, aber ein Vollquerschnitt bleibt.
- Eine Verteilergeometrie, die den Schmelzestrom in die gewünschte Prinzipgeometrie bringt (z. B. Kleiderbügel, Wendelverteiler etc.).
- Ein Bereich zur endgültigen Ausformung der Geometrie ohne Änderung der Verteilung. Dieser Bereich endet üblicherweise in einer gewissen Länge ohne Geometrieänderung, in der die elastische Schmelzedeformation relaxiert, und so dass das Schwellen des Extrudats minimiert wird.

Das Extrusionswerkzeug hat im Allgemeinen keine bewegten Teile, so dass es nur passiv von der Schmelze durchströmt wird. Extrusionswerkzeuge werden daher auch häufig Extrusionsdüsen genannt, insbesondere in der englischsprachigen Welt ist „extrusion die“ üblich. In den unterschiedlichen Extrusionslinien sind die folgenden Werkzeugtypen gebräuchlich:

- Blasfolien, Rohre und Schläuche entstehen in Ringspaltdüsen.
- Platten und Flachfolien werden in Breitschiltzdüsen ausgeformt.
- In der Granulierung und in der Spinnfaserextrusion tritt die Schmelze aus einer Vielzahl von Bohrungen.
- Übrig bleiben die Profilextrusionsdüsen zur Herstellung von Fenster- oder Möbelprofilen mit teilweise komplexen Aufbauten als Mehrfach-Hohlkammerprofil.

Die Werkzeuggeometrien und ihr Zusammenspiel mit anderen Komponenten der Extrusionslinie wurden in den einzelnen Fachkapiteln behandelt. Hier werden die dazugehörigen Berechnungsmethoden vorgestellt.

9.1.1 Zielgrößen

Die Berechnungsmethoden sollen die Werkzeugkonstruktion ermöglichen; d.h. entsprechend dem Grundsatz „Konstruieren heißt gestalten und berechnen“ sollen die Berechnungsmethoden eine gute Gestaltung der Werkzeuggeometrie und der Werkzeugtemperierung sicherstellen.

Im Interesse stehen die folgenden Ziele:

- Die wichtigste Aufgabe des Werkzeuges ist die Umformung der Schmelze in die gewünschte produktnahe Geometrie. Hier ist die **Verteilung über dem Austrittsquerschnitt** vorrangig: Die Schmelze soll überall mit der gleichen Geschwindigkeit austreten, damit das Produkt gerade und mit der gewünschten Wanddickenverteilung herauskommt. Dieses Ziel soll jedoch durch geschickte Gestaltung bei geringem Druckverbrauch erreicht werden.
- Um den Betriebspunkt des Extruders zu kennen, ist die Berechnung des **Zusammenhangs zwischen Druckverbrauch und Durchsatz** des Werkzeugs wichtig, die sogenannte Werkzeugkennlinie. Dieser Druckverbrauch erzeugt durch die Energieumwandlung in der hochviskosen Schmelze eine unerwünschte, aber unvermeidliche Temperaturerhöhung in der Schmelze, die ebenfalls berechenbar ist (siehe Abschnitt 9.2.1).
- Als drittes Thema ist die **Werkzeugtemperierung** zu nennen, die in der Regel als temperaturgeregelte Beheizung ausgeführt ist. Hier muss die Heizleistung festgelegt werden.

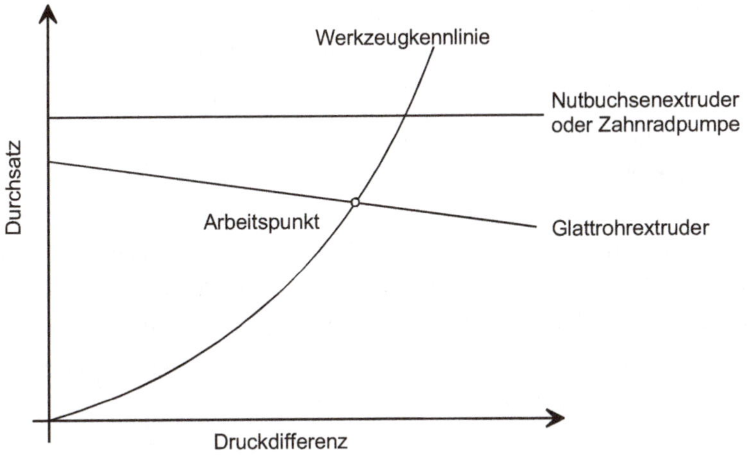

Bild 9.2 Werkzeugkennlinie

9.1.2 Einflussgrößen

Die Einflussgrößen sind einfach zu sortieren:

- Die wesentliche Größe ist die Werkzeuggeometrie, die sehr komplex ausfallen kann. Während Einlauf und Auslauf durch die Schmelzeleitung bzw. den Produktquerschnitt festgelegt sind, ist die Geometrie in der Umformung frei gestaltbar.
- Der zu verarbeitende Kunststoff und seine Materialdaten im Schmelzezustand müssen für die Werkzeugberechnung bekannt sein. Hier wird von Extrusionswerkzeugen verlangt, für die gesamte Produktpalette der Extrusionslinie gute Ergebnisse zu zeigen. Viele Werkzeuge haben für diese schwierige Anforderung Einstellmöglichkeiten.
- Der Betriebspunkt des Extrusionslinie wird durch den Durchsatz und die Massetemperatur der Schmelze gekennzeichnet. Hinzu kommt die Werkzeugtemperatur, deren Auswirkung jedoch in der Regel vernachlässigt wird.

9.2 Analytische Berechnungsmethoden

Die klassische analytische Berechnung benutzt Strömungs-, Kraft- und Energiebilanzen zusammen mit den entsprechenden Stoffgesetzen zur Herleitung von Gleichungen zur Bestimmung der Zielgrößen. Diese Methodik stößt bei der Werkzeugberechnung sehr schnell auf Grenzen:

- Die Fließkanäle in Werkzeugen sind komplex.
- Kunststoffe sind strukturviskose Flüssigkeiten, d.h. ihre Viskosität ist nicht konstant, sondern von der Schergeschwindigkeit abhängig.

Die analytischen Berechnungsmethoden können daher nur mit sehr starken Vereinfachungen gerechnet werden und ergeben Anhaltswerte. Dies ist jedoch häufig völlig ausreichend, da Werkzeuge eine Vielzahl von verschiedenen Materialien und Betriebspunkten bedienen müssen. Aufwändigere Berechnungsmethoden (z.B. FEM, BEM, FDM etc.) sind häufig nur scheinbar genauer, da oft beispielsweise Materialdaten fehlen oder Betriebspunkte abgeschätzt werden müssen.

Im Folgenden werden einige klassische Berechnungsmethoden aufgeführt, eine ergiebige Quelle hierfür ist [MIC09].

9.2.1 Berechnung der Temperaturerhöhung in der Schmelze

Die Berechnung der Temperaturerhöhung in der Schmelze kann näherungsweise über den 1. Hauptsatz der Thermodynamik erfolgen:

$$p + \dot{q} = \Delta h \tag{9.1}$$

mit:

p = massestrombezogene mechanische Energieeinleitung
$\dot{q}$ = massestrombezogene Energieeinleitung durch Wärmeleitung
Δh = Veränderung der spezifischen Enthalpie

Die Änderung der Enthalpie kann durch Änderung der Temperatur oder Änderung des Produktes aus spezifischem Volumen und Druck hervorgerufen werden.

$$\Delta h = c \cdot \Delta T + \Delta(p \cdot v) \tag{9.2}$$

mit:

c = spezifische Wärmekapazität
v = spezifisches Volumen

Die Strömung in Werkzeugen weist keinen mechanischen Energieeintrag auf. Für inkompressible Schmelzen folgt

$$c \cdot \Delta T = \dot{q} - v \cdot \Delta p \tag{9.3}$$

Die Temperaturführung in Extrusionswerkzeugen orientiert sich an der Minimierung von Temperaturdifferenzen im durchströmten Querschnitt. Dies bedeutet die Einstellung der Werkzeugwandtemperatur auf einen Wert nahe der Schmelzetemperatur. Dadurch wird eine näherungsweise adiabate Prozessführung erreicht. Die Temperaturerhöhung in der Schmelze ergibt sich dann mit $\dot{q} = 0$ zu:

$$\Delta T = \frac{\Delta p}{\rho \cdot c} \tag{9.4}$$

Die folgende Tabelle gibt Näherungswerte für die Temperaturerhöhung für verschiedene Thermoplaste an:

Tabelle 9.1 Temperaturerhöhung in Werkzeugen

Polymer	HDPE	LDPE	PP	PVC	PS	PET	PA	PC	PMMA
$\frac{\Delta T}{\Delta p}\left[\frac{°C}{bar}\right]$	0,05	0,05	0,05	0,043	0,049	0,052	0,05	0,048	0,05

9.2.2 Berechnung der Temperierleistung

Zur Temperierung von Werkzeugen werden üblicherweise elektrische Beheizungen gewählt, deren Auslegung über die Aufheizzeit geschieht. Um einen Anhaltspunkt zu erhalten, sind die Masse M und die Außenoberfläche A der Düse näherungsweise zu bestimmen. Die notwendige Heizleistung beträgt in grober Näherung:

$$\text{(im Prozess)} \quad \dot{Q} = 10 \frac{\text{W}}{\text{m}^2\text{K}} \left(T - T_\text{U}\right) A \tag{9.5}$$

$$\text{(Aufheizung)} \quad \dot{Q} = 300 \frac{\text{W}}{\text{kg}} M \tag{9.6}$$

mit:

T = Schmelzetemperatur
T_U = Umgebungstemperatur
A = Außenoberfläche
M = Masse
$\dot{Q}$ = Heizleistung

Um eine möglichst homogene Temperaturverteilung in der Schmelze zu erzielen, sollte die Wandtemperatur der Geräte ca. 5 K oberhalb der Schmelzetemperatur eingestellt sein.

9.2.3 Berechnung des Druckverlustes von einfachen Querschnitten

Reale Werkzeuggeometrien weisen aufwändig gestaltete Fließkanäle auf, um eine gute Verteilung bei geringem Druckverlust zu erreichen. Die Berechnung der Kennlinie kann daher eigentlich nur mit CFD-Simulationen durchgeführt werden.

Einfache Abschätzungen sind mit den in diesem Kapitel vorgestellten Gleichungen möglich. Dazu muss der Fließweg in einzelne Bestandteile mit einfachen Querschnitten aufgeteilt werden, deren Kennlinien mit den in Tabelle 9.2 gezeigten Gleichungen möglich ist. Die reale Werkzeuggeometrie kann als Reihen- und Parallelschaltung solcher Querschnitte aufgebaut werden.

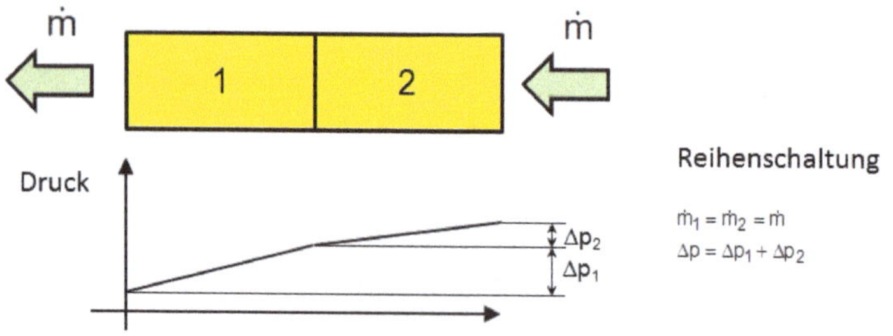

Bild 9.3 Reihenschaltung von Fließwiderständen

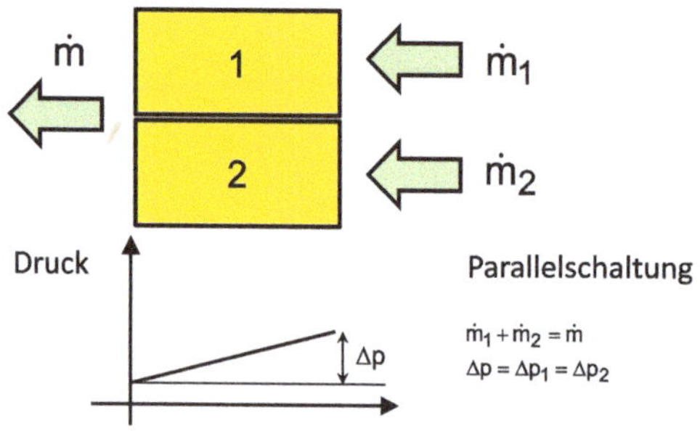

Bild 9.4 Parallelschaltung von Fließwiderständen

Für die in den folgenden Tabellen genannten Gleichungen gelten die folgenden Vereinfachungen:

- Isotherme, stationäre, voll ausgebildete und laminare Strömung
- Inkompressibles, rein viskoses Materialverhalten
- Vernachlässigung der Gravitation
- Wandhaftung
- Newton'sches Fließgesetz: $\tau = \eta \cdot \dot{\gamma}$

Als Beispiel betrachten wir die Rohrströmung:

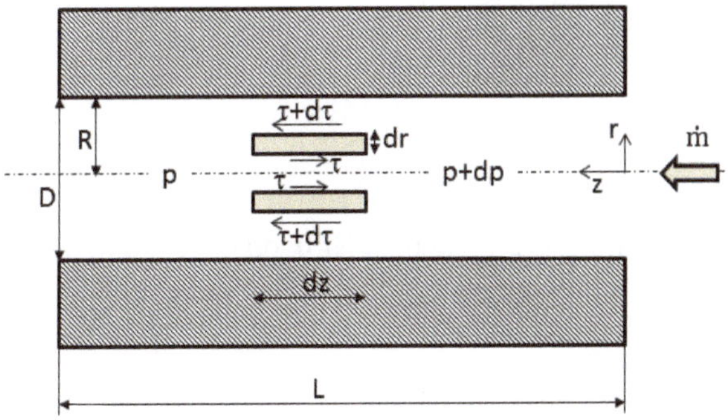

Bild 9.5 Strömung in einem Rohr

Auf das ringförmige Flüssigkeitselement wirken der veränderliche Druck und die Schubspannung in der Strömung, die ebenfalls unterschiedlich sein kann. Gerechnet wird mit einer Koordinate *r* in Radialrichtung.

Das Kräftegleichgewicht in *z*-Richtung für das ringförmige Flüssigkeitselement der Länge *dz* ergibt:

$$2\pi r \cdot dr \cdot \left(p - \left(p + dp\right)\right) + 2\pi r \cdot dz \cdot \tau - 2\pi\left(r + dr\right)\left(\tau + d\tau\right)dz = 0 \tag{9.7}$$

$$-\frac{dp}{dz} = \frac{\left(r + dr\right)\left(\tau + d\tau\right)}{rdr} - \frac{\tau}{dr} \tag{9.8}$$

mit:

r = Radius (An der Kanaloberfläche gilt r = R)
dr = differentielle Änderung von r (siehe Bild 9.5)
p = Druck
dp = differentielle Druckänderung
dz = differentielle Änderung der Ortskoordinate z
τ = Schubspannung

Unter Vernachlässigung von Größen zweiter Ordnung ergibt sich

$$-\frac{dp}{dz} = \frac{1}{r}\frac{d\left(\tau \cdot r\right)}{dr} \tag{9.9}$$

Es wird davon ausgegangen, dass der Druckgradient in Strömungsrichtung durch die Druckdifferenz zwischen Beginn und Ende der Rohrlänge *L* ersetzt werden kann:

$$-\frac{dp}{dz} = \frac{\Delta p}{L} \tag{9.10}$$

Dies führt zur folgenden Gleichung, die auf beiden Seiten integriert werden kann:

$$\frac{\Delta p}{L} r \cdot dr = d\left(\tau \cdot r\right) \tag{9.11}$$

$$\frac{1}{2} \frac{\Delta p}{L} r^2 = \tau \cdot r + c \tag{9.12}$$

Die Integrationskonstante c ergibt sich zu Null, da bei r = 0 in der Kanalmitte keine Schubspannung herrschen kann.

$$\frac{1}{2} \frac{\Delta pr}{L} = \tau \tag{9.13}$$

Um aus diesem Kräftegleichgewicht auf die Geschwindigkeitsverteilung schließen zu können, ist ein Materialgesetz notwendig. Mit dem Newton'schen Fließgesetz:

$$\tau = -\eta \cdot \frac{dv_Z}{dr} \tag{9.14}$$

mit:

η = Viskosität

ergibt sich:

$$-dv_Z = \frac{\Delta p}{2\eta L} \cdot rdr \tag{9.15}$$

Die Gleichung kann integriert werden, wobei als Randbedingung die Wandhaftung an der Rohrwand angenommen wird:

$$-v_Z = \frac{\Delta p}{2\eta L} \cdot \left(\frac{1}{2} r^2 - c\right) \qquad v_Z\left(r = R\right) = 0 \tag{9.16, 9.17}$$

$$-v_Z = \frac{\Delta p}{2\eta L} \cdot \left(\frac{1}{2} r^2 - \frac{1}{2} R^2\right) \tag{9.18}$$

$$v_Z = \frac{\Delta p R^2}{4\eta L} \cdot \left(1 - \frac{r^2}{R^2}\right) \tag{9.19}$$

mit:

v_Z = Geschwindigkeit in der Rohrmitte

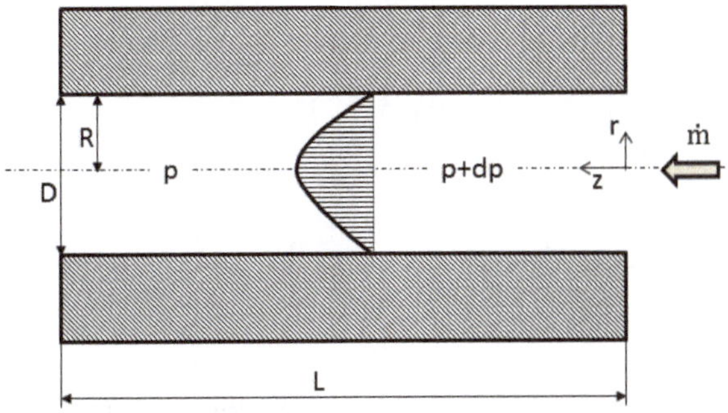

Bild 9.6 Parabolische Geschwindigkeitsverteilung im Rohr

Mit dieser Geschwindigkeitsverteilung können nun der Volumenstrom und die mittlere Geschwindigkeit ausgerechnet werden:

$$\dot{V} = \int_0^R 2\pi r \cdot dr \cdot v_Z = \frac{\Delta p R^4 \pi}{8\eta L} = \frac{\Delta p D^4 \pi}{128\eta L} \qquad (9.20)$$

$$\overline{v}_Z = \frac{\dot{V}}{\pi R^2} = \frac{\Delta p R^2}{8\eta L} \qquad (9.21)$$

mit:

$\dot{V}$ = Volumenstrom
$\overline{v}_Z$ = mittlere Geschwindigkeit
D = Rohrinnendurchmesser

Als maximale Geschwindigkeit in der Rohrmitte ergibt sich

$$v_{max} = v_Z(r=0) = \frac{\Delta p R^2}{4\eta L} \cdot \left(1 - \frac{0^2}{R^2}\right) = \frac{\Delta p R^2}{4\eta L} = 2\,\overline{v}_Z \qquad (9.22)$$

mit:

V_{max} = maximale Geschwindigkeit in der Rohrmitte

Die Schubspannung an der Wand ergibt sich aus dem Druckverlust zu

$$\tau_W \pi D\, L = \Delta p \frac{\pi D^2}{4} \quad \Rightarrow \quad \tau_W = \Delta p \frac{D}{4\, L} \qquad (9.23)$$

mit:

τ_W = Schubspannung an der Wand

In der folgenden Tabelle 9.2 sind die entsprechenden Gleichungen für einfache Werkzeuge zusammengefasst. Zur Abkürzung dient hier der sogenannte Werkzeugleitwert K:

$$\frac{\dot{m}}{\rho} = K \cdot \frac{\Delta p}{\eta} \tag{9.24}$$

mit:

$\dot{m}$ = Durchsatz
ρ = Dichte
Δp = Druckverlust
η = Viskosität

Hier wird der Durchsatz $\dot{m}$ mit der Dichte ρ normiert und der Druckverlust Δp mit der Viskosität η. Der Werkzeugleitwert ist dann material- und betriebspunktunabhängig und nur eine Funktion der Geometrie. Dies ist allerdings nur bei der Betrachtung Newton'scher Schmelzen richtig.

Tabelle 9.2 Grundgleichungen zur Werkzeugauslegung

Form	Kreis	Ringspalt (s<<D)	Rechteck (B>>H)	Allgemein
Querschnitt	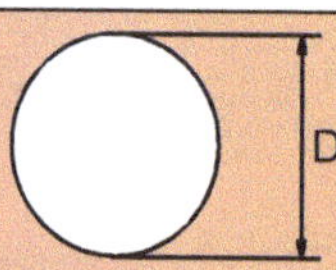	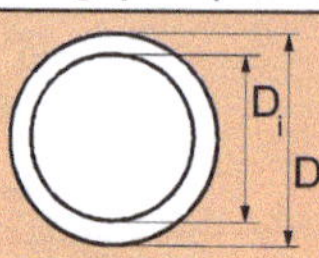 s = (D − Di)/2	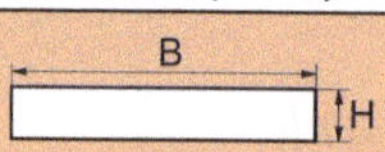	 Umfang U Fläche F
Werkzeugleitwert	$K = \frac{\pi D^4}{128L}$	$K = \frac{\pi D^3 s}{12L}$	$K = \frac{BH^3}{12L}$	$K = \frac{F^3}{2LU^2}$
Mittlere Geschwindigkeit $\bar{v}$	$\bar{v} = \frac{4\dot{m}}{\rho \pi D^2}$	$\bar{v} = \frac{\dot{m}}{\rho \pi D s}$	$\bar{v} = \frac{\dot{m}}{\rho BH}$	$\bar{v} = \frac{\dot{m}}{\rho F}$
Maximale Geschwindigkeit $\frac{v_{max}}{\bar{v}}$	2	$\frac{3}{2}$	$\frac{3}{2}$	–
Wandschergeschwindigkeit	$\frac{32\dot{m}}{\rho \pi D^3}, \frac{\Delta p D}{4L}$	$\frac{6\dot{m}}{\rho \pi D s^2}, \frac{\Delta p s}{2L}$	$\frac{6\dot{m}}{\rho BH^2}, \frac{\Delta p H}{2L}$	$\frac{2\dot{m}U}{\rho F^2}, \frac{\Delta p F}{UL}$

Die entsprechenden Gleichungen für strukturviskoses Fließen sind in [MIC09] zu finden.

9.2.4 Berechnung der Schmelzeverteilung am Beispiel Breitschlitzdüse

Kleiderbügelverteiler (engl.: coathanger dies) werden zur Verteilung der Schmelze in Breitschlitzdüsen eingesetzt. Ihre Aufgabe ist die Umwandlung eines kreisförmigen Eintrittsquerschnittes in einen schlitzförmigen Austrittsquerschnitt mit einem über der Breite gleichmäßigen Massestrom. Die folgenden Bilder zeigen die prinzipielle Geometrie und das zur mathematisch-physikalischen Analyse verwendete Koordinatensystem. Der Verteilerrohrquerschnitt nimmt von der Mitte aus zu den Rändern kontinuierlich ab, um dem abnehmenden Massestrom Rechnung zu tragen. Die Inselfeldlänge verändert sich ebenfalls in Breitenrichtung. Es ist in der Düsenmitte am breitesten, um den Strömungswiderstand hier zu erhöhen und das Material auf den weiteren Weg nach außen zu bringen.

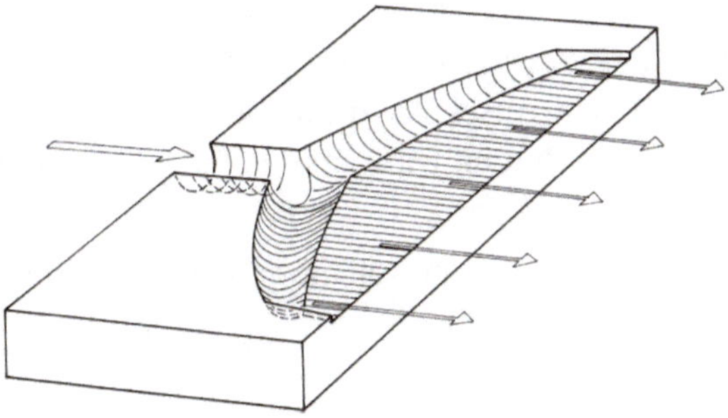

Bild 9.7 Kleiderbügelgeometrie

Die Auslegungsaufgabe besteht darin, Inselfeldlänge und Verteilerrohrdurchmesser so anzupassen, dass ein gleichmäßiger Austritt erreicht wird. Mathematisch bedeutet dies:

- Die Austrittsgeschwindigkeit v soll konstant über der Breite sein
- Der Druckverlust zwischen Austritt und Eintritt ist auf allen Fließwegen gleich. (Dies ist keine Forderung, sondern eine physikalische Bedingung, welche unabhängig von den lokalen Strömungsverhältnissen und den Rohstoffeigenschaften ist.)

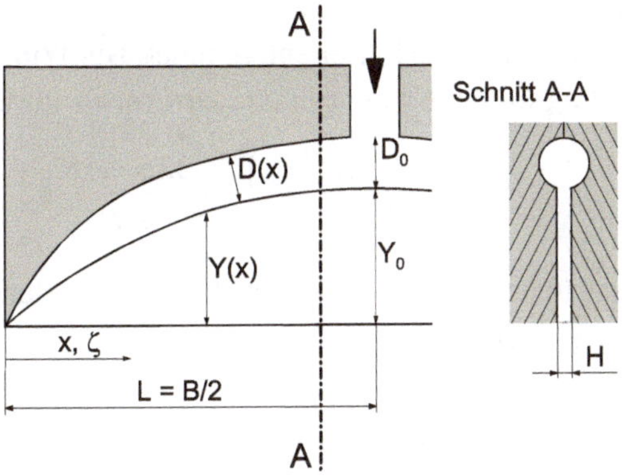

Bild 9.8 Koordinatensystem im Kleiderbügelverteiler: Dimensionslose Koordinate ζ

$$v(\zeta) = \text{const} = \frac{\dot{m}_0}{\rho B H} \quad \text{mit} \quad \zeta = \frac{x}{B/2} \tag{9.25 a, b}$$

$$\text{bzw.} \quad \frac{\partial \Delta p(\zeta)}{\partial \zeta} = 0 \quad \text{und} \quad \frac{\partial \dot{m}(\zeta)}{\partial \zeta} = 0 \tag{9.26 a, b}$$

mit:

ζ = dimensionslose Koordinate
$v(\zeta)$ = Geschwindigkeit in Abhängigkeit von der dimensionslosen Koordinaten

Die mathematische Analyse setzt die Breitschlitzdüse als Reihenschaltung aus dem Verteilerrohr und dem Inselfeld zusammen, wobei das Inselfeld parallel durchströmt wird. Die Berechnung wird mit den folgenden Vereinfachungen ausgeführt:

- Isotherme, stationäre, laminare und voll ausgebildete Strömung
- Inkompressible, newton'sche Schmelze
- Wandhaftung
- Vernachlässigung von Ein- und Auslaufeffekten
- Betrachtung des Verteilerkanals als eindimensional durchströmtes Rohr
- Betrachtung des Inselfeldes als eindimensional durchströmter Schlitz

Für die Geometrie des Inselfeldes $Y(z)$ und des Verteilerkanals $D(z)$ werden Potenzfunktionen angenommen. Als Designfreiheitsgrade ergeben sich die beiden Exponenten a, b und die Werte in Düsenmitte D_0 und Y_0.

$$\frac{D(\zeta)}{D_0} = \zeta^{\alpha} \quad \text{und} \quad \frac{Y(\zeta)}{Y_0} = \zeta^{\beta} \tag{9.27 a, b}$$

Für den Druckverlust im Verteilerkanal gilt die Druckverlustgleichung für die Rohrströmung. Der Massestrom nimmt von 50 % des Gesamtmassestroms in der Mitte bis 0 am Rand ab. Aufgrund der veränderlichen Geometrie und des veränderlichen Massestroms wird der Druckgradient gebildet. Die Winkelabweichung zwischen der Kanalrichtung und der x-Koordinate wird vernachlässigt.

$$\left.\frac{dp}{d\zeta}\right|_{\text{Verteiler}} = \frac{B}{2}\frac{128\,\eta\,\dot{m}}{\rho\,\pi\,D^4} = \frac{128\,\eta\,B\,\dot{m}_0}{4\,\pi\,\rho\,D_0^4}\frac{2\,\dot{m}}{\dot{m}_0}\left(\frac{D_0}{D}\right)^4 = \frac{32\,\eta\,\dot{m}_0\,B}{\pi\,\rho\,D_0^4}\zeta^{1-4\alpha} \tag{9.28}$$

Für den Druckverlust über dem Inselfeld gilt die Druckverlustgleichung für den Rechteckspalt (Länge Y, Breite dx):

$$\Delta p_{\text{Insel}} = Y\frac{12\,\eta\,\dot{m}_0}{B\,H^3\,\rho} = \frac{12\,\eta\,\dot{m}_0\,Y_0}{B\,H^3\,\rho}\frac{Y}{Y_0} = \frac{12\,\eta\,\dot{m}_0\,Y_0}{B\,H^3\,\rho}\zeta^{\beta} \tag{9.29}$$

mit:

β = Konturexponent

Der Druckverlust zwischen Einlauf und Auslauf beträgt zusammen:

$$\Delta p_{ges}(\zeta) = \Delta p_{Insel} + \Delta p_{Verteiler} = \Delta p_{Insel} + \int_{\zeta}^{1} \left.\frac{dp}{d\zeta}\right|_{Verteiler} d\zeta \tag{9.30}$$

Mit den beiden vorhergehenden Druckverlustgleichungen ergibt sich

$$\Delta p_{ges}(\zeta) = \frac{12\,\eta\,\dot{m}_0\,Y_0}{B\,H^3\,\rho}\zeta^{\beta} + \int_{\zeta}^{1}\left(\frac{32\,\eta\,\dot{m}_0\,B}{\pi\,\rho\,D_0^4}\zeta^{1-4\alpha}\right)d\zeta \tag{9.31}$$

$$\Delta p_{ges}(\zeta) = \frac{12\,\eta\,\dot{m}_0\,Y_0}{B\,H^3\,\rho}\zeta^{\beta} + \frac{32\,\eta\,\dot{m}_0\,B}{\pi\,\rho\,D_0^4}\frac{1}{2-4\alpha}\left(1-\zeta^{2-4\alpha}\right) \tag{9.32}$$

mit:

α = Konturexponent

Die physikalische Bedingung zur Kopplung der beiden Strömungsregionen ergibt sich aus der Forderung, dass der Druckverlust zwischen Einlauf und Auslauf unabhängig von der Koordinate ζ sein muss.

$$\frac{d\,\Delta p_{ges}(\zeta)}{d\zeta} = 0 \tag{9.33}$$

Es ergibt sich:

$$0 = \frac{12\,\eta\,\dot{m}_0\,Y_0}{B\,H^3\,\rho}\beta\,\zeta^{\beta-1} - \frac{32\,\eta\,\dot{m}_0\,B}{\pi\,\rho\,D_0^4}\zeta^{1-4\alpha} \tag{9.34}$$

$$0 = \frac{3\,Y_0}{8\,B\,H^3}\beta\,\zeta^{\beta-1} - \frac{B}{\pi\,D_0^4}\zeta^{1-4\alpha} \tag{9.35}$$

$$0 = \frac{3\,\pi\,D_0^4\,Y_0}{8\,B^2\,H^3}\beta - \zeta^{1-4\alpha-\beta+1} \tag{9.36}$$

Die Gleichung kann nur erfüllt werden, wenn der rechte Summand keine Abhängigkeit von ζ aufweist. Dann ist er gleich 1, und dann muss der linke Summand auch gleich 1 sein.

Dies führt zu einer Bedingung für die Konturexponenten:

$$2-4\alpha-\beta = 0 \quad \Leftrightarrow \quad \beta = 2-4\alpha \quad \Leftrightarrow \quad \alpha = \frac{1}{2}-\frac{\beta}{4} \tag{9.37}$$

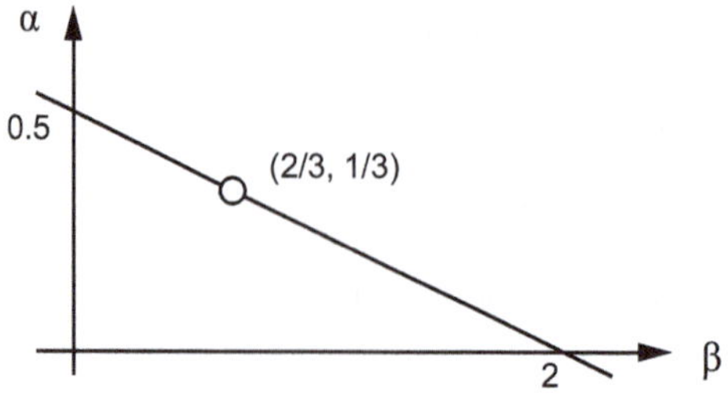

Bild 9.9 Exponenten für Verteilerrohr und Inselfeld

Da die Exponenten nicht explizit ausgerechnet werden können, kann eine weitere Bedingung gewählt werden, die zusätzlich zur perfekten Verteilung genutzt werden kann. Hier ist es üblich, zur Vermeidung von Anhaftungen im Verteilerkanal eine gleichmäßige Schergeschwindigkeit an der Rohrwand zu fordern.

Die Schergeschwindigkeit im Rohr beträgt:

$$\dot{\gamma} = \frac{32\,\dot{m}}{\rho\,\pi\,D^3} \tag{9.38}$$

mit:

$\dot{\gamma}$ = Schergeschwindigkeit

Damit ist:

$$\dot{\gamma} = \frac{32\,\dot{m}_0}{2\,\rho\,\pi\,D_0^3} \cdot \frac{\dot{m}}{\dot{m}_0/2} \cdot \left(\frac{D_0}{D}\right)^3 = \frac{32\,\dot{m}_0}{2\,\rho\,\pi\,D_0^3}\,\zeta^{1-3\alpha} = \text{const} \tag{9.39}$$

$$1-3\alpha = 0 \quad \Leftrightarrow \quad \alpha = 1/3 \tag{9.40}$$

Mit dieser Zusatzbedingung ergibt sich *b* zu 2/3.

Aus den Gleichungen ergibt sich nun auch die Inselfeldlänge bzw. der Verteilerdurchmesser

$$Y_0 = \frac{4\,B^2\,H^3}{\pi\,D_0^4} \qquad D_0 = \left(\frac{4\,B^2\,H^3}{\pi\,Y_0}\right)^{0,25} \tag{9.41}$$

mit:

Y_0 = Inselfeldlänge
D_0 = Verteilerdurchmesser

Der gesamte Druckverlust der Breitschlitzdüse ergibt sich zu:

$$\Delta p_{\text{ges}} = \frac{12\,\eta\,\dot{m}_0\,Y_0}{B\,H^3\,\rho} \quad \textit{oder} \quad \Delta p_{\text{ges}} = \frac{48\,\eta\,\dot{m}_0\,B}{\pi\,\rho\,D_0^4} \tag{9.42}$$

Die Düsenleitwerte betragen:

$$K = \frac{\Delta p_{\text{ges}}\, \rho}{\eta\, \dot{m}_0} = \frac{12\, Y_0}{B\, H^3} \quad \textit{oder} \quad K = \frac{\Delta p_{\text{ges}}\, \rho}{\eta\, \dot{m}_0} = \frac{48\, B}{\pi\, D_0^4} \tag{9.43}$$

Bei vorgegebenem Δp kann mit den in der Regel bekannten Daten B und H auf die Länge des Inselfeldes L_0 und den Verteilerdurchmesser D_0 geschlossen werden. Sind die Daten nicht plausibel, muss der Druckverlust erhöht werden.

Zur Berechnung von Δp der Breitschlitzdüse sind beispielsweise die Breite B = 2 m und der Austrittsspalt H = 1 mm gegeben. Die Materialdaten betragen η = 200 Pa s und ρ = 900 g/cm³. Die Düse wird mit einem Durchsatz von 2500 kg/h betrieben.

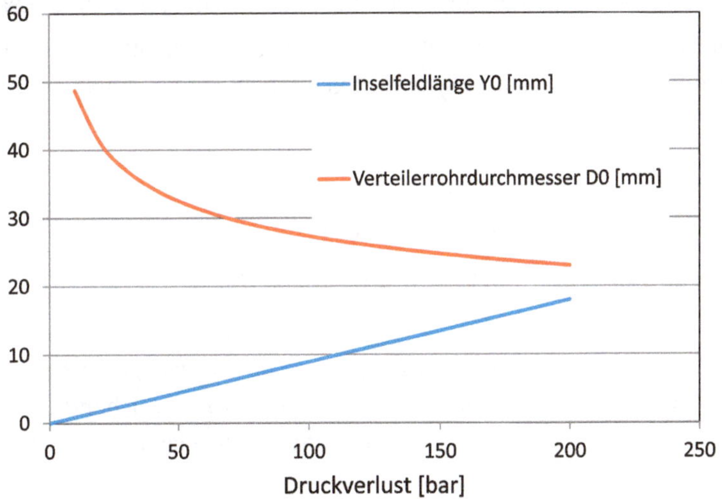

Bild 9.10 Druckverlust des Kleiderbügelverteilers bei variabler Geometrie

Bei einem Druckverlust von 150 bar ergeben sich sinnvolle Werte für die Inselfeldlänge und den Verteilereinlaufdurchmesser. Allerdings ist dieser Druckverlust in der Praxis zu hoch.

Die dargestellte analytische Auslegung von Breitschlitzdüsen ist ein hervorragenden Beispiel zur Strömungsbalancierung. Sie offenbart aber auch die Schwächen analytischer Lösungen. Die für eine analytische Lösung getroffenen Vereinfachungen (z. B. Annahme einer Kreisgeometrie für den Verteilerkanal, Vernachlässigung der Krümmung des Verteilerkanals etc.) führen zu Lösungen, welche in der Praxis nicht angewandt werden.

Der gravierendste Nachteil der gezeigten Methode besteht aber darin, den Einfluss der dem Verteiler in Strömungsrichtung folgenden Zonen komplett zu ignorieren. Wie in [STI01] gezeigt, müssen Strömungspfade ganzheitlich vom Werkzeugeintritt bis zum -austritt betrachtet werden. Der Unterschied zweier Widerstände von

Strömungspfaden kann im Verteiler z. B. 100 % betragen – folgt aber eine 100-fach stärker verbrauchende Bügelzone, so verringert sich diese Differenz auf ca. 1 %.

Im folgenden Abschnitt 9.3.1 werden Geschwindigkeitsverteilungen berechnet (mithilfe der Netzwerktheorie). Dabei werden zwei Fälle betrachtet:

- Berechnung des Werkzeugs bis zum Austritt aus dem Verteiler (Breitschlitzdüse),
- Berechnung des Werkzeugs inklusive einer längeren Bügelzone (dieselbe Verteilergeometrie),

dargestellt in Bild 9.21.

Wie dort klar zu erkennen, wirken sich zusätzliche (auf allen Fließpfaden gleiche) Druckverbraucher positiv auf die Verteilung der Austrittsgeschwindigkeit aus.

In der Praxis werden daher z. B. in der Flachfolienextrusion oftmals die Staubalken enger gestellt, um die Austrittsgeschwindigkeiten zu vergleichmäßigen.

9.3 Einfache numerische Berechnungsmethoden

Die genaue Berechnung der Strömung in Extrusionswerkzeugen erfordert eine genaue Berücksichtigung der Verteilergeometrie und ein ausreichend genaues Stoffgesetz. Im allgemeinen Fall ist dies ein nichtlinear viskoelastisches Materialverhalten.

Zwischen den beiden Polen der analytischen Gleichung und der vollständigen 3D-Finite Elemente-Berechnung gibt es noch die Netzwerktheorie, die bei den folgenden Vereinfachungen bevorzugt einsetzbar ist:

- Das Stoffverhalten ist rein viskos und linear (Newton'sches Fließen).
- Die detaillierte Strömungsgeschwindigkeitsverteilung in radialer Richtung in den Strömungskanälen ist nicht von Interesse. Dies ist in der Regel akzeptabel, da die Höhe der Strömungskanäle in radialer Richtung häufig kleiner ist als in axialer oder Umfangsrichtung.

Unter diesen Voraussetzungen kann eine Raumrichtung reduziert werden, und das numerische Problem wird zu einem 2D-Problem. Eine ursprünglich aus der Elektrotechnik stammende Berechnungsmethode, die Netzwerktheorie, kann so in Anwendung gebracht werden.

9.3.1 Netzwerktheorie

Analog zu der in der Elektrotechnik üblichen Vorgehensweise bei der Betrachtung linearer Bauteile wird für einen durchströmten Kanal ein linearer Zusammenhang zwischen Druckverlust und Volumenstrom angenommen:

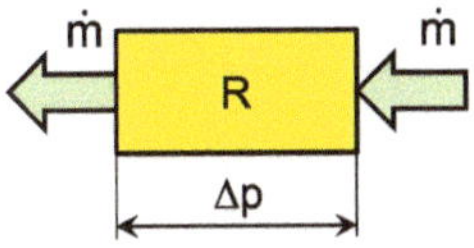

Bild 9.11 Strömungswiderstand

$$\Delta U = R_{\text{elektr.}}\, I \quad \text{(Elektrotechnik)} \tag{9.44}$$

$$\Delta p = R_{\text{rheol.}}\, \dot{m} \quad \text{(Strömungstechnik)} \tag{9.45}$$

mit:

ΔU = elektrische Spannung
$R_{\text{elektr.}}$ = elektrischer Widerstand
$R_{\text{rheol.}}$ = rheologische Strömungswiderstand
I = Strom
Δp = Druckverlust
$\dot{m}$ = Massestrom/Durchsatz

Die Rolle der elektrischen Spannung übernimmt der Druck und die Rolle der Stromstärke geht an den Massestrom. Der rheologische Strömungswiderstand ergibt sich unter Anwendung der Gleichungen in Tabelle 9.2 aus dem Werkzeugleitwert K und den Stoffgrößen Viskosität bzw. Dichte:

$$R_{\text{rheol.}} = \frac{\eta}{\rho\, K} \tag{9.46}$$

Die Widerstände werden nun entsprechend der Werkzeuggeometrie aufgebaut, d.h. in Extrusionsrichtung und in Umfangsrichtung. Jeder Teil des Strömungskanals mit gleichbleibender Geometrie und gleichbleibender Durchflussmenge wird dabei durch einen Widerstand charakterisiert.

Das folgende Bild 9.12 zeigt beispielhaft das Ergebnis für eine halbe Kleiderbügeldüse. Hier wird der Verteilerkanal durch eine Reihe einzelner Widerstände K_i gebildet, das Inselfeld besteht aus parallel laufenden Widerständen I_i und die anschließende Relaxationszone aus den Widerständen D_i. Die Verbindungslinien zeigen die möglichen Strömungen. Durch die fehlende Quervernetzung der Inselfeldwiderstände wird die dort in der Realität fehlende Querströmung dort nicht berücksichtigt.

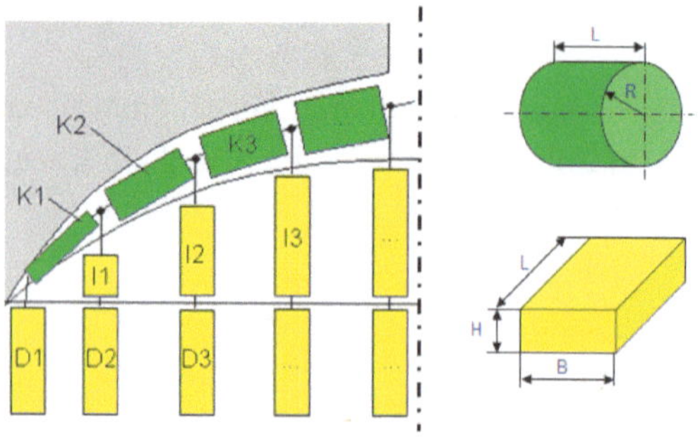

Bild 9.12 Vernetzung einer Kleiderbügeldüse mit Widerständen

Zur Lösung des Netzwerkproblems können nun zunächst die Reihen- und Parallelschaltungen einzelner Widerstände analysiert werden, so dass das Netzwerk vereinfacht werden kann. Danach werden die Kirchhoff'schen Gesetze benutzt:

Knotenregel $\sum \dot{m}_i = 0$ (9.47)

Maschenregel: $\sum_{\mathrm{m}} \Delta p_{\mathrm{m}} = \mathrm{C} \quad \sum (\Delta p)_j = 0$ (9.48)

Es entsteht am Ende eine quadratische Lösungsmatrix für die einzelnen Massenströme, indem für jeden Knoten und für jede Masche die oben genannten Gleichungen aufgestellt werden. Das folgende Bild 9.13 zeigt ein Beispiel mit sechs Strömungswiderständen:

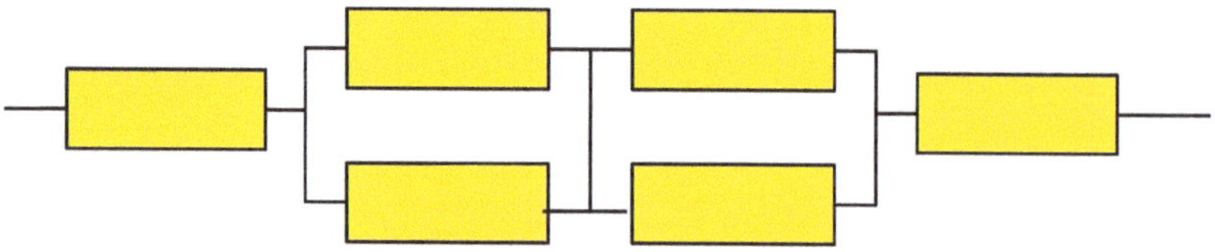

Bild 9.13 Werkzeugersatzschaltbild mit sechs Widerständen

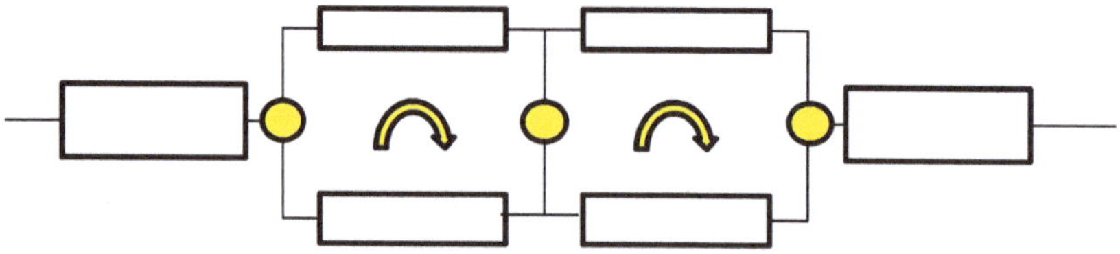

Bild 9.14 Werkzeugersatzschaltbild mit vier Knoten und zwei Maschen

Der aus der Matrix entstehende Lösungsvektor dient zur Ermittlung der einzelnen Masseströme und kann dann anschließend benutzt werden, um an allen interessierenden Stellen den Druck und die Strömungen auszurechnen. Allerdings ist zur Lösung ein numerisches Verfahren notwendig. Hierzu gibt es kommerzielle Software, und auch Excel kann Matrizen begrenzter Größe lösen.

9.3.2 Berechnung von Kleiderbügeldüsen

Besonders elegant wird die Netzwerktheorie, wenn durch geschickte Anordnung der Widerstände eine direkte Lösung der Gleichungen möglich ist. Dabei ist es auch möglich, die betreffenden Gleichungen durch Tabellenkalkulationsprogramme (z. B. EXCEL, Lotus Symphony, Open Office Calc etc.) abzubilden, so dass Variationsrechnungen extrem schnell durchgeführt werden können. Nach welcher Logik hierbei vorgegangen wird, soll am Beispiel von Breitschlitzdüsen nachfolgend aufgezeigt werden:

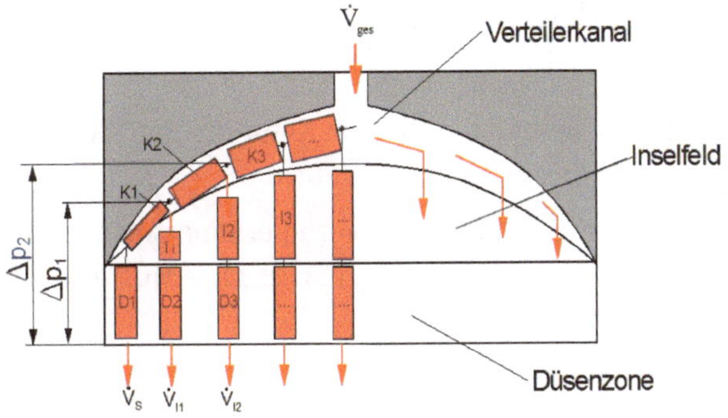

Bild 9.15 Kleiderbügeldüse mit Ersatzwiderständen

Der Gesamtvolumenstrom, der durch das Werkzeug fließt, lässt sich aus der Summe der Austrittsvolumenströme der einzelnen Segmente der Düsenzone ermitteln. Daraus ergibt sich folgende Gleichung:

$$\dot{V}_{ges} = \sum \dot{V}_{Ii} \tag{9.49}$$

Die Berechnung der Einzelvolumenströme beginnt (zunächst) am Werkzeugrand. Der äußerste Volumenstrom V_s (V_{start}) wird vorgegeben und fließt durch die Breite dx, bzw. den Düsenwiderstand D_1 plus den Kanalwiderstand K_1. Basierend darauf kann der Druckverlust entlang des Stromfadens bis zum nächsten Knotenpunkt ermittelt werden (siehe Gleichungen in Tabelle 9.2).

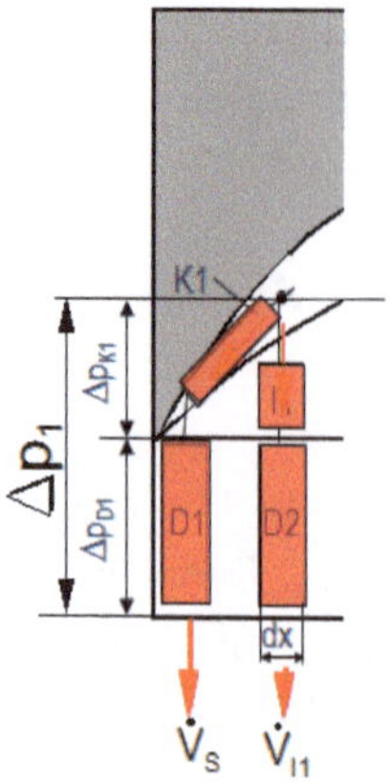

Bild 9.16 Erste Strömungsbilanzierung

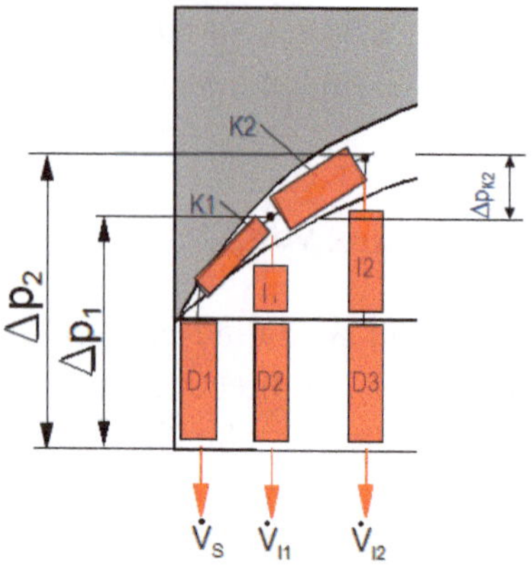

Bild 9.17 Zweite Strömungsbilanzierung

$$\Delta p_1 = \Delta p_{\mathrm{D1}} + \Delta p_{\mathrm{K1}} = \frac{\overline{\eta}_{\mathrm{K1}} \dot{V}_{\mathrm{D1}} 12 L_{\mathrm{D1}}}{B_{\mathrm{D1}} H_{\mathrm{D1}}^3} + \frac{\overline{\eta}_{\mathrm{K1}} \dot{V}_{\mathrm{K1}} 8 L_{\mathrm{K1}}}{\pi R_{\mathrm{K1}}^4} \qquad (9.50)$$

Mittels des Druckabfalls lässt sich nun - bei Kenntnis der Widerstände I_1 und D_2 - der Teilvolumenstrom V_{I1} bestimmen.

Der Volumenstrom durch das „nächste" Verteilerkanalsegment K_2 entspricht der Summe von V_s + V_{I1}. Mit seiner Hilfe kann der Druckverlust für das Durchströmen von K_2 berechnet werden.

$$\dot{V}_{\mathrm{K2}} = \dot{V}_S + \dot{V}_{\mathrm{I1}} \qquad (9.51)$$

Der Druckabfall zwischen Verteilerkanalsegment 2 und Austritt berechnet sich aus:

$$\Delta p_2 = \Delta p_1 + \Delta p_{\mathrm{K2}} \qquad (9.52)$$

Für den zweiten Austrittsvolumenstrom gilt:

$$\dot{V}_{\mathrm{I2}} = f(\Delta p_2; \dot{V}_{K2}) \qquad (9.53)$$

Man kann nun die gesamte (halbe) Werkzeugbreite mit dieser Vorgehensweise berechnen und erhält so (immer noch unter Beibehaltung des vorgegebenen Startvolumenstroms V_s) alle Austrittsgeschwindigkeiten, bzw. Austrittsvolumenströme.

Der am Ende berechnete Gesamtvolumenstrom setzt sich zusammen aus dem Startvolumenstrom und den einzelnen Inselvolumenströmen. Dieser lässt sich wie folgt ermitteln:

$$\dot{V}_{\mathrm{ges}} = 2 \cdot (\dot{V}_S + \sum_{i=1}^{\mathrm{n}} \dot{V}_{\mathrm{Ii}}) \qquad (9.54)$$

Dann ergibt sich der Gesamtdruckverlust durch die Gesamtsumme der Druckabfälle im Verteilerkanal oder aus dem Druckabfall im mittleren Element der Insel.

$$\Delta p_{\text{ges}} = \Delta p_{\text{D1}} + \sum_{i=1}^{n} \Delta p_{\text{Ki}} = \Delta p_{\text{Dn}} + \Delta p_{\text{In}} \tag{9.55}$$

Der erste, äußere Startvolumenstrom wird solange iterativ verändert, bis der gewünschte Schmelzestrom erreicht ist. Verwendet man ein Tabellenkalkulationsprogramm so kann die Veränderung des Startvolumenstroms auch automatisch erfolgen (z. B. bei EXCEL durch den „Solver“, welcher V_s so lange verändert, bis der berechnete Volumenstrom nach Gleichung 9.54 dem Vorgabewert entspricht).

Berechnungsbeispiel

In den folgenden Beispielen wird zunächst eine Breitschlitzdüse ohne Drosselzone betrachtet (also bestehend aus den Komponenten Verteilerkanal und Inselfeld).

Ein wichtiges Ergebnis ist der Gesamtdruckverlust bei vorgegebener Durchflussmenge. Ein weiteres wesentliches Ergebnis ist die Verteilwirkung der Düse. Diese kann gezeigt werden, indem die einzelnen Austrittsvolumenströme aufgetragen werden:

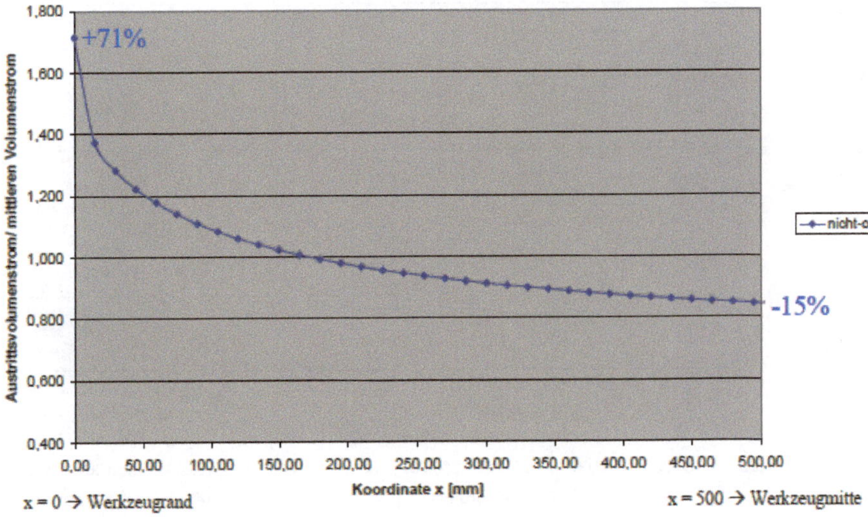

Bild 9.18 Volumenstromverteilung über der Düsenbreite vor Optimierung

In diesem Beispiel zeigt sich eine schlechte Verteilungswirkung: Am Werkzeugrand strömt zu viel, und in der Werkzeugmitte strömt zu wenig. Das Resultat wäre eine schlechte Dickenverteilung der Flachfolie.

Der große Vorteil dieser Methode bei Anwendung von Tabellenkalkulationsprogrammen ist die extreme Flexibilität. So können in der Tabelle Einzelwerte gezielt verändert werden. So ist es z. B. möglich:

- über der Werkzeugbreite im Bereich der Bügelzone unterschiedliche Höhen vorzugeben um z. B. die Werkzeugaufbiegung zu berücksichtigen,
- den Verteilerkanal gezielt lokal zu verändern, um die Verteilwirkung des Werkzeugs zu verbessern (s. u.),
- der Düsenzone auf der gesamten Breite eine Engzone folgen zu lassen (z. B. Staubalken), deren Höhe lokal unterschiedlich definiert sein kann,
- lokal auf einzelnen Fließpfaden mit anderen Viskositäten zu rechnen und somit die Konsequenzen einer ungleichmäßigen Schmelzetemperatur abzuschätzen.

Das folgende Bild 9.19 zeigt die Veränderung der Austrittsgeschwindigkeit für zwei geometrische Variationen.

Im ersten Fall wurden die Radien des Verteilerkanals um je 1 mm verringert (rote Linie). Im zweiten Fall um je 0,75 mm (gelbe Linie).

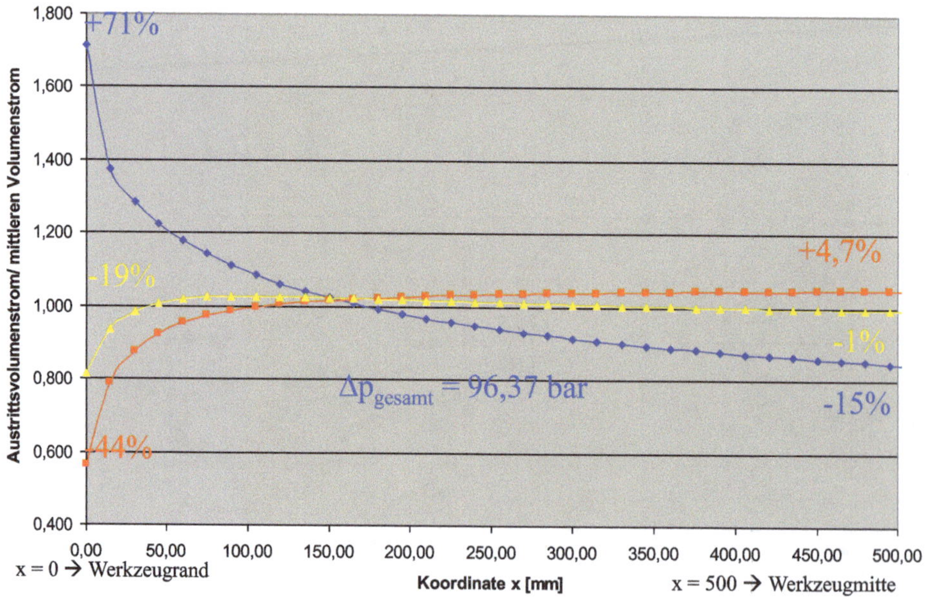

Bild 9.19 Werkzeugoptimierung durch generelle Reduzierung des Verteilerkanalradiuses (blau: vor Optimierung; rot: Kanalradius - 1 mm; gelb: Kanalradius - 0,75 mm)

Wie zu erkennen, führt die Verringerung der Verteilerkanalradien in diesen Beispielen zu generell gleichmäßigeren Austrittsgeschwindigkeiten.

Wie die folgende Tabelle 9.3 auch aufzeigt, wird der Gesamtdruckverlust des Werkzeugs nur unwesentlich verändert.

Tabelle 9.3 Einfluss der Modifikation des Verteilerkanals ΔR_{ki} auf den Gesamtdruckverlust Δp_{gesamt}

Gesamtdruckverlust Δp_{gesamt} bei Verringerung des Kanalradius R_{ki}		
Geometrie/Änderung des Kanalradius ΔR_{ki}	**Gesamtdruckverlust Δp_{gesamt} [bar]**	**Zusätzlicher Druckverlust $\Delta p_{zusätzlich}$ [bar]**
Nicht optimiert	96,37	-
ΔR_{ki} = - 1 mm	106,40	10,30
ΔR_{ki} = - 0,75 mm	103,47	7,10

Die Modifikation des Verteilerkanals ΔR_{ki} beeinflusst den Gesamtdruckverlust Dp_{gesamt} nur geringfügig.

Das folgende Bild 9.20 zeigt dann das Austrittsgeschwindigkeits-Profil einer weiter optimierten Breitschlitzdüse. (Hier wurde der Verteilerkanal in den Außenbereichen des Werkzeugs gezielt lokal verändert.)

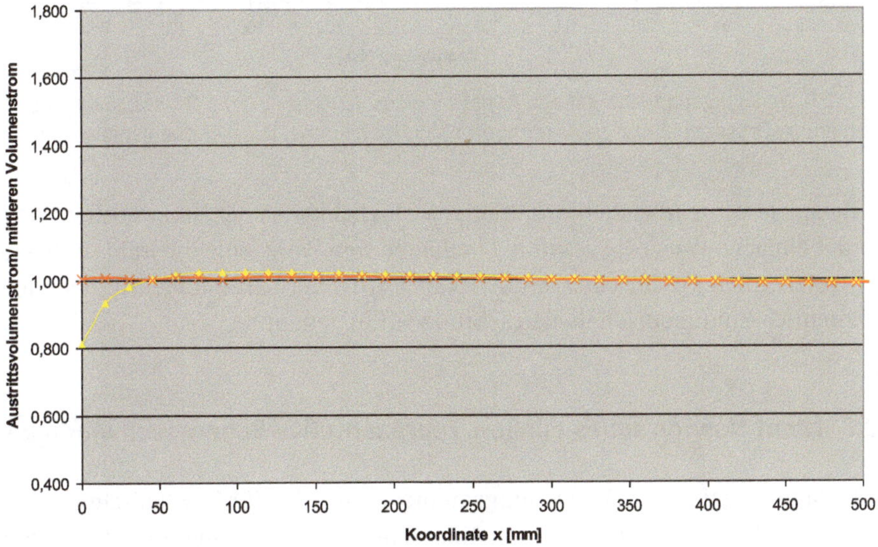

Bild 9.20 Werkzeugoptimierung durch Anpassung des Verteilerkanalradiuses in den Randbereichen des Werkzeugs (gelb: vor Optimierung; rot: nach Optimierung)

Im folgenden Bild 9.21 ist die Volumenstromverteilung für Werkzeuge mit zwei unterschiedlichen Düsenlängen dargestellt. Man erkennt, dass die Addition gleicher Druckverbraucher auf allen Fließpfaden zur Vergleichmäßigung beiträgt. Dies erhöht aber auch den Gesamtdruckverbrauch des Werkzeugs.

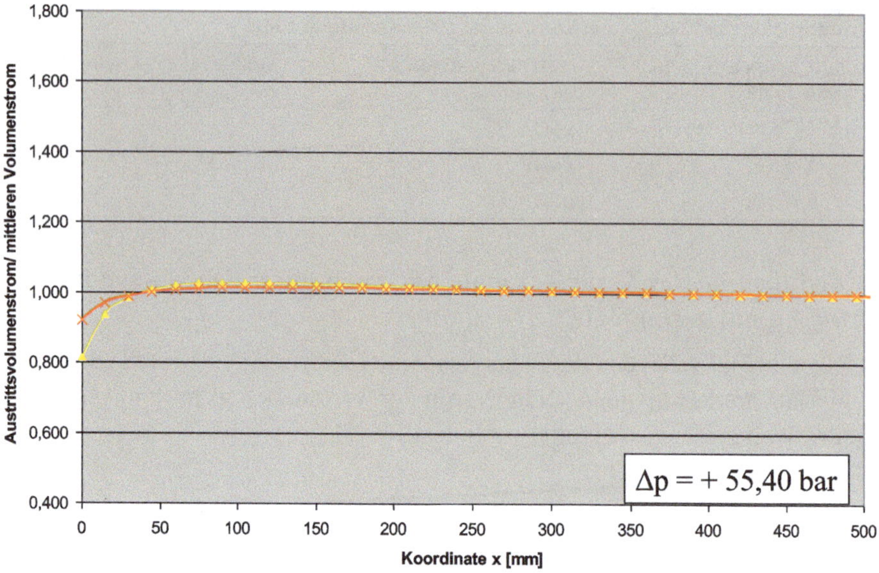

Bild 9.21 Werkzeugoptimierung durch Anpassung der Verlängerung der Drosselzone (gelb: vor Optimierung; Drosselzonenlänge 20 mm; rot: nach Optimierung; Drosselzonenlänge 100 mm)

Die Beispiele verdeutlichen die vielfältigen Möglichkeiten der Netzwerktheorie. Da hier auf einfache Weise die gesamte Fließlänge vom Werkzeugeintritt bis zum -austritt ganzheitlich beschrieben werden kann, wird die dargestellte Methode auch Ganzheitlich-Eindimensionale Betrachtung (GEB) genannt.

9.3.3 Nicht-Newton'sches Fließen, repräsentative Schergeschwindigkeit

Die bislang aufgeführten Berechnungsmethoden wurden für Newton'sches Fließen vorgestellt, d. h. für Materialien mit linearem Zusammenhang zwischen Schubspannung τ und Schergeschwindigkeit $\dot{\gamma}$:

$$\tau = \eta \, \dot{\gamma} \quad \text{mit} \quad \eta = f\left(T, p\right) \neq f\left(\dot{\gamma}\right) \tag{9.56}$$

Die Viskosität darf hier von Druck p und Temperatur T abhängen, nicht jedoch von der Schergeschwindigkeit.

Gerade die Kunststoffe weisen jedoch häufig strukturviskoses Verhalten auf, d. h. sie werden bei steigender Schergeschwindigkeit dünnflüssiger. Dies wird näherungsweise mit dem Potenzfließgesetz beschrieben:

$$\tau = K\,\dot{\gamma}^n \quad \text{mit} \quad K = f\left(T, p\right) \tag{9.57}$$

mit:

K = Konsistenz
n = Potenzgesetz-Fließexponent

Hier ist die Konsistenz K ein Maß für die Viskosität bei einer Schergeschwindigkeit von 1 s^{-1}, und die Schergeschwindigkeitsabhängigkeit charakterisiert der Potenzgesetz-Fließexponent n.

Bei dem Versuch, für das Fließverhalten dieser Materialien näherungsweise die Gleichungen für Newton'sches Fließen anzuwenden, stößt man auf die Fragestellung, bei welcher Schergeschwindigkeit denn die Viskosität abgelesen werden muss, um den Fehler zu minimieren.

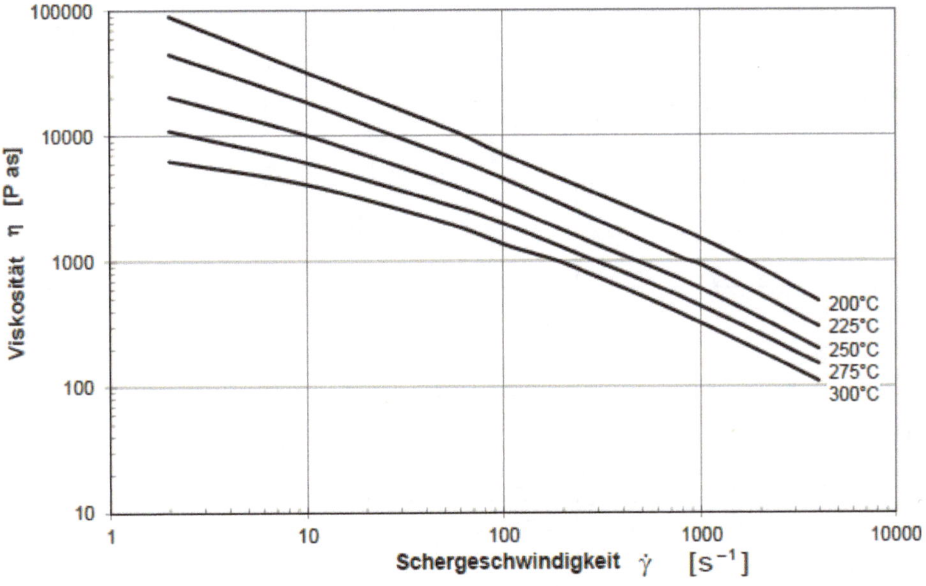

Bild 9.22 Fließkurven strukturviskoser Materialien

Hierzu gibt es eine einfache Rechenvorschrift, mit der die sogenannte „repräsentative Schergeschwindigkeit" ermittelt werden kann. Das folgende Bild zeigt die Schergeschwindigkeitsverteilung in einem durchströmten Rohr für die beiden genannten Fließgesetze:

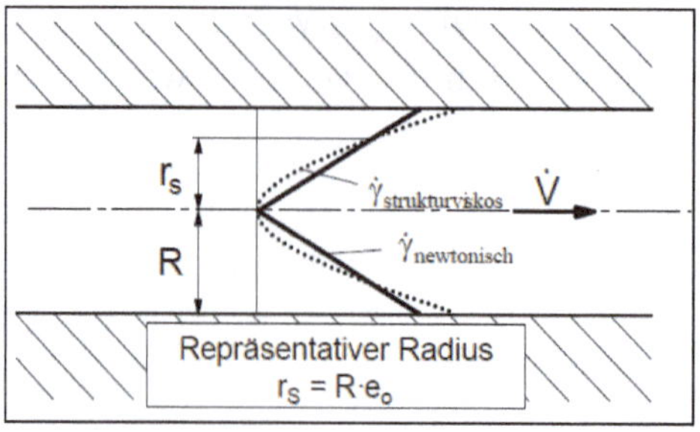

Bild 9.23 Repräsentativer Radius

Die Schergeschwindigkeit steigt bei Newton'schem Fließen von der Mitte des Strömungsquerschnitts linear von 0 auf die Wandschergeschwindigkeit an. Die repräsentative Schergeschwindigkeit gilt am repräsentativen Radius. Bei Verwendung dieser Schergeschwindigkeit ist das Wertepaar aus Durchsatz und Druckverlust für beide Fließgesetze gleich.

$$\dot{\gamma}_{\text{repr.,Rohr}} = e_0 \frac{32\,\dot{m}}{\rho\,\pi\,D^3} \qquad \dot{\gamma}_{\text{repr.,Rechteck}} = e_0 \frac{6\,\dot{m}}{\rho\,B\,H^2} \qquad (9.58, 9.59)$$

Durch die Verwendung dieser Rechenvorschrift lassen sich die für newton'schen Fluide geltenden Beziehungen auch für strukturviskose Fluide anwenden und Strömungsvorgänge in Fließkanälen mit relativ einfachen Gleichungen darstellen.

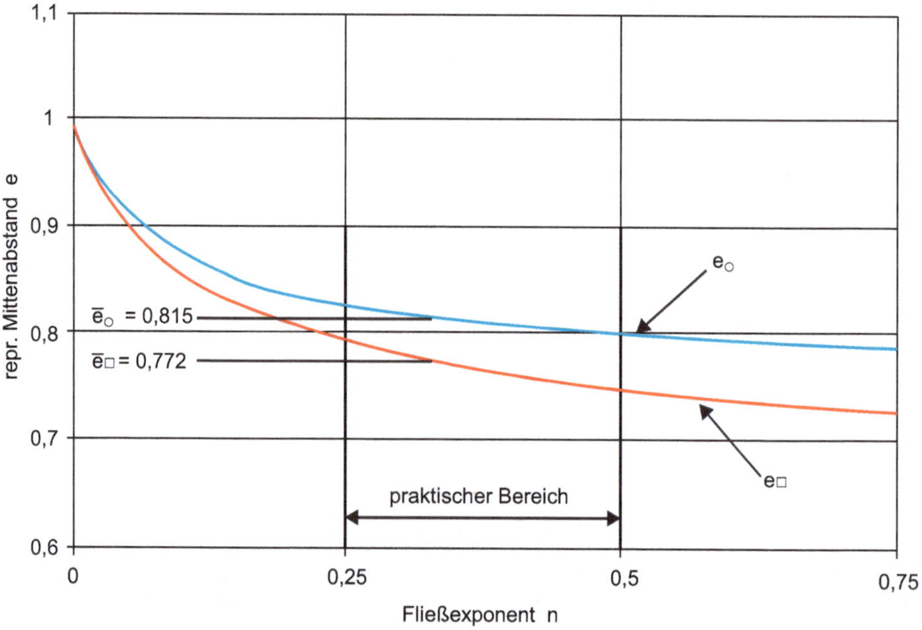

Bild 9.24 Normierter repräsentativer Radius für Rohr und Rechteck

Aus dem oben gezeigten Diagramm können die Werte in Abhängigkeit vom Fließexponenten abgelesen werden. In einem praxisrelevanten Bereich von $0{,}25 < n < 0{,}5$ kann näherungsweise mit 0,815 (Rohr) bzw. 0,772 (Rechteckspalt) gerechnet werden.

9.3.4 Fazit

Die Netzwerktheorie ist eine einfache numerische Berechnungsmethode, die es ermöglicht, Strömungsvorgänge zu simulieren und komplexe Geometrien auszulegen. Diese Methode findet ihre Anwendung in der Kunststoffverarbeitung überwiegend bei Breitschlitzdüsen, welche jedoch auch für weitere Werkzeuge wie z. B. der Großflächen-Schmelzefilter oder Wendelverteiler einsetzbar ist. Im Vergleich zu den ganzheitlichen numerischen Berechnungsmethoden (FEM, BEM etc.) bietet die Netzwerktheorie kürzere Rechenzeiten und eine bessere Bedienung bei gleichzeitig guter Ergebnisgenauigkeit. Ein weiterer Vorteil besteht darin, dass die gesamte Berechnung in einem Tabellenkalkulationsprogramm, wie z. B. Excel, durchgeführt werden kann. Die Entwicklungszeit von Extrusionswerkzeugen kann dementsprechend verkürzt werden. Diese Theorie ist nur mit Vereinfachungen anwendbar. Querströmungen werden bei der einfachen numerischen Berechnungsmethode (GEB) nicht berücksichtigt, da eine Quervernetzung der Inselfeldwiderstände nicht praktikabel ist.

Ein Strömungsvorgang kann daher nur dann realitätsnah dargestellt werden, wenn kaum Querströmungen (d. h. wesentliche Volumenströme quer zur Hauptströmungsrichtung) zu erwarten sind. Nur dann kann die Ausrichtung der Widerstände des Widerstandsnetzwerkes gemäß der Strömungsrichtung der Schmelze erfolgen.

9.4 Ganzheitliche numerische Berechnungsmethoden

Zur Anwendung der bisher gezeigten Lösungsmethoden ist in der Regel eine deutliche Vereinfachung der Strömungen notwendig. Eine optimale Werkzeuggestaltung verlangt aber nach einer Strömungsberechnung unter Nutzung der detaillierten Geometrie und der vollständigen Beschreibung des nichtlinear viskoelastischen Materialverhaltens. Dies führt zu einer großen Komplexität der Aufgabe, die jedoch heute durch kommerziell verfügbare Simulationsprogramme beherrscht wird. Die ursprünglich für die mechanische Belastungsanalyse entwickelte Finite-Elemente-Methode wird heute auch für die Lösung von Strömungsproblemen angewendet. Die im Detail unterschiedlichen Methoden der numerischen Strömungsmechanik werden unter CFD (Computational Fluid Dynamics) zusammengefasst.

9.4.1 CFD (Computational Fluid Dynamics)

Gemeinsames Merkmal der CFD-Methoden ist es, dass das Strömungsgebiet (die Extrusionsdüse) in eine große Zahl kleiner Elemente eingeteilt wird. Die Strömung in diesem kleinen Element hat dann eine begrenzte Anzahl an Freiheitsgraden:

- Drei Strömungsgeschwindigkeiten in die drei Raumrichtungen
- Schub- und Normalspannungen an den Außenflächen (Tetraeder: 4)
- Hydrostatischer Druck

Für Extrusionswerkzeuge wird in der Regel angenommen, dass die Schmelze inkompressibel ist und die Schwerkraft keine Rolle spielt. Weiterhin wird häufig isotherm gerechnet, d.h. der Energieaustausch mit der temperierten Werkzeugwand und die innere viskose Erwärmung sind nicht von Interesse. Dadurch kann bei der Lösung der Strömungsproblematik der Energiesatz unbeachtet bleiben, und die Lösung der Geschwindigkeitsverteilung ergibt sich aus Kontinuitätssatz (Masseerhaltung) und dem Impulserhaltungssatz.

Hierzu wird beispielsweise die Navier-Stokes-Gleichung verwendet, die hier für Newton'sches Fließen gezeigt wird:

$$\frac{\partial v}{\partial t} + (v \cdot \nabla)\, v = \frac{-\nabla p + \eta\, \Delta v}{\rho} \qquad (9.60)$$

mit dem Geschwindigkeitsfeld v und dem Druck p, deren partielle Ableitungen in die Raumrichtungen hier durch die Laplace- und Nabla-Operatoren abgekürzt dargestellt sind. Die Stoffgrößen sind Viskosität η und Dichte ρ.

Diese Gleichung kann nun für alle Elemente gelöst werden, wenn Anfangsbedingungen und Randbedingungen durch den Anwender vorgegeben werden:

- An den Wänden des Werkzeuges wird in der Regel von wandhaftender Schmelze ausgegangen.
- Die Geschwindigkeitsverteilung am Eintritt wird vorgegeben.
- Am Werkzeugaustritt herrscht Umgebungsdruck.

Der Benutzer des CFD-Programmes muss diese Berechnung nicht beherrschen, sie ist Bestandteil der Software (der sogenannte „Solver“). Die Arbeit des Ingenieurs geschieht über eine komfortable Bedienerschnittstelle, die die Dateneingabe und die Ergebnisanalyse ermöglicht.

Von besonderer Bedeutung ist die Vernetzung. Sie ist entscheidend für die Rechenzeit und auch für die Genauigkeit. Die meisten kommerziellen CFD-Programme

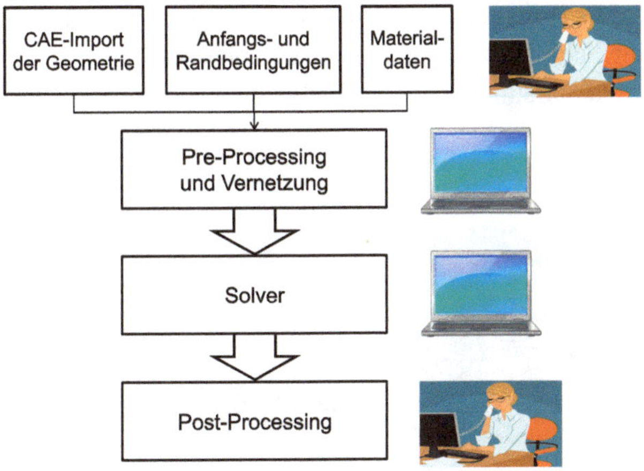

Bild 9.25 CFD-Software

bieten eine automatische Vernetzung an. Geübte Benutzer arbeiten meist manuell nach. Eine zu feine Vernetzung erzeugt zu hohe Rechenzeiten, eine zu grobe Vernetzung verschlechtert die Ergebnisse. Die Lösung ist eine regional unterschiedliche Elementgröße: In Regionen mit zu erwartenden hohen Geschwindigkeitsgradienten muss fein vernetzt werden, in „uninteressanten" Gegenden des Werkzeugs kann grob vernetzt werden. Diese Nacharbeit in der Vernetzung kann sehr zeitraubend sein.

Die Eingabe der Geometrie in das CFD-Programm ist Aufgabe des Pre-Processing. Stand der Technik ist hier das Einlesen des Datensatzes aus der Werkzeugkonstruktion über eine spezielle Datenschnittstelle. Dies kann sehr gut sein, wenn die Werkzeugkonstruktion 3D-Daten bereitstellt. Arbeitet man von Skizzen oder Zeichnungen, so bieten viele CFD-Programme einfache Eingabemöglichkeiten.

Das Post-Processing beinhaltet die graphische Darstellung der Ergebnisse, wobei hier meist farbige 3D-Darstellungen gewählt werden. Die manuelle Auswahl von Schnitten und Vergrößerungen von Teilbereichen sind Stand der Technik.

Das folgende Bild 9.26 zeigt dies an einem einfachen Beispiel:

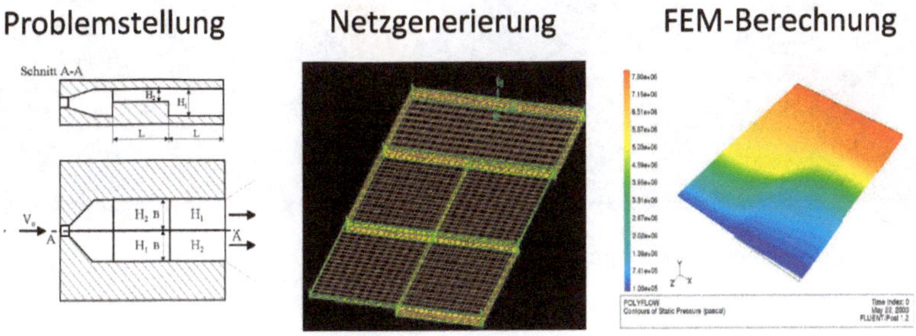

Bild 9.26 Von der Geometrie zum FEM-Ergebnis

Als Ergebnis der CFD-Berechnung erhält man die Geschwindigkeits- und Druckverteilung in der Schmelze. Das folgende Beispiel zeigt das Simulationsergebnis für eine Profilextrusionsdüse:

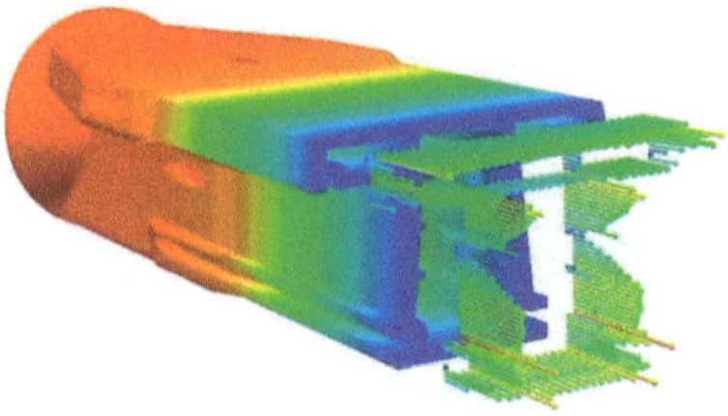

Bild 9.27 CFD-Ergebnis

Von rot bis blau ist der Druckverlauf im Werkzeug skaliert, man erkennt einen homogenen Druckanstieg stromaufwärts. Zusätzlich eingezeichnet ist die Austrittsgeschwindigkeit in Form von Pfeilen mit geschwindigkeitsproportionaler Länge. Man sieht, dass die Verteilwirkung der Düse nicht optimal ist.

Ein zweites Beispiel ist im folgenden Bild 9.28 zu sehen. Die Geometrie stammt aus einem radialen Verteiler mit vier Vorverteilungen in einer Ringspaltdüse. Die Druckverteilung ist wiederum sehr homogen. Der Druckverbrauch beträgt 182 bar bei vorgegebenem Massedurchsatz. Man sieht, dass der Austragsbereich aufgrund der hohen Wanddicke nur wenig Strömungswiderstand bietet.

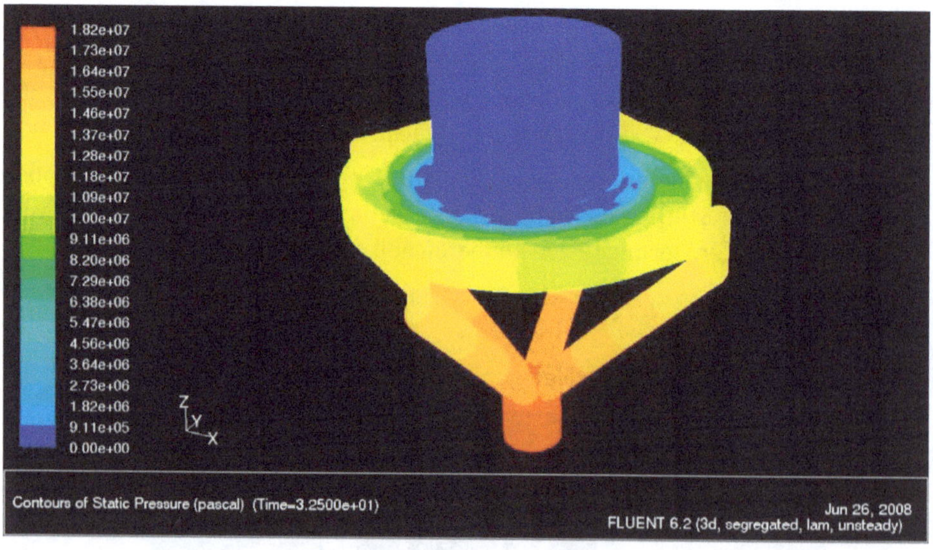

Bild 9.28 Druckprofil in einer Ringspaltdüse (gerechnet mit Fluent)

Die CFD-Programme rechnen eigentlich den Druckverlust bei vorgegebenem Durchsatz aus. Sie können jedoch meist auch mit einer überlagerten Iteration einen Durchsatz bei vorgegebenem Druckverlust ermitteln.

9.4.2 Materialgesetze

Für die Strömung in Extrusionswerkzeugen ist das Fließverhalten wesentlich. Dabei geht es um die Charakterisierung des Zusammenhangs zwischen der Geschwindigkeitsverteilung und der Spannungsverteilung.

Im allgemeinen Fall ist die Spannungsverteilung in der Schmelze eine Funktion der Deformation und der Deformationsgeschwindigkeit. Der Begriff der Viskoelastizität beschreibt dabei die Kombination aus rein viskosem Fließen (Spannung als Funktion der Deformationsgeschwindigkeit) und aus rein elastischem Festkörperverhalten (Spannung als Funktion der Deformation).

Das einfachste hier anwendbare Stoffgesetz ist das Newton'sche Fließen, bei dem die Schubspannung proportional zum Geschwindigkeitsgradienten ist:

$$\tau = \eta \, \dot{\gamma} \qquad \text{mit } \eta = \text{const} \tag{9.61}$$

Reale Kunststoffschmelzen zeigen aber aufgrund ihres Aufbaus aus ausrichtbaren Makromolekülen eine mit der Schergeschwindigkeit kontinuierlich sinkende Viskosität. Dies kann im einfachsten Fall durch das Potenzfließgesetz charakterisiert werden:

$$\tau = K \, \dot{\gamma}^{n} \quad \Rightarrow \quad \eta = K \, \dot{\gamma}^{n-1} \qquad \text{mit } 0 < n < 1 \tag{9.62}$$

Dieser einfache Ansatz zur Beschreibung des strukturviskosen Fließverhaltens wird bei analytischen und einfachen numerischen Berechnungen eingesetzt, da er noch relativ einfach handhabbar ist. Die numerische Strömungsberechnung ermöglicht jedoch auch aufwändigere Fließgesetze, da die Gleichungen nur für jeweils ein kleines Element gelöst werden. Hier wird gerne mit dem dreiparametrigen Fließgesetz nach Carreau:

$$\eta = \frac{A}{(1 + B \, \dot{\gamma})^{c}} \tag{9.63}$$

gerechnet, das die realen Fließkurven von Kunststoffschmelzen ausreichend gut nachbildet. Das folgende Bild 9.29 zeigt diese Fließkurventypen im Diagramm:

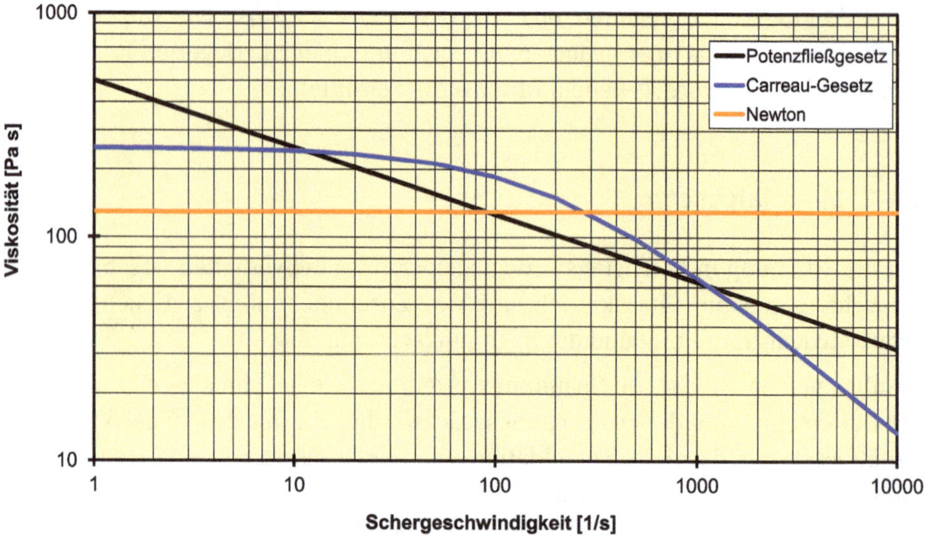

Bild 9.29 Fließkurven

Schwieriger wird es, wenn viskoelastische Effekte mit berücksichtigt werden sollen. Dies ist bei Elastomeren sinnvoll und bei Kunststoffschmelzen, die bei sehr kalten Temperaturen verarbeitet werden. Die einfachste Annahme ist hier wiederum der linear viskoelastische Ansatz, der mit dem im folgenden Bild gezeigten Maxwell-Modell berechenbar ist.

Bild 9.30 Maxwell-Modell der linearen Viskoelastizität

Nichtlineare viskoelastische Modelle sind ebenfalls entwickelt worden. Hier kann der Anwender guter CFD-Software wählen zwischen dem PTT-Modell, dem K-BKZ-Modell oder ähnlichen aufwändigen Ansätzen.

Schwierig in der praktischen Anwendung ist die Materialcharakterisierung. Bei Kunststoffschmelzen ist nicht nur die Viskosität abhängig von der Belastungsgeschwindigkeit, sondern auch die Relaxationszeit ist belastungsfrequenzabhängig. Die entsprechenden Materialkennwerte sind darüber hinaus stark temperaturabhängig. Zur Charakterisierung des viskoelastischen Materialverhaltens ist daher eine Messung des komplexen Schubmoduls in der Schmelze mit einem Schwingrheometer notwendig. Ähnlich der Viskositätsmessung mit einem Kapillarrheometer sind Messungen bei mehreren Temperaturen notwendig. Bei realen Werkstoffen sind diese Messungen problemlos durchführbar, sie liegen jedoch in der Regel beim Rohstoffhersteller nicht vor und müssen daher problembezogen durchgeführt werden. Im Extrusionsbereich kommt erschwerend hinzu, dass die Verarbeiter zumeist eigene Mischungen erzeugen, indem das Basispolymer mit einigen Zuschlagstoffen versehen wird. Zur Messung der rheologischen Eigenschaften ist es daher streng genommen nötig, die reale Mischung zu extrudieren und danach zu messen.

9.4.3 Fazit

Die CFD-Methoden sind wichtige Werkzeuge zur Strömungsberechnung. Ihre Möglichkeiten zur Analyse örtlicher Strömungsvorgänge und damit zur Detailoptimierung der Werkzeuggeometrie sind einzigartig und können durch keine andere Methode ersetzt werden. Der auch heute noch große Nachteil sind die langen Berechnungszeiten, die bei aufwändigen Werkzeugen und nichtlinearen Materialgesetzen bei mehreren Tagen liegen können, selbst wenn moderne parallele Rechnerarchitekturen genutzt werden. Sie sind somit ein Werkzeug, das der Ingenieur nicht als konstruktionsbegleitende Methode einsetzen kann. Die CFD-Berechnung ist daher sinnvoll zur Erkennung von Schwachstellen und zur Bestätigung von Auslegungen. Es ist davon auszugehen, dass die CFD-Methoden durch immer weiter steigende Rechengeschwindigkeiten an Bedeutung gewinnen werden. Ihre Genauigkeit ist allerdings durch die Verfügbarkeit der Materialdaten eingeschränkt.

9.5 Strangaufweitung

Wenn die Kunststoffschmelze aus dem Werkzeug austritt, ändert sich der Spannungszustand in der Schmelze. Während kurz vor der Austrittsfläche eine wandhaftende Strömung im Spalt herrscht, liegt anschließend ein Blockströmungsprofil an freier Oberfläche vor. Innerhalb der Werkzeugströmung treten durch die Scherung Orientierungen in der Schmelze auf, die eine elastische Verformung hervorrufen. Nach dem Austritt aus dem Werkzeug treten keine weiteren Dehnungen auf, so dass die elastische Dehnung relaxieren kann. Dies führt zu einer Verkürzung in Extrusionsrichtung und zu einer Querschnittsvergrößerung senkrecht zur Extrusionsrichtung. Wenn wir davon absehen, dass die Schmelze möglicherweise einer erheblichen Zugspannung ausgesetzt ist, so wird diese Rückdeformation der Schmelze Strangaufweitung genannt. Sie ist gekennzeichnet durch das Dickenverhältnis:

$$S = \frac{d_2}{d_1} \tag{9.64}$$

mit:

S = Strangaufweitung

d_2 = Dicke nach dem Austritt

d_1 = Spaltweite des Werkzeugs

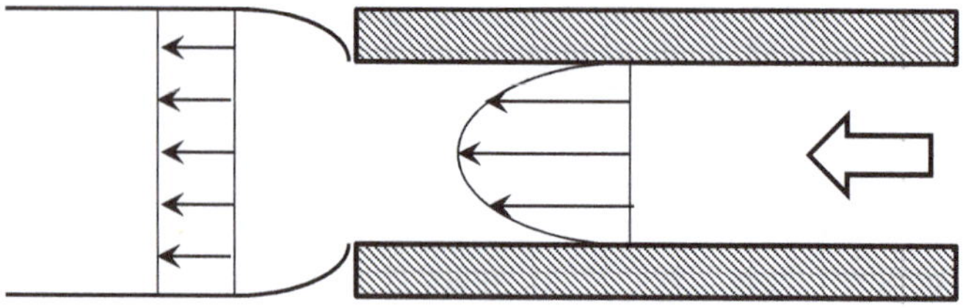

Bild 9.31 Strangaufweitung

Die Größe der Strangaufweitung ist abhängig von der am Werkzeugaustritt vorhandenen Dehnung ε. Diese resultiert aus der Summe aller während der Strömung aufgebrachten Dehnungen abzüglich aller bereits relaxierten Dehnungen. Diese ist mit einfachen Gleichungen nur schwer abschätzbar und stark abhängig von Material und Werkzeuggeometrie. Wesentliche Hinweise gibt hier [WOR78]. Bei freier Beweglichkeit in beide quer zur Extrusionsrichtung liegenden Raumrichtungen gilt:

$$S = \exp\left(\frac{\varepsilon}{2}\right) \tag{9.65}$$

Für die Werkzeugauslegung bedeutet dies, dass zur Minimierung der Strangaufweitung am Ende eine Relaxationszone mit konstant bleibendem Strömungsquerschnitt vorhanden sein sollte. Diese Zone muss lang genug sein, damit die Verweilzeit der Schmelze höher ist als die Relaxationszeit des Werkstoffes. Nachteilig ist hierbei, dass diese Relaxationszone den Druckverlust deutlich erhöht.

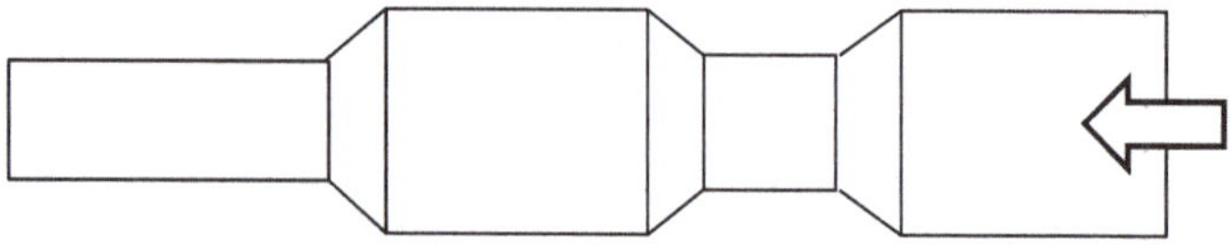

Bild 9.32 Relaxationszone

Zu dem genannten Effekt der elastischen Rückdeformation kommen Effekte aus der Umwandlung einer rein viskosen Scherströmung zur Blockströmung.

9.6 Ausblick: Aktuelle Forschungsthemen

Aktuelle Forschungsthemen beschäftigen sich mit der Optimierung der Werkzeuggeometrie. Hierzu wird die Berechnungsmethodik mit einer Optimierungsstrategie verknüpft. Da es sich um eine Geometrieoptimierung handelt, wird in der Berechnung in der Regel eine 3D-CFD-Simulation benutzt. Um hier sinnvoll mit einer Optimierungsstrategie koppeln zu können, muss die CFD-Simulation die folgenden Eigenschaften aufweisen:

- Die Geometrie muss parametrisiert sein, damit Geometrieänderungen über eine Schnittstelle an die CFD-Software gegeben werden kann.
- Die Vernetzung muss automatisch geschehen.
- Aufgrund der langen Rechenzeiten sind rein zufällige Variationen wie z.B. Evolutionsalgorithmen nicht sinnvoll.
- Aus dem vollständigen Ergebnis der CFD-Simulation muss daher die Optimierung abgeleitet werden.
- Man benötigt eine klare und eindeutige Bewertung der Werkzeuggeometrie bzw. der Simulationsergebnisse, d.h. es muss Regeln geben, nach denen eine Verbesserung erkannt werden kann. Dies ist besonders interessant bei mehreren Zielgrößen (Minimaler Druckverlust, gleichmäßige Verteilung, ...)

Aktuelle Arbeiten sind hier beispielsweise [SAU11] und [WOL00].

Ein anderer Bereich mit aktuellen Arbeiten ist der Bereich der Fließinstabilität. Dies bezieht sich auf die experimentell einfach zu beobachtende Tatsache, dass der Ausfluss aus dem Extrusionswerkzeug nicht bis zu unendlich hohem Durchsatz stabil bleibt: Oberhalb gewisser Grenzen hat das Extrudat Oberflächenstörungen, die sehr regelmäßig ausfallen können. Eine vollständig befriedigende Berechnung ist aufgrund der nur teilweise verstandenen Vorgänge bisher nicht entwickelt. Fließstörungen können aus den folgenden Effekten resultieren:

- Die Wandhaftung der Schmelze gilt nur bis zu einer gewissen Wandschubspannung, die wahrscheinlich mit den zwischenmolekularen Wechselwirkungen zwischen Düsenwand und Schmelze zusammenhängt. Die Wandschubspannung steigt mit zunehmendem Durchsatz. Im Ergebnis gibt es einen maximalen Durchsatz, bei dessen Überschreitung im Werkzeug (der Austrittsquerschnitt ist meist eine Engstelle) partiell Wandgleiten auftritt. Dies führt zur Instabilität und schlechter Oberflächenqualität.
- Oberhalb eines kritischen Durchsatzes tritt die sogenannte Haifischhaut auf. Die Ursache liegt in den zu hohen Spannungen in der Extrudatoberfläche beim Austritt aus der Düse, die durch den Wechsel von der wandhaftenden Strömung in der Düse zu der freien Oberfläche entstehen. Diese Spannungen führen zum örtlichen Aufreißen der Oberfläche.

- Die elastischen Eigenschaften der Schmelze können bei hohen Durchsätzen zu Pulsationen und Schwingungen führen.

Literatur zu Kapitel 9

[SEI06] Seibel, S.: „Konzeptionelle Aspekte bei der Gestaltung und Auslegung von Extrusionswerkzeugen", Dissertation Universität Paderborn 2006

[STI01] Stieglitz, H.: „Ganzheitliche Betrachtung der Fließvorgänge in Breitschlitz- und Wendelverteilerwerkzeugen", Dissertation Universität Paderborn 2001

[MIC09] Michaeli, W.: „Extrusionswerkzeuge für Kunststoffe und Kautschuk", 3. Auflage, Carl Hanser Verlag München 2009

[WOR78] Wortberg, J.: „Werkzeugauslegung für die Ein- und Mehrschichtextrusion", Dissertation RWTH Aachen 1978

[SAU11] Saul, K.: „Automatisierte Auslegung von Extrusionswerkzeugen" Dissertation, Universität Duisburg-Essen, 2011

[SCH88] Schwenzer, C.: „Finite Elemente Methode zur Berechnung von Mono- und Coextrusionsströmungen", Dissertation RWTH Aachen 1988

[WOL00] Wolff, T.: „Rechnergestützte Optimierung von Fließkanälen für Profilextrusionswerkzeuge", Dissertation RWTH Aachen 2000

10 Thermische Berechnungen

Prof. Dr.-Ing. Volker Schöppner

Die Kühlung beginnt nach dem Verlassen des Extrusionswerkzeuges. Sie beinhaltet das Einfrieren des Materials und die weitere Abkühlung bis zur Konfektionierung am Ende der Extrusionslinie. In den meisten Fällen durchläuft das Extrudat in dem kühlenden Anlagenteil mehrere Anlagenkomponenten, so dass zur vollständigen Beschreibung des Abkühlverhaltens eine segmentweise Betrachtung notwendig ist. Häufig interessiert man sich bei der Berechnung des Abkühlverhaltens jedoch nur für eine wesentliche Anlagenkomponente, so dass die Betrachtung eines Teils der Anlage ausreicht.

10.1 Bestimmung des Temperaturverlaufs

Die Abkühlung von Extrudaten wird unter Benutzung des Energiesatzes berechnet. Er besagt, dass eine zeitliche Änderung der inneren Energie durch Dissipation, durch Volumenänderungsarbeit, durch Wärmefluss und durch innere Wärmequellen oder -senken erfolgen kann.

Wendet man den Energiesatz auf die Abkühlung von Extrudaten an, so lassen sich die folgenden Vereinfachungen einführen:

- Im Extrudat finden keine Strömungsvorgänge außer dem Transport in Extrusionsrichtung statt, so dass keine Dissipation auftritt.
- Bei den meisten Anlagentypen herrschen über dem Umfang oder der Breite des Extrudats gleiche Bedingungen vor, so dass Wärmeströme quer zur Extrusionsrichtung vernachlässigt werden können. Dies gilt bereits, wenn die Extrudatbreite mehr als fünfmal größer als die Extrudatdicke ist. Eine Ausnahme von dieser Vereinfachung bildet die Profilextrusion.
- Aufgrund der wirkungsvollen Kühlung der Extrudatoberfläche und der niedrigen Wärmeleitfähigkeit der Kunststoffe kann der Wärmefluss in Extrusionsrichtung vernachlässigt werden.

- Bei nahezu allen Extrudaten ist die Krümmung der Oberfläche klein im Verhältnis zur Wanddicke. Daher ist auch für Rohre die Verwendung eines rechtwinkligen Koordinatensystems erlaubt, so dass im Folgenden die parallele Entwicklung aller Gleichungen für Polarkoordinaten entfällt. Eine Ausnahme bilden hier Extrusionslinien für Vollprofile und Faseranlagen.
- Die Stoffdaten sind temperaturunabhängig.

Mit diesen Vereinfachungen ergibt sich der Energiesatz zu:

$$\rho c \frac{\partial T}{\partial t} = \lambda \frac{\partial^2 T}{\partial y^2} + W \tag{10.1}$$

mit:

W = Wärmequelle
T = Temperatur
t = Zeit
ρ = Dichte
γ = Schergeschwindigkeit
c = Wärmekapazität

Die in dieser Gleichung vorhandene innere Wärmequelle W kann zur Beschreibung des Einflusses der Kristallisation benutzt werden, bei der – vergleichbar einer exothermen chemischen Reaktion – Wärme entsteht und die Abkühlung verzögert wird. Die volumenbezogene Kristallisationswärme ist

$$E = \rho \, \Delta h_A \alpha \tag{10.2}$$

mit:

E = volumenbezogene Kristallisationswärme
Δh_A = massebezogene Aufschmelzenthalpie
α = Kristallisationsgrad

Die für den Energiesatz benötigte zeitliche Ableitung ergibt:

$$W = \frac{\partial E}{\partial T} = \rho \, \Delta h_A \frac{\partial \alpha}{\partial T} \tag{10.3}$$

und führt dann zur Energiegleichung:

$$\rho \rho c \frac{\partial T}{\partial t} = \lambda \frac{\partial^2 T}{\partial y^2} + \rho \, \Delta h_A \frac{\partial \alpha}{\partial T} \tag{10.4}$$

Diese Gleichung soll zur weiteren Betrachtung normiert werden:

$$\frac{\partial \Theta}{\partial \zeta} = F_o \frac{\partial^2 \Theta}{\partial \xi^2} + K_r \cdot \frac{\partial \alpha}{\partial \zeta} \tag{10.5}$$

mit:

Θ = dimensionslose Temperatur = $\dfrac{T - T_U}{T_0 - T_U}$

T_U = Umgebungstemperatur

T_0 = mittlere Anfangstemperatur des Kunststoffs

F_o = Fourierzahl = $\dfrac{\lambda t_0}{\rho c d^2} = \dfrac{\lambda L}{\rho c v_0 d^2}$

v_0 = Abzugsgeschwindigkeit

L = Länge des betrachteten Abschnitts

d = Extrudatdicke

t_0 = betrachtete Zeitdauer

ζ = dimensionslose Koordinate = $\dfrac{z}{L} = \dfrac{t}{t_0}$ in Extrusionsrichtung

ξ = dimensionslose Koordinate in Extrusionsdickenrichtung $\dfrac{y}{d}$

K_r = dimensionslose Kristallisationsenthalpie = $\dfrac{\Delta h_A}{c\left(T_0 - T_U\right)}$

Anfangsbedingung:

Zur Lösung der Differentialgleichung muss eine Anfangstemperaturverteilung T_0 (y) bzw. Θ_0 (ξ) vorgegeben sein. Wird die Abkühlung direkt nach dem Werkzeugaustritt berechnet, kann eine gleichmäßige Anfangstemperaturverteilung

$$\Theta_0 (\xi) = 1, \; 0 \le \xi \le 1 \tag{10.6}$$

benutzt werden. Werden Abschnitte stromabwärts berechnet, dient jeweils das Ausgangstemperaturprofil des stromaufwärts liegenden Anlagenteils als Eingangstemperaturprofil für den betrachteten Abschnitt.

Randbedingungen:

Für die Berechnung des Abkühlverlaufs müssen an den beiden Oberflächen des Extrudats thermische Randbedingungen vorgegeben werden. Die einfachste Form der Randbedingung ist die Vorgabe einer Oberflächentemperatur (siehe Bild 10.1)

$$\Theta\left(\xi = 1\right) = 0 \quad \text{für } 0 \le \zeta \le 1 \tag{10.7}$$

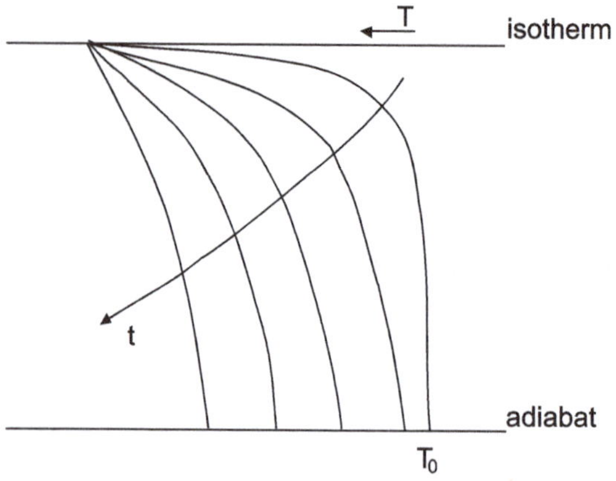

Bild 10.1 Randbedingung 1. Art

Diese Form der Abkühlung ist jedoch in Extrusionsanlagen technisch nur selten realisiert.

Als Randbedingung 2. Art wird die Festlegung eines konstanten Wärmestromes bezeichnet:

$$\frac{\partial \Theta}{\partial \xi}(\xi = 1) = \text{const} \text{ für } 0 \le \zeta \le 1 \tag{10.8}$$

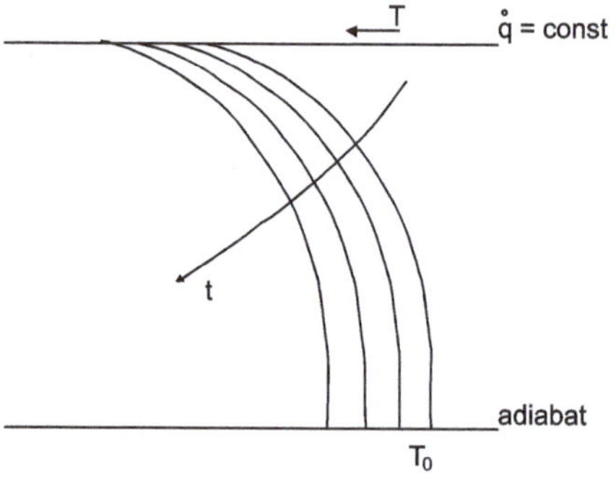

Bild 10.2 Randbedingung 2. Art

Diese Annahme ist sinnvoll bei der Strahlungserwärmung von Kunststoffen (Tiefziehanlagen), bei der Abkühlung ist sie jedoch technisch nicht realisiert.

Bei fast allen Abkühlungsvorgängen der Extrusionstechnik ist ein konvektiver Wärmeübergang an ein strömendes Temperiermedium (Luft, Wasser, Öl) realisiert. Dieser wird durch die Randbedingung 3. Art gekennzeichnet, bei der der Wärmestrom an der Grenzfläche der Temperaturdifferenz zwischen Oberfläche und Temperiermedium proportional ist:

$$\lambda \frac{\partial T}{\partial y}\bigg|_{y=1} = \alpha\left(T - T_{\mathrm{U}}\right) \quad \text{bzw.} \quad \frac{\partial \Theta}{\partial \xi}\left(\xi = 1\right) = B_{\mathrm{i}}\, \Theta\left(\xi = 1\right) \qquad (10.9\,\mathrm{a,\,b})$$

mit:

α = Wärmeübergangskoeffizient

B_{i} = Biot-Zahl = $\frac{\alpha\, d}{\lambda}$

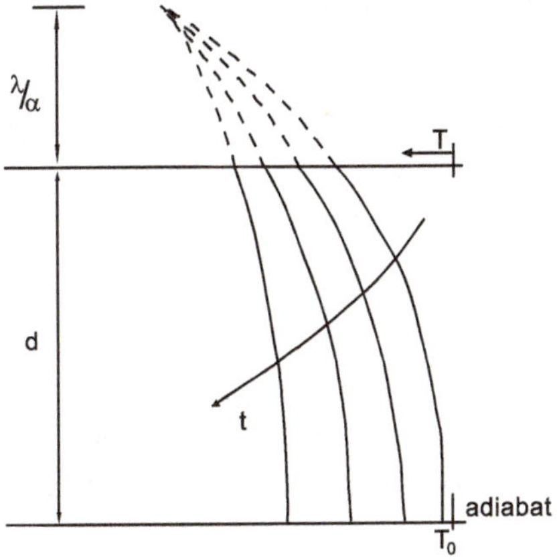

Bild 10.3 Randbedingung 3. Art

Die gesamten thermischen Randbedingungen werden zumeist nur an einer Extruderoberfläche angesetzt. Für die gegenüberliegende Seite wird eine ideale Isolation (adiabate Oberfläche) vorausgesetzt, d. h.:

$$\frac{\partial \Theta}{\partial \xi} = 0 \quad \text{für } \xi = 0 \text{ und } 0 \le \zeta \le 1 \qquad (10.10)$$

Betrachtet man reale Extrusionslinien, so sind drei Fälle zu unterscheiden:

- Die Annahme einer adiabaten Oberfläche ist sinnvoll bei innenliegenden Oberflächen ohne Kontakt zum Temperiermittel. Dies gilt für Blasfolien ohne Innenkühlung und Rohr-/Schlauchlinien. Näherungsweise lässt sich die Kühlung einer Oberfläche auch bei Kühlwalzen vernachlässigen, wo die eine Seite der Folie bzw. Tafel in der umgebenden Luft wesentlich geringere Wärmeübergangskoeffizienten hat als die an der Kühlwalze liegende.
- Bei gleichen Randbedingungen (z. B. beidseitige Abkühlung an der Luft) liegt die Oberfläche mit adiabater Randbedingung aufgrund des symmetrischen Temperaturprofils in der Mitte des Extrudats, so dass die Kennzahlen B_{i} und F_0 mit der halben Extruderdicke zu bilden sind.

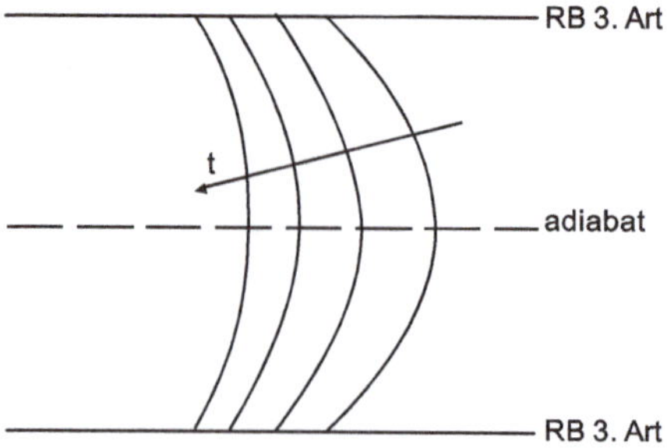

Bild 10.4 Symmetrisches Profil bei beidseitiger Abkühlung

$$\frac{\partial \Theta\Theta}{\partial \xi}(\xi=0)=-\frac{\partial \Theta}{\partial \xi}(\xi=1),\ 0 \le \zeta \le 1 \tag{10.11}$$

$$\frac{\partial \Theta}{\partial \xi}=0 \quad \text{für } \xi = 0{,}5 \tag{10.12}$$

- Am schwierigsten in der Behandlung sind unterschiedliche, aber in der gleichen Größenordnung liegende Wärmeübergangskoeffizienten auf beiden Seiten. Das Extrudat muss hier zur Berechnung in zwei unterschiedlich dicke Bereiche unterteilt werden:

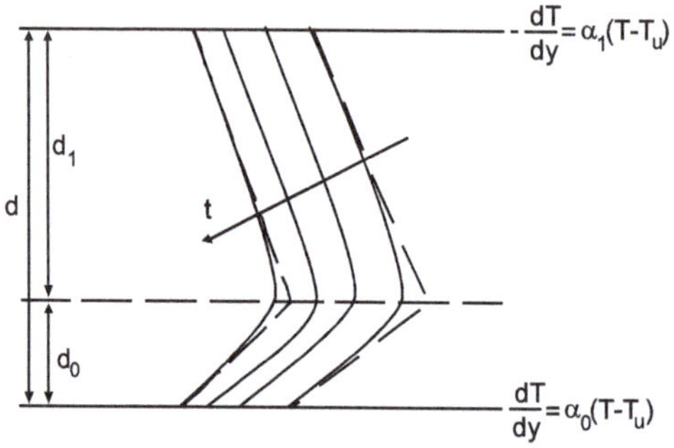

Bild 10.5 Beidseitige, asymmetrische Abkühlung

$$\frac{\partial \Theta\Theta}{\partial \xi}(\xi=0)=B_{i0}\Theta \qquad \frac{\partial \Theta\Theta}{\partial \xi}(\xi=1)=B_{i1}\Theta \tag{10.13 a, b}$$

$$\frac{\partial \Theta}{\partial \xi}=0 \quad \text{für } \xi = \xi_{\text{Grenz}} \text{ mit } \quad \xi_{\text{Grenz}}=\frac{B_{i0}}{B_{i0}+B_{i1}} \tag{10.14 a, b}$$

Dem unterschiedlichen Abkühlverhalten wird durch die unterschiedlichen Fourier-Zahlen Rechnung getragen.

Vereinfachte Lösung des Energiesatzes für amorphe Kunststoffe:

Der Abkühlvorgang wird nicht durch eine Kristallisation gestört, so dass auch der Kristallisationsterm gleich Null ist. Der Energiesatz vereinfacht sich dadurch zu

$$\frac{\partial \Theta}{\partial \zeta} = F_0 \cdot \frac{\partial^2 \Theta}{\partial \xi^2} \tag{10.15}$$

Diese zur Lösung sehr angenehme, einfache Form des Energiesatzes lässt sich auch für teilkristalline Thermoplaste verwenden, falls eine Analyse des eigentlichen Kristallisationsvorganges nicht durchgeführt werden soll und die Temperaturabhängigkeit der Wärmeleitfähigkeit vernachlässigt wird. Um die energetischen Auswirkungen der Kristallisation zu berücksichtigen, wird die spezifische Wärmekapazität *c* aus dem Enthalpiediagramm so ermittelt, dass die Enthalpiedifferenz zwischen Eingang und Ausgang bei einer konstanten spezifischen Wärmeleitfähigkeit genau getroffen wird.

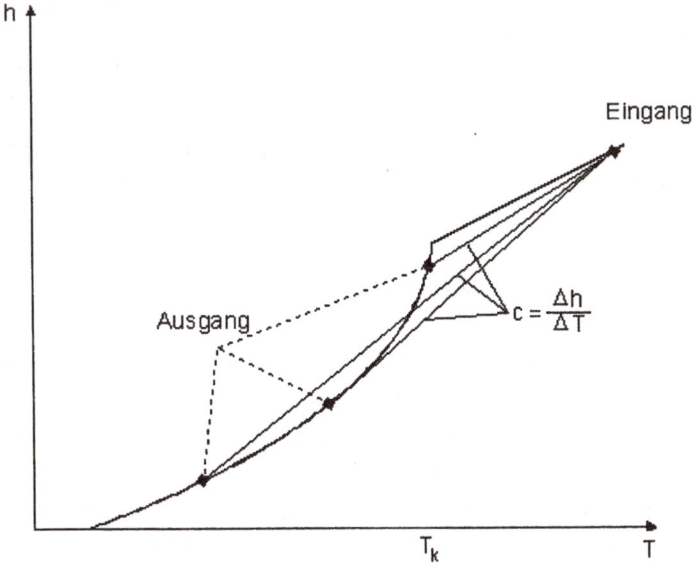

Bild 10.6 Ermittlung der mittleren spezifischen Wärmekapazität

Dies führt jedoch zu einer Abhängigkeit zwischen der zu wählenden Wärmekapazität und der Ausgangstemperatur, so dass die Berechnung nur iterativ durchgeführt werden kann.

Die Lösung des vereinfachten Energiesatzes mit den Randbedingungen

$$\frac{\partial \Theta}{\partial \xi}(\xi = 0) = 0 \quad \text{und} \quad \frac{\partial \Theta}{\partial \xi}(\xi = 1) = B_i\, \Theta \tag{10.16, 10.17}$$

und der Anfangsbedingung $\Theta_0(\xi) = 1$ ist aufgrund ihrer numerischen Komplexität nur mithilfe von Diagrammen (z. B. VDI-Wärmeatlas) zu lösen.

10.2 Bestimmung der Wärmeübergangskoeffizienten

Die Bestimmung der Wärmeübergangskoeffizienten ist die Grundlage zur Abkühlberechnung und ermöglicht die Benutzung der im vorangegangenen Abschnitt 10.1 vorgestellten Gleichungen. Je nach Typ der Extrusionsanlage unterscheidet sich die Vorgehensweise. Gemeinsam ist den im Folgenden gezeigten, anlagenspezifischen Lösungen die Zielrichtung, aus den Abkühlbedingungen den Wärmekoeffizienten zu bestimmen. Gemeinsam ist weiterhin die hohe Unsicherheit aufgrund des großen Einflusses von konstruktiven Details in der technischen Ausführung. Die Berechnung des Wärmeübergangskoeffizienten erreicht eine Genauigkeit von ca. ± 50 %. Dieser Wert ist sehr unbefriedigend und führt dazu, dass eine sehr aufwendige mathematische Modellierung des Abkühlverhaltens wenig sinnvoll ist. So ist die FE-Simulation des Abkühlens komplexer Profile in Sprühkühlungstanks zwar wissenschaftlich interessant, in der konkreten Anlagenauslegung jedoch wenig zuverlässig. Alternativen liegen daher in einer experimentell orientierten Vorgehensweise und in der Anwendung der Modelltheorie.

10.2.1 Konvektive Kühlung an der Luft

Wärmeübergang durch Konvektion in ruhender Luft tritt in Flachfolien- und Tafelanlagen in mehreren Anlagenteilen auf:

- Zwischen Düsenaustritt und Auftreffen auf die Walze kühlt das Extrudat an der Luft ab. Eine Berechnung dieses Abkühlvoranges ist sehr schwer, da die Luft in einem engen Anlagenteil im Kontakt zu heißen Maschinenkomponenten steht. Glücklicherweise werden diese Strecken sehr kurz gehalten, so dass eine Analyse dieses Abkühlvorganges nicht notwendig ist. Ansätze zur thermischen Auslegung müssen die Wechselwirkung zwischen der Luftströmung und dem bewegten Extrudat berücksichtigen. Von besonderer Schwierigkeit ist die Berücksichtigung evtl. vorhandener Luftmesser.
- Bei einseitigem Walzenkontakt steht die Außenseite einer Folie bzw. Tafel in Kontakt mit der umgebenden Luft. Die Wärmeübergangskoeffizienten sind erheblich kleiner als die auf der Walzenseite, so dass sie bei der Berechnung vernachlässigt werden können. Falls die Berücksichtigung trotzdem gewünscht ist, können die im Folgenden dargestellten Gleichungen benutzt werden.
- Wichtig in der Kühlstreckenanalyse sind längere Strecken, z. B. bei Tafelanlagen die Rollenbahn oder bei Folienanlagen Strecken zwischen Walzen bzw. zwischen Walze und Abzug. Hier liegen klare Bedingungen vor, da das Extrudat bereits eingefroren ist und mit definierter Geometrie und Geschwindigkeit vorliegt. Wei-

terhin sind diese Anlagenteile recht offen, so dass die Lufttemperatur in ausreichender Entfernung vom Extrudat gut messbar ist.

Die Extrudatbahn wird als parallel angeströmte ebene Platte angesehen, die Anströmgeschwindigkeit ergibt sich aus der Abzugsgeschwindigkeit. Die Analyse ergibt den gesuchten Wärmeübergangskoeffizienten aus der Nußelt-Zahl mit:

$$N_u = \frac{\alpha \, l}{\lambda} \tag{10.18}$$

mit:

α = Wärmeübergangskoeffizient
l = charakteristische Länge = Länge des betrachteten Abschnittes
λ = Wärmeleitfähigkeit der Luft

Aufgrund der Bewegung des Extrudates tritt eine Überlagerung von freier und erzwungener Konvektion auf.

Für freie Konvektion gilt allgemein: $N_u = f(G_r,\ P_r)$ (10.19)

mit:

P_r = Prandtl-Zahl = $\frac{v}{a}$
a = Temperaturleitfähigkeit
v = kinematische Viskosität
G_r = Grashof-Zahl = $\frac{g \cdot \beta \cdot l^3 \Delta T}{v_{AB}^{\ 2}}$
g = Erdbeschleunigung
β = thermischer Ausdehnungskoeffizient
ΔT = Temperaturdifferenz zwischen Luft und Extrudatoberfläche

Für erzwungene Konvektion gilt allgemein $N_u = f(R_e, P_r)$ (10.20)

mit:

R_e = Reynolds-Zahl = $\frac{v_{Ab}\, l}{v}$

Die erzwungene Konvektion überwiegt bei $\frac{G_r}{R_e^{\ 2}} < 0.225$, die freie Strömung bei $\frac{G_r}{R_e^{\ 2}} > 10$.

Der Umschlag von laminarer zur turbulenten Strömung erfolgt bei $R_{ekrit} = 5 \cdot 10^5$ bzw. $G_{rkrit} = 4 \cdot 10^8$. Die Bestimmungsgleichungen für N_u können der folgenden Tabelle entnommen werden.

Tabelle 10.1 Nußelt-Beziehungen

	laminar	turbulent	Kombination
freie Konvektion	$\sqrt{N_u} = 0{,}825 + 0{,}324 \sqrt[6]{G_r\, P_r}$ (vertikal) $N_u = 0{,}485 \sqrt[5]{G_r\, P_r}$ (horizontal)	–	$N_u^3 = N_{u\,fr}^3 + N_{u\,erzw.}^3$
erzwungene Konvektion	$N_u = 0{,}664 \sqrt{R_e}\, \sqrt[3]{P_r}$	$N_u = \dfrac{0{,}0037 R_e^{0{,}8} P_r}{1 + 2{,}443 R_e^{-0{,}1} \left(P_r^{2/3} - 1\right)}$	
Kombination	$N_u = \sqrt{N_{u\,lam}^2 + N_{u\,turb}^2}$		

Rohranlagen können ebenfalls Strecken aufweisen, an denen das Rohr durch Luft läuft. Dies kann den Sinn haben, durch Unterbrechung der Kühlung zu einem Spannungsabbau zu kommen (Temperung in der eigenen Wärme). Hierfür kann die Beziehung

$$N_u = 0{,}53 \sqrt[4]{G_r\, P_r} \tag{10.21}$$

mit $N_u = \dfrac{\alpha \cdot \pi D}{2\lambda}$, $G_r = \dfrac{\pi D^3\, g\, \beta\, \Delta T}{4 v_{Ab}^{\;2}}$, $\Delta T = T_{\text{Umgebung}} - T_{\text{Oberfläche}}$

verwendet werden, die für freie laminare Konvektion um ein waagrechtes Rohr gilt. Aufgrund der relativ langsamen Extrusionsgeschwindigkeiten in Rohr- und Schlauchanlagen sind die entsprechenden Gleichungen für erzwungene Konvektion und turbulente Luftströmungen hier nicht relevant.

10.2.2 Konvektive Kühlung in Wasser

Konvektive Kühlung in Wasser ist in der Extrusionstechnik in zwei Varianten realisiert:

- Bei der Flachfolienextrusion von Polypropylen im Chill-Roll-Verfahren läuft die Walze in einem Wasserbad, so dass die der Walze abgewandte Primärfilmseite wassergekühlt ist. Dies wird auch in Bändchenanlagen so gebaut.
- Vakuumtankkalibrierungen von Rohren und Profilen
- Rohre und Profile werden in Sprühtanks abgekühlt, die die ursprünglich verwendeten Wasserbäder aufgrund des besseren Wärmeübergangs verdrängt haben.

Wasserbad

Die Abkühlung von Rohren im Wasserbad kann mit

$$N_u = 0{,}7 \cdot \sqrt[4]{G_r \, P_r} \tag{10.22}$$

approximiert werden. Diese Gleichung gilt für freie Konvektion, d.h. für langsame Abzugsgeschwindigkeiten. Der Einfluss der erzwungenen Konvektion, charakterisiert durch die Reynolds-Zahl, wird in der Literatur unterschiedlich beschrieben. Während [4.158] experimentelle Untersuchungen durchführte, die ein Absinken der bezogenen Nußelt-Zahl $\frac{N_u}{\sqrt[4]{G_r \, P_r}}$ mit steigender Reynolds-Zahl zeigten, zeigten vergleichbare Untersuchungen von [HAB81] den theoretisch zu erwartenden leichten Anstieg. Der Grund hierfür dürfte in der konkreten Ausführung der benutzten Wasserbäder liegen, bei denen die Strömung am Rohr von der Strömung zwischen Ein- und Auslauf überlagert wird.

Für Folien im Wasserbad kann von den Nußelt-Beziehungen in Tabelle 10.1 ausgegangen werden.

Vakuumtank

Nach [HAB81] kann für eine Vakuumtankkalibrierung die folgende Beziehung angewendet werden:

$$N_u = 0{,}45 \sqrt[4]{G_r \, P_r} \tag{10.23}$$

Bei normalen Extrusionsanlagen werden Werte zwischen 500 und 1000 W/(m²K) erreicht.

Sprühkühlung

Bei der Sprühkühlung entsteht ein Wasserfilm an der Extrudatoberfläche, der gegenüber einem Wasserbad bessere Wärmeübergangszahlen aufweist. Der Wasserfilm fließt an der Wand herunter, so dass die Strömungsrelativgeschwindigkeit erhöht wird und das Wasser sich ständig erneuert.

Nach [GAR55] kann der Wärmeübergangskoeffizient mit

$$N_u = \frac{1500 \frac{W}{m^2K} L_1}{\lambda} \sqrt[3]{\frac{\dot{V}/L_2}{42\, l/(mh)}} \sin^{0,2} \phi \tag{10.24}$$

mit:

$\dot{V}/L_2$ = Längenbezogener Kühlwasserstrom
L_1 = Charakteristische Länge quer zur Extrusionsrichtung
ϕ = Neigungswinkel der betrachteten Fläche

abgeschätzt werden. Es ergeben sich Werte von ca. 1500 W/(m²K).

10.2.3 Kontaktkühlung an Kühlwalzen und Galetten

Die Kontaktkühlung an temperierten Metalloberflächen ist in der Folien- und Faserextrusion technisch realisiert:

- Folien werden an Kühlwalzen abgekühlt, die zum Teil recht große Durchmesser (bis 4000 mm bei Anlagen mit großen Primärfoliendicken und hohem Durchsatz) erreichen.
- Folien und Fasern werden an Galetten temperiert (siehe Bild 10.7). Hier muss es sich nicht um eine Abkühlung handeln, es kann sich auch um Anlagenkomponenten mit dem Ziel einer schonenden Kontakterwärmung handeln, um den sich anschließenden Reckvorgang bei definierter Temperatur durchführen zu können.

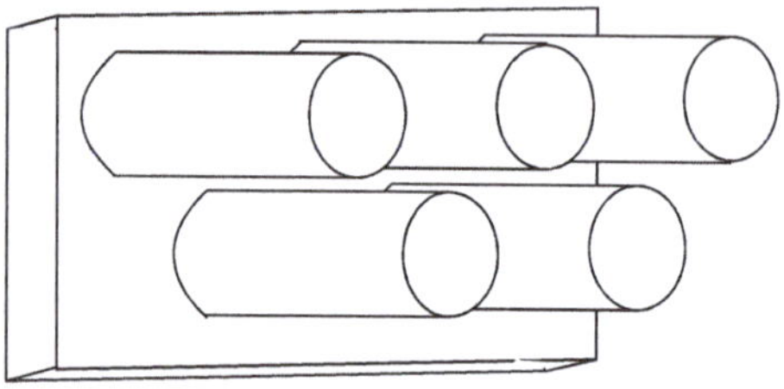

Bild 10.7 Galetten

Hinsichtlich der Formulierung der sich einstellenden thermischen Randbedingung bestehen in der Literatur verschiedene Ansichten. Bei der im Folgenden dargestellten Vorgehensweise wird von einer isothermen Abkühlung mit konstanter Temperatur in der Grenzfläche ausgegangen. Der Gefahr der Überschätzung des Wärmekontaktes wird durch die Berechnung der Kontakttemperatur der Walze Rechnung getragen, die deutlich oberhalb der Temperiermitteltemperatur liegt.

Die Grenzflächentemperatur T_{GR} ergibt sich als Funktion der Wärmeeindringfähigkeiten und der Temperaturen der in Kontakt tretenden Körper.

$$T_{GR} = \frac{b_{Walze} T_{0F} + b_{KS} T_{KS}}{b_{Walze} + b_{KS}} \qquad (10.25)$$

mit:

T_{0F} = Oberflächentemperatur der Walze
T_{KS} = mittlere Temperatur der Kunststoffolie
b = Wärmeeindringfähigkeit = $\sqrt{\lambda \rho c}$

bzw. in dimensionsloser Form:

$$\Theta_{GR} = \frac{b_{KS}}{b_{Walze} + b_{KS}} \quad \text{mit} \quad \Theta_{GR} = \frac{T_{GR} - T_{OF}}{T_{KS} - T_{OF}} \tag{10.26}$$

Die Oberflächentemperatur der Walze ergibt sich über eine integrale Wärmebilanz. Alternativ dazu kann sie natürlich auch an der Walze berührungslos gemessen werden. Im Folgenden sind die dieser Wärmebilanz zugrunde liegenden Größen dargestellt (siehe Bild 10.8).

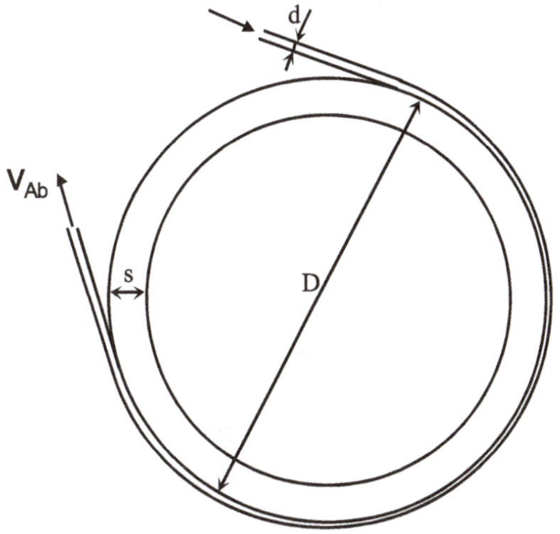

Bild 10.8 Querschnitt der Kühlwalze

Zur Vereinfachung der Bilanz wird von gleichmäßigen Zuständen über dem Umfang ausgegangen, obwohl die Folienbahn einen Umschlingungswinkel $< 360°$ hat. Der abzuführende Wärmestrom beträgt:

$$\dot{Q} = \dot{m}\Delta h = v_{Ab} \cdot d \cdot B \cdot \rho \cdot \Delta h \tag{10.27}$$

und gleicht dem sich im Walzenmantel einstellenden Energiegefälle (abgewickelte Fläche):

$$\dot{Q} = \pi DB \frac{T_{OF} - T_i}{s} \lambda \tag{10.28}$$

mit:

Δh = Enthalpiedifferenz $h_2 - h_1$

T_i = Temperatur an der Innenoberfläche des Walzenmantels

Die Temperaturdifferenz im Walzenmantel ergibt sich zu:

$$T_{OF} - T_i = \frac{v_{Ab} \cdot d \cdot \rho \cdot \Delta h \cdot s}{\pi D \lambda_w} \tag{10.29}$$

Die Temperatur am Innenmantel der Walze kann durch die Berechnung des inneren Wärmeübergangskoeffizienten α_i bestimmt werden:

$$\dot{Q} = \pi B (D - 2s) \alpha_i (T_i - T_{TM}) \tag{10.30}$$

mit:

T_{TM} = mittlere Temperiermitteltemperatur

Der Wärmeübergangskoeffizient α_i muss durch eine Analyse der Kühlmittelströmung und einer entsprechenden Nußelt-Beziehung gewonnen werden, auf die hier nicht näher eingegangen wird.

Es ergibt sich aus der Kombination der Gleichungen:

$$T_{OF} - T_{TM} = \frac{v_{Ab} \cdot d \cdot \rho \cdot \Delta h \cdot s}{\pi D \lambda_w} (1 + B_{iKK}) \tag{10.31}$$

mit der Biot-Zahl des Kühlkanals:

$$B_{i\,KK} = \frac{D}{D - 2s} \frac{\lambda}{\alpha_i s} \tag{10.32}$$

Zur Berechnung von α_i muss die notwendige Temperiermittelmenge bestimmt werden. Bei der Anlagenauslegung ist sie so zu wählen, dass eine vorgegebene maximale Temperaturdifferenz zwischen Ein- und Auslauf nicht überschritten wird. Da sich diese Temperaturdifferenz auf die Gleichmäßigkeit der Walzenoberflächentemperatur und damit auf die Temperaturgleichmäßigkeit des Extrudates auswirkt, sollte sie nicht größer als 2 K gewählt werden. der Durchfluss ergibt sich damit sehr einfach zu

$$\dot{m}_{TM} = \frac{\dot{m}_{KS} \, \Delta h_{KS}}{c_{TM} \, \Delta T_{TM}} \tag{10.33}$$

Diese Gleichung sagt jedoch nichts darüber aus, ob die Wärmeaustauschgeometrie der Kühlwalze auch diese gewünschte Temperaturdifferenz bei diesem Durchfluss erzeugt. Hier gibt es einen Zusammenhang zwischen der für die Abkühlrechnung zu verwendenden isothermen Randbedingung T_{OF} und der für die Berechnung dieser Oberflächentemperatur notwendigen Enthalpiedifferenz im Kunststoff. Eine angemessene Berücksichtigung dieses Vorganges kann durch die bislang noch freie Wahl des Umschlingungswinkels geschehen. Bei der Wahl der Parameter zur Bestimmung der Oberflächentemperatur kann so von den Sollwerten ausgegangen werden. Die anschließende Abkühlrechnung für das Extrudat führt zu einer Festlegung des Umschlingungswinkels zur Erreichung der gewünschten Endtemperaturen. Liegt der so bestimmte Umschlingungswinkel nicht in einer anlagentechnisch sinnvollen Größe, muss der Walzendurchmesser entsprechend geändert werden.

10.2.4 Strahlungserwärmung

Für die Wärmestrahlung folgt aus dem Stefan-Boltzmann'schen Gesetz für die Wärmestromdichte an einer Kunststoffoberfläche, die mit der Umgebung Energie durch Wärmestrahlung austauscht:

$$\dot{q} = 0{,}0567 \cdot 10^{-6} \frac{W}{m^2 K^4} \varepsilon_{\text{Ku}}\, \varepsilon_{\text{U}}\, \phi_{\text{Ku-U}} \left(T_{\text{O}}^4 - T_{\text{U}}^4\right) \tag{10.34}$$

mit:

ε_{Ku} = Emissionsgrad des Extrudats
ε_{U} = Emissionsgrad der Umgebung
$\phi_{\text{Ku-U}}$ = Einstrahlzahl zwischen Kunststoff und Umgebung
T_{O} = Oberflächentemperatur des Extrudates
T_{U} = Umgebungstemperatur

Aus Gründen der formalen Ähnlichkeit der mathematischen Betrachtung des Strahlungsenergieaustausches mit dem bei den meisten Extrusionsverfahren dominanten konvektiven Wärmeaustausch hat sich die Benutzung eines Strahlungswärmeübergangskoeffizienten etabliert:

$$\alpha_{\text{Str}} = \frac{\dot{q}}{T_{\text{O}} - T_{\text{U}}} = 0{,}0567 \cdot 10^{-6} \frac{\text{W}}{\text{m}^2\text{K}^4} \varepsilon_{\text{Ku}}\, \varepsilon_{\text{U}}\, \phi_{\text{Ku-U}} \frac{T_{\text{O}}^4 - T_{\text{U}}^4}{T_{\text{O}} - T_{\text{U}}} \tag{10.35}$$

Für übliche Abkühlprobleme (d.h. $T_{\text{U}} = 25\,°\text{C}$, $\varepsilon = 0{,}95$, $\phi = 1$, $v_{\text{Ab}} > 10$ m/min) können Näherungswerte durch die Approximationsgleichung

$$\alpha_{\text{Str}} = \left(4 + 0{,}0455 \frac{T_{\text{O}}}{°C}\right) \frac{\text{W}}{\text{m}^2\text{K}} \tag{10.36}$$

gewonnen werden. Der Wärmeübergangskoeffizient durch Strahlung ist recht klein, so dass er nur bei der Abkühlung von langsam laufenden Tafeln oder Folien an Luft berücksichtigt werden muss.

10.3 Modelltheoretische Umsetzung

Aufgrund der Ungenauigkeit der im vorangegangenen Abschnitt 10.2 beschriebenen Ermittlung der Wärmeübergangskoeffizienten ist die rein rechnerische Auslegung von Kühlstrecken sehr riskant. Eine sichere Alternative liegt in der modelltheoretischen Übertragung der energetischen Verhältnisse einer ähnlichen Anlage. Dabei wird von einem zufriedenstellenden Verhalten der Basisanlage ausgegangen. Gesucht ist die Länge der auszulegenden Kühlstrecke bei gleichem Abkühlgrad des Extrudates.

Unter der Forderung nach energetischer Ähnlichkeit wird hier aufgrund des Wunsches nach gleichen Produkteigenschaften eine Konstanthaltung aller Temperaturen verstanden, d. h. identische Schmelzetemperaturen am Werkzeugaustritt, gleiche Temperiermitteltemperaturen und gleiche Endtemperaturen beim Auslauf aus der Kühlstrecke:

$$\Theta = \frac{T - T_U}{T_0 - T_U} = \text{const} \tag{10.37}$$

Die Abkühlung wird dann von den beiden Kennzahlen F_o (Fourier-Zahl) und B_i (Biot-Zahl) bestimmt. Für eine vollständige Ähnlichkeit müssten beide Kennzahlen für die Basis- und die Zielausführung gleich sein:

$$\Theta_Z = \Theta_B \Leftrightarrow (F_{oZ} = F_{oB} \text{ und } B_{iZ} = B_{iB}) \tag{10.38}$$

mit:

Index B = Basis- oder Modellanlage,
Index Z = Zielanlage oder Hauptausführung

Betrachtet man die Definition der Biot-Zahl ($B_i = \frac{\alpha\, d}{\lambda}$), so kann Gleichung 10.38 nicht erfüllt werden. Eine sich ändernde Produktgeometrie d bei gleichem Material (d. h. gleichem l) würde:

$$\frac{\alpha_Z}{\alpha_B} = \frac{d_B}{d_Z} \tag{10.39}$$

erfordern. Dies ist nicht nur technisch schwierig, sondern auch wirtschaftlich unsinnig.

Die modelltheoretische Übertragung muss also die Wechselwirkung zwischen F_o und B_i berücksichtigen. Betrachtet man den Zusammenhang zwischen der Biot-Zahl und der Fourier-Zahl für eine konstante Temperatur Θ, so zeigt sich der folgende Verlauf (siehe Bild 10.9).

Es lassen sich die drei folgenden Bereiche unterscheiden:

- Bei Biot-Zahlen $B_i > 30$ dominiert die Fourier-Zahl den Prozess, d. h. die Biot-Zahl hat keinen Einfluss auf das Abkühlergebnis. Der äußere Wärmeübergang ist so hoch, dass der Abkühlvorgang annähernd mit einer konstanten Oberflächentemperatur (d. h. der Umgebungstemperatur des Fluids) abläuft, so dass die innere Wärmeleitung maßgebend ist. Im Extrudat liegt eine hohe Temperaturdifferenz vor. Die Abkühlzeit ist entsprechend der Definition der Fourier-Zahl proportional zum Quadrat der Wanddicke des Extrudates. Eine Verbesserung der Abkühlbedingungen durch eine Steigerung des Wärmeübergangskoeffizienten ist wirkungslos.

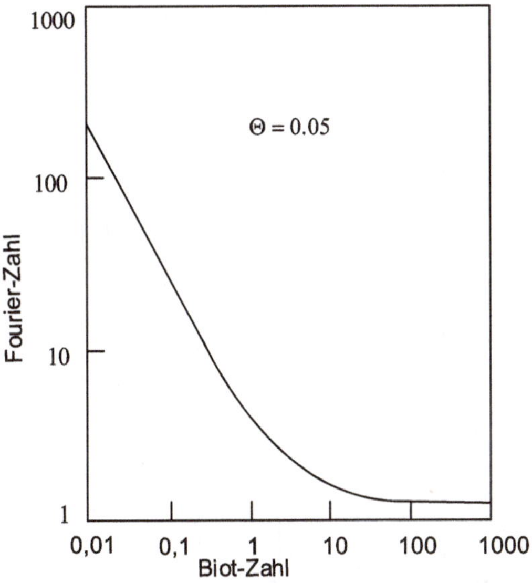

Bild 10.9 Fourier-Biot-Diagramm bei konstanter Temperatur Θ

Die notwendige Länge der Kühlstrecke hängt von der Wanddicke d und der Abzugsgeschwindigkeit v ab:

$$\frac{L_Z}{L_B} = \left(\frac{d_Z}{d_B}\right)^2 \frac{v_Z}{v_B} \tag{10.40}$$

- Bei Biot-Zahlen $B_i < 1$ ist das Abkühlverhalten abhängig vom Produkt der Biot- und Fourier-Zahl:

$$B_i\, F_o = \frac{\alpha}{\rho\, c\, d}\frac{t}{} = \frac{\alpha}{\rho\, c\, d}\frac{L_0}{v_{Ab}} \tag{10.41}$$

In diesem Fall ist aufgrund des dominierenden äußeren Wärmeübergangs von einer nahezu homogenen Temperatur im Querschnitt auszugehen. Die Kühlzeit bzw. die Länge der Kühlstrecke ist proportional zur Wanddicke. Sie kann durch eine Verbesserung des äußeren Wärmeüberganges wirksam verkürzt werden. Kleine Biot-Zahlen treten bei dünnen Folien und Fasern auf.

Die notwendige Länge der Kühlstrecke hängt von der Wanddicke d, dem Wärmeübergangskoeffizienten α und der Abzugsgeschwindigkeit v ab:

$$\frac{L_Z}{L_B} = \frac{d_Z}{d_B}\frac{v_Z}{v_B}\frac{\alpha_B}{\alpha_Z} \tag{10.42}$$

- Bei Biot-Zahlen zwischen $1 < B_i < 30$ hängt die Abkühlung von beiden Kennzahlen ab. Das Verhalten liegt zwischen den beschriebenen Grenzzuständen. Das folgende Bild zeigt die Vorgehensweise graphisch. Die Punkte B_{iB} und F_{oB} liegen für die Basisanlage vor und beschreiben die Temperatur Θ. Für die Hauptausführung ist die Biot-Zahl B_{iZ} im allgemeinen fest. Ihr Schnittpunkt mit der Temperaturkurve führt zu der zu realisierenden Fourier-Zahl F_{oZ}.

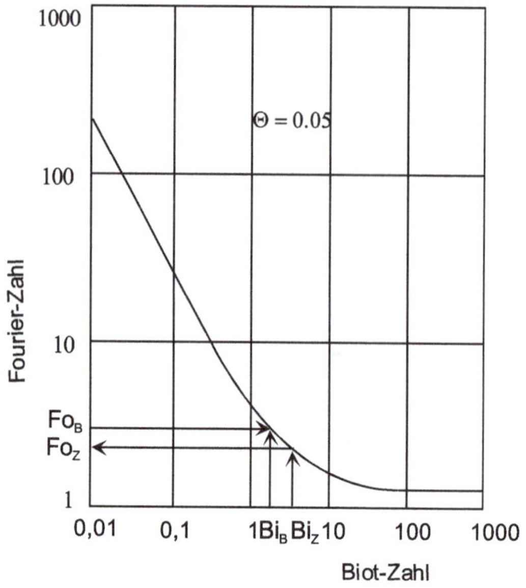

Bild 10.10 Modellübertragung im Fourier-Biot-Diagramm bei konstanter Temperatur Θ

10.4 Abkühlung von Profilen

Die Abkühlung von Profilen wird in Kapitel 5 „Profilextrusion" diskutiert, um darauf aufmerksam zu machen, dass die verfahrenstechnische Auslegung der Kühlstrecke mit den hier vorgestellten Methoden nur eingeschränkt möglich ist. [SCH 85] zeigt eine Fülle an experimentellen Ergebnissen und Finite-Element-Simulationen zum Abkühlverhalten in Profilextrusionsanlagen, die methodisch bei der Auslegung realer Profilextrusionsanlagen zugrunde gelegt werden können.

Literatur zu Kapitel 10

Die wissenschaftlichen Arbeiten zur Kühlung an Extrudaten werden im Schwerpunkt am IKV der RWTH Aachen durchgeführt. Hier wird der aktuelle Stand zur Kühlstreckenauslegung regelmäßig aufgearbeitet.

[SCH85] Schmidt, J.: Wärmetechnische Auslegung von Profilkühlstrecken mit Hilfe der Methode der Finiten Elemente (FEM), Dissertation RWTH Aachen, 1985

[HAB81] Haberstroh, E.: Analyse von Kühlstrecken in Extrusionsanlagen, Dissertation RWTH Aachen, 1981

[GRÜ79] Grünschloß. E.; Radtschenko, L.: Experimentelle Bestimmung der Wärmeübergangszahlen bei der Kühlung von extrudierten Kunststoffrohren, Plastverarbeiter 30 (1979) 10, S. 631 - 639

[KAL90] Kalwa, M.: Anwendungen der Finite-Elemente-Methode zur Simulation von Wärmetransportvorgängen in der Kunststoffverarbeitung, Dissertation RWTH Aachen, 1990

[CAM98] Bullwinkel, M.; Campbell, G.: Two dimensional heat transfer analysis for semi-Crystalline Blown Film, PPS-North American Meeting, Toronto, 1998

[GAR55] Garwin, L.; Kelly, R. W.: Inclined falling films, Ind. Eng. Chem. 47 (1955), S. 392 - 395

11 Dosiergeräte für Extrusionsanlagen

Thomas Kaupel

11.1 Einleitung

Im Rahmen der Globalisierung und der damit verbundenen Firmenfusionen auch im Bereich der kunststofferzeugenden Industrie steigt der Druck zur Rationalisierung. Die kostenintensive Herstellung von speziell für den Kunststoffverarbeiter individuell modifizierten Materialchargen in kleinen Mengen wird immer unwirtschaftlicher. Das Ziel ist es, wenige Materialtypen in großen Mengen herzustellen.

Auf der anderen Seite muss der Extrudeur die Forderungen seiner Kunden nach neuen, immer schneller wechselnden Produkten innerhalb kürzester Zeit erfüllen können.

Weil damit die Anforderungen in Bezug auf Materialvielfalt, Qualität und Lieferbereitschaft bei reduzierten Liefermengen und schwieriger Kostensituation weiter steigen, ist der Verarbeiter gezwungen, die zur Produktion notwendige Mischung des Ausgangsstoffes selbst zu erzeugen.

Das Ausgangsgemisch am Materialeinzug setzt sich im Allgemeinen zusammen aus:

- Hauptkomponente (= Rohstoff)
- Additiven (UV-Stabilisatoren, Weichmachern, Entformungshilfen, Gleitmittel, Füllstoffen usw.)
- Farbkonzentraten

Die Materialkomponenten können dabei in granulatförmiger, pulvriger, pastöser oder flüssiger Präparation vorliegen.

11.2 Allgemeine Betrachtung zu Dosiergeräten

11.2.1 Vorteile der Materialaufbereitung mit Dosier- und Mischgeräten

Prinzipiell stehen dem Verarbeiter folgende Quellen für die Ausgangsmischung zur Verfügung:

- **fertig konfektionierte (compoundierte) Ware**
  Dem Vorteil, dass eine fertige Materialpräparation, für dessen Zusammensetzung und Qualität der Lieferant verantwortlich ist, meist in leicht handhabbarer Form vorliegt, stehen folgende **Nachteile** gegenüber:
  - Der Bezug wird zunehmend schwieriger und teurer (siehe oben).
  - Es müssen oftmals Mindestmengen bezogen werden, die nicht immer vollständig verbraucht werden können und damit eingelagert oder entsorgt werden müssen.
  - Kurzfristige Änderungen in der Zusammensetzung sind nicht möglich (Lieferzeiten, Einschränkung der Flexibilität).
- **manuell bzw. zentral hergestellte Mischung**
  Nachteile:
  - Entmischungsprobleme beim Handling und Transport
  - schwieriges Abschätzen der benötigten Gesamtmenge (Restgemisch übrig oder neu anzusetzende Mischung, schwierige Reproduzierbarkeit)
  - schwieriges Einbinden in autom. Fördersysteme und Trocknungsanlagen, Einschränkung der Automatisierung
  - bei Rezepturfehler entstehen u. U. große Ausschussmengen
- **Materialaufbereitung auf der Maschine (Dosieranlagen)**
  Gegenüber konfektioniert bezogenen bzw. manuell hergestellten Mischungen ergeben sich entscheidende **Vorteile:**
  - kurzfristige auftragsbezogene Materialaufbereitung
  - Rezepturänderungen mit sofort sichtbaren Ergebnissen
  - keine Reste an gemischtem Material, da nahezu nur soviel Gemisch erzeugt wird, wie die Verarbeitungsmaschine einzieht
  - leichte Reproduzierbarkeit von Rezepturen
  - keine Entmischungsgefahr wie beim Handling von Fertigmischungen, da das Gemisch unmittelbar vor dem Maschineneinzug erzeugt wird
  - preisgünstiger Bezug größerer Mengen an Grundmaterialien
  - Reduzierung der Materialvielfalt im Lager

- einfache Einbindung der Dosierstationen in automatisierte Materialversorgungskonzepte
- Die Gemischaufbereitung mit schwierig handhabbaren Komponenten ist oft nur mit Dosiereinrichtungen direkt über dem Maschineneinzug möglich

Das Anforderungsprofil im Hinblick auf eine flexible, kostenoptimierte, vollautomatisierte Produktion von qualitativ hochwertigen Kunststofferzeugnissen kann in Bezug auf die Gemischaufbereitung nur durch moderne, vorzugsweise dezentrale Dosiergeräte erfüllt werden.

11.2.2 Dosieraufgabe, prinzipieller Aufbau von Dosiergeräten, Dosierorgane

Wenn mehr als eine Materialkomponente der Verarbeitungsmaschine zugeführt werden soll, kommen in modernen kunststoffverarbeitenden Betrieben Dosiersysteme zum Einsatz, die die rezepturgerechte Mischung direkt zum Bedarfszeitpunkt in der jeweils benötigten Menge automatisch zur Verfügung stellen.

Damit können die oben genannten Vorteile gegenüber konfektioniert gekauften oder manuell hergestellten Mischungen konsequent genutzt werden.

Auf dem Markt stehen eine Vielzahl von verschiedenen Dosiergeräten zur Verfügung. Sie lassen sich in die beiden großen Gruppen der **volumetrischen** und **gravimetrischen** Systeme einteilen. (Geräte, die die zu dosierende Masse im Gegensatz zu den gravimetrischen Systeme nicht direkt, sondern über Trägheits- oder Impulskräfte ermitteln, sind für die üblichen Durchsätze kunststoffverarbeitender Betriebe zu ungenau. Sie werden bei größeren Materialströmen auch zur Durchsatzerfassung eingesetzt und sind nicht Gegenstand der vorliegenden Betrachtung.)

Die Aufgabe jedes Dosiergerätes ist es,

- eine **vorgegebene Materialmenge** zu einem definierten Zeitpunkt oder
- einen geforderten **Massestrom**
- **möglichst genau an die Bedarfsstelle zu übergeben.**

Dazu wird im Dosiertrichter, der das zu dosierende Material bevorratet, ein mehr oder minder abgeschlossenes Volumenelement des Dosierorgans befüllt und aus dem Dosiertrichter ausgetragen. (Den prinzipiellen Aufbau eines Dosiergerätes zeigt Bild 11.1.)

11.2.3 Prinzipieller Aufbau einer Dosieranlage

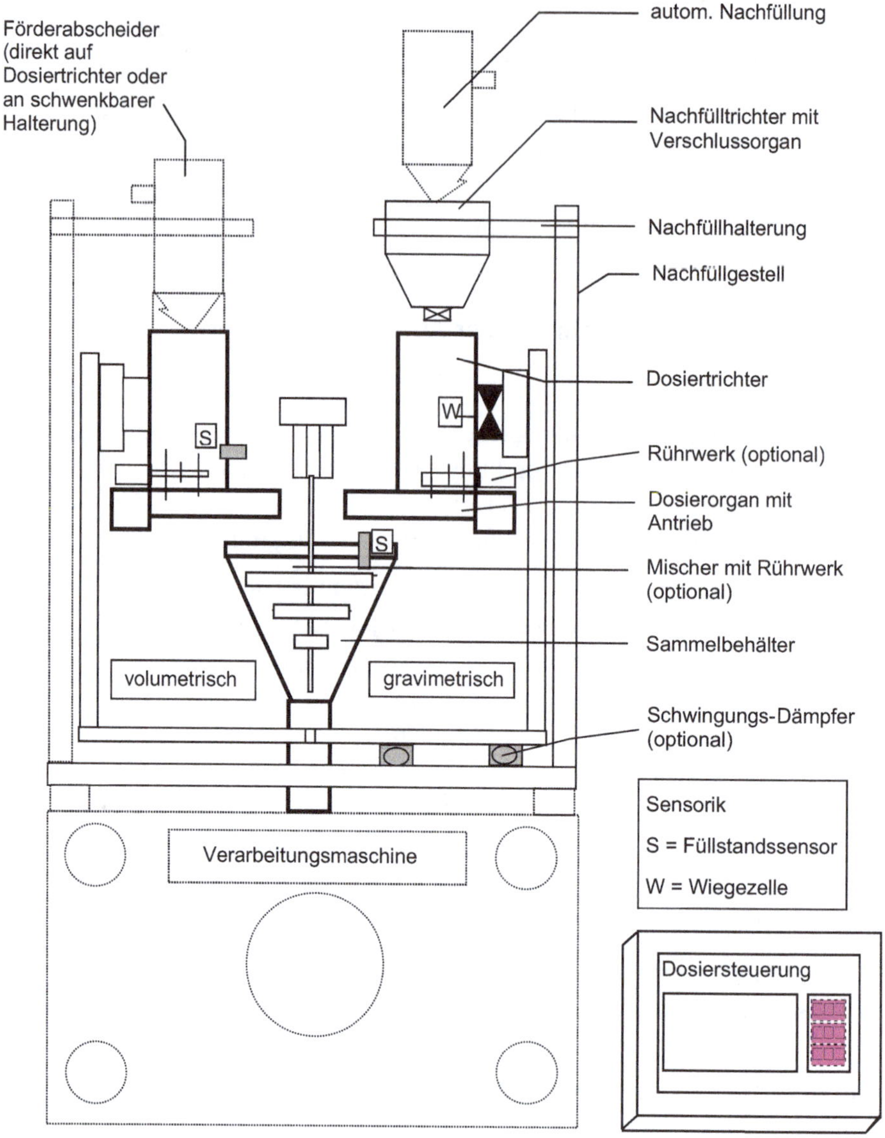

Bild 11.1 Prinzipieller Aufbau einer Dosieranlage [Quelle: motan-colortronic gmbh]

Die Lösung der Dosieraufgabe besteht also aus den Schritten:

- Messen oder quantitative Abgrenzung der Dosiergüter
- Einstellen bzw. Regeln des Sollwertes
- Fördern des Dosiergutes
- Übergabe eines homogenen Gemisches an die Bedarfsstelle

Das Dosierergebnis ist dabei primär von der richtigen Auswahl eines geeigneten Dosierorgans abhängig. Sie wird bestimmt durch:

- die Materialform (Granulat, Mikrogranulat, Pulver, Flüssigkeit usw.) und die Eigenschaften (rieselfähig, klumpend, klebend, fluidisierbar usw.) des zu dosierenden Gutes
- den Komponentendurchsatz
- die Dosierumgebung (Erschütterungen, Reinraumbedingung etc.)

Bezeichnung	Skizze	Schüttgutspezifikation									Stellgröße Grob-/Feinbereich	Dosiermengenstromschwankungen $\Delta \dot{m}$ (%)
		Pulver rieselfähig	Pulver fluidisierbar	Pulver haftend back.	Granulat hart	Granulat bruchempf.	Gran. plast. verformb.	Schuppen	große Pulsation	kleine Pulsation		
Dosierschnecke	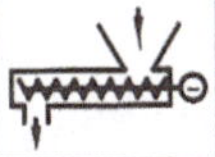	●	●	●	●	●	●	●		×	1 : 30	± 1...5
Vibrationsdosierer	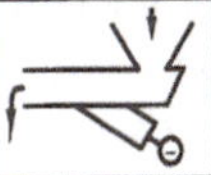	●	—	—	●	●	●	●		×	1 : 10	>± 10
Pneum. Förderrinne	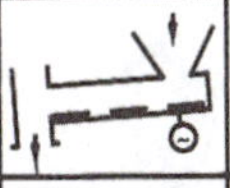	●	●	—	—	—	—	—		×	1 : 5	>± 10
Banddosierer	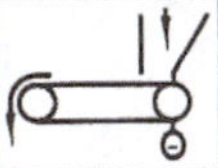	●	—	—	●	●	●	○		×	1 : 20	± 1...5
Zellenradschleuse		●	●	●	●	●	○	○	×		1 : 10	± 2...10
Kammerdosierer		●	○	—	●	○	○	—	×		1 : 10	± 2...10
Drehtellerdosierer		●	—	—	●	○	—	—		×	1 : 5	± 1...5
Dosierschieber		●	○	—	○	○	—	—		×	1 : 10	>± 5
Kolbendosierer	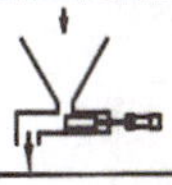	●	○	—	○	○	—	—	×	×	1 : 10	>± 5

● geeignet ○ bedingt geeignet — nicht geeignet

Bild 11.2 Tabellarischer Überblick verschiedener Dosierorgane für Feststoffe und die damit dosierbaren Schüttguter [VET94]

Die Spezifikationen können in Abhängigkeit von konstruktiven Ausführungen verschiedener Hersteller von den Angaben der Tabelle stark abweichen.

11.3 Volumetrische Dosiergeräte

11.3.1 Verfahrenstechnische Grundlagen

Da bei volumetrischen Geräten keine Messung der ausgetragenen Massen erfolgt, muss der Zusammenhang zwischen der dosierten Masse bzw. des Massestromes und der Anzahl bzw. der zeitlichen Abfolge von Volumeneinheiten des Dosierorgans in einem Kalibriervorgang manuell bestimmt werden.

Durchführung der Kalibrierung:

- Der Dosiertrichter wird mit dem Dosiergut gefüllt.
- Über die Steuerung wird ein Dosierzyklus ausgelöst.
- Die dabei über das Dosierorgan ausgetragene Masse wird aufgefangen und verwogen. (Die Auflösung der Waage sollte dabei um eine Zehner-Potenz besser sein als die kleinste in die Dosiersteuerung eingebbare Masse.)

Bild 11.3 Scheibendosierer für rieselfähige Granulate [Quelle: motan-colortronic gmbh]

- Der Kalibriervorgang wird mehrmals wiederholt und der Mittelwert der ausdosierten Masse berechnet.

Bei modernen Dosierautomaten wird nach Eingabe der Rezepturdaten und der Waagenwerte der Mittelwert selbst berechnet und die Stellgrößen aller an der Gemischaufbereitung beteiligten Dosierstation selbstständig ermittelt.

Die Konstruktion des Dosiergerätes sollte das Auffangen der Masse während des Kalibriervorganges ohne große Umbaumaßnahmen ermöglichen.

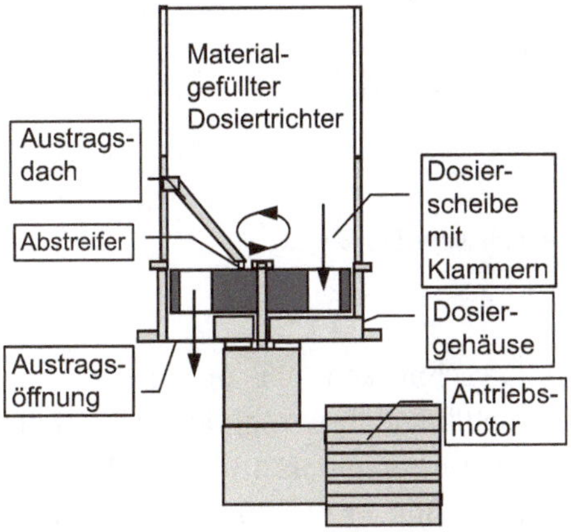

Bild 11.4 Scheibendosierer für rieselfähige Produkte [Quelle: motan-colortronic gmbh]

Um hohe Dosiergenauigkeiten zu erreichen, müssen die „Volumenelemente" der Dosierorgane möglichst gleichmäßig und reproduzierbar mit dem Dosiergut gefüllt werden. Dosiergeräte, die als Dosierorgane Scheiben mit genau definierten Kammern besitzen und eine gleichmäßige Kammerfüllung mit speziellen Abstreifern sicher stellen, haben sich hier besonders bewährt (siehe Bild 11.4).

In der Praxis haben Schneckendosierer die weiteste Verbreitung gefunden, da mit ihnen ein breites Spektrum von Materialien mit unterschiedlichsten Schüttguteigenschaften abgedeckt werden kann. Sie gibt es in Ausführungen mit Einzel- oder Doppelschneckenantrieben (Bild 11.5). Bei den Dosierschnecken kommen in Abhängigkeit vom Dosiergut unterschiedliche Bauformen zum Einsatz (z.B. Voll-

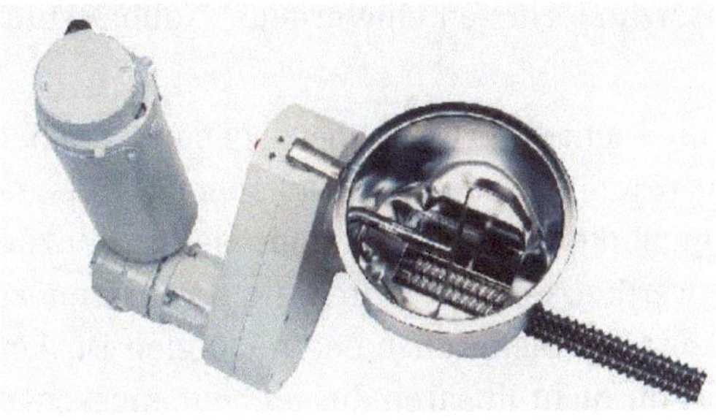

Bild 11.5 Doppelschneckendosierer mit Rührer, bestückt mit zweizügigen Konkavschnecken [Quelle: motan-colortronic gmbh]

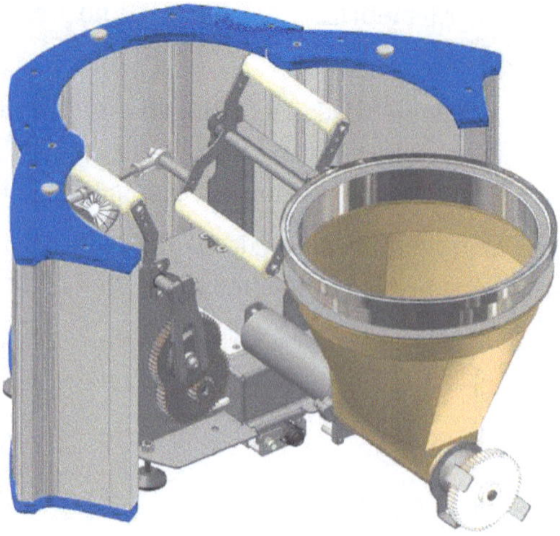

Bild 11.6 Einschneckendosierer mit Walk-Wand-Technik vom Typ C-Flex [Quelle: motan-colortronic gmbh]

blatt-, Wendel-, Spiralschnecken, Doppelkonkavschnecken, ein- und mehrzügige Schnecken etc.). Zur Handhabung schlecht rieselfähiger, brückenbildender Schüttgüter und vor allem bei Pulvern werden in der Dosierstation diverse Rührwerke verwendet oder flexible Dosiertrichterwandung (Bild 11.6) eingesetzt, die über spezielle Antriebssysteme bewegt werden.

Neben den mechanischen Voraussetzungen müssen auch konstante Produkteigenschaften vorliegen, um ein permanent gutes Dosierergebnis zu erzielen. Beispielsweise nehmen Schwankungen im Schüttgewicht direkt Einfluss auf den Dosierfehler.

Allgemein können Störeinflüsse (Eigenschaftsänderungen des Schüttgutes, Veränderungen am Dosierorgan z.B. durch Materialanlagerungen etc.), die eine Verschiebung des Kalibrierwertes nach sich ziehen, bei volumetrischen Systemen nur abgefangen werden, wenn entsprechend häufig nachkalibriert wird.

Der Zusammenhang zwischen Stellgröße (z.B. Drehzahl oder Schwingungsfrequenz) des Dosierorgans und dem Massenaustrag ist meist nicht über den gesamten Einstellbereich linear (siehe Bild 11.7). Das bedeutet, dass der Kalibrierfaktor stellgrößenabhängig ist und bei Durchsatzänderungen eine erneute Kalibrierung erforderlich werden kann.

Wird ein volumetrisches Dosiergerät auf einem unterfüttert betriebenen Extruder eingesetzt, müssen alle an der Rezeptur beteiligten Materialkomponenten zeitsynchron mit ihrem entsprechenden Komponentenanteil direkt dem Materialeinzug der Verarbeitungsmaschine zugeführt werden. Soll der Durchsatz des Extruders verändert werden, sind dem entsprechend die Stellgrößen der beteiligten Dosierstationen online anzupassen. Wegen des oft nicht linearen Zusammenhanges zwi-

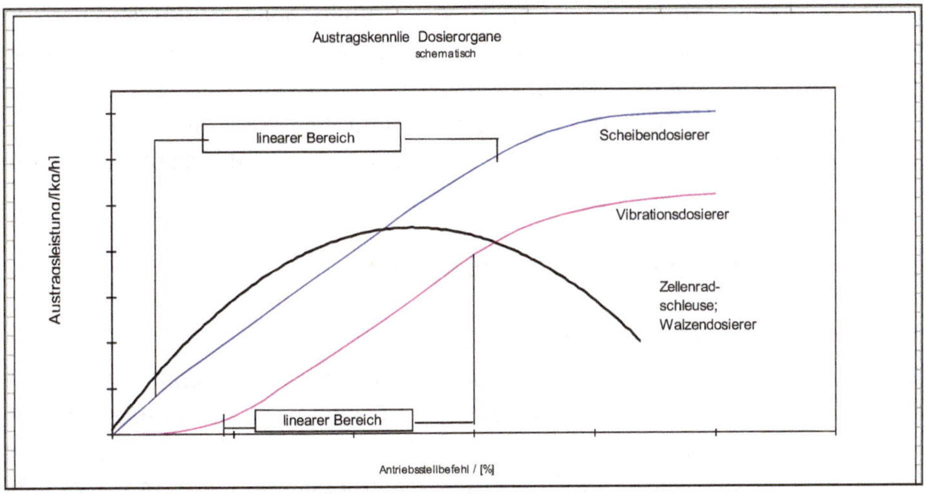

Bild 11.7 Austragskennlinie verschiedener Dosierorgane [Quelle: motan-colortronic gmbh]

schen Stellgröße und Massenaustrag kann sich damit eine Abweichung von der Soll-Rezeptur ergeben. Volumetrische Dosiergeräte sind daher für die Versorgung von unterfüttert betriebenen Extrudern nur bedingt geeignet.

Bei Einsatz eines volumetrischen Dosiergerätes auf einem überfüttert betriebenen Extruder wird der Dosierautomat so eingestellt, dass die Austragsleistung über dem Materialverbrauch der Verarbeitungsmaschine liegt. Die Materialkomponenten werden dabei in rezepturgerechtem Verhältnis in einen Sammelbehälter dosiert, in dem der Füllstand durch eine Sonde überwacht wird. Erreicht der Materialpegel eine obere Grenze, schalten die Dosierstationen solange ab, bis aufgrund des Materialabzuges des Extruders der untere Überwachungslevel erreicht wird. Der Sammelbehälter wirkt dabei als Puffergefäß und Mischtrichter, in dem je nach Arbeitsweise des Dosiergerätes die Materialkomponenten mit oder ohne aktiven Mischer homogenisiert werden.

Bei Veränderung des Extruderdurchsatzes passt sich die Dosierung durch die Veränderung der Einschalthäufigkeit der Dosierorgane automatisch an. Sie laufen dabei zu jedem Zeitpunkt mit jeweils der Stellgröße, bei der sie kalibriert wurden. Dadurch arbeiten die Geräte auch bei Wechsel des Gesamtdurchsatzes rezepturkonform.

Die Dosiergenauigkeit eines volumetrischen Dosiergerätes ist gemäß obiger Betrachtung von der Konstanz folgender Einflussgrößen abhängig:

- Reproduzierbarkeit der Volumenabgrenzung im Dosierorgan.
- Schüttguteigenschaften (Schüttdichte; Korngrößenverteilung etc.)
- Stellgröße während des Betriebes (z. B. Drehzahl). Sie muss der bei der Kalibrierung entsprechen.

Da volumetrische Dosiergeräte keine erschütterungsempfindlichen Messeinrichtungen enthalten, sind sie bei Einsatz streng volumenabgrenzender Dosierorgane zum Einen weitgehend unempfindlich gegen äußere Störeinflüsse und zum Anderen mechanisch leicht modular aufzubauen. Damit sind Materialwechsel bei entsprechend konstruierten Geräten schnell und unkompliziert durchzuführen.

11.3.2 Beispiele volumetrischer Dosiergeräte

11.3.2.1 Geräte mit digital-volumetrischer Arbeitsweise

Bei diesen Geräten wird die Bewegung des Dosierorgans in Abschnitte „gerastert“. Der Massenaustrag dieser Teilbewegung ist aufgrund der Kalibrierung bekannt. Die Rezepturdaten und die Kalibrierwerte bestimmen bei einem anstehenden Dosiervorgang, wie viele dieser Einheiten je Dosierstation ausgetragen werden müssen, um das Rezepturverhältnis der Komponentenmassen zu erfüllen. Im Allgemeinen ist dieses Verhältnis jedoch nicht ganzzahlig.

Bei einem digital-volumetrischen Kammerdosierer entspricht die Rasterung genau einer Dosierkammer. Das Dosierorgan wird mit konstanter, durch den Motor vorgegebenen Drehzahl bewegt. Die Kammern werden mittels eines Initialisators gezählt. Der gebremste Motor stoppt die Dosierscheibe jeweils so, dass die letzte zu dosierende Kammer genau über dem Auslauf der Dosierstation stehen bleibt.

Das Dosierverhältnis der beteiligten Materialkomponenten ergebe beispielsweise 2 : 1,2 : 0,5 Kammern. Um die Soll-Rezeptur zu erfüllen, muss die Dosiersteuerung über mehrere Dosierzyklen versuchen, das Kammerverhältnis zu realisieren (siehe Tabelle 11.1).

Die Rezepturabweichung je Dosierzyklus ist umso geringer, je kleiner die Kammern und damit je größer die Anzahl der zu dosierenden Kavitäten ist. Ein auf den Durchsatz angepasstes Dosierorgan hat damit Einfluss auf die Dosiergenauigkeit.

Damit die zeitlich versetzt zugegebenen Materialpakete homogenisiert werden können, muss der Dosierung ein Mischer nachgeschaltet werden. Das Mischervolumen muss dabei ausreichend dimensioniert sein, damit zum Einen die Mittelung des Gemenges über viele Dosierzyklen erfolgen kann und zum Anderen eine genügend lange Mischzeit zur Verfügung steht. Der max. mögliche Durchsatz des Dosier- und Mischgerätes wird daher nicht nur durch die Leistung der Dosierstationen, sondern auch durch die Größe des Mischtrichters begrenzt.

11.3.2.2 Gerätevariante mit Dosierung aller Komponenten (siehe Bild 11.8)

Bei diesem Gerätetyp werden alle an der Rezeptur beteiligten Materialkomponenten über Dosierstationen dem Mischer zugeführt. Diese Geräte arbeiten ohne steuerungstechnische Verbindung zur Verarbeitungsmaschine. Sinkt der Materialpegel

Tabelle 11.1 Aufteilung der Dosierschritte bei digital-volumetrischen Geräten [Quelle: motan-colortronic gmbh]

Kammerverhältnis auf Basis der Rezeptur und Kalibrierwerte:																2	:	1,2	:	0,5	
											äquivalent mit:					10	:	6	:	2,5	
											äquivalent mit:					20	:	12	:	5	
	Dosierzyklus 1											Dosierzyklus 2									
Anzahl Kammern	1	2	3	4	5	6	7	8	9	10		11	12	13	14	15	16	17	18	19	20
Dosieralgorithmus ohne optimierte Homogenisierung																					
Komponente 1	1	2	3	4	5	6	7	8	9	10		11	12	13	14	15	16	17	18	19	20
Komponente 2	1	2	3	4	5	6						7	8	9	10	11	12				
Komponente 3	1	2										3	4	5							
Dosieralgorithmus mit optimierter Homogenisierung																					
Komponente 1	1	2	3	4	5	6	7	8	9	10		11	12	13	14	15	16	17	18	19	20
Komponente 2	1		2		3		4		5	6		7		8		9		10		11	12
Komponente 3	1				2					3						4					5
	Zeitachse →																				
Darstellung gültig für: Kammervolumen und Drehzahl aller drei Dosierstationen gleich																					
		dosierte Kammer und Einschaltdauer der Motoren																			

aufgrund des Abzuges der Verarbeitungsmaschine unter den Schaltabstand einer im Mischdeckel eingebauten Sonde, wird der Dosierzyklus gestartet.

Alle Dosierstationen laufen solange, bis die Sonde wieder bedeckt ist und der letzte Dosierzyklus vollständig abgearbeitet wurde. Diese Geräte werden im Spritzguss und für einfache, überfüttert betriebene Extrusionsanwendungen eingesetzt.

Bild 11.8 Digitaldosierer mit Mischer [Quelle: motan-colortronic gmbh]

Müssen Materialien gemischt werden, die sich in ihren Schüttguteigenschaften extrem unterscheiden (z. B. kugelförmiges Mikrogranulat mit hoher Dichte und unregelmäßig großkörniges Mahlgut geringer Schüttdichte), kann die Bewegung des Materialbettes durch den Mischarm zu einem ungewollten Separierungsprozess führen. Durch pulsweises Ansteuern des Mischers und einstellbare Mischernachlaufzeiten kann das Entmischen teilweise verhindert werden.

Neben der Gefahr des Entmischens bedeutet der Einsatz eines aktiven, motorisch betriebenen Mischwerkzeuges auch Verschleiß und Materialabrieb. Des Weiteren wird bei Materialwechsel die Reinigung erschwert.

11.3.2.3 Synchrondosiergeräte

Bei modernen volumetrischen Synchrondosiergeräten werden die Dosierorgane über drehzahlgeregelte Gleichstromdosiermotoren angetrieben. Absicht ist es, alle Materialkomponenten zeitsynchron auszutragen. Die Aufgabe der Dosierstationen ist es nun, jeweils einen Massestrom zu erzeugen, der zu jedem Zeitpunkt dem Rezepturverhältnis entspricht. Bei gleichförmiger Scheibenumdrehung entsteht ein quasi kontinuierlicher Materialstrom, dessen Pulsation bei Verwendung durchsatzangepasster Dosierscheiben minimiert werden kann.

Über die Kalibrierung der Dosierorgane mit dem entsprechenden Material ist der Massenaustrag pro Scheibenumdrehung bekannt. Auf Basis des Kalibrierwertes und des geforderten Komponentenanteils kann jetzt die Steuerung die Drehzahl berechnen, mit der der rezepturgerechte Massestrom erzeugt wird.

Da alle Komponenten zeitsynchron mit dem rezepturkonformen Massestrom in den Übergabebehälter auf dem Materialeinzug der Verarbeitungsmaschine übergeben werden, liegt zu jedem Zeitpunkt eine perfekte Mischung vor. Es ist kein aktiver Mischer erforderlich (⇒ preiswerte, kleine Bauweise; einfache, schnelle Reinigung bei Materialwechsel).

Neben den bewährten Dosierorganen der digital-volumetrischen Geräte stehen auch spezielle Scheibendosierorgane mit neuartiger Abstreifertechnik für Additiv-Kleinstmengen zur Verfügung

- Gerätevariante mit Dosierung alle Komponenten (siehe Bild 11.9 und 11.10)

  Der Aufbau entspricht weitgehend dem digital-volumetrischer Geräte. Die Sonde, die die Dosierung startet bzw. stoppt, sitzt jedoch am Zuführrohr direkt über dem Materialeinzug der Verarbeitungsmaschine. Durch den geringen Materialvorrat im zylindrischen Rohr wird jede Separierung ausgeschlossen.

  Durch Adaption eines Doppelschneckendosierens direkt über dem Materialeinzug der Verarbeitungsmaschine können auch schwierige Schüttgüter wie adhäsive u. kohäsive Pulver dosiert werden.

11.3.2.4 Volumetrisches Synchrondosiergerät mit Dosierung aller Komponenten

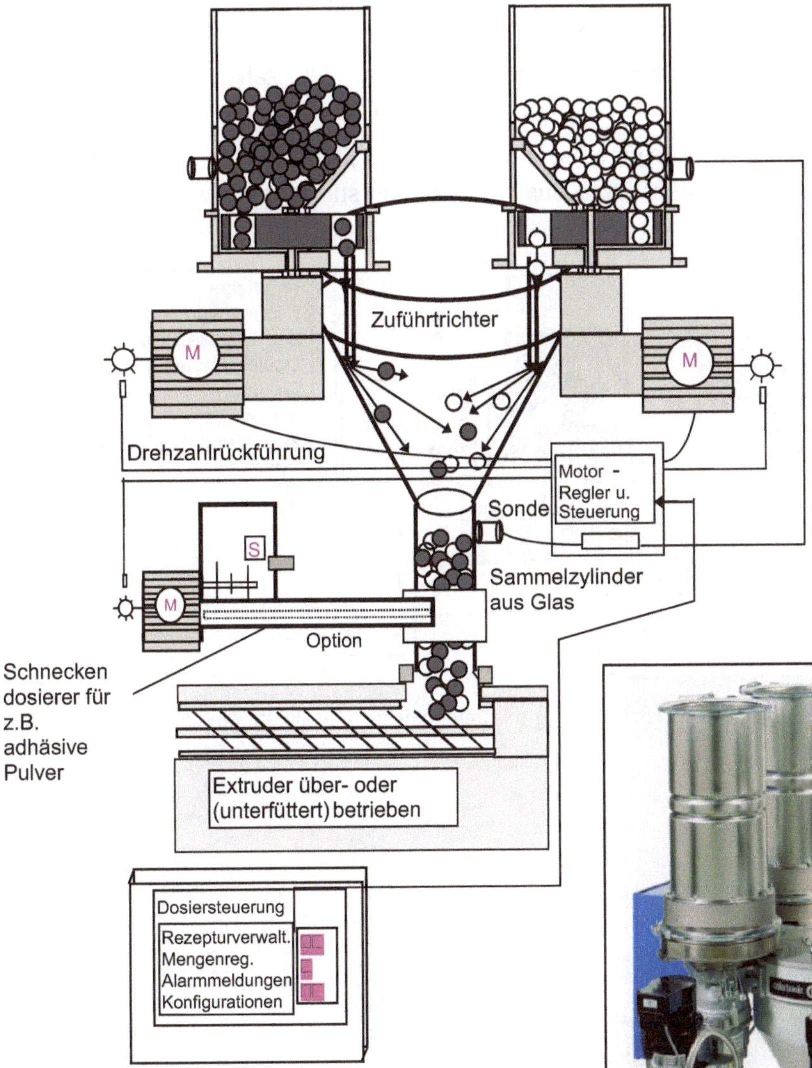

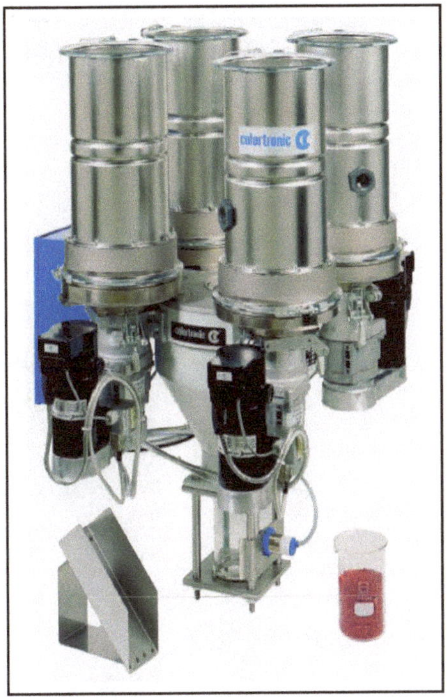

Bild 11.9 Synchroblend mit vier Stationen [Quelle: motan-colortronic gmbh]

11.3.2.5 Volumetrisches Synchrondosiergerät mit freiem Einlauf der Hauptkomponente

- Gerätevariante mit freiem Zulauf der Hauptkomponente = Colorblendverfahren (siehe Bild 11.10, 11.11 und 11.12)

  Dem Extruder muss ein konstanter Materialfluss übergeben werden, der genau dem Momentandurchsatz der Maschine entspricht.

  In diesem Materialstrom müssen zu jedem Zeitpunkt die Materialkomponenten im rezepturgerechten Verhältnis vorliegen. Im statischen Mischer, der auf dem

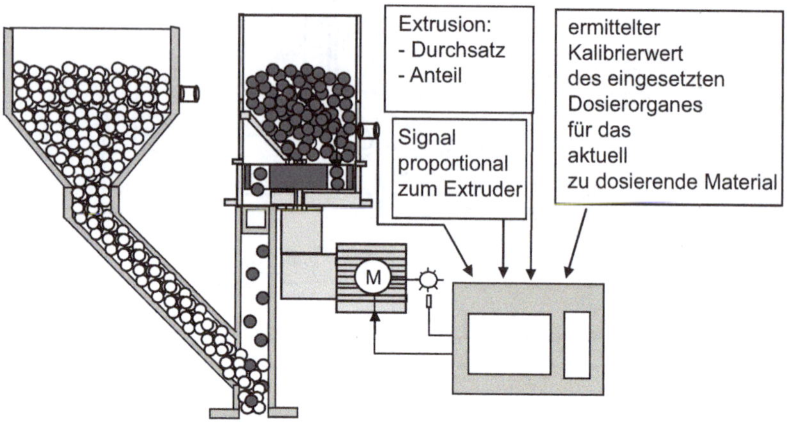

Bild 11.10 Schema Synchrondosierung mit freiem Einlauf [Quelle: motan-colortronic gmbh]

Bild 11.11 Colorblend Synchrondosiergerät für Extrusion und Spritzguss [Quelle: motan-colortronic gmbh]

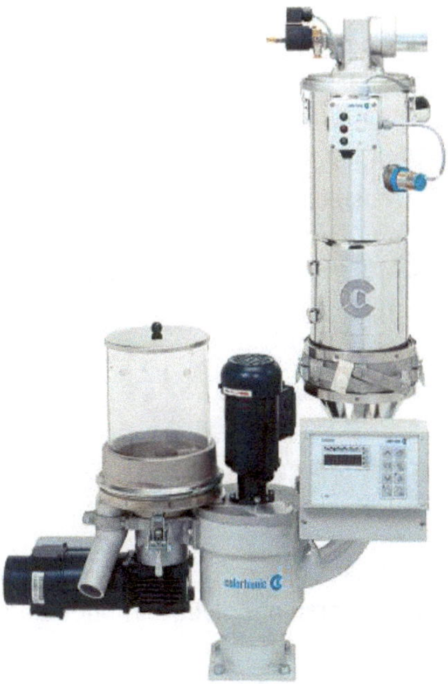

Bild 11.12 Synchrondosiergerät für Pulveradditiv mit Mischer und freiem Einlauf der Hauptkomponente [Quelle: motan-colortronic gmbh]

Materialeinzug der Verarbeitungsmaschine montiert ist, werden die Hauptkomponente und bis zu zwei Nebenkomponenten vereinigt. Während die Hauptkomponente frei zuläuft, werden die Nebenkomponenten (Batche, Additive etc.) über Dosierstationen zugegeben.

Die Fließwege an der Vereinigungsstelle der Materialströme sind dabei derart gestaltet, dass die Nebenkomponenten bevorzugt eingeschleust werden. Damit kann von der Hauptkomponente zwangsläufig nur der Anteil des Gesamtmassestromes eingezogen werden, der nicht durch die Ströme der Nebenkomponenten abgedeckt wird.

Zwischen der Vereinigungsstelle und dem Einzug der Verarbeitungsmaschine befindet sich also eine Materialsäule, in der die Komponenten entsprechend der Rezeptur homogen verteilt sind. Während des Materialeinzuges der Verarbeitungsmaschine bewegen sich die Bestandteile in der Materialsäule gleichförmig nach unten, gleichzeitig werden an der Vereinigungsstelle synchron zum Materialabzug der Verarbeitungsmaschine alle Komponenten rezepturgerecht nachgespeist. Eine Separierung von Materialien unterschiedlicher Schüttguteigenschaften, wie sie bei Einsatz eines aktiven Mischers mit bewegtem Rührarm erfolgen kann, ist damit ausgeschlossen.

Die prinzipbedingt immer anstehende Materialsäule macht deutlich, dass das Gerät nicht auf unterfüttert betriebenen Extrudern eingesetzt werden kann.

Zusammenfassung

Beim geschilderten Dosierverfahren werden alle an der Rezeptur beteiligten Komponenten synchron und damit zu jedem Zeitpunkt im rezepturgerechten Verhältnis zusammengeführt. Die Drehzahl der Dosierorgane wird deshalb in Abhängigkeit von den relevanten Einflussgrößen (d.h. Komponentenanteil und Durchsatz) berechnet und exakt geregelt. Der große verfahrenstechnische Vorteil dieses Verfahrens liegt in der Möglichkeit, kleine Komponentenanteile ohne aktives Mischen und damit ohne ein sonst notwendiges, relativ großes Mischvolumen homogen und rezepturgenau in der Hauptkomponente zu verteilen.

11.4 Gravimetrische Dosiergeräte

Bei gravimetrischen Dosiergeräten wird der Dosierstrom bzw. die zu dosierende Menge durch Wägung gemessen und durch permanenten oder sequentiellen Soll/Ist-Vergleich die entsprechende Stellgröße präzise geregelt.

Damit lassen sich die Geräte nach ihrer Arbeitsweise in kontinuierlich den Massenstrom messende und diskontinuierliche Chargenverwiegungssysteme unterteilen.

11.4.1 Diskontinuierliche Wägedosierung

Im Allgemeinen besitzen diese Dosiergeräte einen Wiegebehälter, in den nacheinander die Materialkomponenten über Schieber oder Schnecken zudosiert und additiv im entsprechenden Rezepturverhältnis chargenweise verwogen werden (Gain-in-weight Batchsysteme). Der Wiegebehälter entlässt die in ihm schichtweise vorliegenden Materialkomponenten in eine Mischkammer, in der ein homogenes Gemisch erzeugt wird (siehe Bild 11.13).

Die Verarbeitungsmaschine wird aus der Mischkammer versorgt. Aufgrund des notwendigen Puffervolumens im Mischer kommen diese Systeme auf überfüttert betriebenen Extrudern zum Einsatz.

11.4.1.1 Prinzipieller Aufbau eines gravimetrischen Chargendosiersystems

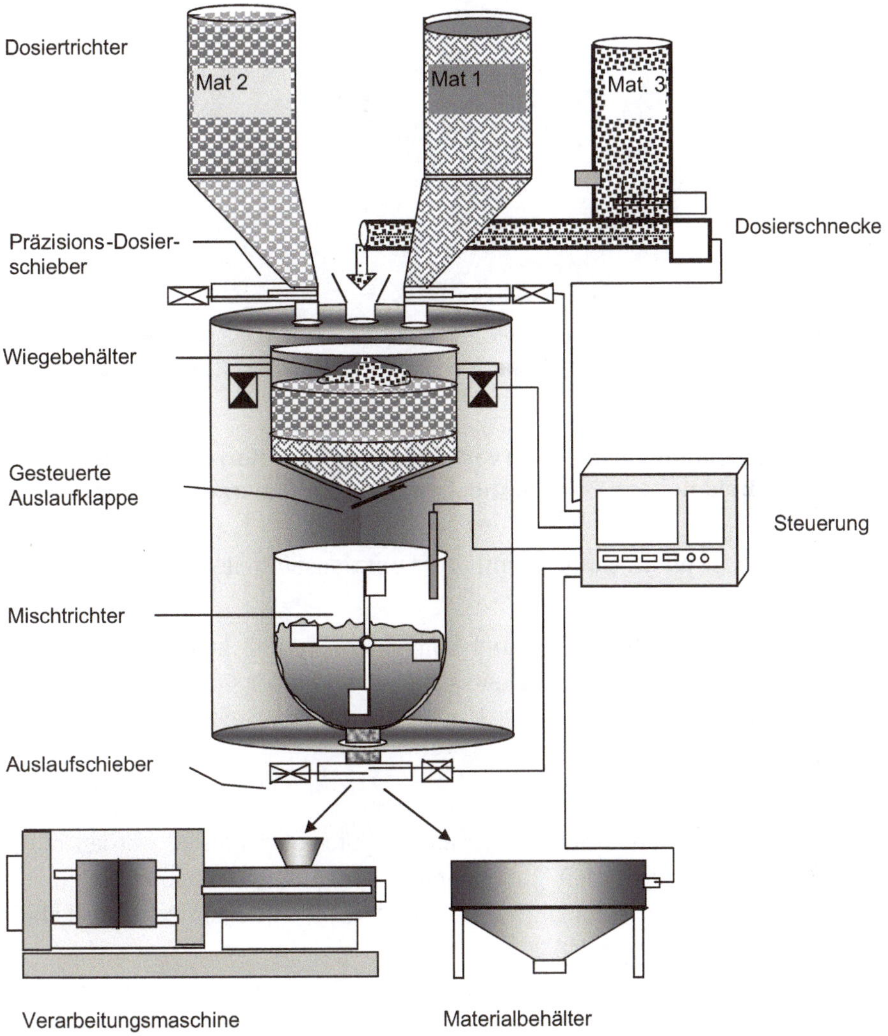

Bild 11.13 Prinzipieller Aufbau eines gravimetrischen Chargendosiersystems [Quelle: motan-colortronic gmbh]

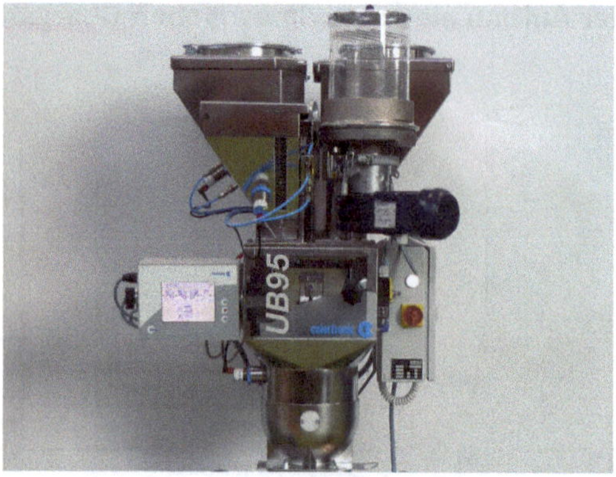

Bild 11.14 Chargendosiersystem vom Typ Ultrablend mit vier Dosierschiebern in Schnellwechselstationen und einem Schneckendosiermodul [Quelle: motan-colortronic gmbh]

11.4.1.2 Beschreibung des Dosierverfahrens und der Korrekturmechanismen am Beispiel des gravimetrischen Chargendosiergerätes vom Typ Ultrablend (siehe Bild 11.14)

Das Ultrablend ist ein Dosiergerät mit drei Funktionseinheiten:

- **Dosierorgane**
  je nach Materialbeschaffenheit und Komponentenanteil kommen zum Einsatz pneumatische Hochgeschwindigkeitsschieber und/oder Schnecken- oder Kammerdosierer
- **Wiegebehälter**
- **Mischer**
  Auf Basis der Rezeptur und des gewählten Batchgewichtes M werden die pro Wiegezyklus zu dosierenden Komponentenmassen $m_{\mathrm{i;soll}}$ berechnet und über die Schieber in der vorgegebenen Reihenfolge nacheinander in den Wiegebehälter dosiert und additiv verwogen.

Komponenten-Sollmassen:

$$m_{\mathrm{i;soll}} = k \cdot p_{\mathrm{i}} \cdot M \quad \text{mit} \sum_{\mathrm{i=1}}^{\mathrm{n}} p_{\mathrm{i}} = 1 \quad \text{und} \sum_{\mathrm{i=1}}^{\mathrm{n}} m_{\mathrm{i;soll}} = k \cdot M \quad ; \quad k = \frac{m_{\mathrm{h;soll}}}{m_{\mathrm{h}}} \tag{11.1}$$

mit: Index i = Komponentennr. (1 bis 6); Index h = Hauptkomponentennr.

Dosiermodi:

- **Komponentendefinition als Rohstoff/Neuware**
  Dosierwiederholung w (mit $1 < w \leq 4$; $w \in \mathbb{N}$):

  Liegt die dosierte Komponentenmasse unter dem Sollwert ($m_{\mathrm{i}} < m_{\mathrm{i;soll}}$) wird die Komponente i so oft nachdosiert (maximal w-mal), bis die dosierte Masse innerhalb des gewählten Toleranzbandes liegt (= Komponenteninterne Korrektur). Für obige Formel gilt: $k = 1$

- **Komponentendefinition als Additiv**
  Weicht die evtl. intern korrigierte Komponentenmasse m_h der Hauptkomponente vom Sollwert $m_{h;soll}$ ab, werden alle als Additiv definierte Komponenten der Art korrigiert, dass das Rezepturverhältnis im Batch erfüllt wird. Der Korrekturfaktur ist k.

Zusätzlich zu dieser Korrektur auf die Hauptkomponente findet auch die interne Korrektur statt.

Die im Wiegebehälter schichtweise vorliegenden Komponenten, deren Masseverhältnis die Rezeptur widerspiegelt, werden über eine Auslaufklappe in den Mischer ausgetragen, wo das Materialgemenge homogenisiert wird.

Es besteht die Möglichkeit, das Chargendosiergerät auch als zentrale Dosier- und Mischstation auf einem Gestell mit Vorratstrichter und Absaugvorrichtung aufzubauen. Der Materialauslauf unterhalb des Mischtrichters muss dann mit einem automatischen Absperrorgan versehen werden, das über die Dosiersteuerung angesprochen wird. Damit wird sichergestellt, dass im Mischtrichter genügend Material für eine ausreichende Mischzeit zur Homogenisierung zur Verfügung steht. Das fertig aufbereitete Materialgemisch wird dann über Fördersysteme zur Bedarfstelle transportiert. (Bei Gemischen, die aus Materialien mit stark unterschiedlichen Schüttguteigenschaften hergestellt wurden, besteht beim Materialtransport die Gefahr des Entmischens.)

11.4.2 Kontinuierliche gravimetrische Dosierung

Zu den kontinuierlich den Massenstrom gravimetrisch regelnden Systemen gehören die Band-, die kontinuierlichen Varianten der Trichterdosierwaagen und die Differentialdosierwaagen.

„Der Vorteil der Differentialwaage (loss-in-weight), die eine kontinuierliche Entnahmewägung darstellt, liegt in der Vermeidung von Fehlereinflüssen, weil auch hier, wie bei der diskontinuierlichen Wägung, das Gewicht die einzige Messgröße darstellt“ [VET94].

11.4.2.1 Die Differentialdosierwaage

11.4.2.1.1 Charakteristika

Die Differentialdosierwaage ist eine kontinuierliche Entnahmewaage (loss-in-weight-feeder), die einen Produktmassestrom gemäß der Sollwertvorgabe mit hoher Dosierkonstanz der Bedarfsstelle übergibt. Die Durchsatzleistungen liegen je nach Anwendung und Bauform zwischen minimal 100 g/h für beispielsweise Additive; Batche, Stabilisatoren und mehreren Tonnen je Stunde für Mahlgüter, Roh- und Füllstoffe.

Mehrere Differentialdosierwaagen können zu einer Anlage (Bild 11.15 u. 11.16) zusammengefasst werden, mit dem Ziel, die an der Gemischaufbereitung beteiligten Masseströme zu jedem Zeitpunkt im rezepturkonformen Verhältnis der Be-

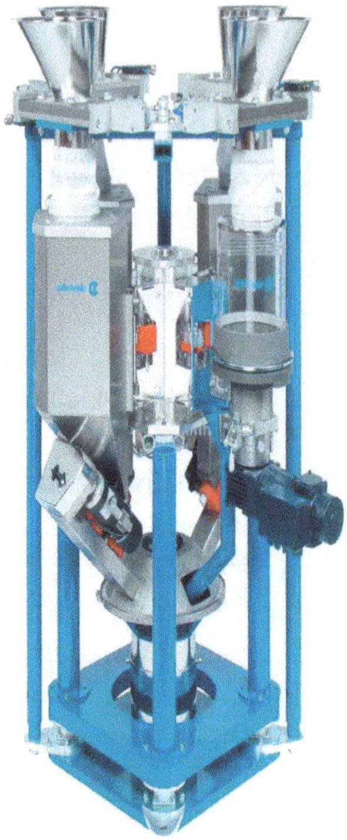

Bild 11.15 Differentialdosierwaage für gut rieselfähige Schüttgüter mit Schnecken und Scheibendosierer für Kleinmengen [Quelle: motan-colortronic gmbh]

Bild 11.16 Differentialdosierwaage für granulare, schlecht rieselfähige und pulverförmige Schüttgüter [Quelle: motan-colortronic gmbh]

darfsstelle kontinuierlich zu übergeben. Dieses Verhältnis wird bei Änderungen des Gesamtmassestromes und unabhängig von Schüttdichteschwankungen der Dosiergüter aufrechterhalten. Da alle Masseströme synchron zueinander dosiert werden, kann im Allgemeinen bei direkter Zuführung in den Materialeinzug der Verarbeitungsmaschine auf einen aktiven Mischer verzichtet werden. Damit ist die Anlage prädestiniert, unterfüttert betriebene Extruder zu beschicken. Genauso gut können überfüttert gefahrene Anlagen versorgt werden.

Der Sollwert für den zu dosierenden Gemischstrom wird beim überfütterten Betrieb über die Veränderung des Füllstands im Sammelbehälter generiert. Dazu wird ein selbstkalibrierender, analoger Levelsensor oder ein verwogener Sammelbehälter eingesetzt. Im Sammelbehälter, der anstelle des Maschinentrichters auf den Materialeinzug adaptiert wird, werden die Massenströme aus der Dosieranlage im freien Fall zusammengeführt.

11.4.2.1.2 Baugruppen

Die Differentialdosierwaage besteht im Wesentlichen aus:

- der **Dosierstation mit Dosierorgan** einschließlich Antriebseinheit und Dosiertrichter:
  In Abhängigkeit von den Schüttguteigenschaften des zu dosierenden Produktes kommen Einfach- und Doppelschnecken mit und ohne Rührwerk, Vibrationsrinnen, Banddosierer; Flüssigkeitspumpen etc. zum Einsatz.
- dem **Wiegesystem** mit hoch auflösender Gewichtssensorik:
  Die Sensorik der Lastzellen basieren hauptsächlich auf Dehnmeßstreifen- (DMS) oder Schwingsaitentechnologie (CSL) (Bild 11.1) mit praktisch wegloser Reaktion auf die Gewichts-Krafteinleitung (DMS ca. 0,5 mm, CSL < 0,1 mm). Für die hohen Genauigkeitsanforderungen bei der dynamischen Massemessung ist eine hohe Auflösung und schnelle Signalaufbereitung unverzichtbar.

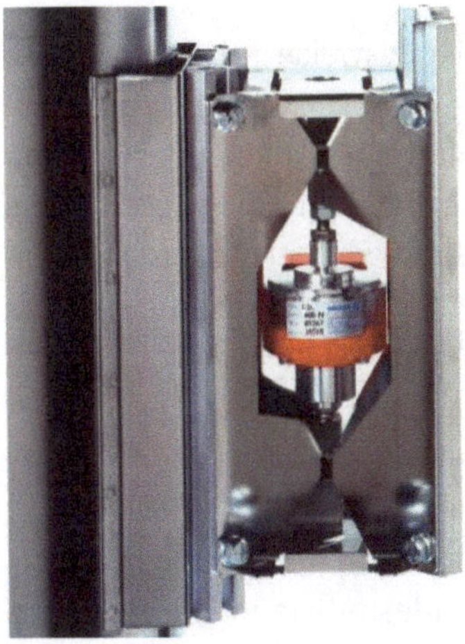

Bild 11.17 Parallelogramm mit Messzelle [Quelle: motan-colortronic gmbh]

- der **Dosiersteuerung und -Regelung:**
  Heute kommen in der Regel Systeme mit Anlagenvisualisierung und Touchscreen-Bedienoberflächen zum Einsatz.
- einer **Nachfüllvorrichtung:**
  Die Nachfüllvorrichtung besteht im Allgemeinen aus einem Vorratsbehälter, der vorzugsweise über automatische Materialzuführsysteme (z. B. pneumatische Förderanlagen, Förderschnecken, Schwerkraftzuführung etc.) versorgt wird und aus einem materialdicht schließendem Zuteilorgan (z. B. Schieber, Drehklappe). Je nach Dosierguteigenschaft kann der Vorratstrichter mit einem geeigneten Austragsorgan (z. B. Rührwerk) bestückt werden.

11.4.2.1.3 Funktionsprinzip der Differentialdosierung

Der Dosierbehälter und das Dosierorgan einschl. der Antriebseinheit und damit die gesamte mit Material gefüllte Dosierstation werden komplett verwogen. Der Materialstrom verlässt im freien Fall das Dosierorgan. Damit wird sichergestellt, dass nur der Gewichtsverlust (loss-in-weight) durch die ausdosierte Masse gemessen wird.

Die Wiegezelle misst in festen Zeitintervallen (Bruchteile von Sekunden) das Gewicht der Dosierstation m. Aus der Gewichtsdifferenz zwischen zwei Messwerten und dem Zeitintervall wird aus dem Differenzenquotienten $\frac{m(t_i)-m(t_{i-1})}{t_i-t_{i-1}}=\frac{\Delta m}{\Delta t}$ die Gewichtsabnahme pro Zeiteinheit errechnet.

Die momentane Dosierleistung berechnet sich aus dem Grenzwert $\lim_{\Delta t \to 0}\frac{\Delta m}{\Delta t}=\frac{dm}{dt}$, der Differential (-quotient) heißt, woraus die Dosierwaage ihren Namen ableitet.

Die Dosierregelung vergleicht permanent den momentanen Ist-Massestrom mit der Sollwertvorgabe der Dosiersteuerung. Bei Abweichungen werden die notwendigen Steuerbefehle an den Motorregler übergeben, der seinerseits den Stellbefehl für den Dosierantrieb so nachführt, dass die Austragsleistung dem Sollwert entspricht.

Äußere Störeinflüsse auf das Wiegesystem, wie beispielsweise Erschütterungen oder Vibrationen, die nicht auf eine reale Änderung des Massestroms zurückzuführen sind, müssen vom Regler erkannt und ausgefiltert werden. Teilweise sind in modernen Messwertaufnehmern mit linearisierten, digitalen Ausgängen bereits Filtermechanismen integriert, die sich mit denen des Reglers ergänzen. Die Amplitude grober Erschütterungen oder dominante Vibrationen aus der Anlagenumgebung können durch geeignete mechanische Dämpfungssysteme am Tragegestell abgefangen werden.

11.4.2.1.4 Arbeitsweise während der Nachfüllung (siehe Bild 11.18)

Der Materialvorrat im Vorratsbehälter der Dosierstation nimmt durch den ausgetragenen Massestrom permanent ab. Wird der Mindestfüllstand durch Unter-

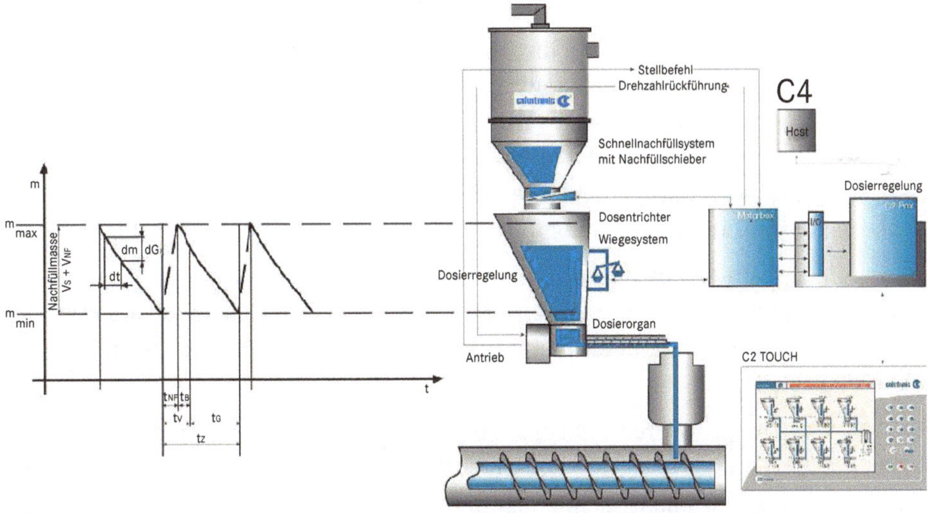

Bild 11.18 Funktionsweise/Nachfüllung [Quelle: motan-colortronic gmbh]

schreiten eines vorgegebenen unteren Gewichtswertes m_{min} erreicht, muss der Vorratsbehälter wieder aufgefüllt werden. Bei Erreichen einer oberen Gewichtsschranke m_{max} wird die Nachfüllung beendet.

Da während der Befüllung gleichzeitig ein Massenabzug über den Dosierstrom und ein Massezuwachs durch die Nachfüllung im Dosiertrichter erfolgt, ist in dieser Phase eine Regelung des Dosierstromes nicht möglich. Die Dosiersteuerung schaltet während dieser Zeit auf volumetrischen Dosierbetrieb um. Das Dosierorgan arbeitet mit der Stellgröße, die kurz vor der Umschaltung in den volumetrischen Modus ermittelt wurde.

11.4.2.1.5 Einsatzmöglichkeiten

Diese Systeme repräsentieren die nach heutigem Stand anspruchsvollste, aber auch aufwändigste Dosiertechnik für über- und unterfüttert betriebene Extrusionsanwendungen.

Die dem Anwender damit gebotenen Möglichkeiten sind entsprechend vielfältig, auf höchstem technischen Niveau und in vielen Bereichen exklusiv nur mit dieser Technik realisierbar.

Anwendungsbereiche sind:

Flach- und Schlauchfolienproduktion, Plattenextrusion, Schaumfolien- und Schaumplattenherstellung, Profil- und Rohrextrusion, Kabelummantelung, Masseeinfärbung im Granulierprozess, Masterbatchherstellung, Faserextrusion, Compoundierung, Beschichtung/Kaschierung.

Ideale Voraussetzungen sind für Co-Extrusionsanwendungen gegeben. Mehrere Dosiergeräte können auf unterschiedlichen Extrudern montiert, steuerungsmäßig zu einer Dosieranlage zusammengefasst werden. Alle Geräte stehen untereinander im permanenten Informationsaustausch. Dadurch wird z. B. bei der Mehrschichtfolienproduktion oder vergleichbaren Anwendungen gewährleistet, dass die einzelnen Schichten des produzierten Materialverbunds in Dicke und Zusammensetzung exakt den Rezepturvorgaben entsprechen.

Durch die gute und gleichbleibende Dosiergenauigkeit können die Rezepturanteile bis zur unteren Toleranzgrenze abgesenkt werden. Bei hoher, konstanter Produktqualität ist so durch Materialeinsparung eine erhebliche Reduzierung der Produktionskosten möglich.

Hervorzuheben ist, dass Systeme angeboten werden, bei denen die genannten Möglichkeiten bei sehr einfacher, unkomplizierter Bedienung genutzt werden können.

So gibt es ein spezielles symbolgeführtes Steuerungsmanagementsystem mit Touchscreen, das die anspruchsvolle Technik leicht verständlich, einfach bedien- und in vollem Umfang nutzbar macht. Davon können vor allem Anwender profitieren, die Qualitätsprodukte herstellen, die sich aus vielen Einzelkomponenten zusammensetzen.

11.4.2.2 Die Trichterwaage

Um den Masseabzug aus der Trichterwaage registrieren zu können, darf während des Messvorgangs kein Material nachgefüllt werden. Zum Zeitpunkt der Befüllung, die über ein gewichts- oder sensorerfasstes Signal erfolgt, öffnet die Nachfüllsperre; die Trichterwaage wird zyklisch befüllt.

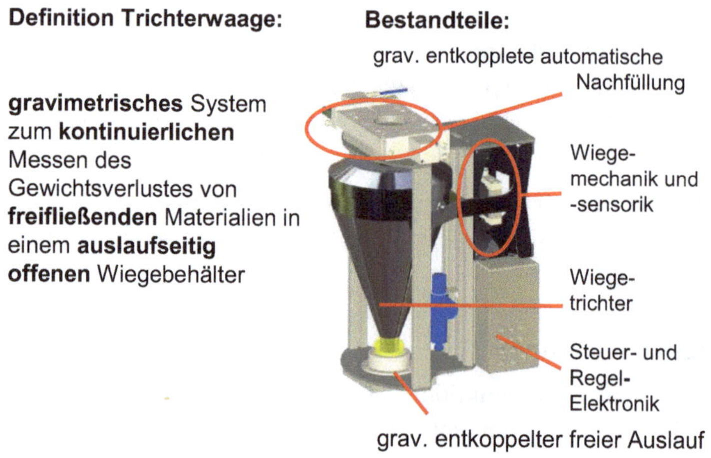

Bild 11.19 Die Trichterwaage [Quelle: motan-colortronic gmbh]

Am offenen Auslauf der Trichterwaage stützt sich das Wägegut auf der darunter befindlichen Materialsäule ab. Dadurch wird zum Einen eine absolute Gewichtserfassung erschwert und zum Anderen können störende Bewegungen der Extruderschnecke oder der Dosierorgane (bei Trichterdosierwaagen) übertragen werden, die das Wiegeergebnis beeinflussen. Relative Veränderung des Massenabzuges können jedoch sehr gut gemessen und präzise für die Regelung des Entruders oder des Materialabzuges verwendet werden.

11.4.2.2.1 Einsatz der Trichterwaage

Die Trichterwaage wird auf überfüttert betriebenen Extrudern in Mono- oder Coextrusionsanlagen eingesetzt.

Aufgaben:

- Messung des Extruderdurchsatzes
- Regelung des Extruders oder des Extruderabzuges beispielsweise zur Konstanthaltung
  - des Produkt-Metergewichtes (Profile, Rohrproduktion)
  - des Produkt-Flächengewichtes (Plattenextrusion, Folienherstellung)
  - der Schichtdicken bei Coextrusionsanwendungen

Je nach Anforderungsprofil werden zusätzlich z. B. Tachoencoder zur Messung der Abzugsgeschwindigkeit oder Schichtdickenmessgeräte eingesetzt.

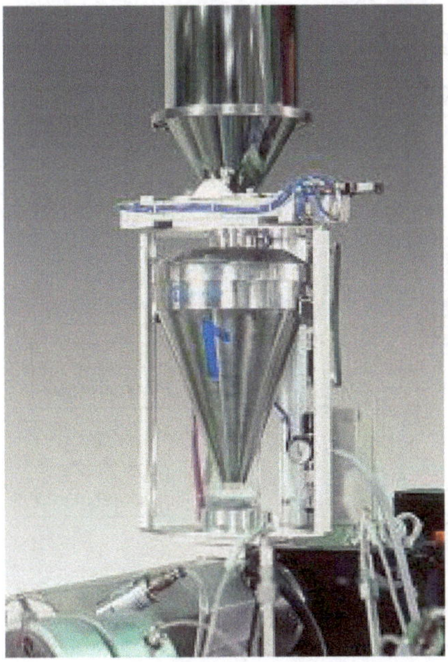

Bild 11.20 Trichterwaage [Quelle: motan-colortronic gmbh]

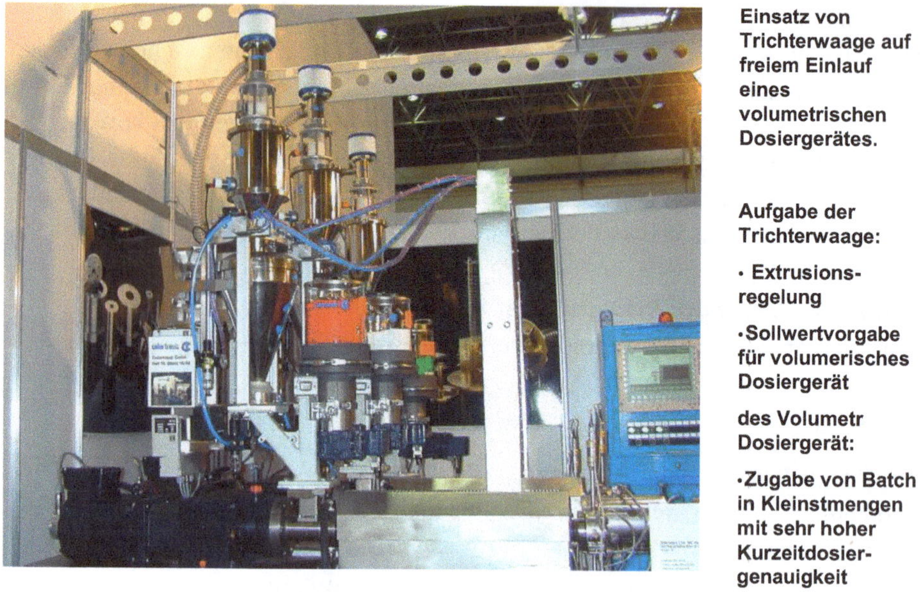

Bild 11.21 Trichterwaage und Dosierung [Quelle: motan-colortronic gmbh]

11.4.2.2.2 Die Trichter-Dosier-Waage

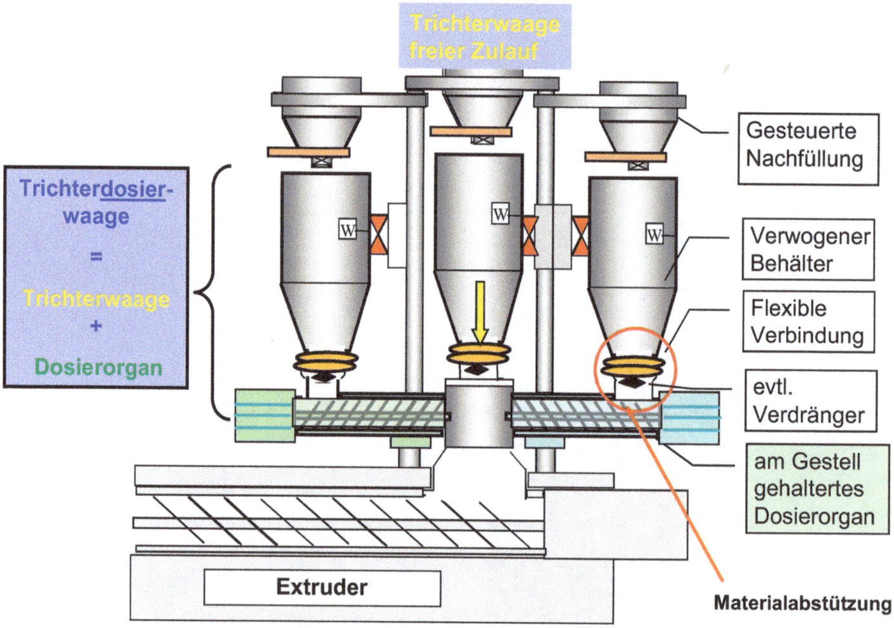

Bild 11.22 Die Trichter-Dosier-Waage [Quelle: motan-colortronic gmbh]

Bei der Trichterdosierwaage wird der Trichterwaage eine feststehende, nicht verwogene Dosierstation nachgeordnet. Die Verbindung zwischen beiden Bauelementen muss dem entsprechend gravimetrisch entkoppelt zumeist über flexible materialabdichtende Elemente erfolgen. Sollen mehrere Materialkomponenten dem überfüttert betriebenen Extruder zugeführt werden, läuft die Hauptkomponente meist über eine Trichterwaage frei zu, während die Nebenkomponenten geführt durch den gemessenen Massestrom der Hauptkomponente- über Trichterdosierwaagen eindosiert werden.

Der Nachfüllprozess erfolgt analog dem bei der Differentialdosierwaage.

Da bei der Differentialdosierwaage das Dosierorgan mit verwogen wird, treten hier im Gegensatz zur Trichter-(dosierwaage) keine störenden Kräfte über die „abgestützte" Materialsäule auf. Ein weiterer damit im Zusammenhang stehender Vorteil der Differentialdosierwaage ist die Möglichkeit, nicht nur gut rieselfähige Materialien handhaben zu können.

11.5 Zusammenfassung der Eigenschaften volumetrischer und gravimetrischer Dosiersysteme

Volumenabgrenzende Dosierverfahren müssen auf das zu dosierende Gut und den entsprechenden Durchsatzbereich kalibriert werden, d. h. bei jedem Materialwechsel und bei größeren Durchsatzänderungen, die eine Veräderung der Stellgröße oder einen Wechsel des Dosierorgans bedingen, ist eine Kalibrierung erforderlich.

Die Auswirkungen von Störeinflüssen aufgrund von Eigenschaftsänderungen des Schüttgutes oder Veränderungen am Dosierorgan (z. B. durch Materialanlagerungen, Verschleiß etc.), die direkten Einfluss auf die dosierte Masse haben, werden nur durch ein gravimetrisches System automatisch erkannt und die Stellgröße entsprechend der zu dosierenden Menge nachgeführt. Gravimetrische Dosierer benötigen systembedingt keine Kalibriervorgänge.

Aus dem permanenten Soll/Ist-Wert-Angleich bei gravimetrischen Dosiergeräten im Gegensatz zu der nur punktuell möglichen Nachkalibrierung bei volumetrischen Geräten wird deutlich, dass die Langzeitgenauigkeit der gravimetrischen Systeme unter realen Randbedingungen die der volumetrischen Systeme übertrifft.

Da beim volumetrischen und gravimetrischen System ähnliche oder gleiche Dosiermechanik eingesetzt wird, spiegelt in beiden Fällen der momentane Dosierstrom die mechanischen Eigenschaften der Dosierorgane wider. In Bezug auf die Kurzzeitgenauigkeit sind daher bei Einsatz von geeigneten durchsatzangepassten Dosierorganen im Allgemeinen keine signifikanten Unterschiede der Systeme zu registrieren.

Im Einzelfall können jedoch notwendige Regelvorgänge bei gravimetrischen Systeme zu unruhigeren Dosierströmen im Kurzzeitbereich führen.

Die Messung der dosierten Massen (-ströme) erlaubt einen direkten Nachweis der Verbrauchsmengen bei gravimetrischen Geräten. Hingegen ist bei guten volumetrischen Geräten nur eine indirekte Mengenerfassung über die ausdosierten Volumeneinheiten möglich. Sie kann maximal nur so genau sein, wie dies die Schwankungsbreite der Störeinflüsse zulässt.

Ein Abweichen des Dosierergebnisses von einem vorgegebenen Toleranzband wird von gravimetrischen Systemen sofort erkannt und durch einen entsprechenden Alarm zur Anzeige gebracht.

ISO-relevante oder interne Qualitätsnachweise können daher in Abhängigkeit vom formulierten Anforderungsprofil teilweise nur durch den Einsatz der Gravimetrie erfüllt werden.

Kann von stabilen Schüttguteigenschaften ausgegangen werden, d.h. liegen die zu erwartenden Schwankungen in einem für den Verarbeitungsprozess akzeptablen Rahmen und erfordert das Anforderungsprofil keine Massenmessung, sind mit technisch ausgefeilten volumetrischen Geräten hervorragende Ergebnisse zu erzielen.

Auch äußere Rahmenbedingungen, wie geometrische Beschränkungen oder Störeinflüsse am Aufstellort des Dosiergerätes haben Einfluss auf die Auswahl des Dosiersystems.

Die Geräteauswahl wird nicht zuletzt durch die Art des Verarbeitungsprozesses bestimmt, d.h. ob eine über- oder unterfütterte Materialversorgung der Verarbeitungsmaschine bedient werden muss.

Die Beschaffungskosten volumetrischer Systeme sind im Allgemeinen deutlich geringer als die der gravimetrischen.

Der Einsatz von modernen Dosier- und Mischgeräten ist auf Grund der genannten Vorteile und des wachsenden Wettbewerbsdrucks für die qualitätsorientierte und kostenreduzierte Herstellung von Kunststofferzeugnissen zunehmend unverzichtbarer Bestandteil moderner Produktionsanlagen.

Unter Berücksichtigung aller oben genannter Punkte spielt natürlich der Investitionsaufwand in Relation zum einzuhaltenden Anforderungsprofil eine wesentliche Rolle. Es wird das System zum Einsatz kommen, bei dem die Amortisationszeit am kürzesten und die Einsparung an Kosten auf Dauer am höchsten sein wird.

Der vorliegende Beitrag erhebt keinen Anspruch auf Vollständigkeit. Absicht ist es, u.a. die Funktionsweisen und wesentliche systembedingte Unterschiede von volumetrischen und gravimetrischen Dosiergeräten aufzuzeigen und damit dem Leser eine Gedankenstütze für eigene Überlegungen an die Hand zu geben.

Kompetente Hersteller, die alle besprochenen System in ihrem Geräteprogramm bieten, sind die besten Partner, um den Kunden bei der Auswahl des für ihn geeigneten Systems beratend zu unterstützen.

■ Literatur zu Kapitel 11

[VET94] G. Vetter (Hrsg.), G. Rogge: Handbuch Dosieren, Essen: Vulkan-Verlag, Essen 1994

Index

C

D

E

H

I

K

Q

R

U

V

W

Z